国内首部探秘典当行业与古玩市场的小说

网络原名《黄金瞳》

打　眼◎著

典当行业：质押借贷，不乏尔虞我诈

古玩市场：珍宝赝品，不乏鱼目混珠

台海出版社

图书在版编目（CIP）数据

典当.4/打眼著. -北京:台海出版社,2012.3

ISBN 978-7-80141-942-2

Ⅰ.①典… Ⅱ.①打… Ⅲ.①长篇小说—中国—当代

Ⅳ.①I247.5

中国版本图书馆 CIP 数据核字(2012)第036700号

典当.4

著　　者：打　眼

责任编辑：王　品　　　　装帧设计：天下书装

版式设计：刘　栓　　　　责任印制：蔡　旭

出版发行：台海出版社

地　　址：北京市景山东街20号　邮政编码：100009

电　　话：010-64041652(发行,邮购)

传　　真：010-84045799(总编室)

网　　址：www.taimeng.org.cn/thcbs/default.htm

E-mail：thcbs@126.com

经　　销：全国各地新华书店

印　　刷：北京高岭印刷有限公司

本书如有破损、缺页、装订错误,请与本社联系调换

开　　本：787×1092　　1/16

字　　数：400千字　　　　印　　张：24

版　　次：2012年4月第1版　　印　　次：2012年8月第3次印刷

书　　号：ISBN 978-7-80141-942-2

定　　价：39.80元

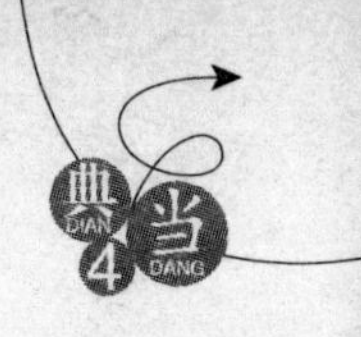

目录
CONTENTS

第一章　翡色迷人 …… 1
第二章　琢玉师傅罗江 …… 8
第三章　琢玉工艺 …… 15
第四章　血玉手镯 …… 22
第五章　见面礼 …… 29
第六章　警民合作 …… 36
第七章　京城豪宅 …… 43
第八章　疯狂采购 …… 50
第九章　再入黑市 …… 57
第十章　京城名少 …… 64
第十一章　黑市拍卖(上) …… 70
第十二章　黑市拍卖(中) …… 77
第十三章　黑市拍卖(下) …… 84
第十四章　买家不如卖家精 …… 90
第十五章　欧阳家族 …… 97
第十六章　赴港幽会 …… 104
第十七章　意乱情迷 …… 111
第十八章　太平绅士 …… 117
第十九章　丈母娘看女婿 …… 123
第二十章　香港名流 …… 130

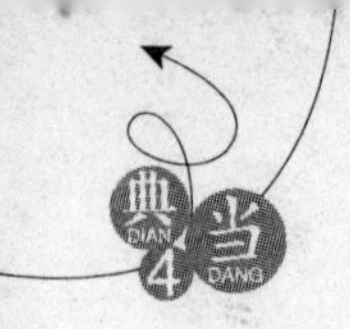

第二十一章　慈善拍卖 …… 137
第二十二章　慈善拍卖也能捡漏 …… 144
第二十三章　拜访秦家 …… 151
第二十四章　极品紫眼睛 …… 158
第二十五章　香港赌船 …… 165
第二十六章　挑　衅 …… 171
第二十七章　赌的就是运道 …… 178
第二十八章　包厢豪赌 …… 185
第二十九章　赢的就是你 …… 193
第三十章　郎世宁的宫廷画 …… 200
第三十一章　打了小的,来了老的 …… 207
第三十二章　集体围观 …… 214
第三十三章　赌王出马 …… 221
第三十四章　福尔豪斯 …… 228
第三十五章　顺子 VS 三条 …… 235
第三十六章　昂贵的机票 …… 243
第三十七章　豪华嫁妆 …… 250
第三十八章　大水冲了龙王庙 …… 257
第三十九章　因祸得福 …… 264
第四十章　一家人 …… 271
第四十一章　自琢自销 …… 279
第四十二章　收藏大鳄 …… 286
第四十三章　掏老宅子 …… 293
第四十四章　偷梁换柱 …… 300
第四十五章　国宝出世 …… 307
第四十六章　再创奇迹 …… 314
第四十七章　搂草打兔子 …… 321

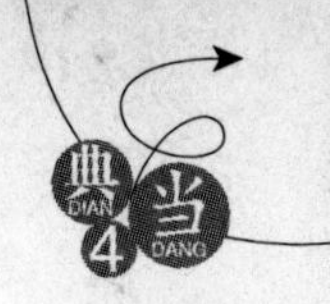

第四十八章　飞来艳遇 …… 328
第四十九章　兵　王 …… 334
第五十章　寿宴献宝 …… 341
第五十一章　缅甸联邦 …… 349
第五十二章　奔赴缅甸 …… 355
第五十三章　仰光大金塔 …… 363
第五十四章　腹有乾坤 …… 368

第一章 翡色迷人

解决完汽修厂的事，庄睿把“奉召”回京的欧阳军送上火车，就准备回家解那块极品红翡了。

庄睿把车停在了车库外面，打开车门将白狮放出来，憋了一天的白狮马上在院子里转悠起来，就像国王在巡视自己的领地一般。

庄睿手里拿着刚买的一个100W的大灯泡，将车库里的节能灯给换了下来，原本有些阴暗的车库，顿时变得亮如白昼，那一台台被塑料包裹着的崭新的机器，清晰地显露在庄睿面前。

不过此时庄睿发现自己犯了个大错误，那就是在他上次离开彭城的时候，招呼赵国栋帮他把那块红翡毛料搬到别墅的地下室去了，现在仅凭他一个人，根本就没办法将那块重达五十八公斤的毛料再搬回到车库里面来。

庄睿跑到别墅里面，比划了一下，发现还是不行，他倒是能抱动这块长方形的毛料，但是只能从中间横着抱起来，这样就无法通过地下室的楼梯，想了一下之后，庄睿按下了保安室的对讲机，喊了一位保安过来。

两个人抬就比较轻松了，在将毛料搬到车库之后，庄睿甩了一包烟给帮忙的保安，把他打发走之后，面色变得凝重了起来。

这块缅甸打坎木厂的红翡料子，除了外表厚达三四公分的石层之外，里面全都是翡翠玉肉，虽然极品红翡只有最中间那团才是，但是其余的红翡品质也达到了冰种，整块毛料价格最低在两亿元人民币之上，由不得庄睿不慎重对待。

庄睿围着这块料子转了几圈，仔细地用灵气查看了玻璃种与冰种的接壤处，正用心观察的时候，突然一个白糊糊的身体插入到他的视线和石头之间。

“白狮，别闹，先去玩儿。”

庄睿哭笑不得地把扑在石头上的白狮推开，白狮对于灵气的感应相当灵敏，每当庄睿对外物释放灵气的时候，这大家伙总会跑过来凑热闹，此时白狮就用一种相当无辜的眼神看着庄睿，似乎在责怪庄睿偏心，往这石头蛋子上面释放灵气，都不给它梳理身体。

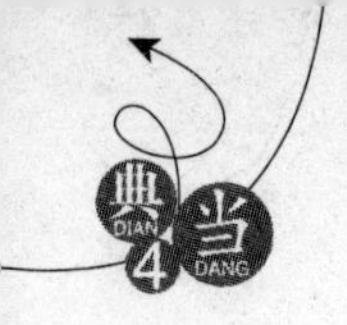

好不容易将白狮哄了出去，庄睿拿出遥控器关上了车库的大门，这要是在解石的时候被白狮这么一打扰，万一切到玉肉，损失可就大了。

拿起粉笔，仔细地在毛料上画过线之后，庄睿费力地将其抱到了切石机上，他准备将这块毛料先切为两块，一块为玻璃种的红翡，大约有十五六斤重，另外两块是一半极品红翡，一半冰种红翡，却是庄睿此次准备打磨镯子的原料。

插上切石机的电源，庄睿按下了手柄上的按钮，顿时，合金制成的齿轮片“嚓嚓”地转动了起来，灯光反射在上面，微微有些刺眼。

“咳咳，咳……”

对准画好的白线，庄睿用力地将齿轮向石头切去，随着“咔咔”的声音，碎石屑四处飞溅，一股呛人的灰尘弥漫在车库里，庄睿一不小心吸入了一口灰尘，被呛得连声咳嗽起来，不过那双手还是很稳健地从画好的白线往下切着。

看到齿轮片切下去大约二十公分左右，庄睿连忙停住了手，用清水清洗了一下之后，向切出的缝隙看去，隐隐红光从那狭窄的缝隙里冒了出来，在合金齿轮片的齿轮处，还有一些细碎的翡翠碎片，看得庄睿心疼不已。

按理说，切割这样的极品翡翠，最好是用激光切割，可以把损耗降到最小，只是庄睿没有那样的条件，就只能硬来了。玻璃种玉肉和冰种玉肉连接的地方还好，那里有一片颜色暗红的雾状晶体，但是要将这一整块玻璃种料子分开，庄睿估计，自己损失最少要在五百万以上。

切石机上的齿轮片直径四十公分左右，如果太薄的话，就很容易卡在石头里面折断，所以厚度要比打磨机上的齿轮厚出许多，这也是没办法的事情，明儿那位琢玉师傅就要来了，庄睿现在去哪找激光切割机啊。

将毛料翻了个身子，庄睿对着另外一边又切了下，这整块毛料厚度大约在四十公分左右，这一刀下去，整块毛料就分成了两半。

用清水洗干净切面之后，那红艳艳的翡翠在灯光的照射下，散发出令人迷醉的色彩，庄睿把手放在上面，看到自己的一双手都变得红彤彤的，抚摸着光滑切面上那充满了凉意的翡翠，刚才的紧张与疲惫，顿时一扫而空，代之而来的是兴奋。

不管是什么颜色，只要纯到极致，都是美丽的，这块红翡就是如此，鲜艳亮丽的红色，配上那犹如深山溪流一般透明的种水，深深地吸引着庄睿的眼球，久久舍不得挪开。

足足有七八分钟的时间，庄睿的身体都保持着半蹲的状态，直到两腿发麻了，他才反应过来，打了一个踉跄，要不是扶着切石机，肯定会摔倒在地。

“他娘的，不卖，玻璃种的料子一块都不卖……”

切面上的红翡肉质细腻，手摸上去冰爽温润自然，那种天然闪烁出的荧光，足以让这个世界上的任何一个女人沉迷，当然，也包括了身为男人的庄睿。

看着这迷人的翡翠，庄睿咬牙切齿地在心里想着，不光是女人对发光发亮的珠宝有

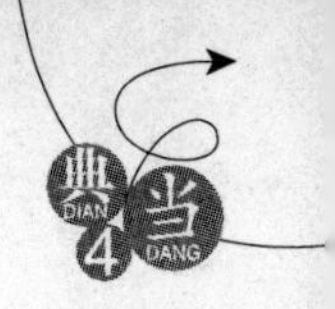

兴趣，就是男人，在看到这种醉人的颜色之后，也会沉迷进去的。

平静了一会儿心神之后，庄睿开始动手将那块准备留存起来的极品红翡的外皮给擦掉，随着打磨机的声音响起，车库里又回荡起齿轮和石头那难听的摩擦声。

庄睿很小心地将石层一点点地打磨掉，破碎的石屑在他脚下铺了厚厚的一层，过了大概两个多小时，才算是将那块有小半个足球大小的极品翡翠完全解了出来。

庄睿把这块翡翠放在了地上的水盆里，顿时，一盆水都被渲染成了红色，在灯光的照射下，将整个车库都变成了暖色调，再看向自己身体，发现身上的衣服也变成了粉红色，庄睿吃惊地张大了嘴巴，久久不能合拢。

如果此时车库里有个女人的话，肯定会被这种色彩渲染得美艳不可方物的，这也是女人喜爱珠宝的原因之一，一件好的珠宝作品，在特定的空间与灯光的照射下，绝对会将主人的气质衬托得更加高贵。

又欣赏了一会儿之后，庄睿将那块极品红翡从盆里捞出来放到了一边，然后开始动手解另外半块极品红翡和冰种红翡了，这两块才是他明天需要拿出来的，而刚刚解出来的那块，庄睿已经打定了主意，将之放到自己的收藏室里面去。

红翡不单只能做手镯，也可以做成摆件，那半块红翡如果能被雕玉大师根据其形状设计成一个摆件的话，其价值是不会低于慈禧太后曾经把玩的那个翡翠白菜的。要知道，曾经有专家评估过，那棵翡翠白菜，如果拿出去拍卖的话，估计其成交价，应该在两亿人民币以上。

很多朋友只知道翡翠其名，却不知道翡翠的名称其实是来自于鸟名，这种叫做翡翠鸟的羽毛，非常鲜艳，雄性的羽毛呈红色，名翡鸟，雌性的羽毛呈绿色，名翠鸟，合称翡翠。

国人对翡翠向来情有独钟。而红翡作为翡翠的一种将中国红与翡翠完美地结合，其色彩娇艳欲滴，越来越受到女性的青睐，从价格上而言，极品红翡的价格，已经不低于帝王绿玻璃种的价格，只是这两者的数量都太过稀少，偶尔出现那么一两件，也会在极短的时间内，被人抢购收入囊中。

……

剩下那块翡翠，解起来要更复杂一点，庄睿先用切石机从玻璃种的料子和冰种料子之间的那雾状晶体处切了下去，将两块不同品种的玉肉切开之后，又逐块地将其外层的表皮擦去。

等将两块翡翠都解出来之后，庄睿看了下时间，已经是凌晨三点多了，他居然整整忙活了六个多小时，连一口水都没喝，这一停下来，顿时感到浑身酸痛，舔了一下嘴唇，有一股淡淡的咸味，却是刚才张嘴的时候，黏合在一起的嘴唇因为骤然分开，硬生生地拉扯掉一块皮。

用灵气将自己的身体梳理了一下，浑身感觉清爽了一些，庄睿打开车库大门，强打起精神，拉起车库外面的水管，将车库地面的石屑灰尘全部给冲刷出去之后，这才带着几块

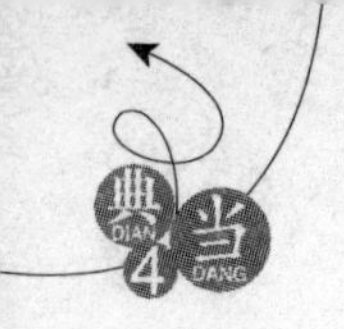

红翡料子回到了别墅里面，珍而重之地放到地下室里。

“靠，还让不让人活啦？”

庄睿觉得自己刚睡下没多久，那手机铃声就不依不饶地响个不停，有心不去接，但实在被吵得睡不着，拿过来正要挂断的时候，看到上面显示着邬佳两个字，脑子顿时清醒了过来。

“邬小姐是吧，稍微等我一下，我马上就到。”

庄睿看了下时间，居然已经快上午九点了，连忙按下接听键，对着话筒说了一句。

“不用着急，庄睿，罗叔叔打电话来，说是可能要下午才到，我就是通知你一声的。”邬佳的话让庄睿直想吐血，哥们我昨天可是忙活了一夜啊。

倒头又睡了个回笼觉，直到下午一点多肚子饿得“咕咕”叫的时候，庄睿才从床上爬起来，出门就看到白狮可怜兮兮地趴在门边，想必也是肚子饿了，庄睿拍了拍它脑袋，自己这主人当得实在是不怎么称职。

还好冰箱里有庄敏买的肉骨头，庄睿淘了点米，和骨头一起用高压锅炖上了，十来分钟过后，就搞了一锅肉粥，算是给白狮做好了饭，自己则拿出两袋方便面煮了吃了。

“奶奶的，都说这有钱人整天吃山珍海味，哥们这方便面里连个鸡蛋都没有。呃，不过倒是海鲜面……”打了个饱嗝，庄睿随手将碗丢到厨房里，这日子过得和在上海出租屋也差不了多少啊。

邬佳的电话还没来，庄睿左右无事，把准备琢出来的两块翡翠玉肉，从地下室里抱了出来，放到客厅的桌子上，仔细打量了起来，昨儿解出来之后，都没怎么细看。

那块小点的，有两个拳头大小的翡翠，是玻璃种的，和昨天解出来的第一块品质相同。偏西的阳光从窗户里照射进来，落在那块翡翠上，光彩夺目，令人目眩。即使庄睿昨天已经看过了一次，此时也不禁深深地沉迷了进去。

如果说灯光下的红翡像是个情窦初开的少女，漂亮内敛，那么阳光下的这块红翡就像是热情奔放的少妇，艳光四射，举目回眸之间，动人心魄。

目光停留在这块翡翠上许久之后，庄睿才收了回来，看向那块冰种的料子，这块料子与旁边的玻璃种红翡摆放在一起，差距立刻凸显了出来，虽然颜色相差无几，但是光泽显得有些黯淡，无法给人那种似乎有潺潺溪水在其中流动的感觉。

冰种红翡的体积要比玻璃种大出了许多，重达四十多斤，足有一个篮球大小，这要是手艺高超的琢玉师傅，最少能取出三十只镯子出来，剩下的那些料子，还可以做成挂件、把玩件和吊坠以及耳环，也是价值不菲。

庄睿现在心里已经开始计算起来，这两个拳头大小的极品红翡，应该能掏出五副镯子来，价值就在五千万以上了。当然，庄睿是没打算出售的，他准备拿出一副作为外婆和外公结婚七十周年的贺礼送给外婆，另外四副先留在手里。

想到这里的时候，庄睿的脑中忽然出现了几个女孩的身影，秦萱冰自然是第一个，然

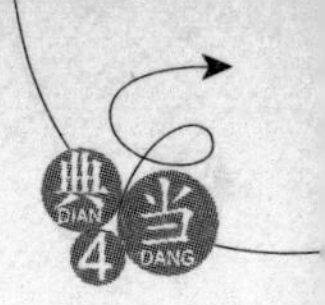

后就是英姿飒爽的苗警官，还有那温柔可人的宋护士，不过最让庄睿心头痒痒的，却是风情万种的刘大主持人。

“咳，做人不能太无耻啊。”

庄睿用力地咳嗽了一声，把自己的思绪给拉了回来，随手拿起茶几上的遥控器，打开了电视。

“妹妹，这是我送给你的礼物……”

电视里两个女人的对话，忽然让庄睿瞪大了眼睛，因为那骑在马上的女子手里所拿的，正是一副手镯。

“不行啊，姐姐，我是小的，应该你收我这份礼物才对……”

“不是，你听我说，这是世玉他们家的传家之宝啊！”

“啊？！你这个是世玉的传家之宝，我的也是啊……”

这时旁边萧芳芳所演的方世玉的母亲拿出一大串手镯来，说道：“来来来，出来行走江湖，最重要的就是个礼字，俗话说得好，礼多人不怪嘛，见者有份。”

随后就是那位功夫皇帝夺命狂奔的镜头了，庄睿以前看过好几次这片子，只是现在心里刚刚想起的那龌龊念头，怎么与电视上的情节那么相似啊，自己刚才还思量着这手镯送给谁呢。

“哥们是正经人，唉，不过这年头好像除了阿拉伯人，没人能再三妻四妾了吧？”

庄睿长叹了一声，换了个台，谁知道正好放着有几十个儿子的那位种马皇帝康熙，看得庄睿又是一阵胸闷，气得直接把电视给关了，这不是明摆着欺负人嘛，哥们色心色胆现在都有，旁边却没有女人。

还好此时身边的电话响了起来，硬生生地将庄睿心中的邪火给压了下去，看了一下号码，是邬佳打来的。

“罗师傅到了？好，好，我马上就到你店里去。”

庄睿听到那位邬老爷子的徒弟已经到了，挂断电话之后，连忙将两块毛料锁回到地下室里，驱车直奔石头斋。

“小庄，来，我给你介绍一下，这是我徒弟罗江，出师有十多年了，现在在扬州雕工里，也是数得上名号的，给你琢玉，不会白瞎你的料子的。”

庄睿刚走进石头斋，就看到邬老爷子正坐在店里的沙发上，陪着一个四十来岁的中年人说着话，邬佳在一旁给二人倒着水，老爷子手不好使，眼睛倒是不错，一眼看到了庄睿，连忙伸手招呼他过来。

“罗师傅你好，这次要麻烦你了。老爷子，您坐下，怎么敢让您起身啊。”

庄睿走了过去，和中年人打了个招呼，看到邬老爷子起身迎接他，连忙伸手搀扶住，说道：“老爷子，您这精气神比前段时间可好多了呀。”

“唉，老朽了，连打几副镯子都要搬出徒弟来，不中用啦。”

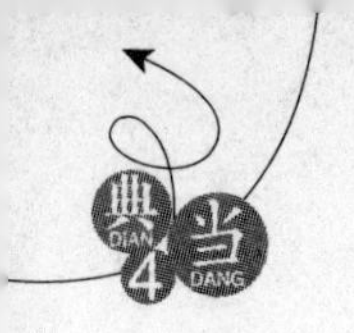

老爷子叹了口气，对身边的徒弟说道："罗江，小庄可是对师傅有恩的人，他的活计你要干好了啊，咱们行里的规矩要记住，别搞那些虚头巴脑的事情……"

罗江闻言连忙站了起来，恭恭敬敬地回答道："师傅，您放心吧，我懂规矩，保证不给您老脸上抹黑……"

"行了，我这些徒弟里面，就数你名声最好，手艺也不错，这才找你来的，你先和小庄谈一下。佳佳，扶我一把，咱们去里屋。"邬老爷子颤颤巍巍地站起了身子，由孙女儿扶着进里面去了。

"罗师傅，邬老这是怎么了？这琢玉的行当里，有什么规矩？"庄睿看出来了，邬老爷子是不想听二人的谈话，避嫌走开的。

罗江站起来和庄睿握了一下手，把庄睿让到沙发上，说道："呵呵，像这样的私活儿，在琢玉行当里的规矩，是不准泄露东家的信息的，师傅他老人家最看重这个，所以才有这话。"

庄睿发现，罗江的个子很高，比庄睿还要高出一些，人长得很憨厚，笑起来给人一种可以信任的感觉，而且他的手也很宽大，在虎口和手指上，布满了厚厚的老茧，和庄睿想象中琢玉师傅的那双巧手，完全不同。

不过庄睿听古老爷子说过，琢玉这行当里的琢玉师傅们，和字画书法大师有些相同，那就是在四十多岁的时候，是他们的巅峰时期，因为二三十岁的时候，经验难免不足，而到了五六十岁，精力就有些不济，所以四十出头，是最容易出成绩的年纪。

像现代和古代一些名家的作品，流传下来的巅峰之作，都是在其壮年时完成的，虽然有些名家在晚年的时候也不乏精品，但是从各方面相比较，还是中年时期的作品最为完美。

当然，像古老爷子这样的琢玉大家，虽然是年龄大了，但是其眼界和经验要远超这些后辈们，真的去花费力气做出来的物件，也不见得比他们差，但是从时间和数量上来说，自然就远远不如了。

打个比方说，古老爷子花费半个月雕琢出来的物件，肯定要比罗江三天雕琢出来的玩意儿好，但是相差也不会很大，所以像庄睿打磨镯子这样对手艺要求不是太高的活，由罗江来做，是最合适不过的了。

"庄老板，不知道您的料子备齐了没有？要是都准备好了的话，今天咱们就能开工了。"

罗江看样子真是个实在人，没提一句工钱的话，直接就要开始干活了，不过这也是一种自信的表现，嘴上说得再好听，手上没好活儿拿出来，一样没用。

"玉石料子我倒是准备好了，不过不用急，你刚来彭城，要不要先休息一天？就住在我家里好了，琢玉的场所也在那里。"

庄睿心里对这位罗师傅很满意，接着又说道："晚上喊着邬老，咱们一起先吃个饭吧，

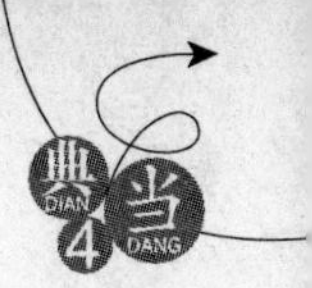

这事也要多谢谢邬老爷子。”

罗江听到庄睿的话后，说道：“师傅估计是不会去的，还是算了吧。”

果然，庄睿进到屋里跟老爷子一说，邬老爷子还真是不同意，摆着手说道：“别搞那些了，我老头子什么都吃过啦，要是以后有好物件，摆到我店里给老头子我撑撑门面就行了，你们俩去忙活吧……”

“成，老爷子，回头我就给您个惊喜。”

玻璃种料子雕琢出来的物件，庄睿不打算卖，但是那些冰种的琢出的玩意儿，倒是可以给邬老这店里一部分摆卖的。而且自己的那些冰种料子颜色十分正，打磨出红玉手镯，虽然不能与血玉手镯相比，但是一副镯子的价格，也要高达百万的。

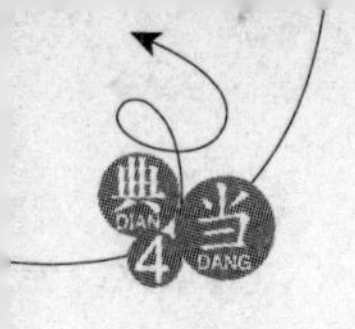

第二章 琢玉师傅罗江

庄睿和罗江在石头斋里陪着郧老爷子说了一会儿话，才驱车离开，庄睿先去银行取了二十万出来，这是给罗江的佣金。月薪二十万，在2004年的时候，恐怕是很多人难以想象的，可见在现代社会，琢玉师傅的稀少了。

走进庄睿的别墅院子，脸上一直都很平静的罗江，也露出一丝惊奇的神色，他虽然知道庄睿身家不菲，但是也被这别墅的雅致与豪华所震惊了。

琢玉虽然是个手艺活，但是琢玉大师们需要掌握的技能是非常多的，像绘画、雕塑、艺术鉴赏，这些都是必需的，所以罗江的眼界也很高的。

按说罗江经常接一些给私人琢玉的活计，那些雇主也都是非富即贵之人，有些人的住所甚至比庄睿这里都要大上几倍，但是从别墅的装修品味上而言，那些人与庄睿相比，可就是天差地远了。

只是罗江不知道，庄睿这也是前人种树后人乘凉，没有那位学院院长兼副市长大人，以庄睿的想象力，是绝对设计不出这样一栋别墅的。

"罗师傅，这是咱们谈好的佣金，二十万整，你要不要看下？"

在客厅里面坐下来之后，庄睿把一直拿在手里的那个银行塑胶袋，放到茶几上，推到了罗江面前。

"呵呵，庄老板，这钱您还是先收起来，二十万是我喊的价，等物件完成了，您看着值这价钱，再把钱给我，要是不值的话，您从这钱里扣，只要能说出我琢出来的玉的不足之处，一分不拿，我也是心甘情愿的……"

罗江笑了笑，没有动茶几上的那笔钱，而是说出这么一番话来，让庄睿吃惊之余又有些佩服。在古代的时候，这些匠人们是最没有地位的，但是要论风骨，却不比那些名家大师文人雅士们差。

"果然是名师出高徒，罗师傅，就冲你这人品，都不止二十万了。行，这钱我先收着，等完工的时候再给你……"

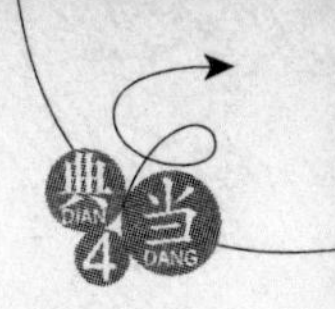

罗江敢说出这番话来，那也是对自己手艺有着相当的自信，否则到时候被人挑出点刺来扣下这笔钱，那不是一个月白忙活了。话说再完美的东西，也不见得就找不出一丝瑕疵来。

“对了，庄老板，听说您还是玉石协会的理事？”罗江虽然无意打探庄睿的隐私，但是对这个年轻人，心中还是充满了好奇。

要知道，玉石协会理事这个身份，在外人眼里可能无足轻重，但是在玉石行当里面，那可就举足轻重了，国家关于玉石价格以及市场走向的制定与调控，都要通过玉石协会的调研，听取他们的建议才能得以实施。

而玉石协会所有规定的出台，都必须要百分之八十以上的理事举手表决通过方可以实施。玉石协会一共就四十位理事，去掉三个宋军那样只是占个名，没有投票权的理事之外，可以说剩下的每一票，都是至关重要的。

玉石协会的成员构成比较复杂，大多都是国内各个知名珠宝公司的老板或者代表，相互之间都存在着竞争关系，要通过一项决议，并不是一件很简单的事情，所以像庄睿这个有投票权的理事身份，是很多人都想争取的。当然，这些都是庄睿目前还不知道的，他也不知道古老爷子的一番苦心。

“呵呵，我这理事是凑数的，要不是古师伯，哪轮到我当这理事啊……”庄睿笑了笑，他心里实在是没把这个职位当回事，以前如此，现在也是这样。

“古天风？！”

罗江见到庄睿点头承认之后，心里也明白过来了，原来自己师傅一直交代自己不要弱了他的名头，原因在此啊，眼前的这个年轻人，居然和古老爷子还有一层关系。

郛老与古天风并称为“南郛北古”，虽然二人也是至交好友，但是相互间也是存在着竞争的，两人一生都没分出个上下来，敢情师傅是想把较量延续到徒弟身上去啊！

“庄老板，您是古老的师侄，按说这手艺肯定不会比我差，有物件怎么不自己雕琢，反而找上我了呢？”

“呵呵，我学的是鉴玉，对于琢玉却是一窍不通，还要拜托罗师傅你了。”

庄睿的话让罗江恍然大悟之余，心里也产生了一丝压力：别人是鉴赏玉器的专家，这要是在琢玉的时候出点纰漏，那不仅是丢自己的人，恐怕连师傅的脸面也给丢掉了。

想到这里，罗江的面色变得严肃了起来，对庄睿说道：“庄老板，既然如此，您把准备好的料子拿出来，我先看看，到底能出什么物件，能出多少件来，咱们再商量。”

“成，罗师傅你先喝口水，我去拿玉料……”

庄睿点了点头，站起身来，打开地下室的门，将准备好了的两块红翡抱了出来，放在了罗江的面前。

“这……这……这是红翡？”

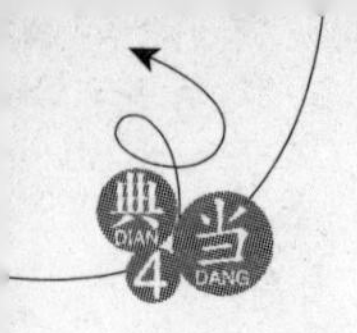

罗江原本正喝着水，悠闲地打量着这大厅里的摆设，猛然发现面前出现了两块红翡毛料，以他的眼力，一眼就看出小的一块红翡料子，种水透明，色彩浓艳，完全可以称之为顶级翡翠了。

罗江吃惊地张大了嘴，就连口中的茶水顺着嘴角流到衣服上，都没有察觉。

也不怪罗江这么吃惊，他从十多岁就跟着郐老爷子学徒，二十六七岁的时候出师单干，这些年来经手雕琢的极品玉石有如过江之鲫，数不胜数，这种极品红翡他也见过，不过只是一个拇指甲大小的戒面而已，像这般体积的，别说是见，罗江简直就没有听过。

“极品，极品啊，百年难得一见，不，千年难得一见啊。”

伸手擦拭了下嘴边的茶水，一向都很稳重的罗江眼中，透出一股子狂热的神情，伸手把桌上的小块玻璃种红翡捧了起来，嘴里还在喃喃自语着。

庄睿没想到罗师傅的反应会这么大，心里想着要是把那半块也拿出来的话，不知道眼前这位琢玉大师会有什么表现。

一位好的雕工，最大的愿望不外乎就是从他手中雕出的物件能流传千古，这样也能使他的名字载入到史册里，但是你能指望用狗屎雕出来的物件流传千古吗？

像郐老和古老爷子，他们雕琢出来的作品，有多件被收到国家博物馆中，这就是对他们雕琢艺术的一种最大认可，当然，那些作品所用的材质，本身就是顶级的玉石。

所以，在琢玉行当里，想要达到“南郐北古”的高度，不仅需要精湛的琢玉技术，还需要有拿得出手的代表作品，而往往一些手艺不错的雕工之所以没有名气，就是因为他们没有好的作品问世。

限制这些雕工们发展的，其实就是玉石本身，经历了成百上千年的开采，不管是硬玉翡翠，还是软玉，数量比以前都大大减少了，而极品玉石更是难得一见。评价一件玉制作品的好坏，雕工固然重要，但是玉石本身的品质，还是占据首位的。

把手中的那块红翡放回到茶几上之后，罗江脸上的狂热却愈发明显了，如果这物件雕成一个小摆件，那足以让他跻身当代雕刻大师的行列之中。

“庄老板，咱们打个商量行不行？这块玻璃种的料子，我可以把他设计成一个摆件，雕出之后的价值，保证在八千万以上，并且我此次给您雕琢的所有物件，全部分文不收。但是我有一个条件，在卖出这件红翡摆件的时候，在鉴定书上制作者那里，要有我的名字。”

罗江提的这个条件并不过分，一件珍品玉器在售出的时候，是需要有其出处的，像玉石的品质，产自何方，琢玉师傅的名字等等，都要列在其中。

至于那二十万的工钱，与这名声相比，就显得微不足道了。如果有了古老爷子那样的名声，一两天工夫随便雕琢一个小物件都要上十万，根本不是他现在一个月二十万的价码能比的。

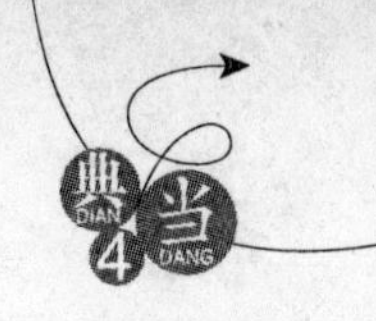

“摆件？等等，罗师傅，我要做的是镯子啊，这块极品红翡，我全部要做成手镯的，而且也不会出售，你是不是误会了啊？”

庄睿听到罗江的话后，颇感莫名其妙，自己是有心再雕出一个摆件，不过那和现在这块料子没有什么关系啊。

“雕成手镯？也行啊。什么？不卖的？”

庄睿的话让罗江仿佛从天堂跌入了地狱，心情一下子失落了起来，虽然手镯不怎么讲究工艺，但是也能帮助自己提升不小的名气。

不过庄睿那一句不出售，却是让罗江的希望全部都落了空了，话说这物件不流传出去，谁会知道自己？

“罗师傅，你也不用失望，雕琢出来的血玉手镯，我会送给一位很有身份的人，可以在这件器物的鉴定书上，留下你的名字……”

庄睿看出了罗江的心思，不过有人好名，有人逐利，像罗江这般雕琢一个物件出来就能名利双收，激动一点也是无可厚非的。这世上整天喊着要淡泊名利的人不少，然而要是把名利放到他们眼前，恐怕这些人比谁都争抢得厉害。

“庄老板，您……您说的可是真的？”

听到庄睿的话，罗江原本有些颓丧的神情，马上重新变得激动起来，他不管自己雕琢出来的物件，庄睿是准备卖出去还是送出去，只要是不将之藏在地下室里，那都能让自己的名声传出去。

“当然是真的了，不然我做这些手镯干吗。对了，那些冰种料子做出来的物件，有一部分是要对外出售的，到时候也可以在鉴定书上留下你的名字。”

对于一些极品首饰而言，是一定要有权威机构的鉴定书的。虽然这手镯是送给亲人而不是出售，庄睿也打算去玉石协会拿几张鉴定书来填写，身为玉石协会的理事，这点权力他还是有的。

那块顶级红翡制成的手镯，庄睿只准备拿出一副作为外婆结婚七十周年的贺礼，其余的都收藏起来，就连母亲暂时也不给，因为庄睿知道母亲不太喜欢这种鲜艳招摇的色彩。

庄敏是喜欢，但是庄睿不敢给她。这物件太贵重了，彭城这地界的治安也说不好，万一被人盯上，反而招惹是非了。

前几年，就曾经有两个老太太夏天在外面纳凉，遭一歹徒抢劫，把身上的首饰抢走之后，临跑的时候还顺手把一老太太的耳环给扯了下来，将老太太的耳垂都给拉裂了，当时就鲜血直流。

像挂件那样贴身佩戴的饰品，一般没什么事，但是像手镯这样吸引眼球的物件，庄睿是不会给老姐的，就连那两个帝王绿的耳环，他都曾经交代过庄敏，没事别戴出去。

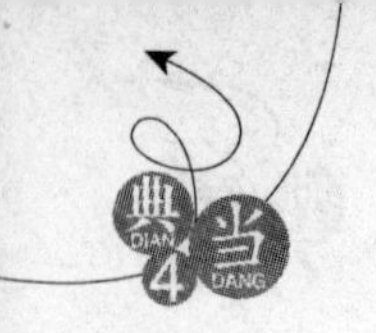

至于冰种料子做出来的饰品，庄睿也都打算好了，留下一部分送人，剩下的全部卖出去，话说这料子也是拿钱买的，总不能一分钱不回本吧。

母亲娘家那边要送的人不少。欧阳军结婚，庄睿准备给他一副冰种的红玉手镯。另外让罗江用掏手镯剩下的料子，多打几副耳环和挂件，送给自己从来没见过面的那些舅妈姐姐们，礼多人不怪嘛，这也是给母亲长面子的事情。

庄睿这边在心里给这些还没雕琢出来的物件分配去向，旁边的罗江也镇定了下来，对庄睿说道："庄老板，既然如此，这次琢玉的报酬，我就不要了，您带我看一下琢玉的场地，我现在就可以开工了。"

有些朋友看到这里可能又不解了，这可是二十万元人民币的报酬啊，说不要就不要了？这其实并不难理解，这里的顶级红翡，包括冰种料子做出的饰品，只要日后流向市场，他罗江的名字必定会在琢玉这行当里大放异彩，有了名声之后，还怕赚不到这点小钱？

再有一个就是，庄睿只要把手上有这些料子的消息传出去，恐怕就是那些名声比他大的琢玉师傅们，也会毛遂自荐给庄睿免费琢玉的。罗江算是聪明人，自己提出来，也堵死了庄睿去找别人来雕琢这批玉料的心思。

其实这也是罗江过于看重这批顶级玉料了，他哪里知道，庄睿这个"行内人"，压根儿就不知道这里面的弯弯道道，前段时间还为找人琢玉愁眉苦脸呢。

"罗师傅，只要你的手艺好，该拿的钱自然还是要拿的。放心吧，我庄睿虽然年龄不大，说出来的话还是算数的，这点你不用担心。"

庄睿还担心他不认真去雕琢那些料子呢，相比一副手镯就价值百万千万的翡翠料子而言，二十万又算什么。

"走，我带你去看看琢玉的场地，机器我都买来了，如果还差什么，你告诉我，我再去购置。"

庄睿看罗江还要出言推辞，摆了摆手站起身来，率先向门外走去，正要说话的罗江只能闭上嘴，跟在庄睿身后。

"嗯，这是磨轮机，抛光机居然也有？那速度就可以加快了……"

罗江进入车库之后，如数家珍地摆弄着那些机器，将套在上面的塑胶袋全部都拉了下来。他没想到庄睿准备得这么充分，原本罗江看到这些料子之后，心里感觉一个月无法完工，现在看起来还能提前一点。

"罗师傅，你看还少什么吗？"庄睿在旁边问道。

"不少了，工具很齐全，至于那些磨粉什么的，我都带来了，现在就能干活了……"

看到这些工具，罗江脸上露出一丝兴奋来，他招呼庄睿把四五台机器围成一个圆形，里面留出三平方大小的空间，然后兴冲冲地跑回了别墅。

"是不是要椅子？"

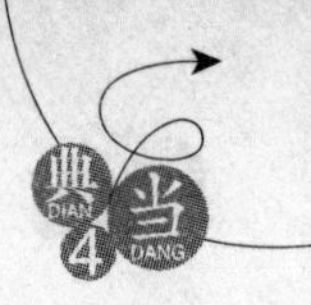

庄睿以为罗江回别墅里去搬椅子呢，谁知道他将自己随身带的行囊打开之后，从里面取出一个小画板，又拿出厚厚的一叠白纸，夹在画板上，对着茶几上的那块玻璃种翡翠，仔细地观摩了起来。

这玉器的加工程序，一般分为选料、设计、琢磨和抛光，现在料子是不用选了，现在的工作是设计，这也是考究琢玉师傅手艺很重要的一个环节，基本功扎不扎实，从他所绘制的设计图就能看出来，前文里所说的琢玉大师必须掌握绘画的技能，就缘于此。

庄睿对玉器加工的几个流程，也稍微了解一点，看到罗江将精神都集中到画板和玉料之上了，也就没再打扰，悄悄地退出了大厅，到园子里和白狮嬉闹了起来。

这段时间白狮的内伤基本上都好了，又恢复了以前的雄风，每次和庄睿玩耍的时候，都要把庄睿按倒在地上，喷他一脸口水才肯放他起来。

八月下旬已经进入了秋季，天气没有前段时间那么炎热了，走在这个绿树成荫的园子里，居然还感到一丝凉意。坐在池塘上面的亭子中，看着水中的游鱼，庄睿有些恍惚，自己好像很久没有如此清闲过了。

不过庄睿的清闲还是被电话给打断了，欧阳军打来电话，说他的婚期定在十一月底，老爷子的九十大寿前面，到时欧阳家族所有的人都会参加，包括在年底换届即将高升的大舅。庄睿在知道母亲的往事之后，对这位从来没见过面的大舅倒是很有好感。

古云也打了电话过来，告诉庄睿四合院原先的建筑已经全部拆除了，从今天起就开始进入建设阶段。古云在知道庄睿一个月后才回北京的时候，在电话里扬言，到时候要给庄睿一个大大的惊喜。

上面那两个电话都没什么，不过随后接到苗菲菲的电话，就让庄睿有些莫名其妙了。

苗警官居然强烈要求庄睿现在就回北京，具体什么事情又不说，庄睿眼下当然走不开了，只能出言拒绝掉，搞得苗警官很不高兴地挂断了电话。这边庄睿也是一头雾水，准备下次进京的时候再向苗警官赔罪了。

不知不觉，三四个小时就过去了，天色也逐渐暗了下来，庄睿走进别墅，看着那依然神游在玉石之中的罗江，不禁苦笑了起来，这饭还要不要吃啊。

“咳咳，罗师傅！”庄睿咳嗽了一声，打断了正拿着铅笔在画板上写画的罗江。

“嗯？庄老板，什么事情？”

罗江愕然抬起头来，对自己的思绪被打断，微微有些不满。

庄睿苦笑着指了指手腕上的表，说道：“罗师傅，这都快七点了，咱们出去吃个饭吧，也算是给你接风了。”

“不用了，家里有什么吃什么，方便面也行。”

罗江听到是这事，把头又低了下去，不过随即感觉这态度对待老板有些不合适，又抬头说道：“庄老板，您不用客气，我这会儿正好有思路，准备先把这些图样画出来，明天就

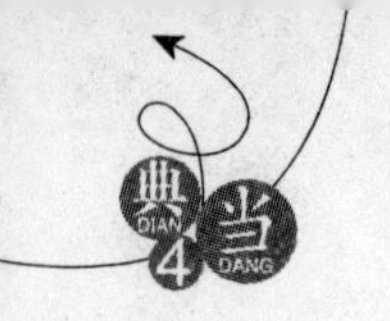

能开工了……”

“成,那罗师傅你先忙……”

庄睿当然不好意思请人吃方便面了,开车驶出了别墅,准备去找个饭店买点酒菜。

不过在出别墅的时候,庄睿还是交代了门口的保安一声,自己那别墅里的人要是外出的话,一定要仔细检查他所携带的物品并马上电话通知自己。毕竟那两块玉料太过珍贵,庄睿不能不防着一点。

找了个距离别墅区不远的酒店买了几个菜,庄睿又要了他们的电话,往后这个把月的时间,恐怕都要叫这里送餐了。

回到别墅,庄睿招呼罗江吃过饭后,就回自己的房间上网看电视去了,没再给罗江添乱。

只是在凌晨三四点醒来的时候,庄睿开门往客厅里看了一眼,发现那里的灯依然亮着。

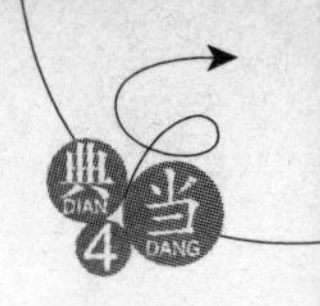

第三章 琢玉工艺

第二天庄睿醒来的时候，天已经大亮了，从窗帘缝隙里射进来的阳光显示出今儿又是个好天气。

看了下时间，已经九点多了，庄睿连忙爬起来洗漱，家里还有客人呢，自己连早餐都没准备，可不是待客之道啊。

打开房门，客厅里的灯已经熄灭了，庄睿站在二楼看到，茶几上的两块翡翠还摆在那里，只是罗江没坐在沙发上，可能是去睡觉了吧，庄睿记得昨儿半夜起来的时候，罗江还在那里忙活着。

"嗯?"

庄睿走下楼梯，才发现沙发上躺着一个人，手里还抓着支铅笔，不是罗江是谁!

庄睿苦笑了下，这人还真是疯狂，估计是实在撑不住才睡着了。庄睿走回房间，拿出一条毛毯，给罗江盖在了身上。这房间里虽然一直都保持着27℃的恒温，不过睡着了还是会受凉的。

"老板？我睡着了?"

就在庄睿把毛毯盖到罗江身上的时候，罗江忽然睁开眼睛，醒了过来。

"去房间休息下吧，一楼第二个房间就是给你准备的，一个月的时间还长，不用这么拼命的……"

庄睿看到罗江从沙发上坐了起来，也就收回了毛毯，只是罗江的眼睛里全是血丝，红彤彤的有些吓人。

"没事，都习惯了。以前为了赶个工，三天都没合眼，现在年岁大了，熬一夜居然睡着了。老板，有什么吃的吗？人没事，可这肚子有些受不了了。"

听罗江这么一说，庄睿也感觉有些饿了，等不及打电话叫餐了，干脆自己到厨房里烧开水煮了几袋方便面，又往里面打了两个鸡蛋，分别盛到两个海碗里面端了出去。

庄睿三下五除二吃完方便面之后，拿起了散落在沙发上的图纸。要说这罗江的绘画

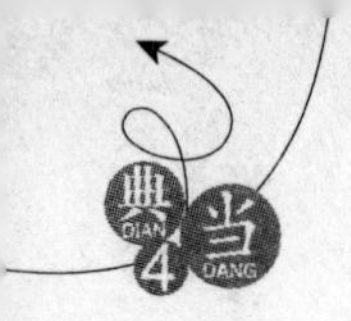

基础还真是不错，所画的素描极为逼真，图纸上的玉料造型除了颜色不同之外，大小形状和摆在茶几上的那两块，完全一样。

最让庄睿吃惊的是，那手镯样式，居然像是用圆规画出来的一般，中规中矩，反正要是庄睿去画，圆形保证会被他画成椭圆形的。

“罗师傅，这图纸上的手镯大小好像都不一样啊？”

细看之下，庄睿发现了一点问题，手上的这张图样上，画着五副镯子，不过只有两副镯子大小相同，而另外三副却是一个比一个小了一点，如果不是画在一张纸上面，庄睿还真是看不出来。

“是不一样啊，这块料子最多只能掏出五副镯子来，剩下的还能做些小挂件和耳环之类的饰品……”

罗江吃完面后，精神了许多，眼睛又放在了毛料上，这次他观察的是那块冰种料子。

“我看店里所卖的镯子，大小好像都差不多啊。”

庄睿说出这句话之后，马上就后悔了，人的手有大有小，制作出来的手镯自然也是大小不一了。自己这话有点儿白痴。

果然，罗江把视线从冰种料子上移开，奇怪地看了庄睿一眼，说道：“看上去是差不多，不过拿在一起比较一下，大小还是不同的，手镯的规格大小分为很多种。

“一般手镯内圈周长为157～163毫米的，手镯的内径就是50～52毫米，这种是比较小的。现在店里出售的，大多都是内圈周长为182～191毫米，内径为58～61毫米，或者是61毫米以上内径的镯子，可以适用于大部分人群……”

罗江虽然奇怪庄睿身为玉器鉴定专家，竟然不了解这些基础知识，不过他的注意力还是放在了毛料上面，随口解答完之后，又把目光放到翡翠上面，并顺手拿起了画板，想必又要设计冰种料子的图样了。

庄睿是听得一脑袋黑线，他哪儿知道手镯的这些规格分类啊，在听完罗江的解释之后，有些心虚地站起身来去收拾碗筷了。

这一天罗江依然没有动手琢玉，而是一直坐在那里设计图样，庄睿自然要负责后勤保障了，打电话叫外卖这些事情，都归他了。

这段时间庄睿一直都很忙，现在空闲了下来，就把孟教授给他的复习资料认真地温习了一下，明年一月就初考，庄睿可不想连第一关都过不去。

直到晚上十点多，罗江的设计工作才算是全部完成了，两块玉料的图样全都画了出来。按照罗江的说法，镯子和挂件都属于雕工相对简单的，而且这两块料子的颜色都很均匀，不需要费心将其中最美的质色表现出来，所以进度快了许多。

不过要是换成雕琢成摆件的话，那恐怕单是造型，就要花费半个月以上的时间去设计和修改了。

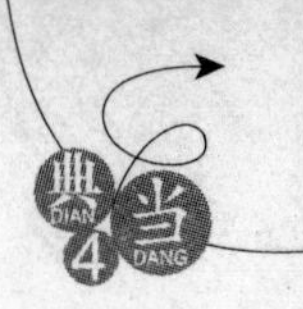

庄睿看了一下,那块冰种料子足足可以掏出三十多副镯子来,剩下的挂件耳环之类的小物件,用镯子中间剩下的玉料,更是可以雕琢出七八十件来,在罗江的图纸上,都已经画出了样式。

只是有些挂件和耳环,是需要铂金和黄金镶嵌的,罗江单独画出一些项链的款式和镶嵌物的尺寸,交给了庄睿,让他明天去找邬佳订制。虽然数量不少,足有三四十件,不过这些金属制品,大多都有现成的模具,做起来很快,等罗江完工的时候,基本上也能做好了。

做好这些事情之后,罗江没有强撑着马上开始琢玉,而是回到自己房间大睡了一觉,直到第二天早上八点多,才起身动手解石琢玉。这些整块的毛料,他必须先按照所画的图样将其分解开来,才能开始雕琢。

在分解玉料之前,罗江端了一盆水放在车库里,很仔细地洗了好几分钟,才用毛巾擦拭干净,将那块冰种料子放到了一台琢玉机上,他这是想先热下手,不敢上来就分解那块极品翡翠。

庄睿看过这台琢玉机的说明书,知道这是玉器加工制作过程中最重要的机器设备,其主要由机身、传动轴和磨头组成,由电动机传动,速度可以调节,工具安装于主轴上。

现在罗江正在用安装在主轴上的铡铊(小的圆形锯),沿着他在那块冰种料子上所画的粗绘线路,将那些黑线以外的玉料,从整块料子上分解出来,大的有拇指大小,小的却是细碎如豆粒,显然只能作为废料处理了,这在琢玉的过程之中,也是难免的。

"这个叫錾铊,主要是用于出坯,以及根据凸凹深度进一步錾去无用的部分……"罗江见庄睿看得用心,在用铡铊削去一些多余的玉料之后,又换了一个工具,并顺便给身边的庄睿解释着。

随着罗江的讲解,他手上也在不停地变换着工具,用于旋碗的碗铊,磨出大样的磨铊,用平面还可以顶撞,向里面掏掖的钉铊,在罗江手上如同穿花一般,更换的速度看得庄睿眼花缭乱,根本就分不清哪种工具有什么功用了。

这些造型古怪,作用复杂的工具,在罗江的手上像是有了灵性似的,来回穿梭在罗江的手心和玉料之间,庄睿站在旁边看了一会儿,一点儿门道都看不出来。

那句老话说得果然没错:内行看门道,外行看热闹。庄老板现在所能起到的作用,不外乎就是递个茶水毛巾之类的了。

有了先进的设备,加上罗江精湛的工艺,一个多小时的时间,第一个冰种红翡手镯,就出现在了庄睿的面前。不过现在这个镯子还只是一个粗胚,圆形的外表上,到处都是不规则的棘手碎玉,需要用冲铊和磨铊,把余料研磨掉才行。

这个工艺倒是很快,七八分钟之后,已经变得十分光滑的镯子,落在了庄睿的手心里,只是颜色稍显黯淡。按照罗江的介绍,现在这镯子还是个胚子,后面还要进行勾、撤、

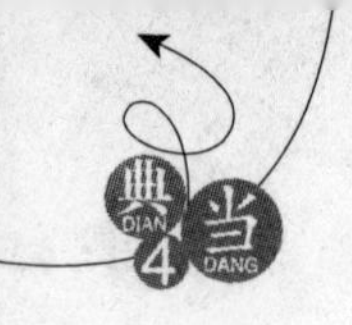

掖、顶撞等工艺，最后经过抛光之后，才算是成品。

如果雕琢挂件，那工艺更加复杂，为了使其形准、规矩、利落、流畅，还要进行如叠挖、翻卷，把一些挂件上的花瓣、人物衣边做飘，打孔、镂空、活环琏等工艺。

不过罗江现在所要做的，是把所有的手镯粗胚制作出来，后面的加工抛光统一进行，所以在归拢了一下散落在地上的碎料之后，罗江又开始了第二只镯子的分解工作。

庄睿在看完了第二只冰种红翡镯子问世的全过程之后，发现自己从这里面学不到任何有用的东西，干脆转身拿了本书，到园子里的凉亭看书去了。

以后的几天，庄睿除了用电话和外面联系之外，几乎是足不出户，每天吃饭也是叫外卖送来。庄敏开始几天经常来别墅做顿饭，不过赵国栋这段时间很忙，她要两边跑，在庄睿劝了几次之后，也很少来别墅这边了。

一个星期过去了，罗江终于完成了手镯的粗胚制作，数十只光泽稍显暗淡的手镯，整齐摆放在车库内一张铺着白绒布的桌子上面。

三十六只冰种红翡镯子，五只血玉手镯，整整齐齐地摆放在那洁白的绒布上，红白相间，有如朵朵玫瑰盛开，煞是美丽。

只是这些手镯的光泽都还略显黯淡，包括那几副血玉镯子，也是光泽内敛，俗话说“玉不琢不成器”，这些已经琢成了器型的手镯，还缺少最后一道工序：抛光，当这道工序完成之后，这些极品翡翠打磨出来的手镯，才会真正释放出属于它们的光彩。

可以说抛光是玉器成型最重要的一个步骤，主要目的是把玉器表面磨细，使之光滑明亮，更加具有美感，否则再漂亮的翡翠，没有经过抛光，也是件半成品。

抛光的工序分为四道：首先是去粗磨细，即用抛光工具除去表面的糙面，把表面磨得很细；其次是罩亮，即用抛光粉磨亮；再次是清洗，即用专业溶液把镯子上的污垢清洗掉；最后是过油、上蜡，以增加手镯的亮度和光洁度。

对于一些玉器摆件而言，设计造型和雕琢，无疑是最重要的，而对于形状单一的手镯来说，抛光的步骤就更加重要一点，耗费的时间也是最长的。

“罗师傅，这些镯子一个个地去抛光，太费事了吧？”庄睿看着摆了一桌子的镯子，高兴之余又有些头疼。

“您不是买了抛光机吗？而且我看那款还是型号最好的，用那东西抛光速度很快的，就是玉器的清洗，那机器也能用……”

罗江说着话，把车库一角的一个未拆封的纸箱搬了出来，拆开箱子后，从里面抱出个有点像垃圾桶似的金属物体来。

“这玩意儿就是抛光机？”

庄睿有些汗颜，邬老爷子给他开出的单子，他只看了一下价格，对于自己购买了什么机器，还真是不了解。

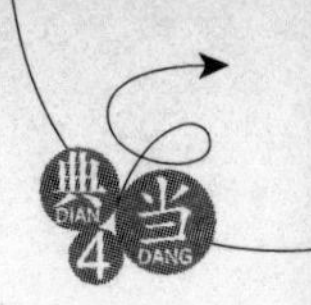

“没错，这款是最新的，不但可以自动吸尘，还带有振动的作用，并且里面还有超声波清洗的功能，过油上蜡都可以用烘箱进行。要不是师傅说您这儿装备齐全，一个月的时间要打制出这么多的物件，这活我怎么敢接呢。”

罗江一边笑着和庄睿说着话，一边插上了抛光机的电源，打开了那个桶盖。这个新型抛光机可以适用于很多类型的玉器。

庄睿不知道，一般的抛光机价格都在千元左右，而他的这台，是花了一万四千多买来的，功能要强大了许多。郐老爷子知道庄睿不差钱，单子上开出的琢玉机器，都是最好的。

罗江从桌子上拿起一副镯子，穿入到抛光机内一个毛茸茸的圆柱形的凸起物上，然后拿起抛光机配置的棉垫垫在上面，又放了一个镯子上去，直到穿入了五副镯子，罗江才停下手，把自带的抛光粉均匀地撒在里面，盖上了桶盖。

“这样就行了？”这么简单的活，自己也能干啊，庄睿这一个多星期以来，第一次有了存在感。

“嗯，五个小时就差不多了。现在的设备真先进啊，我当学徒那会儿，全部都是手动抛光，拿着粗布沾着抛光粉，一天到晚不停地打磨玉件，那么辛苦还没有这抛光机出来的效果好。”

罗江有些感触，似乎想到了自己当年的样子，苦笑了一下。现代化的机械设备，已经让很多手工艺人们放弃了自己的传统工艺，不说抛光清洗上蜡了，就连雕刻，现在很多工厂都是用电脑微雕，传统手工艺人的生存空间已经越来越小了。

不过一个好的作品，是倾注了作者心血的，大师们手工雕琢出来的物件里，都带有一种无法言语的灵性，那是电脑微雕所不能比拟的。

现代社会人们的审美观在不断地提高，而出自大家之手的雕工玉器，也越来越受到一些特定客户群的追捧。如此就形成了两极分化的态势，大师的作品价格越来越高，而普通艺人的作品却是少人问津。

这种情况也让琢玉行当里的传承，有些难以为继了。南方扬州工还好，数百年的传承有序，后继人才还在不断涌出；但是北方工的京作，就基本上快要断了传承了，这也是让古老爷子感到很苦恼和困扰的一件事情。

罗江在把镯子放到抛光机里面之后，按下了电源开关，就忙着去雕琢那些挂件和耳环之类的小物件去了。这些东西的材料，都是从镯子里面掏出来剩下的，数量不少，除了一些散碎的实在不能雕琢的玉屑之外，其余的都被罗江归拢在了一起。

挂件的雕琢要比镯子复杂了许多，琢玉师傅水平的高低，在这里就完全被体现出来了。

罗江的经验很丰富，基本上在一块碎料上绘制出图案之后，马上就可以开动琢玉机雕琢，那双粗糙的大手在此时显得灵活异常，庄睿只看到他拿着玉料在琢玉机的微型金

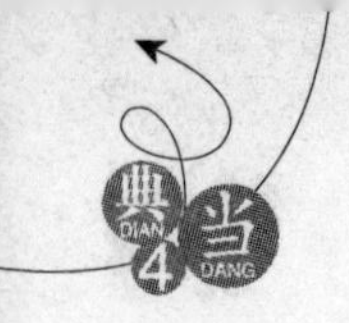

刚钻头上摆弄了一会儿，一个大肚笑口的弥勒佛，就栩栩如生地出现在庄睿眼前。

不过同手镯一样，这些只是粗胚，还要在细微处仔细琢磨，才能拿去抛光，即便如此，也已经让庄睿看得大呼过瘾了。

四五个小时的时间过得很快，随着抛光机发出了警报声，那几副玉镯的抛光工序，就算是完成了。

打开抛光机的盖子，罗江把最上面的一副镯子拿出来，背对光线观察了一会儿之后，点了点头，随手递给了庄睿。

这是冰种料子打磨出来的镯子，虽然没有玻璃种红翡那般晶莹剔透，但也不是凡品，经过抛光后的镯子表面，散发着淡淡的红光，对着灯光看去，那犹如果冻般的镯子内，隐隐似有潺潺溪水在流动，向外散发出一种动人心魄的荧光异彩。

罗江看到庄睿那迷醉的样子，笑着说道："光泽度还不够，要在背光的地方也能透出色彩来，那才算是大功告成。"

"嗯，拜托罗师傅了。"

庄睿对琢玉的进度和已经制作出来的物件很是满意，心里想着是不是给罗江提高点工钱了，别的不说，就现在他拿在手上的这副镯子，如果在珠宝店出售的话，没有百万别想买走。

翡翠上的红色，是因次生作用而形成的，而且只是表皮的翡翠的颜色，这种特性决定了带红皮的翡翠籽料，其厚到能做手镯的十分少见。

所以，全红色翡翠的或全黄色翡翠的手镯是十分难得，常见者只有一部分是红色，但是只要红色显得鲜艳，而"种"又比较透，它们的价格就会很高，全红色翡翠手镯，市面上极为少见。

常见的红色翡翠多为棕红色或暗红色，使人有"暗暗游游"的感觉，厚实而不通透，玉质偏粗，多带杂质，价格不高。

但是当红翡的品质达到冰种的时候，也就可以算得上是小极品了，其市场价格比冰种飘花绿翡翠都要高出许多，比之阳绿的冰种料子也是不遑多让的。

至于玻璃种的红翡，那更是传说中的存在了，比之帝王绿还要稀少，在市场上根本就见不到，可谓是有价无市，偶尔才能在一些拍卖会上惊鸿一现。

庄睿本来想等那几个上蜡的红翡镯子从烘箱出来后，第一时间得见的，只是这时却接到了邬佳的电话，说是他订制的首饰盒子还有那些用于镶嵌耳环挂件的金银饰品到了，无奈只能驱车赶往石头斋。

到了石头斋，邬佳先是把庄睿订制的东西交给他，然后有些好奇地问道："庄睿，你到底让罗叔叔打的什么物件？需要这么多盒子和镶嵌用的金银件啊？"

"这个可不能告诉你，不过一个月之后，我再给你三件镇店之宝，在你们店里摆卖。"

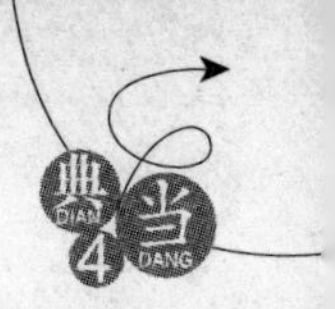

庄睿笑了笑，故意卖了个关子。其实在见到那些冰种镯子之后，庄睿当时心里就后悔当初答应要给邬老爷子一个惊喜了，别说是玻璃种的红翡，就连冰种的，庄睿现在也舍不得出售了。

不过早先话说满了，他还是决定拿出三副冰种的镯子，让邬佳的石头斋来代卖。但是这三副镯子，庄睿是不会直接出售给石头斋的，而是按照卖出的价格，给予石头斋一定比例的分成。

看着庄睿抱着箱子离开了石头斋，邬佳气得在后面直跺脚，但是对庄睿所说的镇店之宝又充满了期待。上次爷爷打磨的那个戒面，就在前几天刚被人以三百八十万买走了，这件事已经在彭城玉石圈子里传开了，如果再能有几件好东西放在店中摆卖的话，肯定可以进一步提升石头斋的名声。

回到别墅之后，庄睿发现，摆在桌子最上面的五副手镯，即使距离很远，也很容易就能和旁边的那些镯子区分开来，想必就是已经完工的极品红翡镯子了。

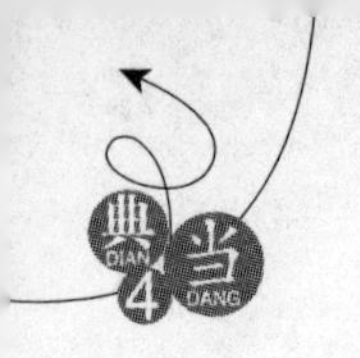

第四章 血玉手镯

庄睿把手上抱的箱子丢在地上,欣喜地走到桌前,拿起一副镯子看了起来,原本没有什么光泽的手镯,现在变得流光溢彩,即使背对着灯光,也能看出它的不凡来。

"庄老板,那五副镯子已经完工了,您查收一下吧。"

正在雕琢挂件的罗江抬起头,跟庄睿说了一句话后,又将注意力放到手中的玉料上了。

庄睿闻言打开自己从石头斋带来的纸箱,把放镯子的首饰盒全部都找了出来,打开一个盒子,将镯子放到盒子里,大小刚刚合适。

傍晚,那五副极品红翡的镯子也完成抛光上蜡,即使是亲手制作它们的罗江,在把手镯交给庄睿的时候,也有些恋恋不舍,要知道,以后别说打磨这种品质的手镯,就是看一眼的机会,都会变得很稀少。

此时五副红翡手镯,正摆放在别墅客厅的茶几上,下面垫了一块白布,在白炽灯光的照射下,五副镯子散发出一种动人的艳红,就像是红裙舞女在翩翩起舞。

近乎透明的镯子里那种红艳艳的色彩,像是有一种妖异的灵性,久久地吸引着庄睿的眼球,忍不住就要拿起把玩戴到手腕上。不过庄睿还是强压下这个念头,他要是戴着副手镯出去,那一准被人笑掉大牙。

这五副玻璃种的镯子都是玉镯分圆条开的寿镯,圈口形状为圆条、条子也为圆形,也可以称为圆条翡翠手镯,是古老的传统造型,看上去庄重大方,古色古香,一般比较适合年龄较大的女士佩戴,细圆条的寿镯适合年轻女士佩戴。

在市场上,寿镯由于用料最多,老少皆宜,价格要高出扁口圆形的福镯和扁口椭圆形的贵妃镯,所以罗江全部把它们打制成了寿镯,不管是出售还是送人,都可以。

庄睿珍而重之地将这几副镯子装入到盒子里之后,拿到了地下室,虽然他不打算出售,但是这几副手镯的价值,已经要高出他所住的这栋别墅了,庄睿当然要好好地收藏起来。

"外婆戴这么鲜艳的镯子,合不合适啊?"

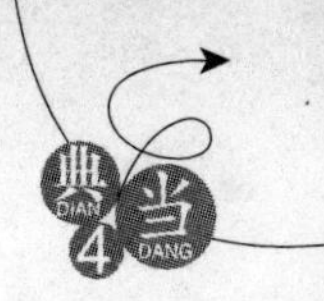

想着要送出去一只，庄睿居然有些不舍了。他不是一个小气的人，只是这些手镯太过吸引人了，即使有五副之多，送出去一副，庄睿也是有些心疼。不过外婆结婚七十周年，把这手镯作为母亲的礼物，应该能讨得外婆欢心一笑。

……

每天留在别墅里，不是看着罗江琢玉，就是温习功课，庄睿这段时间过得很是舒服。赵国栋的汽修厂已经和张玉凤的厂子合并了，生意比以前又要好出许多，他也是忙得焦头烂额，不可开交。

原先汽修厂的厂址，现在改为专门做汽车内部装潢，由四儿在那边负责。由于私家车越来越多，能花上十几万或者几十万买一辆车，也不在乎多花几千块钱把车内整修一下，生意很是不错，利润几乎可以达到汽修厂的一半了。

刘川这段时间去香港了，也没来烦庄睿，他十一月结婚，婚期和欧阳军就差五六天，到时候庄睿又要两边跑，谁让这俩人都逮住了庄睿，让他做伴郎啊。不过也有一个好消息，就是秦萱冰作为雷蕾的伴娘，到时候肯定要从英国回来。

虽然还有两个多月的时间才能见到秦萱冰，不过两人每天在电话里的对话，却是越来越放肆了，不知道是不是被国外那种开放的风气刺激到了，秦萱冰变得越来越依恋庄睿，每天都要给庄睿打上半个多小时的国际长途。

不过让庄睿有些头疼的是，苗大警官这段时间找他的频率也是越来越高，老是催他去北京，似乎有什么事，却又不肯在电话里说，好几次都发了脾气，搞得庄睿莫名其妙之余，也有些哭笑不得，准备等罗江完工之后，就赶去北京，看看苗警官究竟是怎么回事。

在距离中秋节还有三天的时候，罗江终于把所有的玉料都雕琢完了，所用的时间比预计的超出了一个多星期，实在是那些挂件之类的物件太费精力，而且很多物件需要镶嵌。这一个多月下来，虽然庄睿好吃好喝地伺候着，罗江整个人还是瘦了一圈。

"庄老板，总算是赶出来了，您是鉴赏玉器的行家，看看我这活做得怎么样？"

在庄睿别墅餐厅那张大餐桌上，整整齐齐地摆放着许多小物件，最上面一排是挂件：有单体穿孔挂件，就是那种系绳子的，还有金银镶嵌的挂件，那些散碎的冰种玉料不少，罗江甚至还打制出一套十二生肖的挂件来。

挂件下面摆放的，就是各种款式的耳环耳钉，全部都是镶嵌好的成品，有玻璃种的，也有冰种的。罗江把这两种不同材质的饰品分开摆放，既可以轻易分辨出来，又能直观地在比较中分出优劣。

"不错，罗师傅，这次可是辛苦你了，这里是二十五万，你一定要收下啊。"这些饰品在打制的过程中，庄睿早就看过无数遍了，当下拿出一个皮包来，放到了罗江的手边。

"庄老板，我都说了，这次的活我不收钱，不过那件事情……"

罗江见到庄睿的举动，不禁着急起来，他虽然不是大富大贵之人，不过十万二十万的，与他想要通过这批玉器留名的迫切心情相比，就不那么重要了。

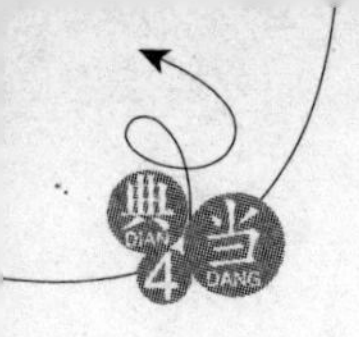

按照他们行里的规矩，一件精品问世之后，要由主人和制作者同时前往玉器鉴定机构去鉴定，然后出具鉴定证书，而制作者也要在鉴定书上面签字盖上钤印，不过罗江此时看庄睿似乎并没有要去鉴定的意思。

庄睿笑了笑，说道："罗师傅，先把这钱收起来吧，你辛苦了一个月，这是应得的，拿了钱咱们再说别的事情。"

"庄老板，我们这些手艺人，一辈子未必能碰上几次这种极品的玉石，所以机会难得，能雕琢它们，也算是我的造化了，钱就算了吧，希望庄老板答应我的事情，能够做到。"

罗江现在在琢玉行当里的名气，正处于上不去下不来的位置，虽然人品不错，雕工也很精湛，但是一直没有什么代表作问世，所以他的身价并不是很高，要是换个当代的琢玉大师来给庄睿雕琢这些物件，一个月没有百八十万的，根本就没人接这活，话说那些大师级的人物，已经不需要用作品证明自己的实力了。

大师们的名气，已经可以成功地转化为人民币了，就像那些娱乐圈的人为什么整天想着上位出名，追根究底还是为了"利"之一字。名气就代表着身价，代表着出场费，这两者是相辅相成的。

而罗江现在就差这临门一脚，如果他现在已经过了这个槛，绝对会不客气地收下庄睿这笔钱的。

"罗师傅，还是那句话，这钱你先收下来，咱们再说鉴定书的事情。"

要是换个人如此推托，庄睿也就顺水推舟将钱收起来了，只是这一个月来，罗江实在是很辛苦，每天只睡五六个小时，其余时间都在琢玉，再加上别人雕琢了物件，要求在鉴定书上留下自己的名字，那也是应当应分的，庄睿不好意思把送出去的钱再收回来。

罗江见庄睿坚持，也就没说什么，把皮包收下之后，见庄睿又拿出一个四四方方的邮政包裹来，看得他有些莫名其妙。

"罗师傅，看看吧，这种鉴定书行不行？"

庄睿从那个早已拆封的纸箱包裹里面，拿出一张对折的绿色硬纸，交给了罗江。

"这……这是国家玉石鉴定中心出具的鉴定书啊，当……当然可以了。咦？怎么还有照片？庄老板，您是怎么做到的啊？"

罗江接过那对折的绿纸，打开一看，不禁吃惊地喊了出来，不过随即他想到了庄睿的身份，玉石协会的理事，从下属鉴定机构里面搞几张鉴定书，倒还真不算是什么困难的事情。

其实罗江这样想，是高看庄睿了，庄睿对玉石鉴定中心可以说是两眼一抹黑，别人现在也不会买他的账。庄睿是在罗江雕琢出这些物件之后，用数码相机拍下来，然后在网上传给古云，让他去找古老爷子办理的。

对于庄睿的人品，古老爷子自然是信得过的，鉴定书上的鉴定语，全部都是打印上去的，而且照片也被拓印在了上面，这样的鉴定证书，是谁都无法挑剔的。

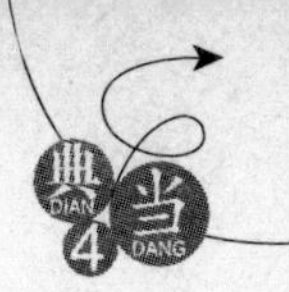

庄睿笑着把那装了一百多张鉴定证书的包裹，推倒了罗江的手边，说道："行了，答应你的事情我可是做到了啊，把你的印章印上去吧，这里有一百多份呢，搞完之后我请你去吃饭，要好好犒劳你一下。"

"谢谢，谢谢庄老板，您真是位言而有信的人，日后要是再有什么物件需要雕琢，我罗江一定免费给您制作。"

罗江的神情有些激动，从自己随身带着的包里拿出一盒印泥还有一款印章，很仔细地将印章对着鉴定书制作者那栏，用力地盖了下去。

"庄睿，我这次可是帮了你不少忙啊，带什么好东西来了？一个个都搞得神神秘秘的……"

在石头斋的贵宾室里，邬佳给庄睿端来一杯茶，然后那双大眼睛就盯在了庄睿的背包上。

昨天可是把她给气坏了，罗叔叔来向爷爷告辞的时候，说什么都不肯讲庄睿打造的那些手镯和饰品究竟是什么材质的。至于打出来的是什么物件，邬佳当然再清楚不过了，从庄睿找她专门订制的那些首饰盒子，就能大致看出来了。

而爷爷那个老顽固，一直恪守着要帮客人保守秘密的规矩，还把邬佳给训了一顿，所以今儿在庄睿上门之后，邬店长的脸色很是不好看。

"咦，邬小姐，我可没得罪你吧？怎么用凉水给我泡茶啊？"

庄睿喝了一口茶水，发现里面的水居然是凉的，敢情这位大小姐是用凉水泡的茶，再往杯子里一看，却是连茶叶子都没有泡开。

"啊？对不起，对不起，我没注意，再给你换一杯去……"

邬佳听到庄睿的话后，也有些不好意思了，这倒不是故意的，只是刚才心里一直在猜测着庄睿会拿出什么物件来，有点心不在焉，所以在饮水机上接水的时候，手没有按在制热的出水口上面。

"算了，别忙活了，东西给完你我就要走，今天事情有点多……"

庄睿摆了摆手，把身后的背包拿到身前，从里面取出三个巴掌大的盒子，放到了面前的茶几上，向坐在对面的邬佳推了过去。

"手镯?! 庄睿，不会是帝王绿的吧?"

看盒子的包装，邬佳知道这应该是三副镯子，她相信庄睿肯定不会拿地摊上十块钱一个的来糊弄她。想到前段时间的那颗帝王绿的戒面，邬佳心里充满了期待。

"哪有那么多帝王绿的料子，你要是嫌这个不好，我就拿走……"庄睿翻了个白眼，这丫头想什么呢？帝王绿的镯子自己都没见过，就是有也绝对不会卖的。

要知道，拿出这三副冰种镯子来，庄睿已经很肉疼了，从六月初缅甸实行原石禁运以来，所有自缅甸流出的翡翠原石，都必须经过仰光翡翠公盘，这三个多月来，国内的成品

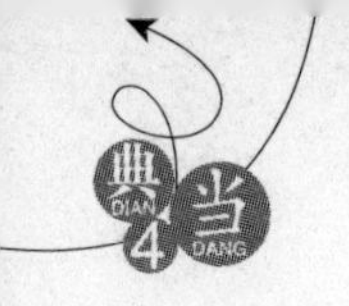

翡翠价格是一天一个价。

原本普通的无色冰种镯子五六万就买得到，不过短短的三个多月，价格已经暴增到二十多万，更不要说像这种满红的冰种镯子了，即使在一些大城市的珠宝店，也绝对当得起“镇店之宝”这四个字的。

如果缅甸原石禁运不解除的话，国内翡翠市场的价格还将进一步走高，这种涨幅从目前来看，已经是远超房地产等诸多行业的投资了。庄睿现在又不怎么缺钱花，把这批红翡冰种的镯子留在手里，日后想必可以大赚一笔的。

郄佳看了庄睿一眼，拿起一个盒子，慢慢地打开，顿时，那双不大但却灵动的眼睛在这一刻停止了转动，一眨不眨地死死盯着盒子里那副艳红犹如烈日般的镯子，再也不肯移开。

“喂，看傻了吧？”

庄睿在旁边坐了好几分钟，发现郄佳居然没搭理自己，向她看去的时候，才知道这丫头也被这红翡镯子迷倒了。

“是，是，什么？你才傻了啊！”

郄佳下意识地答应了庄睿一句，眼睛终于从那副镯子上挪开了，不过却是看向另外两个首饰盒，那双小手如蝴蝶穿花般，迅速地将剩下的两个盒子全部打开了，三副不分伯仲的红翡手镯，赫然呈现在了她的眼前。

“庄睿，这是血玉手镯？”

看着这充满了妖异诱惑力的红翡手镯，郄佳不由自主地问了一句。石头斋虽然在彭城玉石行里首屈一指，但是这里出售的翡翠，最好的也不过就是冰种的，而且以绿翠居多，别说这种满红的镯子了，就是那种福寿禄三色的手镯，郄佳都没有见过。

不过没吃过猪肉也是见过猪跑的，血玉手镯的大名，即使是行外人也多有耳闻，郄佳在第一时间里，就想到了这个名词。

“不是，这是冰种料子做出来的红翡镯子，品质还达不到血玉手镯。”

庄睿笑了笑，真正的血玉手镯藏在他那加了保险门的地下室呢。庄睿发现自己越来越入行了，居然学得像那些藏友们一般，留着好东西舍不得拿出来，没事的时候自己把玩偷着乐呵。

“不是啊，我们可以把它们叫做血玉手镯。庄睿，你不知道，别说冰种的满红镯子了，就是连豆种的全红也是很少见的，只要是满红的，都可以叫做血玉手镯。”

郄佳在这几副美丽的镯子中沉迷了一会儿之后，迅速地清醒过来，她这几年店长可不是白当的，马上就看出了里面的商机。

“这样也行？那别人要是感觉上当了，来找你后账怎么办？”

庄睿被郄佳说得有些傻眼，这冰种的要是能叫做血玉镯子，自己那些玻璃种料子打磨出来的手镯，应该叫什么名字呢？

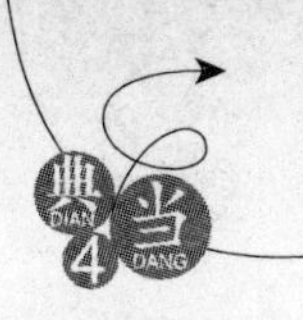

"嗨,你不懂啦,这血玉手镯也分品级的嘛,顶级的自然是玻璃种的,冰种的就次一点,但是都可以叫这个名字的。这么好的噱头不拿来炒作一番的话,太可惜这几副镯子了……"

邬佳那圆圆的小脸上,此时全是狂热的神情,兴奋地挥舞着小手,说话声音也不自觉地大了起来,惹得外面的营业员不知道怎么回事,在经过贵宾室门口的时候,都要往里面看上一眼。

"咳咳,血玉手镯就血玉手镯好了,淡定,淡定点,这么激动干吗……"

庄睿咳嗽了一声,这丫头这么大声音,搞得庄睿很不自在,外面不知道的人,还以为自己在里面非礼她了呢,话说庄睿现在可没心情招惹女孩子。

邬佳闻言吐了下舌头,站起身来,说道:"你不是从事玉器终端销售的,不知道一件珍贵的玉器,对于提升我们终端品牌的影响力。这事我要告诉爷爷,具体你们两个谈。"

虽然邬佳现在是石头斋的经理,一般的事情都能拍板做主,不过这几副手镯太过贵重,她还是要请老爷子出马,最好能谈得像那块帝王绿戒面一般,要知道,那拇指大小的玩意儿,可是让石头斋赚了近二百万的纯利润啊。

不过她这个如意算盘肯定是打不起来了,上次庄睿算是还他们一个人情,那块帝王绿的翡翠基本上就是半卖半送的,这三副手镯却不一样,庄睿绝对不会再低价卖给石头斋了。

邬老爷子来得很快,在邬佳打过电话之后不过二十分钟,老爷子就拄着拐杖进店里来了。和邬佳一样,在看到那几副红翡镯子时,都情不自禁地被其吸引住了,不过老爷子总算是见多识广,稍一愣神,就恢复了过来。

"小庄,你可真是大手笔啊,我老头子玩了一辈子的玉石,也没见过几次全红的翡翠,想必你那块料子不少吧?有没有出玻璃种的红翡?"

邬老爷子果然是人老成精,在仔细察看了这几副镯子之后,就认定这是从一块料子上打磨出来的,更是猜测出了庄睿手上还有好货。

"什么?你还有玻璃种的?!那要是打磨出来,可是真正的血玉手镯啊!庄睿,你怎么不拿那个过来?"邬佳在旁边听到爷爷的话后,不满地喊了起来。

"别瞎说,小庄已经很仁义了,顶级红翡也是你能玩得起的?"

邬老是个明事理的人,当下不满地瞪了自己孙女一眼,以他的经验来看,即使这块毛料出玻璃种的玉肉,恐怕也不会很大,能不能打磨出一副镯子还是两说呢。

只是老爷子万万想不到,庄睿的玻璃种红翡,足足打制了五副镯子,还剩下一大半呢,他要是知道的话,恐怕拉下这张老脸,也会求购一副真正的血玉手镯的。

庄睿笑了笑,道:"玻璃种的倒是出了一点儿,不过太少,打出来的东西留着给家里人了。"

邬老脸上露出一副果然如此的神情,说道:"行了,小庄你能拿出这三副镯子来,已经

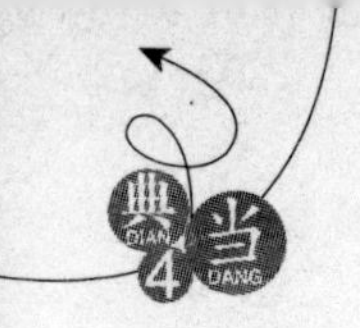

是给老头子天大的面子了。说吧,你这几副镯子,准备要个什么价钱?"

"邬老,这几副镯子,我是想代卖,如果从石头斋销售出去的话,可以得到十二个点的分成,您看怎么样?"

庄睿事先打听过行情,一般代卖给店家的分成是在十个点到十五个点之间,他给出的十二个点,不高但也不算低,这就看石头斋的本事了,卖得贵自己就赚得多。

"代卖?"

邬老爷子愣了一下,他没想到庄睿心里是这个打算,不过马上就点了点头,说道:"行,就按你说的,十二个点。佳佳,去拟定一份协议来,我和小庄签一下。"

邬老爷子活了这么大岁数,知道有些事情要适可而止,做人不能太贪心了。

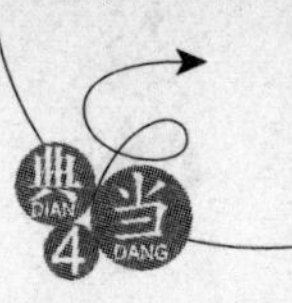

第五章　见面礼

“哎哟，老板来啦，您请坐。三毛，直眉竖眼的在那看什么呢？一点眼力见儿都没有，还不去倒茶？”

庄睿从石头斋出来之后，就驱车前往自己那个新的汽修厂了，刚走进办公室，就看到了张玉凤。

张老板是眉眼通透之人，为人性格又很圆滑，早从四儿他们几个人的嘴里，打听到关于庄睿的一些事情，眼下看见庄睿进来，连忙招呼起来。

“没事，大家以后都是自家人了，别搞得那么生分，张大哥，我姐夫呢？”

庄睿摆了摆手，这次来见到的情况和上次完全不一样，上次来的时候，那些修理工们都无所事事地吹牛聊天，现在却是见不到一个闲人，几个修车槽都停放了车，二三十个工人正忙得不可开交。

“赵老板刚才还在的啊，可能又去给人指点去了。您等等，我去找他来。”张玉凤说着就准备出去。

“指点什么？我姐夫不带学徒了啊……”

庄睿有点奇怪，赵国栋除了以前那几个徒弟之外，没有再收学徒了。四儿他们倒是一人带了好几个。

修车这活也是技术活，现在的修理厂师傅带徒弟，和以前在工厂里面那些老八级钳工们带学徒是一样的，管吃管喝但是没有工资拿，除非等你出师能单独修理了，那才会发工资，所以别看院子里忙活的人不少，其实有一半都是学徒不拿钱的。

“嗐，是我以前的几个老哥们，他们想学点手艺，赵老板没事就带他们一下，这不是厂子里的保安也不需要那么多人嘛……”

张玉凤这一解释，庄睿才明白过来，以前跟着张玉凤的那十几个人，全都划归到厂子的保安队去了，算是给了他们口饭吃，只是这保安队根本就没有什么事做，工资定得也要比普通修车技工低了不少。

以前跟着张玉凤混的这帮子人里面，有许多现在都要养家糊口了，所以就想学点技

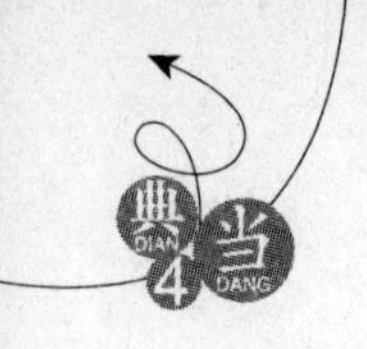

术，转做技工。话说保安又不能当一辈子，没准过几年年龄再大点，就会被厂子给开掉呢，现在能拿着工资学技术，何乐而不为啊。

“小睿，你来啦？等我一下……”

庄睿正和张玉凤聊天的时候，赵国栋一手油污地走进了办公室，和庄睿打了个招呼，转身出去洗手了。

见赵国栋回来了，张玉凤找了个借口出去了，把办公室让给这对大舅哥。

“姐夫，汽修厂这一个多月整合得怎么样了？能走开了吧？我看张玉凤这人还不错的……”

庄睿过来是要喊赵国栋一起去北京的，还有两天就是中秋节了，欧阳婉打电话来，让庄睿他们都过去。赵国栋家里还有几个兄弟，偶尔一次中秋节不在彭城过也没多大问题，只是这厂子让赵国栋有些放不下。

赵国栋拿了条毛巾擦了把汗，对庄睿说道：“差不多了，老厂那边有四儿在看着，这边毛六的技术也不错，一般毛病都能修，嗯，还有张玉凤，这老哥人不错，有他看着我离开也能放心，咱们准备什么时候去北京?”

毛六是赵国栋当时出厂时带的另外一个徒弟，他也没有厚此薄彼，毛六和四儿一人负责一边，都能挑大梁了。

“现在就走吧，你先回家和我姐等着，我回别墅把白狮带上，咱们一会儿找地方吃个饭就走……”

庄睿看了下表，马上中午十二点了，算下时间，吃完饭就走，晚上十点多钟就能到北京了。

“好，你先去吧，我再交代他们一声……”

囡囡在北京待了都快两个月了，赵国栋也想女儿了，答应了一声之后，出去找张玉凤和毛六了。

庄睿开车回到别墅，却是没有急着带白狮走人，而是来到了地下室里。

在原主人摆放古玩的那些架子上，现在放的全都是一个个的小盒子，庄睿很是有点恶趣味，他将那些放了红翡饰品的盒子全部都给打开了，在地下室的那盏白炽灯的照射下，整个地下室被这些饰品渲染得仿佛升起了一片红雾。

“唉，又要大出血了……”

庄睿有些不舍地看了一眼架子上的这些宝贝，然后在冰种首饰里开始挑拣起来。

此次进京过中秋，庄睿的大舅二舅，二舅家的两个表哥表嫂，包括嫁出去的两个表姐，都会去老爷子那里，一来是过中秋，二来也是想让那些孩子见见他们的小姑，话说欧阳婉离开的时候，就是年龄最大的欧阳磊，也不过是个穿着开裆裤的小屁孩。

欧阳婉前几天给庄睿打了电话，让他带一点彭城的特产进京，到时候给各家的晚辈们带回去，算是做姑妈的一点心意。只是庄睿在彭城转悠了半天，那些特产无非就是糖

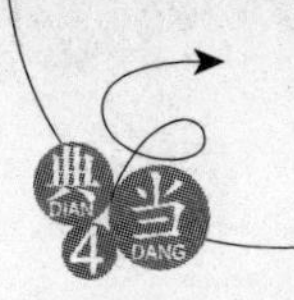

块之类的吃食，这见面礼实在是有些拿不出手，这才一狠心，决定每人送两件红翡冰种的首饰。

这些冰种的红翡首饰，虽然是用取镯子之后剩下的料子，不过罗江因材施艺，做出来的耳环挂件，也都是很精致的。女孩子也喜欢红色，所以这里的一对耳环，最少也能卖到五六万块钱，加上挂件，恐怕就要七八万左右了。

初次见面，庄睿相信老妈送出这些物件，即使那些姐姐嫂子们眼界高，也是挑不出任何刺来的。

庄睿算了一下，除开欧阳军，那三位嫂子还有两个表姐，这就是五个人了，每人送一对耳环和一个挂件，至于徐大明星新婚，就多加一件手镯好了，如此一来，就要送出去六对耳环和六个挂件一副镯子。

虽然庄睿这里的冰种首饰足足有四十多件，他还是一脸肉痛的表情，要不是为了老妈不被这些晚辈们看轻，庄睿才舍不得拿出这些宝贝送人呢，镯子加首饰，足足有小两百万了。

“自己在外公那边可是排最小的一个啊，回头要问那些哥哥姐姐要点好处才行……”

庄睿一边收拾出来六套首饰，一边在心里愤愤不平地想着，这也就是为了给老妈争个面子，要是换作庄睿自己，不倚小卖小，伸手去讨东西就不错了。

在把首饰盒子都收到身上那个登山包里之后，庄睿从架子最底层的柜子里，拿出两个装着镯子的首饰盒，这里面其中一副是冰种红翡镯子，送给徐大明星结婚用，另外一只却是真正的血玉手镯，那是等到外婆七十周年结婚大庆的时候，母亲送给外婆的礼物，庄睿这次干脆也一起带上了。

锁好地下室的门之后，庄睿带着白狮开车去找姐姐两口子了。至于地下室的安全，倒是不用担心，庄睿在地下室的门上装了报警系统，别说那位置很隐蔽，就算是小偷找得到，要是想暴力破解的话，别墅保安室和附近派出所，马上就会接到报警。

接到庄敏和赵国栋，几个人随便找了个饭店吃了点东西，庄睿就开车带着二人往北京开去。

前几天听古云在电话里神神秘秘地说要给庄睿一个惊喜，他估摸着那四合院恐怕建得差不多了，要是能住人的话，庄睿准备在北京长住一段时间，毕竟那里的文化氛围和收藏圈子，都不是彭城可以比的。

一路上庄睿和赵国栋换着开了几段路，在晚上八点多钟的时候，进入北京，庄睿一边把车开向玉泉山方向，一边掏出手机拨打了出去。

“喂，庄睿？”

电话里传来苗菲菲的声音，这一个多月来，苗大警官几乎是一天一个电话，催促庄睿来北京，现在到了，不给她打个电话也说不过去。

"是我,苗警官,我到北京了,不过今儿没空,明天咱们见下面吧。对了,你找我到底是什么事啊?话先说在前面啊,我可是有女朋友的人了……"

庄睿在电话里和苗菲菲贫了一句,这女孩虽然长得很有女人味,但是性格却是很直率,对人也很真诚,如果不看性别的话,倒是个好哥们。

"呸,你就臭美吧,要不是你现在也有点小名声了,我才懒得找你帮忙呢。"

苗菲菲对庄睿的话嗤之以鼻,接着说道:"明天我上午打你电话,具体什么事出来再细谈吧,到时候可能还有我们领导跟着呢。"

"别介,苗菲菲,咱们是朋友,我跟你领导可是不搭啊,要是私事您找我帮忙,那绝对没二话,但要是公家事情的话,对不起,我帮不上什么忙的……"

苗菲菲的领导,自然也是公安局的了,庄睿想不通他们会有什么事情找自己帮忙。不过在经历了上海挨枪子和山西差点被炸死的事件之后,庄睿原本心里的那丁点儿热血情怀,被蒸发得一点都不剩了,反正和警察扯到一起的事情,总归没好事。

"哎,我说你这人,身为公民,思想素质怎么那么低啊,就算我私人找你帮忙好了。明天要是敢不接我电话,我就去玉泉山找你去。"

苗警官对庄老板的态度很不满意,威胁了一通之后,挂断了电话。

在进入到玉泉山疗养院的时候,庄睿明显地感觉到,这里的警卫力量又加强了许多,每到逢年过节的时候,这些特殊场所,总是戒备森严。

庄睿是第二次在这里被拦下来了,原因还是白狮,虽然上次被放行,但是这次换了一个警卫,怎么说都不让庄睿进去。

无奈之下,庄睿只能拨通了外公家的电话,是一个陌生的女人接的,庄睿把事情说了一下,几分钟之后,一辆部队的悍马车从里面开了出来,疾驶到疗养院的大门处停了下来。

"磊哥?你怎么这么早就来了?"

庄睿看到从悍马车上下来的人,竟然是一身军装的欧阳磊,连忙上前打了个招呼,庄睿知道欧阳磊那部队的性质很特殊,他这军事主管一般很难走得开。

"最近工作会有点变动,没那么忙了。对了,这是小敏和妹夫吧?"欧阳磊和庄睿打过招呼之后,看向庄敏两口子。

"是的。姐,这是大舅家的磊哥,上次你来的时候,他正好回部队了。磊哥,恭喜你啊,又要高升了……"

庄睿给他们介绍了一下,然后看向欧阳磊肩膀上的军衔,果然,那一颗金星现在已经变成了两颗,不折不扣的中将军衔。

"呵呵,以后在北京的时间会多点,到时候咱们哥几个多亲近亲近。对了,国栋的伤没什么事吧?"

欧阳磊笑了笑,现在部队只有特种师的编制,没有特种军一说,他这个少将师长已经

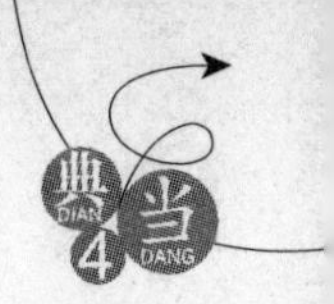

属于特例了，要是想往上再进一步的话，只能离开特种师。

欧阳磊的这次升迁，本来在军队内部的争议很大，但是随着欧阳老爷子身体好转，一些反对的声音也变得弱了起来，加上他父亲这次提升也是十拿九稳的事情，所以各方力量也进行了妥协，不过在这个过程中的暗流涌动，却是极为惊心动魄。

赵国栋早就听庄睿说起过这位大表哥，知道面前的这位将军，就是一个多月前一个电话就调动了省武警总队副总队长的人，连忙上前一步，握住了欧阳磊的手，说道："谢谢磊哥，都是点小伤，早就没事了。"

"嗯，现在地方上的治安，也是需要整治一下了。嗨，你看我，在这就聊上了，走吧，进去说……"

欧阳磊和门口的警卫员打了个招呼，又出示了一个红皮的证件，那位警卫员马上敬了一个礼，放行了。

"你这大家伙，城里可是不让养啊，干脆给我带到军区里去算了……"

欧阳磊看着白狮，也是一脸羡慕，话说男人没有几个不喜欢这种外形威猛的极品藏獒的。

"嘿嘿，磊哥，你们可养不起它……"

庄睿笑了笑，发动了车子。白狮吃东西倒还好，不怎么挑剔，不过这隔三差五的要给它用灵气梳理下身体，那除了庄睿之外，恐怕世上再也没有人能办到了。至少庄睿是没有听说过还有像他这样的人。

进入外公的小院之后，庄睿看到外公外婆还有自己的母亲，都在院子里呢，两位老人刚做完物理治疗，正围着院子散步活动筋骨呢。

欧阳婉扶着老爷子，而另外一个个头高挑，气质出众的陌生中年女人，扶着老太太。

"爷爷奶奶，我把小弟接进来了，还有你们的外孙女婿。蒋颖，来，认识一下，这都是咱们的弟弟妹妹。庄睿，这是你嫂子……"

欧阳磊进院子之后，就大声地给众人介绍了一番。那位气质绝佳的女人，是他的妻子，庄睿看得出来，这位嫂子在年轻的时候，那绝对是一等一的美人，即使现在，也是风韵犹存。

"外公，外婆，妈，嫂子好……"

赵国栋虽然早就有了心理准备，不过在见到欧阳罡之后，还是情不自禁地紧张了起来，像点头虫似的，被庄睿拉着一个个地去问好。

"嗯，是个老实孩子，配得上小敏丫头。"

老爷子盯着赵国栋看了一会儿之后，点了点头，算是认了这个外孙女婿了，却把赵国栋紧张得背后的衣服全被冷汗浸湿了。

"爸爸，妈妈，你们都不要囡囡了，哇，白白也来了，抱抱……"

随着小囡囡的喊声，小丫头从屋里面跑了出来，跑到跟前的时候，早就是眼泪汪汪

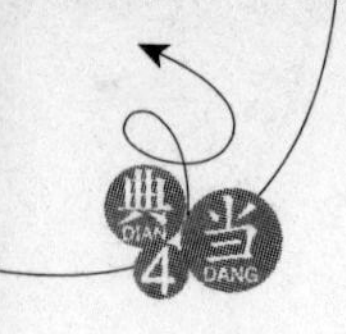

了，不过随之看到白狮，又破涕为笑，愣是把小身体挂到白狮的脖子上，院子中顿时充满了欢声笑语。

“小睿，妈让你带的特产呢？在车里了？”

见到院子里众人都在哄着外孙女，欧阳婉把儿子拉到了一边，小声问道。今儿欧阳磊的妻子蒋颖来之后，一口一个小姑地喊着，欧阳婉却是拿不出见面礼来，自觉有些难堪，所以儿子刚到，就问起这事来了。

“妈，就咱们彭城的那些特产，适合送人吗？”

庄睿的话让欧阳婉脸上也有些发烧。的确，长辈送晚辈东西，虽然更多的是一种心意，不过在这样的家庭里，你拿出一些糖果来送人，那就有点太拿不出手了。看那位侄媳妇的举止气质，分明也是出身富贵之家。

不过欧阳婉这许多年来，靠着一份工资养活了庄睿姐弟两个，贵重的东西她也没钱买啊，儿子虽然有钱，欧阳婉却也不好张这个嘴。

“妈，来我房里……”

庄睿看到外公又开始给赵国栋进行爱国主义教育了，没有注意到他这边。拉了下母亲的衣袖，悄悄地往自己住过的那个房间走去。

“怎么了？小睿，什么事不能在外面说啊？”

欧阳婉有些奇怪地问道，她的性格比较恬淡，虽然给这些晚辈送不出礼物，心里有些难堪，但是也没怎么太过在意。

“妈，礼物早就给您准备好了。喏，这些耳环和挂件，一个嫂子或者表姐给一套，另外军哥快结婚了，多给那没过门的嫂子一副镯子。对了，妈，这一只镯子谁都不准送啊，等到外公外婆结婚七十周年的时候，你再送给外婆。”

庄睿把身后的背包解了下来，将里面的物件一件件地掏了出来，打开放在了母亲面前，逐个交代着，尤其是那只血玉手镯，更是反复说了好几遍，这要是送错了的话，那徐大明星可就赚大发了。

“小睿，你，你什么时候搞出来这么多东西啊？”

虽说欧阳婉一向都是处事不惊，现在乍然看到这么多首饰，也是被惊得目瞪口呆，她年轻的时候也是见识过不少好东西的，自然能看出这些首饰的价值来。

“妈，我上次不是带回家一块原石嘛，就是用那个原石里的翡翠打制出来的，忙活了整整一个月呢。这东西能拿得出手吧？嘿嘿，到时候看哪个晚辈顺眼，您老人家就来一句：赏。倍儿有面子啊。”

庄睿笑呵呵地和老妈开起了玩笑，回到了父母身边的欧阳婉，以前那眉间的阴霾尽去，庄睿心里也是高兴得很，经常会在电话里和老妈逗个乐。

“你这孩子，好的不学，怎么学得一口京腔……”

欧阳婉也笑了起来，这些首饰可是解了她的燃眉之急，加上是儿子孝敬的东西，没什

么不好意思的，当下就把那些首饰都收了起来，准备等到合适的机会，再给晚辈们。

老爷子很有兴致地聊了想当年之后，就被护理劝去睡觉了，自然有警卫员安排赵国栋等人的住宿。这里房间很多，而且都是经常打扫的，等到后天中秋的时候，还要接待好几拨人呢。

第二天庄睿起得很早，他今儿事情不少，除了和苗菲菲约好之外，还要去四合院那里看看，古云那家伙在电话里搞得神神秘秘的，使庄睿对自己这套北京新居，充满了期待。

苗菲菲倒是没让庄睿久等，八点钟就打来了电话，和庄睿约在他们警局对面的一个酒店的咖啡厅里见面，庄睿收拾了一下，就驱车前往了。

“庄睿，这边……”

刚一进入咖啡厅，庄睿就看到穿了一身便装的苗菲菲在向他招手，在苗菲菲身边，还坐着一位四十多岁的中年男人，想必就是苗警官口中的领导了。

“苗警官，你这催了我一个多月，到底是什么事儿？现在总能说了吧？”

庄睿走过去之后，向那中年人点了点头，看向了苗菲菲。

第六章 警民合作

"庄睿,我给你介绍一下,这是我们分局主管刑侦的吴局长……"

苗菲菲见庄睿走到桌前,站起身来把她身边的那个中年人介绍给了庄睿,虽然吴局长只是个副局长,但是苗菲菲还不会耿直到连"副"字也介绍出来的地步。

"吴局长你好……"

庄睿伸出手和吴局长握了一下,态度说不上冷淡,但是绝对不算热情。

在庄睿的童年时代,"我在马路边,捡到一分钱,交到警察叔叔手里面"这首歌,就是当时的流行歌曲了。

庄睿从小对警察还是比较有好感的。不过这种好感在经历了陕西那次惊心动魄的爆炸案之后,就在庄睿心里荡然无存了,那次警方明明已经掌握了余老大的犯罪证据,不提前进行抓捕,偏偏要来个捉贼拿赃。

好吧,为了抓现行,这也没错,但是你们警方的专业技能不过硬,原本是瓮中捉鳖手到擒来的局面,到最后居然让犯罪分子溜了出来。而最让庄睿气愤的是,那种犯罪分子劫持人质,然后警方拿个大喇叭喊话的狗血剧情居然都上演了出来。

这还不算完事,到最后自己赔上一辆车不说,还差点害得白狮丢掉了性命,所以从那之后,庄睿虽然不说讨厌警察,但是那种从小时候培养起来的对警察发自内心的尊敬,却是没有了。

所以庄睿现在心里有点排斥和警察打交道,倒不是针对吴副局长,如果不是和苗菲菲认识得早,恐怕庄睿也会对其避而远之的。

看到苗菲菲和吴局长都不说话,在那悠闲地喝着咖啡,庄睿坐下之后,招呼服务员要了一壶普洱茶,自己给自己斟上,慢悠悠地喝了起来,对面的那二位都不急,自己着哪门子的急啊。

"咳咳,庄睿,是这样的,我们局里接手了一个案子,需要你配合一下,你看怎么样?"

足足过了有七八分钟,庄睿都未开口说话,眼睛不停地打量着这家西餐厅的布置,苗大警官终于忍不住了,硬是咳嗽了两声,把庄睿的注意力吸引到自己的身上。

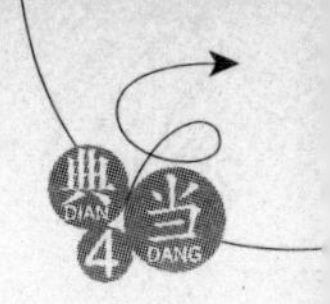

"我看不怎么样!"

"咳……咳咳……"

庄睿一句话说得对面二位都发出了咳嗽声,这次却不是装的了,而是真的被咖啡给呛到了,他们没想到庄睿对案情连问都不问,就直接拒绝了。

"哎,我说庄睿,你就不能有一点身为国家公民,为国家作出贡献的觉悟啊?"

好不容易理顺了气,苗菲菲气呼呼地瞪着庄睿,在她看来,庄睿简直太不给自己面子了。

"嗨,苗警官,我遵纪守法按章纳税,已经是在支持国家建设了。按说这查案子是你们警察的事情吧,我可是没有这个义务啊……"

庄睿一本正经地说道,他是真的不想牵扯到什么案子里去,话说那些犯罪分子都是亡命徒,搞不好再整出一次余老大那样的事情,到时候可没有白狮帮自己挡枪子了。

所以对于案情,庄睿压根就没有兴趣知道,这事情知道的多了,未必就是好事,很多事情不都是赶鸭子上架,硬推上去的嘛。

"庄先生,您可以先听一下案情,再决定参不参与啊,这事情我们也没办法强迫您不是?"

坐在一旁的吴局长开口说话了,要是让他手下的那些小伙子们听到这番话,保证会大吃一惊,一向脾气火爆的吴头,什么时候这么和颜悦色地和人谈过工作啊?

吴局长也是没办法了,来之前苗菲菲就跟他大概地说了一下庄睿的背景,比苗菲菲的来头还大,吴局长敢在庄睿面前拿架子摆谱吗?吴局长脾气火爆没错,但那也是看人下菜的。

"吴局长,不是我不想听,而是我本人是学金融出身的,对于你们刑侦的那一套,完全是一窍不通。这隔行如隔山,说不定还会帮倒忙搞砸了你们的事情,我看你们还是找一些比较专业点的人来帮忙吧……"

庄睿话说得很委婉,但是意思却是表明了,我对你们那案情一点兴趣都没有,您二位还是另请高明吧。

看到庄睿有起身的趋势,苗警官的一张俏脸变得越来越难看了。找庄睿参加这次行动,是她力荐的,而领导们一来不想拒她的面子,二来综合考虑了一下,庄睿的确很适合,所以才定了下来,可是没想到他居然油盐不进,连什么事都不愿意听,这让苗警官感觉非常非常没有面子。

"好了,苗警官,我还有事,先走一步。小姐,买单……"

庄睿扬起了手,他的确有事,和古云约好的,这会儿心早就飞到四合院里去了,懒得在这里和两位警队精英磨叽了。

"庄睿,你敢走!你信不信我去玉泉山你外公那里告你一状,说你不支持我们的破案工作,你前脚敢走,我后脚就去。"

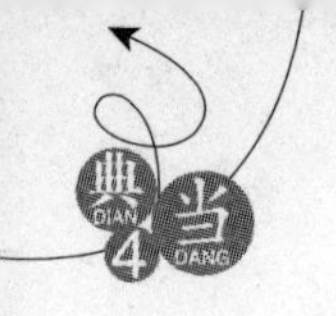

苗菲菲终于忍不住爆发了，幸亏早上西餐厅没有什么人，不过那些服务员的注意力，还是被吸引了过来，而正往这边走准备买单的服务员，也迟疑着没有过来。

“哎，我说苗菲菲，你不讲理了是吧?”庄睿有些生气了，站起身来，摆出一副要走人的样子，“这都进入新社会半个多世纪了，还实行拉壮丁啊，看哥们我好欺负是不是?”

“我就不讲理了，你走走看?”

苗菲菲摆出一副有本事你走人的样子，不过庄睿却是知道，这丫头绝对是说得出做得到，今儿自己要是真走了，搞不好她真敢跑到玉泉山告状去。

老爷子的那脾气，庄睿也算是了解一二，对于国家的事情，向来都是放在第一位的。苗菲菲要是去加油添醋地这么一说，那老爷子保准会把自己给训一顿。无奈之下，庄睿只能悻悻地重新坐了回去。

“说吧，到底是怎么回事？不过咱们丑话说在前面，我就是听了你们的案情，也有权利不参与的。苗菲菲，我还真不怕你那套，少拿老头子来威胁我!”

庄睿没好气地说道，苗菲菲找上他来帮忙，十有八九跟文物有关，这也是庄睿最不想触及的事情。话说一牵扯到文物案，百分之百会和盗墓团伙有关系，几个月之前发生的事情，庄睿现在心理还有阴影呢。

“我先把案情给庄先生通报一下吧。是这样的，在前不久的时候，河南三门峡市，发生了一起盗墓案件……”

随着吴局长的讲述，一件惊动了公安部，并派专人下去督办的盗墓大案，逐渐呈现在了庄睿的眼前。

原来，就在三个月之前，三门峡公安分局刑警队在审查一名走私贩的时候，那个犯人供出一个消息来，说是“听说兴会乡有人在挖古墓”，要知道，这个乡有三十个村庄，两千九百户人家，那么是谁、在哪儿掘开了古代墓葬？警方所掌握的情报实在是少了点。

当时分局里的侦察员们，就扮成了打猎的样子，在那个乡里展开了排查，最终在上岭村北部一幢刚完工的二层小楼附近，发现了盗墓的特征：一米多高的新土堆，下面有十米左右深的坑洞，而且挖痕明显，大概有的东西已经被盗走。

为了抓住犯罪分子、夺回文物，侦察员们在隆冬守候了三天三夜，第四天的凌晨一点多，终于等来了一个鬼鬼祟祟的影子，那人背着猎枪在坑洞附近徘徊，侦察员上前，双方以枪对峙，那人做贼心虚，只得投降，他原是个放哨的，坑洞下的人听到上面的劝诫，也都乖乖地爬出洞来，干警们收缴了现场部分被盗文物。

当案子成功告破后，人们才知晓，现在所追缴到的被盗文物，只是冰山一角，这伙盗墓贼所挖掘的古墓，居然是政府还未发掘的虢国墓地，里面埋藏着数件珍品，而且流失出去的珍品文物，已经高达数百件之多。

事情通报上去之后，顿时惊动了省市公安部三级部门，由公安部下派的专人很快就赶到了案发现场，对盗墓贼进行了审讯。

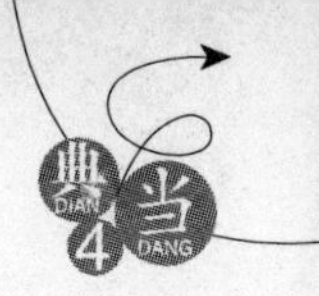

经过几天的突审，盗墓贼虽然交代了全部罪行，并供出了部分同伙，但是对于他们的上家，也就是出钱购买文物的人，却交代不清楚了，因为就连他们自己，也不知道那些人的来历。

但是有一个人交代了一条线索，就是有大概数百件的文物，流落到北京等地了，具体情况那人却不了解。有了这个线索之后，北京警方也忙碌了起来，经过多方渠道的侦查，到现在已经掌握了部分线索。

"吴局长，你们既然掌握了线索，就去查办好了，这事跟我好像没什么关系吧？"

庄睿听到果然是和盗墓贼有关系的案子，心里已经是打定了主意，这事任你说破大天，哥们我也不参与。

"庄先生，是这样的，根据我们所掌握的情报，这批文物极有可能流入北京的文物黑市里面了，而在近期就会进行拍卖，我们是想请庄先生参加此次的黑市拍卖，并不需要您做什么，只要帮我们鉴定一下在黑市所拍的文物里面，有没有河南的那批文物就可以了……"

吴局长看庄睿又有推诿的意思，连忙将话给说清楚，他心里其实也有些腻烦，话说北京城那么多知名的文物专家，这小苗干吗非要找这个年轻人来啊，虽然自己也听说过庄睿的一些事迹，但是吴局长对于庄睿关于古玩方面的专业知识，心里还是有些不怎么相信的。

"嗨，你们既然掌握了情况，直接把那黑市给抄了不就完事了嘛，反正黑市也是违法的，你们有足够的理由去行使权力啊……"

庄睿一听是这事，心里顿时轻松了一点，至少不是让他去和盗墓贼打交道了。经历过一次黑市拍卖，庄睿心里很清楚，那些开黑市的人，也都是手眼通天的，更重要的是，为了确保他们的声誉，黑市的安全问题是不需要多加考虑的。

不过庄睿心里还是有些不情愿，要是让他去黑市淘宝，那没问题，可是作为警察的线人去鉴定文物，这心里怎么那么别扭呢，北京城里的文物专家多了去了，干吗非要找自己啊。

"庄先生，这文物黑市的举办地点，一般都是临时定的，而平时那些古玩文物的藏匿地，我们更没有办法掌握，并且对这种黑市是否违法的界定，也是比较难。我们只是想确定那批出土文物是否会出现在拍卖当中，然后再根据这个线索追查下去……"

吴局长耐心地给庄睿解释着，就差没说出他们不管文物黑市的话来了，这种黑市的确很难查，一来举办黑市的人有背景，往往抓一批进去，没两天就要给放出来。

二来给这种行为定罪也难，倒卖文物？别人也不承认啊，我们那叫藏友之间的交流，偷税漏税？那是工商税务管的，你们警察狗拿耗子多管闲事干吗。

所以文物黑市在北京的古玩圈子里，几乎都是半公开的，很多著名的收藏专家和藏友都曾经去那地方淘过物件，即使被查到了，只要你购买的不是国家二级以上文物或者

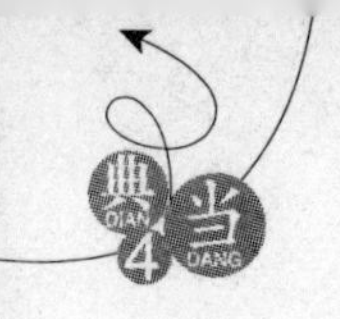

青铜器，警察局连收回的权利都没有。如此一来，对于这种黑市，公安人员往往都是睁一只眼闭一只眼了。

就像一个多月前，金胖子招呼庄睿去的就是古玩黑市，只是庄睿那会儿正好忙，不然的话，他早就有机会接触到京城圈子里的黑市了。

“吴局长，就仅仅是帮你们观察一下，在黑市中会不会出现那批河南被盗的文物是吧?”庄睿听完吴局长的解释，倒是有点动心了，因为去黑市没什么危险啊，说不定还能淘弄到几个物件呢。

“对。如果您同意的话，我会把被盗文物的相关资料交给您，如果那批文物在黑市上出现了，等黑市完了之后，您通知我们就行了。”

吴局长很确定地回答了庄睿的问题，他们要做的是顺藤摸瓜，把盗掘文物的幕后老板找出来，而不是去找黑市麻烦。话说黑市的幕后老板的情况，他们也早就掌握在手里了，只是奈何不了别人罢了。

“吴局长，京城里的文物鉴定专家那么多，为什么找上我这么一个初出茅庐之辈啊?”庄睿问这话的时候看了一眼苗菲菲，估计这事十有八九是她的主意。

果然，吴局长也用眼睛瞥了一眼苗警官，说道:“庄先生在济南的民间鉴宝节目，我们都看过，从专业上来说没有任何问题，而且小苗这次也要进入黑市，你们年龄差不多，所以嘛……”

吴局长可是没那闲工夫看什么民间鉴宝节目，这事是苗菲菲说的。但是吴局长通过古玩行朋友的渠道打听了一下庄睿这个人，知道他不久前曾经在潘家园淘到过一件珍贵的陶器，多少也应该有两把刷子的。

并且这年头那些气功大师什么的，早就被人给揭穿了，没点真材实料，是不敢往电视台跑的。

“苗菲菲你也去?”庄睿闻言皱起了眉头，这位警官可是正义感过剩啊，万一到时候出点什么岔子，那就不好办了。

不过庄睿却是怎么都不会想到，即使是他这位鉴定专家不去，苗大警官也是要去的。

其实本来警方已经确定了人选，是位老专家，那位专家也很愿意配合警方的行动，只是苗菲菲不愿意了，虽然自己长得很容易让别人产生幻想，不过让自己扮作二奶，门都没有！所以这才找到了庄睿。

本来吧，这种事情根本就不需要苗大警官跟着，又不在黑市上动手，让她跟着干什么啊。不过这案子是公安部督办的，规格比较高，对办案人员的奖励自然也很丰厚的。

日后要是破案了，那苗警官乔装打扮，深入敌人内部侦查的事迹，自然会被大书特书，也能作为其升迁的一个资本。而且正因为没危险，所以这唾手可得的好处，自然是理所当然地落在苗副大队长身上了。

不过苗警官倒是没有想那么多，立功不立功的她根本就不在乎。

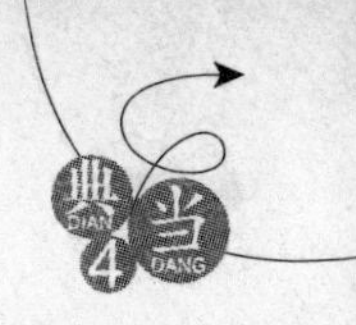

只是苗菲菲这几个月来是待在刑警队不假，但是所做的工作全是后勤保障，办公室里缺点啥东西，夜勤人员的伙食安排，这些都归苗副队长管，早就把苗菲菲给憋得不轻了，眼下有这机会，苗副队长自然是当仁不让，亲自出马了。

“你皱什么眉头啊？就说去不去吧？”

苗菲菲见庄睿听到她去的消息后，立马皱起了眉头，心里十分不爽。

“不去！”庄睿横了她一眼，吓唬哥们是怎么着啊？

“庄睿，就当私人帮忙啦，我可没求过你什么事，别忘了，你那白狮的城市养犬证还是我办的呢，这么快就翻脸不认人啦？”

看到庄睿硬生生地回了一句，苗菲菲反而软了下来，接着又说道：“你那四合院不是快完工了吗？也淘弄几个好点的古玩摆着啊，在黑市你花钱购买的东西，我们可是不管的。”

听到苗菲菲这么一说，庄睿开始犹豫了。从心底讲，他也是想去京城的古玩黑市见识一下，自己现在好歹也是个藏家了，以前虽然淘到不少好东西，不过因为缺钱都给卖掉了，现在家里剩下的那些物件未免有些寒酸，只有一个龙山黑陶和修复过的钧窑瓷器，是要整点好物件了。

现在玩古董的人，首选正规拍卖行拍出的物件，那真假比较有保障；第二是去古玩市场，只是那地方真品虽然不少，但是假玩意儿更多，基本上是属于瞎猫碰着死老鼠，全凭运气。

而古玩黑市就不一样了，这里能拿出来拍卖的古董，都是经过某些专业人士鉴定过的，虽然不一定保证百分之百就是真的，但是真品要比古玩市场多多了，而且价格要比拍卖行的便宜，所以这种场合，是古玩爱好者最喜欢的。

庄睿考虑了一会儿之后，说道：“这去倒也不是不行，只是我也不知道黑市在哪里，以前又没有去过，别人未必会邀请我吧？”

听到庄睿的话后，吴局长连忙说道：“这个不用担心，庄先生您现在在京城古玩界也是很有名气的人了，我们可以让某位参加过黑市的人提出来，就说您想参加，举办黑市的人绝对会和您联系的。”

庄睿闻言后点了点头，说道：“那好吧，我可以去，不过有个要求，苗警官在黑市里面，只能看不能说，否则的话，我宁可不去。”

“庄睿，你是警察还是我是警察啊？”

苗菲菲听到庄睿的话，马上瞪起了眼睛，不过随之又软了下来，说道：“好吧，反正只是去看看那里有没有被盗的古玩，我只看不说好了吧？不过你要是自己想买东西，就自己准备一笔钱，我们的办案经费可是很紧张的，没钱给你的啊。”

苗菲菲的话让庄睿有点哭笑不得，他本来也没指望自己买东西警察买单，哪有那样的好事啊，当下点头说道：“行，就这么定吧。我今儿真的还有事情，订下来时间之后，你

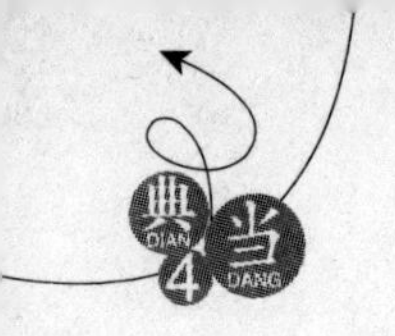

们打电话通知我吧。”

“庄先生,这黑市举办的时间可是没办法确定的,时间地点都是有黑市举办方临时定下来的,他们到时候会直接打电话和您联系的。”

吴局长的话让庄睿愣了一下,不过细想想也是这么回事,什么都被警察掌握了的话,那位黑市老板再有背景,连着被抓几次现行之后,恐怕也是办不下去了。

“庄睿,你可是答应了啊,回头黑市那边给你打电话,你要马上通知我……”苗菲菲表现得比庄睿还忙似的,说完话后,就拉着吴局长离开了。

“哎,我说,求我办事你们也不买单?”

直到两人出了西餐厅,庄睿才反应过来,敢情这姐们又摆了自己一道。

第七章 京城豪宅

“可恶,这死丫头!”

喊了服务员买单之后,庄睿才知道,敢情苗菲菲还叫了一份中午直接送到警局里去的黑椒牛扒外卖,不用说,账自然也是记到自个儿头上了。

庄睿也不是真的生她的气,在庄睿的朋友里面,除了别人的老婆,还真是鲜有女性朋友,所以对苗警官的友谊,庄睿还是很珍惜的,当然,只是男女朋友,还要解释?好吧,就是纯洁的友谊关系。

出了餐厅,庄睿开车向四合院驶去,看着车窗外的车水马龙,庄睿有种融入了这里的感觉,要说北京和彭城的气候,是相差不多的,但是老北京这浓厚的文化底蕴,是彭城所无法比拟的。

行驶在北京的大街上,那现代化的道路和时而出现在路旁的古建筑,会让人心里有种很奇怪的感觉,千年古城与现代文明很和谐地交织在了一起,路边那些匆匆上班的白领和拎着鸟笼遛鸟的老人,也是一幅幅生动的画面。

车子驶入文化保护区的时候,庄睿有意放缓了车速,进入保护区的道路不是很宽,但是一股饱含历史沧桑的人文气息扑面而来,每次经过这里,庄睿心里都有股子朴实厚重的感觉。

这会儿正是上午十点多钟,小商贩在道路两边摆满了摊位,不少老外正在那里和商贩们叽里咕噜地讲着价,高高的青砖红瓦墙头上,还有不经意间从院子里伸出来的树叶枝杈,道路拐角的阴暗处那些墨绿色的青苔,无一不显露出此地的历史。

庄睿这次没有把车停到巷口那里,而是直接开到了侧门处,从车窗里可以看到,原来一些小商贩非法搭建的窝棚,已经全部都被拆除了,代之的是一个古色古香的角楼,两边翘起的屋檐,像牛角一般。

可能得到了保护区领导的警告,又或者是这角楼下面的位置有些偏僻,是从主街道往里面延伸了一点。没有窝棚之后,摆的摊位无法靠近路边,所以那些小商贩并没有在这里摆摊,留出很大一块空地。

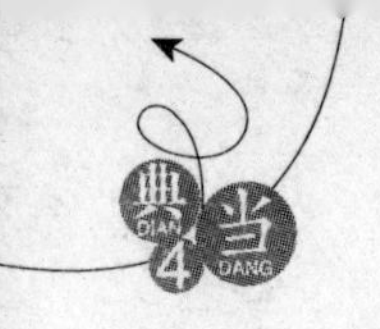

“咦？不是说好这里改成车库的吗？”

庄睿有些疑惑，没看到有侧门啊，那角楼下面依然是青砖墙壁。想了一下之后，庄睿将车停在角楼旁边，推开车门走了下来。

“这……这是卷帘门?!”

走下车站在角楼下面，庄睿才发现，刚才远远看着的墙壁，居然是道卷帘门。不知道古云用了什么法子，将卷帘门装扮得和周围的墙壁一般无二，距离稍微远点，都很难发现两者之间的不同。

“哎，我说那小子，干吗呢？私人地方，再乱摸我放狗咬你啊！”

突如其来的声音把庄睿吓了一大跳，转身扭头望去，古云正站在十几米远的地方，一脸坏笑地看着自己。

“古哥，先把卷帘门打开，我把车停进去……”

庄睿有些迫不及待想看看自己的新居了，要知道，就这套宅子，他前前后后往里面扔了八千多万了，心中对它的期待还是很大的。

古云笑了笑，走近庄睿之后，丢过去一个比火柴盒略小点的遥控器，说道：“挂在你车钥匙上吧。对了，停好车赶紧出来，别从那个门进院子，我带你去正门看看……”

“好嘞!”

庄睿也兴奋起来，用遥控器打开卷帘门之后，将车停了进去。这车库面积还不小，像大切诺基的车型足足能放下三四辆，即使以后再添置一些车，车库也足够用了。

“别看了，那门是指纹控制的，回头给你设置一下，只能用本人的指纹打开，这样就不怕有人从车库进内院了。对了，这道防盗门是我特别订制的，只能通过五个人的指纹验证，取消起来很麻烦，你到时候可要想好给谁进出的权限啊……”

古云也走进了车库，见到庄睿盯着车库侧门，出言给他解释了一下。虽然这个文化保护区对治安抓得非常紧，但是这么大的一个宅子，将防盗设施做得好一点，总归是有备无患的。

“指纹控制?”

庄睿有些好奇地在那道厚重的大门处转悠了一圈，这名词似乎只在电影中见过，没想到这么快就应用到民间了。

“走吧，反正是你家，还怕看不够?”

古云拉了庄睿一把，两人出了车库，沿着小巷往正门处走去。

“古哥，这……这还是我那宅子吗?”

庄睿走到门前，顿时傻眼了，四边的围墙都没变，还是那些老旧的青砖，但是这大门整个变了样了。

在大门两旁，有两只张牙舞爪的石狮子，那个足足有四米来高的门楼下面，是高三米的厚重朴实的大门，上面涂着亮丽的烘漆，八个碗口大小的门钉整整齐齐地列成两排。

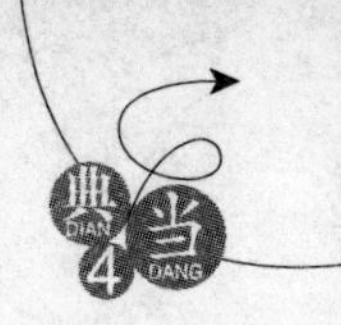

除了比原先的门房大了一圈之外，其余的像门楼、门洞、门框、腰枋、塞余板、走马板、门枕、连槛、门槛、门簪、大边、抹头、穿带、门心板、门钹、插关、兽面一个不少。

看着眼前的这一切，庄睿怎么有股子来到了故宫博物院的感觉啊，这不叫大宅门了，称之为“豪门”也不为过。

“平时开小门就行了，把门开这么大，是有些装修的物件搬不进来，不过这样也气派不是。对了，那对石狮子，可是我在山东请高手打造的，算上运费花了整整二十万呢……”

古云的话让庄睿苦笑了起来，这哥们还真不把自己的钱当钱花呀，一对石狮子花了二十万，不过这看上去的确是够气派，工艺似乎比庄睿经常在银行门口见到的那些石狮子，也要好出许多。

“嗯，那门锁是摆设，要这样开的……”

见到庄睿去摆弄那仿古的门锁，古云连忙制止他，将门锁往上掀开，里面露出一个钥匙孔，然后从身上拿出一串钥匙来，比划了一下之后找出一个插了进去。

走进门房之后，庄睿不禁眼前一亮，这里的布置和以前完全一样，大青石铺成的地面，透着一股子大气，随处可见的都是木制门窗，要说和第一次来有所区别，就是所有的东西都是崭新的，透露出明亮的光泽。

那带着福禄喜图案的垂花门上，油漆得十分漂亮，檐口椽头椽子油成蓝绿色，望木油成红色，圆椽头油成蓝白黑相套如晕圈之宝珠图案，方椽头则是蓝底子金万字绞或菱花图案。

最让庄睿兴奋的是，古云不知道从哪里移栽过来一些葡萄藤，围着垂花门缠绕了一圈，显得是那样的绿意盎然，生机勃勃。

“庄睿，这院子的雕饰图案还是按照以前那样的啊，这蝙蝠、寿字组成的“福寿双全”，以插月季的岷花瓶寓意“四季平安”，还有“子孙万代”、“岁寒三友”、“玉棠富贵”、“福禄寿喜”等等，每个院子代表了一个寓意，你以后慢慢看吧。”

穿过垂花门，古云随口给庄睿介绍着这四合院的建筑风格，庄睿上次来的时候，这些雕饰图案都破毁得很难辨认出来了。

“乖乖！古哥，还别说，您就是不干建筑这行，去给别人搞创意，那绝对也是一流的……”

走到宅子的中院时，庄睿顿时被眼前的美景惊呆了，中院的这个大花园，是整个四合院占地面积最大的，面前的凉亭、走廊、池塘、假山，池塘中鱼儿嬉戏，旁边种满了庄睿叫不上名来的花草树木。

而最美丽的景色，不外乎是那占据了大半个池塘的荷花了，九月正是荷花盛开的季节，粉红色的荷花娉娉婷婷地从水中浮起，清香远溢，如凌波翠盖，在扇叶一般大小的荷叶衬托下，显得是那样的雍容高贵。

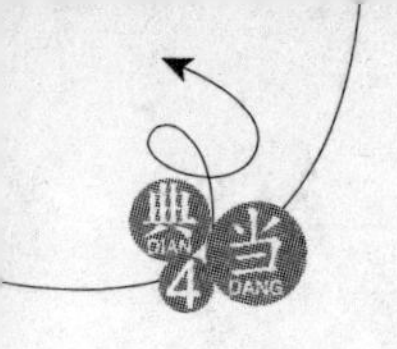

荷花每年有四个月的开花季节，并且适应性极强，自古以来，就是宫廷苑囿和私家庭园的珍贵水生花卉。自己园中的这些荷花，显然是古云从别的地方移植过来的，能将这些细微处想得如此周到，庄睿知道古云对他这套宅子，真是下了大功夫了。

“古哥，你，你不会告诉我现在这房子就完工了吧？”

看着眼前的美景，庄睿磕磕巴巴地问道，说好工期是三个月，这才一个半月，可是提前了整整一半时间的工期啊。

“前天完工的，就等你这老板来验收了。对了，一共花了一千三百多万，还剩了一百二十万左右，那钱我可不给你了啊，算是给工人们发奖金了，细账我回头拿给你看……”

古云看着眼前这些建筑，也是心有感触，要知道，这一个多月来，他吃住都在这里的，基本上每天都要和工人赶夜工，做一些不怎么吵闹的活计，要不然的话，恐怕交房还要晚上一个星期。

“嗯，嗯，那些古哥你看着办就好了，奖金怎么分配，那都是你的事情……”

庄睿的心思压根就没放在钱上，走到一个应该是客厅的房门前，推开门走了进去。

庄睿进的屋子，是中院的正厢房，除开进门处用作逢年过节祭拜祖宗的正厅之外，两边还有两个住人的房间。现代人讲究隐私，古云特意在原来只是个门框的地方，装了两扇推拉门，向内推进去，完全看不出有门的痕迹。

房间对着大门的墙壁处摆有一个高高的香案，在香案下面摆着一张八仙桌，两边是两张八仙椅，椅子的靠背上，雕刻着八仙过海的图案。

看着这房间里的布置，庄睿脑海中不禁出现了一幅画面，就是电影《甲方乙方》里面葛优和刘蓓所演的地主和地主婆，坐在屋里接受傅彪捶腿的情节，除了房间的光线要比那亮堂许多之外，摆设很是相像。

“古哥，您从哪里整出来的这物件？”

进到旁边的房间之后，庄睿不禁吓了一跳，这里面的卧室面积不算小，应该也有二十多个平方，但是里面的那张大床实在是恐怖了一点，几乎占据了整个房间的一半，除却实木打的衣橱之外，就剩下那张床了。

这床的风格应该是延续明朝的八步床，上面有架子，应该是挂蚊帐布帘用的，整个床就像一间小屋子一般，床榻的表面有雕花镶嵌，金漆彩油，镶嵌的是一些玉石、玛瑙等物件，装饰得异常华丽，只是庄睿用灵气看了一下之后才知道，这些东西纯粹就是装饰品，应该都是玻璃制品，看着好看而已。

“呵呵，我一个师兄开了个家具厂，里面有不少仿古家具，质量也是很不错的，所以我向他购置了一批，中院这些仿古的家具，全都是从他那里进的货。怎么样，还满意吗？”

古云出言给庄睿解释了一下，虽然之前庄睿把这些事情都全权委托给他了，但是事情还是要说明白的，他和庄睿处的时间并不是很长，关于这些开销，还是交代明白一点比较好，否则万一对方在心里留下什么芥蒂，那反而把好事办成坏事了。

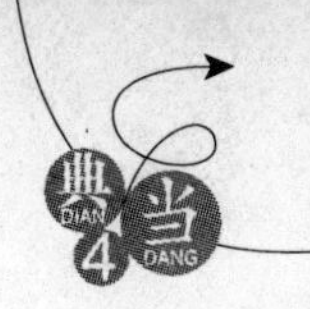

“不错，古哥，真是要谢谢你了，要是换成我，可是没地儿淘弄这些仿古家具。”

庄睿满意地点了点头，房间里的家具都齐全了，自己只要去潘家园或者琉璃厂买点小物件摆上装饰一下就可以了。

“对了，古哥，我可是听说这刚装修了的房子，甲醛味道很重啊，怎么这房间里一点味道都没有？”

庄睿想到个很重要的问题，甲醛对人身体的害处，就不用多说了，尤其是刚装修好的房子，一般都要打开门窗通风一两个星期才能住人的。庄睿曾经去刘川的新房看过，那房间里的刺鼻味道根本就待不住人。

“刷墙用的都是从德国进口来的漆，甲醛含量极低，再说你这些家具都是库存的，打制出来很久了，漆早就干透了。我昨儿专门请了空气清洁公司，把所有的屋子都清理了一遍，还有，你看那墙角……”

庄睿顺古云的手指看去，是一个铁盆，里面装满了灰色的木炭，古云接着说道：“那是活性炭，可以吸收甲醛等有害物质的，这房子里肯定还是会存在一点甲醛，不过绝对低于国家的检测标准了，你要是不放心的话，过上个三五天的再住进来也行。”

“嗯，现在还不着急住进来。对了，古哥，这冬天有暖气没啊，眼见着天就冷了呀。”庄睿在房子四周打量了一圈，也没见有暖气片，母亲年纪大了，没暖气可是不行的。

“在上面呢……”

古云把手指往上指了下，庄睿看到了几个很不显眼的排气窗，要说这房间里唯一现代化的东西，就要数屋顶了，因为原来的老四合院房子，是可以看见横梁的，但是这里全部都吊了顶，只不过装饰得很精致，那个像柱子一般的灯，庄睿一开始还以为就是横梁呢。

庄睿在心中暗自嘲笑了一下自己，虽然有钱了，可是这思维还是停留在以前的生活里面，在自己的内心深处，对这个社会和金钱的观念，庄睿依然如故。

不过这也不怪庄睿，从一无所有到现在身家亿万，还不到一年的时间，他很多生活习惯还是像以前那样的，俗话说三代出贵族，这也是需要一个进化的过程的。

“庄睿，这院子一共有二十八个房间，其中有三间厨房，三间摆放杂物的储藏室，三个餐厅，除了八间正房之外，剩下的十一个房间都可以住人，不过只有六个卧室里面带有洗手间和浴室，另外还有两个洗手间和浴室在前院，是公用的。

这里装不了暖气，我给你搞了个风管家用中央空调，保证每个房间都可以供暖的，包括地下室和车库，这你不用担心。另外还花了一百多万给你整了个配电房和柴油发电机，万一停电的话，柴油发电机就会自动发电，厂家每隔两个月会来维护一次，基本上不需要你操心的……”

庄睿现在只剩下点头的份了，古云想得如此周到，他还有什么好说的啊，看完中院的房间之后，两人又往后院走去。

后院的房屋结构和前面是一样的，但是里面房间的布置，就和中前院完全不同了，这

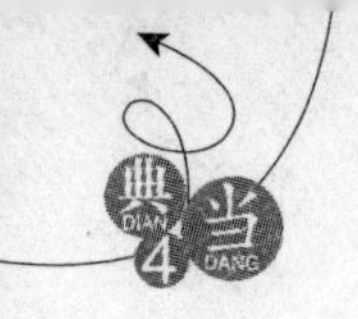

里完全是现代化的摆设,包括家具电器,古云都给购置全了。当然,床上用品还没有买,那些东西是要庄睿自己去选购的。

“喏,这个给你,后院所有的电器都是由电脑控制的,用这个遥控器就可以控制所有的电器……”

庄睿看着古云交给他的一个巴掌大小的遥控器,这心里一时还没有转变过来,刚从前面那极具古典特色的房间里走出来,马上进入到这个全是现代化装饰的房间,就好像是在时间隧道里穿梭一般,一步从古代跨入到了现代社会。

“古哥,真是太谢谢您了,让我说什么好啊,以后能用得上小弟的,您尽管吩咐。”庄睿现在是打心眼里感激古云,虽然这只是个买卖,但是要换做一个建筑公司来做,绝对不会像古云这般处处都为自己着想的。

“嗨,说那些没用的干什么,请哥哥去吃顿好的才是真的,这一个多月可是把我给累坏了。再去看看地下室吧,回头你小子要请我吃饭啊。”

古云笑着和庄睿开起了玩笑,这笔工程他其实也没少赚钱,大概能有百分之三十的利润,加上庄睿付的是现款,能顶得上平时两年干的活。

“那没问题,古哥,回头咱们就去东来顺吃羊肉去……”

庄睿拍了拍胸口,话说他对北京饭店的了解,也就仅限于那几个老字号。古云笑了笑,带庄睿去看地下室了。

为了防止雨水,古云把地下室的入口放在了后院的一个房间里,地下室大约有二十多个平方,里面按照庄睿的要求安装了通风和除湿设备,并且还有数排放置古玩的架子,当然,现在全是空荡荡的。

收藏这爱好,除了和藏友相互交流之外,其实就是没事自己偷着乐的,庄睿已经开始想象当这些架子上摆满了藏品之后的情形。嘿,到时候把金胖子等人带进来,绝对能吓他一个大马蹲。

“我说小子傻笑什么呀?这房子你也看完了,我这算是交房了啊。”

古云见庄睿半天没说话,回头一看,这哥们儿正望着地下室的架子嘿嘿笑呢,就差口水没流出来了。

“嘿嘿,古哥,高兴的呗。走,咱们先吃饭去,别的回头再说。”

庄睿回过神来,看了下时间,已经是十一点多了,就这三进院子,让他整整看了两个多小时。

这次出去的时候,走的却是车库那边的侧门,古云教庄睿设置了自己的指纹密码之后,进入了车库。对于庄睿而言,恐怕以后走这道门的次数,要远远高出走这宅子的正门了。

“对了,古哥,我想请两个保姆,您认识什么好的给介绍吗?”

庄睿将车倒出车库,驶出了保护区之后,突然想到这个问题,这么大一处宅子,卫生

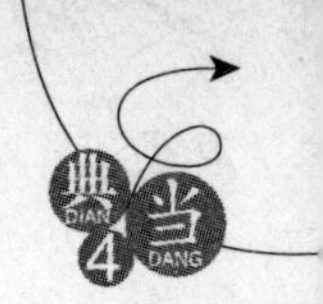

什么的倒是可以请清洁公司固定来打扫,但是每天买菜做饭这些事情,总归不能让母亲去操劳吧?

另外庄睿还想请两个保安,虽然保护区治安不错,但是北京城人太杂了,凡事就怕万一啊,能有两个信得过的保安在这里坐镇,日后自己出去也放心。

“保姆?回头我帮你找个正规的家政公司,看看有合适的没有,最好能找个本地的大嫂,做事情麻利不说,安全性也强一点。嗯,这事包在我身上了。”

古云想了一下,把这事情揽在身上了,现在下岗的人不少,许多家政公司里也有本地的下岗女工,虽然工钱要比外地务工人员高一些,但是用起来放心。

“那就谢谢古哥了,只要人品好,工资什么的高一些都没关系的。呃,我先接个电话,古哥你来开车。”

庄睿正说话的时候,口袋里的手机响了起来,连忙把车靠到路边,和古云换了个位置。

“喂,是庄先生吗?”

来电显示的是个手机号码,很陌生,庄睿按下接听键后,一个男人的声音传了出来。

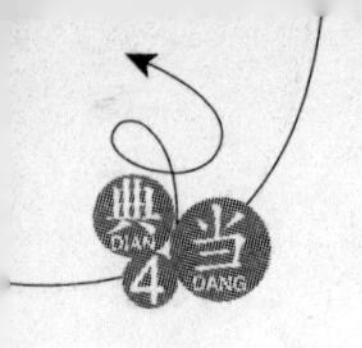

第八章 疯狂采购

“不敢当,我是庄睿,叫我名字就好了,请问您是哪位?”

电话里的男声庄睿很陌生,可以肯定从来没听到过,只是这人说话的口气很客气,庄睿连忙在电话里谦虚了几句。

“我姓邬,庄老师叫我乌贼就好了……”

对方的话差点没让庄睿笑出声来,本来听到那个姓,还以为是和邬佳一个姓呢,谁知道居然是个水产品。

“嗯,不知道乌先生找我有什么事?”

庄睿忍住笑,出言问道。这世上总有一群很另类的人,给自己起一些乌七八糟的外号,而且还不允许别人说他是好人,谁说跟谁急眼,看样子电话里这位就是。

“叫我乌贼就行了。是这样的,听闻庄老师想购买几件古董是吧?”

庄睿一听这话,心里打了个激灵,连忙坐直了身体,说道:“我是搞收藏的,最近买了处宅子,想淘弄点小玩意儿装饰一下。怎么,乌先生手上有好东西?”

“呵呵,手上没货,自然不敢烦扰庄老师的。我们最近几天要组织一些在京城里的藏友,举办一次古玩学术交流会,不知道庄老师有没有时间参加?”

乌贼那咬文嚼字的话语,让庄睿实在是忍不住了,捂住手机的话筒大声地笑了起来,这黑市就黑市嘛,非要说成什么古玩学术交流会,这人真够幽默的,和当年冯巩那《小偷公司》的相声都有一拼了。

“搞什么嘛!”

一旁开车的古云,被庄睿突如其来的大笑吓了一跳,差点没将方向盘打歪掉。

“没事,没事,古哥,您开稳点……”

庄睿忍住笑,放开了捂着话筒的手,说道:“具体是什么时间? 乌先生你也知道,马上就过中秋了,这几天都会比较忙的……”

“初步定的时间是后天上午,不知道庄老师有空没?”

“后天上午! 那不是中秋节嘛,没空,肯定没时间的。我说你们也真会挑日子,那时

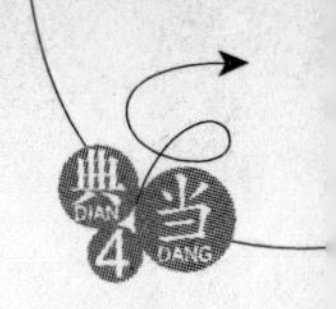

间谁能有空啊?”

庄睿这说的倒是真话,后天外公那边的表哥表姐、大舅二舅连带舅妈都要来,自己虽然长得不那么英俊,但是也要待在母亲身边充充门面,招呼下客人吧。

至于答应了苗菲菲的事情,庄睿根本就没多想,这帮人办事是没错,但是总归要等自己有空闲的时间嘛。

乌贼听到庄睿的话后,倒是心中一喜,干他们这行的,肯定不是光明正大的,对于第一次邀请的客人,都是要经过几道盘查的,如果不是这个叫庄睿的上过电视,的确是古玩行里面的人的话,即使有介绍人,他们也不会轻易对其发出邀请。

虽然说办黑市被抓进局子里,一般都是关个三五天的就能被保出来,但是那些货肯定是被没收的,自己应得的那份钱没了不说,还会挨幕后老板的骂,所以像乌贼这样具体办事的人,都是比较谨慎的。

庄睿要是开口就答应,乌贼有可能直接就挂掉电话了,反而这一推脱,让乌贼有点确定庄睿不是警方的托了。

“庄老师,您是行里人,应该知道我们的难处,有些物件是不怎么见得光的,所以嘛,这时间安排就必须要严谨一点,也是没有办法的事情呀……”

乌贼话中的意思庄睿是听出来了,这所谓的安排严谨,其实就是想着过节的时候警察会比较忙,钻这个空子而已。其实他们自己心里也明白,警察要是真想对付他们的话,把时间安排在年三十都没用。

庄睿想了一下,那天可能还真走不开,于是说道:“可是中秋节那天真的是没什么时间呀,要不,我下次再参加吧。”

电话那头一听庄睿的话,急了,连忙说道:“别介,庄老师,这次可是有不少好物件,唐宋的古画,明清的瓷器,还有一些带铭文的青铜器,过了这村就没这店了啊。”

谁邀请来的客人,等到黑市结束,那可是有奖金拿的,而且那钱绝对要比单位发的厚实。乌贼听闻过庄睿在山东济南出手买了件青铜器,知道他是有购买力的人,所以不遗余力地出言邀请着,连这次黑市里的物件都透露出来了。

不过这话听在行家耳朵里面,怎么都透着个假字,别说唐朝的古画,压根儿就没保留下来几幅,而且大多都流失在国外,就是宋朝的古画,那也是凤毛麟角极其罕见的,这乌贼张口就是唐宋古画,纯粹就是扯淡的。

不过那带铭文的青铜器倒是让庄睿留心上了。要知道,青铜器上面有铭文和没有铭文,那价格可是天差地远,像庄睿那件三足鼎,如果带有几个铭文,就远不是几十万能买到的了,价格翻上十倍都打不住。

虽然事先吴局长也说了,青铜器不能私自买卖,不过自己去见识一下也不错。青铜器不比那些字画类的古玩,流传下来的比较多,说不定里面还真有些珍品呢。

还有一点就是,此次虢国墓被盗掘的物件里,有很多都是青铜器,或许真流失到这些开黑市的人手里也说不准，想到这里，庄睿有点犹豫了。

"庄老师，咱们这交流会时间不会很长的，上午七八点钟就开始了，用不到中午就能结束，耽误不了您过节。话再说回来了，节日里您要是能淘到件好东西，不也会心情舒畅嘛，您说是不是这个理儿？"

乌贼见庄睿在电话里沉默了下来，连忙鼓动自己的三寸不烂之舌游说了起来，要说乌贼这张嘴还真是巧，即使不做黑市买卖，去做推销也是能混口饭吃的，庄睿还真是被他给说动心了。

"这样吧，你后天给我打电话，我再决定去不去。还有啊，要是去的话，我会带个女伴，不知道可不可以？"

庄睿没把话说死，他想晚上回家和母亲商量一下，要是能走开就去转悠一圈。

"成，带一个人没问题。那就不打扰庄老师，后天再给您电话……"

能去黑市的人，一般都是身家不菲，带女人去显摆一下是很正常的，基本上每次主办黑市，都会出现几个让乌贼看得流口水的女人，所以说庄睿的这个要求并不过分。

见庄睿挂掉了电话，开车的古云说道："怎么了，要去黑市淘弄物件？去那种地方眼睛可是要擦亮一点啊……"

"古哥也知道黑市？"庄睿奇怪地反问道。

"当然，我家老头子就去过，买了好几块说是刚出土的古玉回来，当时高兴得不得了，后来仔细一把玩琢磨，全部都是假的。嘿，这事你可别乱说，谁说老爷子跟谁急……"

古云说得庄睿笑了起来，没想到古师伯这位在玉石界的泰斗人物，居然在黑市上吃过亏，可见那里的水有多深了。

两人说着话车也开到了东来顺，中午这会儿生意正好，等了好一会儿才有位子。吃完饭后，庄睿先把古云送回了家，然后开车回到了玉泉山疗养院。

"四哥，你怎么过来了，不是忙着操办婚事吗？"刚一走进院子，庄睿就看到欧阳军从屋里出来，连忙上前打了个招呼。

欧阳军看到庄睿之后，拉着他就往外面走，嘴里说道："别提了，忙死我了，这不是知道国栋你们来了，过来看看吗，马上就要走。对了，你没什么事吧？走，跟我帮忙去，下午还有许多东西要买的。"

"哎，四哥，我这连门还没进呢，你要买什么去啊？"

"买些床上用品，徐晴在那里等着呢。你说女人真麻烦，找人买了送去不就完事了，非要自己去买。"

"床上用品？等等，我带白狮一起去……"

庄睿心中动了下，自己那十几个卧室都是空荡荡的，顺便一起买了也不错，把白狮带上，正好先让它在四合院里熟悉下环境。

欧阳军看到庄睿打了个唿哨，白狮兴冲冲地跑出来，不禁愕然问道："你带它干吗？

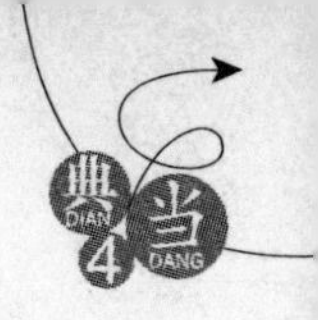

咱们去的可都是闹市区。”

“我那宅子也装修好了，就差床上用品了，回头多买几份，我拉四合院去。咱们买东西的时候，把白狮留车上就行了。”庄睿拉开车门，让白狮上了车。

欧阳军闻言摇着头笑骂道：“你小子又不结婚，也赶着凑这热闹，成，你买的物件全算四哥的，算是给你以后结婚随份子了啊。”

“小气，这点东西就打发我了啊。”庄睿看到欧阳军的车已经开了出去，连忙跟了上去。

要说陪女人逛街真是力气活，围着那商场上上下下地跑了七八层楼，才算是将东西买齐了，只是庄睿要买的东西，比欧阳军两口子结婚用的还多上好几倍，他那辆大切诺基根本就放不下，到最后还是商场安排了辆送货车，跟着庄睿返回了四合院。

走在通往庄睿宅子的巷子里，欧阳军埋怨道：“我说，是你结婚还是我结婚啊？合着这一下午全帮你忙活了。”

庄睿买的东西实在是太多，从枕头套到床罩被套，整整搞了几十套，刷卡付账的时候欧阳军都有些手软，全是名牌啊，全部加起来花了将近二十万，这一路上欧阳军都在喊着后悔把庄睿拉来帮忙。

商场派了辆小货柜车，还有四五个送货工人，包括庄睿在内，每人都是都拎得满满的，连徐大明星也拿着两个床罩。

“什么时候整了对石狮子啊？”

走到庄睿宅子门前，欧阳军也被震住了，好家伙，这整个一高门大宅啊。

庄睿笑了笑没说话，打开门让工人们将那些床上用品都放在前院的一个房间里，现在没空收拾，等以后请了保姆慢慢地归置。再说有些不住人的房间也没必要铺上，有客人来的时候再说。

送货的工人把东西放好就离开了，欧阳军所买的那些东西，家里有保姆接收，并不需要跟着去，所以就留在庄睿这院子里了。

“白狮，去玩吧，在这里你就是国王。”

庄睿拍了拍跟在自己身边的白狮的大头，这一下午可把它在车里给憋屈坏了，得到了庄睿命令的白狮，像离弦之箭一般，刷地冲了出去，随之后院飞起几只鸟儿来，却是被白狮给惊到了。

“我说老弟，这……这还是那套宅子吗？忒夸张点了吧？”

看着这青砖红瓦，一路走到中院那个大花园处，欧阳军也被震惊了。原本以为自己花了两千万买的那个带空中花园的复式楼房已经很不错了，但是和庄睿这里一比，自己那房子简直就是不堪入目，再看看身边的大明星，也是一脸陶醉的神情。

“当然是了。对了，四哥，我还没说你呢，就你给我介绍的这宅子，压根儿就不能住人，现在全部都是推倒重建的，花了我将近一个亿了。”

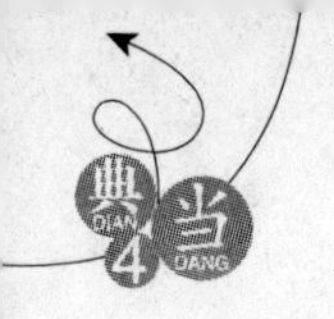

庄睿的腰包可是快瘪下去了，阿迪拉老爷子那里虽然是好消息不断，但是老爷子准备囤货，现在还不是玉料投入市场的最好时机，所以那里干放着价值数亿的玉石，却不能在短时间内转化成金钱。

“一个亿？呵呵，老弟，咱们打个商量怎么样？”

“什么商量？”庄睿看欧阳军笑得有些诡异。

“我那房子值两千多万，另外我再给你整个八千万，你这宅子过户给我怎么样啊？”欧阳军的话让身旁的大明星眼前一亮，连连点头。

“门儿都没有，想什么呢？四哥，敢打我这宅子的主意，回头我就告诉外公去。”

庄睿诉苦归诉苦，可是没一丁点儿想卖宅子的意思，他心里清楚，这套宅子再放个几年，别说是一亿，三五个亿也有可能。

四合院是才开始允许买卖的，之所以会受到追捧，原因就是它的历史渊源以及特殊的地理位置。像庄睿这套宅子，位置在市中心，别的不说，光是地皮也值几千万了。

还有一点就是，偌大个北京城，四合院虽然不少，但是产权明晰的宅子，居然不超过一千套，像庄睿这样面积的，更是少之又少，可以说庄睿能买下这套院子，也是捡了个房漏，整个北京城不知道有多少房虫儿在盯着四合院呢。

“得，不卖就不卖，哥哥我还找不到这么一套院子？”

欧阳军还真动了心思了，像这样地理位置的四合院，把大门一关，整个就是一小王国，而且四周也没有什么高层建筑，不怕被人偷窥，比住在电梯房里要舒服多了。

“四哥，咱们也买一套吧，现在四合院好像还有不少。”大明星也很喜欢这里的环境，她平时不怎么喜欢抛头露面，如果每天困在电梯房里，也是有些无聊。

“哎，白狮，这东西可不能吃。”

几人正说话的时候，白狮浑身湿淋淋地跑了过来，嘴里还叼着个东西。跑近一看，居然是条三十多公分长的观赏鱼，还没死透，正扑腾着身子。

庄睿连忙上前从白狮嘴里掏出了鱼，只是看样子也活不成了，看得庄睿是哭笑不得，都说猫吃鱼，狗吃肉，难不成白狮也改口味了。

不过庄睿可舍不得因为一条鱼责备白狮，他带着它围着宅子走了一圈，交代清楚哪些东西是不能祸害的。

或许白狮经常享受庄睿的灵气按摩，似乎能听懂庄睿的话，庄睿一件事情只要说过一次，白狮绝对不会犯第二次。欧阳军两口子跟在庄睿后面，看着他像对孩子似的对白狮念念叨叨的，而白狮时不时地点下大头，两口子看得也是啧啧称奇。

“走吧，回老爷子那去，今天说了带徐晴过去吃饭的。对了，老弟，要是老爷子训我，你可要给我打圆场啊。”

在院子四周逛了一圈之后，欧阳军看了下时间，已经是快下午五点了。今儿是孙媳妇第一次上门，别说徐晴了，就是欧阳军也有些紧张，谁让他天生就怕那老头的。

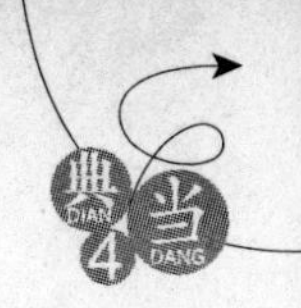

“嫂子这么漂亮，外公肯定夸你有眼光。”庄睿嘿嘿笑着，招呼了白狮一声，三人向外面走去。

欧阳军揽住大明星的细腰，说道：“你小子什么时候也找一个啊，让你嫂子给你介绍个刚出道的？”

“我……等等，我接个电话。”

庄睿正要回话，手机响了起来，拿出来一看，却是苗菲菲，这才想起来，黑市那边给自己打了电话，自己还没通知苗菲菲呢。

“庄睿，我们已经通过人传出去你要参加黑市的消息了，那边有没有人给你打电话？”苗菲菲果然是问这事儿，根据他们掌握的情况，今天有好几个北京的藏家，都已经接到了黑市的通知。

“啊，我刚刚接到黑市那边联系人打的电话，正想着打给你呢。后天早上你等我电话吧，记着，别穿警服啊。”庄睿打了个哈哈，他自然不能说自己早把这事给忘到脑后去了。

“好，庄睿，谢谢你啊，我们一定会保密的，不会把你帮我们鉴定青铜器的事情说出去的。明天我把这次被盗掘的文物资料给你送去。”苗菲菲闻言很高兴，说了几句之后就挂断了电话，想必是去研究下一步的行动方案去了。

庄睿摇头苦笑了一下，发动了车子。其实这事他要是不想去，苗菲菲那点儿威胁他根本就不在乎的。或许在欧阳家里，别人都怕那老头，但是庄睿是绝对不怕的。

之所以答应去参加黑市，最主要的还是庄睿想去见识一下，像草原黑市那么偏僻的地方，都能淘到唐伯虎的真迹，更何况这里是历史悠久的文化名城、天子脚下了。

有的朋友可能会说，庄睿你以后还在这行当里混呢，去帮警察做事，以后还想不想去黑市淘宝啊？

其实前面已经说得很明白了，庄睿只是去鉴定下黑市有没有流入那批被盗的文物，即使有的话，警方也不会现场抓人，那些组织黑市的人，早就在他们的掌握之中了，警方这是要顺藤摸瓜，找出提供这批拍品的上家。

所以说，庄睿去参加这次古玩黑市，就是一普通藏友的身份，该怎么着就怎么着，看中的物件也能买下来，根本就不需要有什么心理负担。庄睿也是想明白了这点才答应下来的，否则坏了名头，以后谁有好物件还敢拿给他看啊。

回到玉泉山之后，庄睿发现小舅也来了，欧阳振武虽然对儿子没什么好脸色，不过对徐晴倒还是和颜悦色的。他之前也打听过，这位家喻户晓的大明星平时行事很低调，并没有什么出格的绯闻传出来，倒是也配得上自己儿媳妇的身份。

徐大明星虽然是见惯了大场面，不过进入这小院之后，还是有点战战兢兢的。不说那位众多主旋律影视里的原型人物了，就是欧阳振武，这管着文化方面的大佬，也是让徐晴小心翼翼得有点放不开。

吃过饭之后，欧阳婉带队，拉着大明星和欧阳磊的妻子，扶着老爷子和老太太散步去

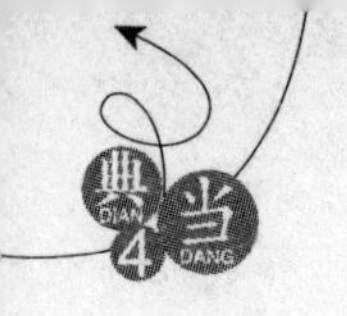

了，欧阳振武有公事要忙，坐着来接他的车也离开了，倒是欧阳磊这段时间很空闲，和庄睿几兄弟坐在院子里聊起天来。

“对了，大哥，你们部队里有没有素质比较高的退伍兵啊？我想请几个安保人员，有合适的没有？”

庄睿突然想起这事来，要说他心目中最合适的人选，就要数周瑞了，只是现在周瑞已经在彭城定居了，而且獒园也离不开他，自己要是把周瑞喊来，就有些忒不讲究了。

只是这安保人员是要住在四合院里面的，庄睿一定要找能让自己放下心来的人才行。今天见到欧阳磊，就兴起从部队里找人的念头来了。

欧阳磊看了庄睿一眼，半开玩笑地说道：“我的兵个顶个都是好样的，要几个？给你一个排够不够？正好给我解决退伍兵安置问题。”

第九章 再入黑市

还别说，欧阳磊手上还真有个人选，他曾经给欧阳磊做过一年的警卫员，所以欧阳磊对那小伙子也很熟悉，人品和军事素质都很不错，如果不是文化程度太低，欧阳磊都曾经动过帮他一把，保送军校的念头。现在听庄睿这么一说，就想着介绍给自己这小表弟也是不错的。

"大哥，我那又不是部队，要那么多人干吗，有合适的先安排一个给我，以后看情况再说……"

一个手掌上的五根手指还有长有短，部队里出来的人，也是良莠不齐，毕竟留在宅子里的人，一定要是自己信得过的，所以就想先要一个人过来，如果处下来觉得合适的话，就再向欧阳磊要人。

"成，我打电话过去让他提前办理下退伍手续，三五天就能过来了，到时候你自己考核下吧……"

欧阳磊对自己手下的兵很是相信，用来给庄睿做保安，绝对是大材小用了。当然，这些他是不会说给庄睿听的。

几兄弟聊了会儿天之后，欧阳婉等人也陪着老爷子老太太散步回来了，将两位老人送去休息之后，大明星和蒋颖还有欧阳婉也来到了院子里。

庄睿瞅了个空儿，把母亲拉到一边，小声地说道："妈，我后天上午要出去办点事，不知道大舅他们什么时候能来？"

"中秋节你忙活什么？"

欧阳婉不满地看着儿子，不过随后说道："你大舅比较忙，要晚上才能到。不过你二舅下午就要来，你到时候可要回来啊。"

庄睿知道，每到逢年过节的时候，领导们都要走访慰问，大舅现在位高权重，更是在快要再进一步的关口，可是不能给人留下话柄。倒是二舅在南方的一个省担任副省长，相对能来得早一些。

"我知道了，下午保证能回来。"庄睿笑着答应下来。

第二天一早，庄睿开车带着母亲和庄敏两口子，先去了苗菲菲所在的警局门口拿了被盗青铜器的资料，然后带着众人去了自己的四合院。欧阳磊夫妇也没什么事，一起跟着去了，见到庄睿这大宅子，也是赞不绝口，小囡囡更是和白狮在院子里疯闹了起来，偌大的宅子充满了人气。

只是欧阳婉看完院子之后，就帮庄睿收拾了起来，把昨儿送来的那些床上用品，挑拣了几个房间都给铺上了。小姑都动手干活了，欧阳磊两口子哪敢闲着，搞到最后，一帮子人倒是来给庄睿收拾房间了。

“小弟真是能干啊，年纪轻轻的就能置下这么一片产业，不简单。”

忙活完之后，众人都坐在了花园的凉亭里，蒋颖对丈夫的这个小表弟也是赞誉有加。她出身商业世家，知道这宅子的价值，而且也知道庄睿并没有依靠自己公婆家族的力量，完全是自己一手打拼出来的。

“我这儿子什么都挺好的……”

谈到儿子，欧阳婉很是骄傲，不过随后的话就让庄睿恨不得找个地缝钻进去了，“就是人太老实，到现在还没正正经经地找个女朋友。小颖啊，你看有合适的女孩没有，可以介绍给我们家庄睿啊。”

“妈，我不是跟您说了，女朋友在英国吗？”庄睿被老妈说得满脸通红，耳朵根都有些发烧。

“没在身边算什么女朋友？那女孩虽然人不错，但是整天在外面，能适合你吗？”欧阳婉不以为然地说道，她见过秦萱冰一次，不过那时秦萱冰对庄睿很不感冒，所以表现得并不是很热情，欧阳婉对她的印象也不怎么深。

“姑妈，您放心，小弟这种人品本事，什么样的女孩都找得到，回头我就帮他介绍。”女人对于做媒，向来都是很热衷的，蒋颖听到欧阳婉的话后，恨不得现在就拿出手机找自己那些七大姑八大姨，看看有没有合适的女孩。

“哎，庄睿，我听小军说你和苗家那个丫头走得也挺近的，刚才警局门口那女孩就是吧？你们之间是怎么回事啊？”欧阳磊也跟着凑起了热闹。

“那啥，都中午了，你们先在这坐着，我出去找个饭店订点酒菜来……”

得，看到连欧阳磊都参与到这话题里来了，庄睿说不得找个借口跑了出去，哥们惹不起还躲不起嘛。

……

昨儿被老妈和欧阳磊等人口诛笔伐了一天的庄睿，当天就留在自己宅子里了，省得回去被几个女人继续轰炸。

不过在这个新住处，庄睿还有点不习惯，睡得不怎么踏实，干脆躺在床上看起从苗菲菲那里拿到的资料来，直到三四点钟才迷迷糊糊地睡了过去。

“喂，那位？”

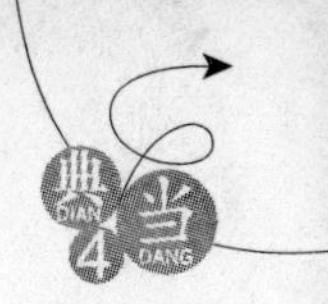

庄睿感觉自己刚睡着电话就响了起来，抬头看了一眼还没安装窗帘的窗户，外面的天色还是黑的，心情愈加恶劣了。

“是我，你怎么还没起床啊？万一黑市的人打电话过来了呢？咱们先商量商量到时候应该怎么做吧。”

苗菲菲的声音从电话里传了出来，她昨天也是一夜没睡好，不过和庄睿不一样，这个暴力女是被憋得太久了，好容易参加一次行动，兴奋得没睡着觉，这一心血来潮，就想和庄睿商量下行动细节。

“商量什么啊？我就是去淘宝的，别给我说你们那些案情，我说你有完没完啊，这才几点？睡不着围着北京城跑步去，别打扰我睡觉。”庄睿真是火了，好脾气也禁不住这样折腾啊。

“你！嗯，你接着睡吧。”苗大小姐刚想发火，一看床边的闹钟才五点钟，不由吐了吐舌头，干净麻利地把电话给挂上了。

“交友不慎啊！”

庄睿是欲哭无泪，这位大小姐也忒能折腾人了，以后一定要躲远点。

“喂，庄老师吗？我是乌贼啊，您说个地方，我去接您。”

在床上翻来覆去地等到七点，庄睿才等到那位乌贼先生的电话。

庄睿想了一下，报了部长楼那附近的地址，那里住的部长多了，想必乌贼不会猜到，里面还有公安部的人。

起身洗漱之后，庄睿就驱车前去接苗菲菲了，这丫头接到庄睿的电话就等在小区门口了。还好，自己在门口吃了点东西，还没忘给庄睿准备一份。

“庄老师，您好，我是乌贼，你们二位上我的车吧……”

乌贼来得挺快，庄睿一笼小笼包还没吃完，一辆蓝鸟车就停在了他的身边，司机是个戴着鸭舌帽的年轻人，摇下了车窗，对庄睿打了个招呼。

作为一名合格的销售人员，乌贼曾经看过庄睿在电视上的模样，所以一眼就认了出来。只是面前的这对男女眼圈都有点发黑，想必昨儿不知道大战了多少回合，嗯，话说那妞身材脸蛋还真是不错。

要是被苗菲菲知道乌贼心里的龌龊想法，保证这案子也不办了，绝对要把乌贼打个生活不能自理。

“乌先生，好像没这规矩吧，我自己有车，跟在后面就行了……”

庄睿被乌贼说得愣了一下，上他的车，要是被拉到荒郊野外谋财害命怎么办。虽然说这黑市信誉不错，但也要防着点儿啊，而且上次参加草原黑市的时候，是允许自己开车去的。

“庄老师，这是我们这里的规矩，您也知道，做这行，小心无大错。对了，上次和您一起参加民间鉴宝节目的金老师今儿也在，您要是不放心的话，可以给他打个电话的……”

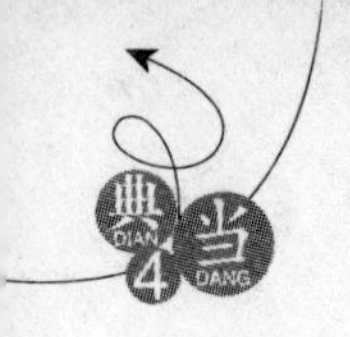

乌贼干这活也不是一次两次了，知道这些有钱人的顾虑，连忙给庄睿吃了个定心丸，他也是在电视上见到庄睿和金胖子熟识的。

“金老师也去?”

庄睿将信将疑地把金胖子的电话翻了出来，拨过去一问，还真是这么回事。金胖子不知道参加过多少回这种黑市交易了，在电话里拍着胸脯让庄睿放心上车，这才打消了庄睿心中的疑虑。

“走吧，中午十二点前可一定要结束啊，今儿忙着呢……”

庄睿从自己车上拎了个密码箱下来，然后和苗菲菲坐进了乌贼的车子里。

庄睿手里的密码箱内，装有六十万人民币，这是庄睿昨天从银行里取出来的，他去黑市本来就是想拣点别人不留意的东西，应该花不了多少钱的。黑市肯定也有大开门的老物件卖的，但是要想买那样的玩意儿，还不如去正规拍卖行了。

将车子发动起来的乌贼从倒车镜里看了一眼庄睿，开口说道:“庄老师，您是行里人，应该知道规矩，这手机什么的，最好能先关机，当然，还是放在您自个儿身上的……”

“嗯，我知道……”

庄睿点了下头，拿出手机按下关机键，这京城黑市果然与自己在草原上参加的黑市不同，在辽阔的大草原上，举办方可以用一些设备干扰局部的手机通讯，但是在这人口密集的地方，要是手机打不通了，估计移动联通的客服电话马上就会被打爆掉的。

其实也有一些影响范围很小的干扰器，只是黑市举办方没有使用而已，一来他们依仗自己有后台，二来参加拍卖的嘉宾都是经过仔细筛选的，一般不会出什么问题。

“嘿，那位大姐，麻烦您也把手机关上好吗?”

乌贼从倒车镜里又看了一眼苗菲菲，硬生生地咽了一口口水，这小妞长得可是真白嫩啊，今儿这生意做完，一定要去找个妞泻火，天上人间去不起，后海那边酒吧可是有不少美眉泡的，乌贼已经开始计划晚上的夜生活了。

“我很老吗？叫大姐？要叫……算了，随便你怎么叫……”

苗菲菲对乌贼的话很是不爽，只是这年头叫“小姐”更难听，苗菲菲想了半天也没找到个合适的词，把头扭到一边生闷气去了。

“不就是个小姐嘛，还装得跟什么似的……”

乌贼不屑地撇了撇嘴，用屁股都能想到苗菲菲是让他叫“小姐”的。不过乌贼这心里，却是对庄睿羡慕有加，这小姐也是分三六九等的，后面那小妞，要是去天上人间坐台，保证是头牌。

要是庄睿知道乌贼的心思，保证能将大牙给笑掉，让警察去坐台，亏这哥们能想得出来。

和乌贼有一句没一句地闲聊着，车子灵活地穿行在北京城的街道上，乌贼所走的都是小路，车不是很多，庄睿对北京城根本就不熟悉，懒得去看路，闭上眼睛休息了起来。

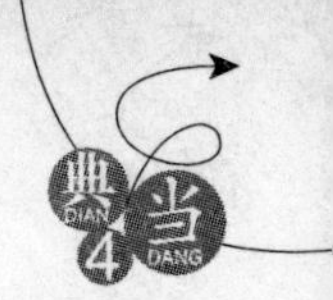

话说三点睡觉五点被叫醒,这是件很不道德的事情,不过庄睿也没法和苗警官计较,这女人有时候根本就不讲理,女人加警官的双重身份,那就是更不讲理。

"喂,我说你干吗一直绕圈子?欺负我不是北京人是吗?"

庄睿刚刚准备进入梦乡,就被苗菲菲清脆的声音给吵醒了,睁开眼睛瞪了一眼苗菲菲,这做小三也要有小三的样子,哪有这么嚣张的小蜜啊。

"嘿,这位大姐,时间还早呢,八点钟保证您二位准时能到。"

乌贼看了下手表,这会儿才七点四十,估计再兜上那么一圈,时间就差不多了,不过他心里也有点奇怪,这"小姐"的脾气未免太差了点吧,偷偷地抬头看了一眼苗菲菲,乌贼心头又火热了起来,"奶奶的,长得这么祸害人,换成我的话,脾气差点那也认了。"

"嗯,乌先生,我不管你什么时间到,中午十二点我是一定要走人的,家里下午有客人。"

庄睿睁开眼睛看了乌贼一眼,又闭上眼睛假寐起来,自己虽然有灵气可以治疗疲惫伤痛,可是治不了睡眠不足啊。

"庄老师,您放心,一准耽误不了您的事儿……"

乌贼嘴里打着包票,可是这车还是继续在北京城里兜着圈子,坐在庄睿身旁的苗菲菲也无聊起来,打了个哈欠也眯上了眼睛,这让乌贼愈发认定这对狗男女昨儿没干好事。

"庄老师,这位小……大姐,地方到了,二位请下车吧……"

庄睿听到乌贼的声音之后,睁开眼睛一看,四周居然黑糊糊的,不远处虽然有些小灯泡,但是光线也不怎么明亮,仔细观察了一下,才发现这是个地下停车场。

"嗯,走吧。喂,起来了,现在知道困了,昨儿怎么那么有精神啊?"

庄睿没好气地推了身边的苗菲菲一把,就这样子还能当刑警?一点警觉性都没有,这要是遇到人贩子,估计就被拐卖到山沟沟里给傻子当媳妇了。

其实庄睿这倒是冤枉苗菲菲了,她也知道这趟任务没什么危险性,再加上有庄睿在身边,心情自然就放松了。话说要是真的打起架来,恐怕庄睿这块头都不一定能打得过她,野蛮女警的名声不是白叫的。

"啊,到啦?"苗菲菲揉着眼睛推开车门走了下来。

"娘的,打情骂俏也别在这里啊……"

乌贼被这二位搞得很是郁闷,庄睿的那句话让他脑海里浮想联翩,这女人精神起来是个啥样子啊?乌贼那双眼睛滴溜溜地在苗警官凹凸有致的身上打量了一圈。

要说苗菲菲今天还真是刻意打扮了一下,上身一件圆领的紧腰长袖T恤,下身穿的是一条牛仔裤,浑圆高翘的臀部和那纤纤细腰,再配上那副极具小三特色的江南女子面孔,就是庄睿今儿刚看到她的时候,也是心头火热。

"二位,请吧,八点十分咱们这古玩学术交流会准时开始,去晚了就不让入场了。"

乌贼见到苗菲菲下车之后,居然还有闲心对着车子的倒车镜梳理头发,连忙在旁边

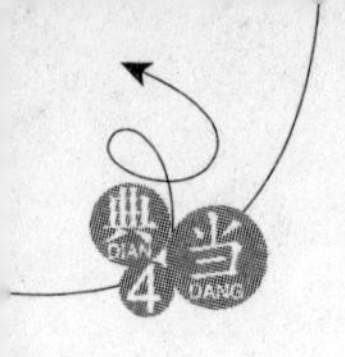

催促了一句。

“这……这里是酒店?!”

在乌贼的带领下,三人进入到车库的电梯里,庄睿才发现,电梯上的广告牌上面,赫然写着:×××酒店欢迎您。而最让庄睿吃惊的是,这酒店他知道,不光是知道,还在这里喝了壶普洱茶,顺带帮别人买了单。

苗菲菲也是吃惊地张大了嘴,她也是没有想到,这举办黑市的人,胆子大得没边了,居然将这次黑市的举办地点,设到了她们警察分局的正对面。要知道,酒店距离分局的大门只隔了一条马路,还不到三十米远。

“乌先生,你酒店对面可就是警察局啊!”庄睿试探着说了一句,他就来过这酒店一次,怕自己记错了。

“嘿,庄老师,您也知道这酒店?您甭怕,屁大的事都没有,咱们这学术交流会,也是要警察同志们给保驾护航啊……”

乌贼嘿嘿笑着,说着自以为很幽默的话,却是没有看到身后的苗菲菲早就气得咬牙切齿了,这不是明摆着当着和尚骂秃驴,说他们警察无能嘛。

庄睿这会儿也想明白了,这些人就是打着灯下黑的主意,越是离警察局近,警察越想不到。不过这也是需要一定胆量的,哪个环节要是出点儿岔子,那就是被连锅端的下场。

“嗯,良好的社会治安,是需要警察同志们来维护的。”庄睿忍住笑,一本正经地说道,装作没看见苗警官那威胁的眼神。

苗菲菲虽然经常来这酒店吃饭,不过餐厅和客房部是分开的,倒也不会有人能认出她来。

电梯到了十八层之后,乌贼率先走了出去,虽然装作一副昂首挺胸的样子,不过看在庄睿眼里,却是一副做贼心虚的表现。

“庄老师,就是这儿了……”

乌贼来到门号是1808的房门前,按响了门铃,过了大概一分钟左右,大门被打开了一条缝,看到外面只有三个人,那人才拉开链锁门栓,将三人放了进来。

“还挺舍得花钱的啊,还是总统套房……”苗菲菲进去的时候,小声地在嘴里嘀咕了一句。

“庄老弟,好久不见啦,可是想死老哥哥了。”

庄睿一进房间,就看到了个熟人,金胖子晃着庞大的身躯,走过来和庄睿拥抱了一下,他是老客户了,没像庄睿那样兜圈,到了都已经二十多分钟了。

“金老师,回头有什么好物件,您可要给我介绍下啊。”庄睿一边和金胖子打着招呼,一边看向这总统套房。

他们所在的地方是这个套房的大厅,面积很大,足有七八十个平方,在大厅的中间有一张长约三四米的餐桌,应该是临时从旁边的餐厅里给搬过来的,围着这餐桌是一排沙

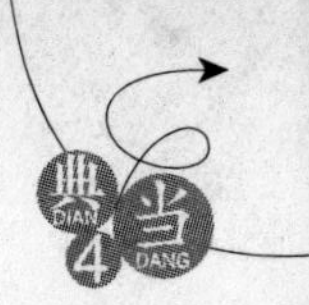

发，上面已经坐了四五个人，正在喝着茶，不过除了金胖子之外，就没有庄睿熟识的了。

另外在这大厅里，还站了四五个身材结实的年轻人，有两个守在那个应该是卧室的门前，庄睿知道，那里面应该就是放置古玩的房间了。虽然地点不同，但是和自己在西藏参加的那个古玩黑市，也是大同小异的。

“庄老师，您几位先坐下喝口茶，还有五分钟，咱们这次拍卖会就要开始了……”到了这地方，乌贼也不说什么学术交流会之类的话了，招呼着庄睿等人坐到了沙发上。

“搞什么东西嘛，不就是卖个古董，至于带着我们兜了这么大一圈？”

庄睿刚坐下，门口处传来一阵嚷嚷声，估计这位和庄睿一样，都是第一次来，享受了一番清晨游车河的待遇。

第十章 京城名少

"杨公子,您消消火,这也是为了安全不是。来来,先坐下休息休息,拍卖马上就要开始了……"

随后说话的这人,想必其扮演的角色和乌贼差不多,随着话声,一个长得很年轻的男人走了进来。

在那男人身后同样跟着个女孩,年龄应该也不大,但是个子很高,足有一米七五,身材比苗菲菲还要火爆,行走之间臀部摇摆得很夸张,浑身都散发着一种媚惑的气息,相比之下,年龄应该还要大上一些的苗菲菲,似乎就显得有些青涩了。

"妈的,好肉都被猪拱了!"

乌贼那双小眼睛看到那个女人之后,立马冒出一丝精光,估计今年的中秋节他也不会陪着爸妈过了,肯定钻进后海酒吧里去做次露天鸳鸯里的男主角。

"嘿,果然不愧是京城名少啊,带的女人都是明星……"

乌贼看女人,向来都是先看屁股后看腰,然后再往上瞅,当他看到那女人的脸时,忍不住小声嘀咕了一下。

"乌贼,那女人是谁啊?"

拍卖会还没开始,参加此次拍卖会的嘉宾也有互相熟悉的,各自扎堆聊着天,那些主办方的"工作人员"们也很清闲,听到乌贼认识那女人,不禁有两个穿黑西装的围在了乌贼身边。

"老牛,这女人你都不认识?最近挺走红的一个模特,好像有人捧她又去演了个什么电影,红得不得了啊,嘿,估计就是那杨少出的钱……"

乌贼压低了声音,小声给他那哥几个说着,不过庄睿距离他很近,把这些话听了个真切,心中不免有些好奇,北京居然还有什么名少,自己可是没听说过。

"这拍卖会搞得是越来越没档次了,什么人都请。老弟,京津这两地,黑市不少,回头有时间我带你去别家转悠转悠去……"

金胖子对这场内的几个人,都有些不屑一顾。他现在算是传承有序的收藏大家,眼

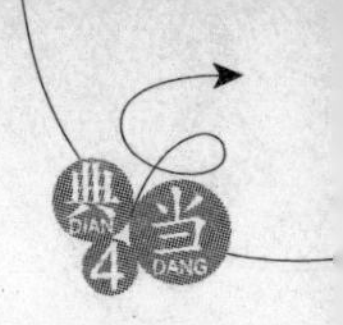

界高得很，对于这些开企业办公司发家之后，改玩古董的人，心里的确是有些看不起，古玩玩的是文化底蕴，但是到了这些人手里，纯粹就变成了一种可以增值的投资了。

“行啊，我这次在北京要待上一段时间，等哪天有空，老哥你可要带我去故宫博物院逛逛呀……”

庄睿所说的故宫博物院，自然不是花钱买门票进去参观所看到的那些物件，他还掏得起那点儿门票钱，他说的是故宫里的文物库房，金胖子是古字画类的鉴定和修复专家，带个把人参观下故宫里的收藏，还是有权限的。话说庄睿也是玉石协会的理事，这可是半官方身份啊。

“没问题，改天你得空了打我电话，我带你进去看看，最近要把库房里的物件都整理一下，这夏天过去了，库房里的东西会返潮，归置不好的话，有些物件会损毁的……”

字画类的藏品，是最难保存的，不光是虫蛀鼠咬，时间对它们而言，才是最大的敌人，并且空气里的尘埃，吸附有害气体后，悬浮于空气中，日久天长沉积在画面上，就会侵蚀画面。冬天要给字画取暖，夏天还要制冷，讲究多着呢。

在故宫博物院每年那庞大的古玩维护费用中，字画类的古玩，要占相当大一部分比例的。

“打扰下，能不能请教两位一下，今儿拍的东西，都是些什么啊？”

庄睿和金胖子聊得正开心，冷不防旁边有个人插了进来，继而鼻尖又闻到一阵香风，抬眼望去，却是那位杨公子带着他的明星女伴，凑了过来。

杨波今儿有些郁闷，以前常听人说古玩黑市里有多少多少好物件，能被邀请去黑市，是件多么有面子的事情，正好他那开饭店的老妈最近在和某位大人物拉关系，听说那位大人物最近喜欢上了古玩，杨波就自告奋勇，托关系获得了个被黑市邀请的资格。

杨波今年不过二十岁出头，正是好出风头的时候，能来参加古玩黑市，自然是要把最近交的女朋友带上显摆一下了。可是谁知道早上围着北京城兜了一圈风之后，到了这里所有人都把他当空气，就连这黑市主办方的几个人，眼睛也是色迷迷地盯着自己的女伴，根本没人拿自己当盘菜。

虽然说现在的富二代也是很注重教育的，杨波也是初中读完就出了国，但是年轻人的习性不是一朝一夕就能改变的，总是想引起别人的关注，这房间里的人，岁数都在四十岁以上，杨波四周观察了一会儿，发现只有庄睿最年轻，应该有些共同话题，于是就凑了过来。

更重要的是，杨波被苗菲菲给吸引住了，俗话说家花不如野花香，苗菲菲虽然没有他身边这位明星那样光彩照人，但是那股子柔弱的气质，却是让杨少看得我见犹怜，而且他观察了半天，这女人身边的男人，似乎并不怎么看重她，半天了连句话都没和她说。

要是让庄睿知道杨波的想法，绝对会笑掉大牙，这人长的柔弱，未必就没有危险性，苗大警官那是外柔内刚，向来都是信奉拳脚底下出真理，如果他知道杨波想碰碰这带刺

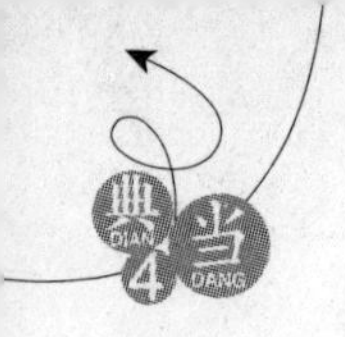

的玫瑰，绝对会举双手赞成，然后躲到一边看热闹。

“拍品一般都是不固定的，等开拍才会知道，小哥静下心来等等就知道了。”

这杨公子说话还算是有礼貌，金胖子虽然看不出这小屁孩哪里懂古玩了，但是也张嘴回了一句。

庄睿则在一旁默不作声，他今儿来这里是淘宝捡漏的，顺带着帮苗菲菲看看有没有被盗的青铜器，可不是来交朋友的。

黑市这地方，不认识的人往往都相互猜忌，也只有杨波这样的雏，才会主动找人搭讪。在京城古玩界厮混的人，有谁不认识金胖子啊，这人明显就是初入此行，庄睿甚至怀疑他今儿的角色和草原黑市上的马胖子差不多，只是这人绝对不会有马胖子那扮猪吃虎的本事的。

“我叫杨波，还没请教二位先生和这位小姐怎么称呼？”

杨波向庄睿伸出手，虽然他是想先和苗菲菲握手，只是看着庄睿穿的衣服虽然都是深色调的，显得有些低调，不过以杨波的眼力，自然能看出那些衣服也都是很昂贵的品牌货。虽然不知道庄睿的身家，不过有钱人一般都会敬重比他更有钱的人，所以杨波表现得还算得体。

杨波哪里知道，庄睿这是被欧阳军给训多了，又感觉被安上个老师的名头，不好太随便，才特意去买了几件品牌服饰装点门面。要是换个场合，他穿的绝对还是大众货。

“我姓庄，这位是金老师，咱们京城字画界的大家。嗯，那位小姐你不用理会，她今天就是跟来玩的。”

俗话说伸手不打笑脸人，庄睿见这年轻人挺客气，也就伸出手和他握了一下，至于苗菲菲，还是不介绍的好，免得那位大小姐哪根筋不对，惹出什么麻烦来。

“我怎么看着这位小姐那么眼熟啊？小姐是不是姓赵？”杨波来凑热闹的目的就是想认识苗菲菲，自然不肯轻易放弃了，用了招很老土却是很实用的办法。

“我姓苗，咱们没见过。”苗菲菲今天算是很听庄睿的话，来之后只看不说，不过别人都帮自己改姓了，怎么也要出言纠正一下啊。

“这古玩其实也就是那么回事，有人追捧就值钱，没人要比垃圾还不如，还没有翡翠玉石值钱呢。小琦，你说是不是啊？”

见到不光是庄睿和金胖子对他爱理不理的，就连那女孩也不搭理自己，杨波忍不住就要显摆一下，因为他看苗菲菲穿的衣服虽然很合体，但并不是什么品牌的，而且身上一件首饰都没有，故意说出上面那番话，想吸引一下苗菲菲的注意力。

“是啊，杨哥，买那些不能用也不能碰的古董干什么啊，像您给我买的这个项链，是花了四十万吧，可比那些破瓷烂瓦值钱多了。”

张琦见杨波把话题扯到了她身上，连忙挺了挺胸，让那个铂金镶嵌的翡翠吊坠露了出来，不过由于前面太伟大，那吊坠有一半还是被夹在了两团白花花的软肉里面。

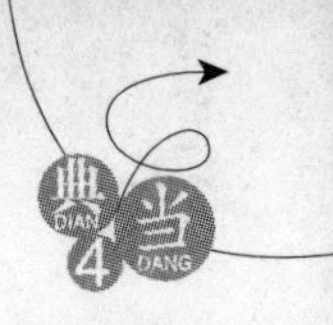

“扑哧，咳咳……”

随着张琦的话声，本来正在喝茶的庄睿，突然发出了剧烈的咳嗽声，引得总统套房里的人，纷纷向这边看来。

“没出息的样子，没见过女人啊？”

苗菲菲把嘴凑到庄睿耳边，不满地说道，一只小手很隐蔽地找到庄睿的腰间软肉，狠狠地掐了一下，疼得庄睿龇牙咧嘴的。

“咳……咳咳，不是，那女人吊坠上的翡翠，不是A货，值不了四十万的……”庄睿肉痛之下，忍不住把咳嗽的原因说了出来。

翡翠在还是玉料的时候，是以种、水头和质地来分类的，比如玻璃种、冰种、豆种等等，但是雕琢成首饰之后，往往就称其为A货、B货还有C货。

翡翠A货指天然产生、未经人为利用物理或化学方法，破坏其内部结构或有物质注入、带出的翡翠，行内人往往称呼老坑种冰种以上的料子才为A货。简单来说，A货就是指除了雕琢之外，没有经过任何化学加工的天然翡翠。

而翡翠B货是指原本种水、颜色较差的翡翠经过强酸、强碱浸泡，使其种水、颜色得以改善，与此同时，翡翠的原始岩石结构也遭到了破坏，并伴有物质注入或带出，这样的翡翠称之为翡翠B货。

为掩盖被破坏的结构、增大翡翠的强度，翡翠B货经常用有机胶或无机胶作充填处理。有些无良商家，就经常把一些处理得比较完美的B货，当作A货来出售，而普通的消费者，一般是很难辨认出来的。

至于C货，质地是属于翡翠，但颜色是假的——用人工的方法染色、致色或改色而成，市场中常有“B+C”货的说法，这样的饰品是既注胶又染色的翡翠，价格极低。

另外在市场上还有所谓的D货，那根本就不是翡翠，而是用别的玉种或者物质来冒充的“翡翠”，是地道的假翡翠——包括翡翠赝品、与翡翠相似的玉石等等。

在鉴定标准中，虽然没有翡翠D货的术语，但“D货”这一说法还将会在今后相当长的时期内，被经营者和消费者继续使用，毕竟盗版造假，那是国人传承了几千年的，绝对不可能消失的。

虽然那女人胸前很有料，虽然庄睿对女人只是个初哥，但那也是观摩过岛国AV的初哥，倒不至于被吓到。

只是在庄睿刚才习惯性的用灵气去看那个翡翠吊坠的时候，发现那块心形翡翠的品质很是一般，里面那些注胶的痕迹，在他灵气的勘察下，全部都显露了出来。

这块吊坠翡翠的品级，最多只能勉强达到冰种，但是那价格，却是老坑玻璃种的价格，所以庄睿才吃惊地被刚喝下去的水给呛到了。当然，那和他在无意中……绝对是无意中看到的那胸前两抹嫣红也不无关系。

“不是A货？庄大哥，我买的时候附带鉴定书的，不可能不是A货的，而且也是在大

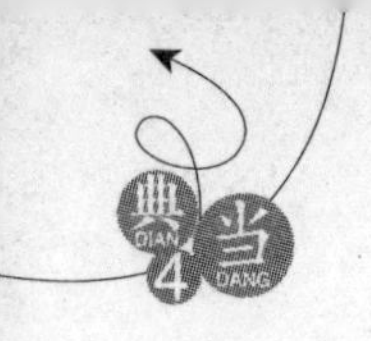

珠宝店买的,你离那么远,别是没看清吧?”

庄睿刚才说话的声音有点大,别说是身边的杨波等人了,就是站在十几米外正在聊天的那些人,都被庄睿的话吸引了注意力。

北京这地界,水深着呢,杨波虽然年轻,倒也不肯随便得罪人,说出来的话还算是有分寸,但是话中对庄睿的质疑,却是谁都能听得出来的。

“鉴定证书?”

庄睿颇为无语,自己家里还有剩下十几张空白鉴定证书呢。那些大珠宝商往往也都是玉石协会的理事,搞一些玉石鉴定中心的鉴定书,并不是什么困难的事情,话说这鉴定中心也需要经费来维持不是。

“庄老弟可是玉器鉴定专家,也是玉石协会的理事。小伙子,他说你这物件不是A货,那十有八九就不是,你最好找人去看看……”

庄睿尚未说话,一旁的金胖子倒是力挺起他来,人都讲究个缘分,金胖子感觉和庄睿投缘,所以虽然自己也不明白庄睿都没细看,怎么就能知道不是A货?但是金胖子还是出言维护了一下庄睿。

金胖子的话倒是让众人把目光转移到了庄睿的身上,他们都没想到,这年龄看起来不算大的小伙子,居然是位玉器鉴定专家。他们不认识庄睿,但是大多都听过金胖子的名头,对他的话也都是比较相信的。

“小琦,把翡翠拿下来,给庄大哥看看!”

杨波像个赌气的孩子似的,非要分出个真假来,男人要的不就是个面子嘛,大庭广众之下,被人说买的物件是假的,杨少可丢不起这份儿。

张琦闻言从脖子上将那挂件摘了下来,只是双手上抬,从脖子上取东西的时候,却将胸口挤压得更紧了,拉扯了一下,居然没能将吊坠从那山峰峡谷中给取出来,看得房间里的一众老爷们是大咽口水。

“喏,给你!”

张琦好不容易将吊坠取了出来之后,递给了庄睿。自己身上佩戴的物件被人说是假的,要不是在这种场合,张明星早就发飙了。

“东西就不用给我看了,给杨先生吧,一般冒充A货的翡翠里面,都是用注胶的办法,但是这些注入物的透明度和光泽,是无法与天然翡翠相比的。杨先生,你看下这块翡翠里面的颜色是否完全一样,就知道真假伪劣了……”

庄睿没有接过那个吊坠挂件,而是示意张琦交给杨波,他刚才在说出这东西不是A货的时候,其实心中就已经后悔了。俗话说蛇鼠有道,自己把这东西给指出来,却是无意中已经得罪人了,只是事已至此,也只能分个真假出来了。

说完这番话后,庄睿随手递过去一个高倍的小放大镜,让杨波仔细去观察。

“妈的,还真是假的。我靠,回头去砸了那个店……”

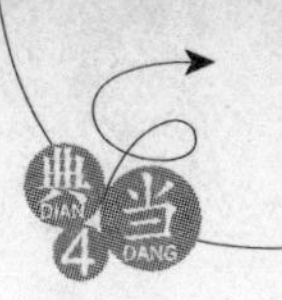

在用放大镜对着灯光看了一会儿之后，杨波脸上青筋暴露，再也没法保持镇定了，粗话脱口而出。这也难怪，忽悠别人的时候固然感觉很爽，但是被人忽悠的滋味，那是绝对不会舒服的。

“杨先生，这翡翠也说不上是假的，只是品质上比A货差一点而已。我建议你去玉石鉴定中心鉴定一下，开个鉴定书，然后再去找商家，为了这点小钱，伤了和气不好……”

庄睿这话其实是在给自己的失言做补救，万一这年轻人火气上来，去把别人的店给砸了，那店主绝对会把自己给恨到骨子里去。虽然庄睿对这奸商很看不起，但是也不想平白结个仇家。

至于他所说的那个处理办法，也是行里的规矩，这珠宝店所卖的玉石饰品，能有几个是与鉴定书上写的相符的？买到假的只能怪你眼拙，怨不得别人，但要是被行家指出来了，那对不起，您老老实实地给换个等值的物件或者退钱吧。

“谢谢您，庄老师，这要不是您指出来，我还被蒙在鼓里呢……”

听到庄睿的话后，杨波也冷静了下来，他不是不知好歹的人，倒没有迁怒到庄睿的身上。而且他也不敢在这里耍横，能来这里的人，都是身家不菲之辈，最起码这里面有几个杨波认识的人，身家都比他母亲还要丰厚。

这也是大城市与小地方的区别，庄睿出道伊始碰到的那个许伟总经理，要是把他放在这里，想必许总也不敢那么嚣张了，至少会表现得虚伪一点的。

“好了，人都到齐了，刚才这位老师给咱们上了一堂玉石鉴定的课，下面就要开始进行拍卖了，请大家坐到位置上，拍卖马上开始。”

谁都没发现，大厅里不知道何时出现一个穿着中山装的中年人，这人个头不高，相貌也很普通，属于丢在人堆里绝对不会引起注意的那种，但是说话声音很洪亮，一张嘴就将厅里人的注意力都吸引了过去。

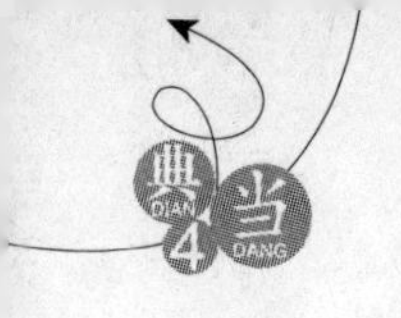

第十一章 黑市拍卖(上)

刚才所发生的事情只是个小风波,被这人随口就给揭了过去。见到众人的目光都集中到自己身上之后,这个中年人接着说道:“我叫麻强,老朋友们可能都认识我,新来的朋友叫我麻子就行了。

今儿是中秋佳节,我也不想耽误诸位的工夫,咱们长话短说,每个物件鉴赏的时间为五分钟,拍卖时间为二十分钟,规矩就不用我说了,价高者得,拍下之后钱物两清,下面开拍第一个物件,唐朝画圣吴道子的《关公像》!”

“什么?吴道子的画?”

“扯淡吧,老麻,都是老相识了,别搞这些虚头巴脑的物件了。”

“麻子,整点实在的玩意儿,不然下次我可不来了。”

麻强这话一出,厅里算是炸了锅了,即使是行外人,谁又没听过吴道子的名头啊!那可是在中国古代艺术史上,有资格称之为“圣”的三人之一,和晋代“书圣”王羲之,唐代“诗圣”杜甫齐名的“画圣”啊。

要知道,吴道子一生虽然创作了许多作品,但真迹流传下来的却是很少,到了宋代的时候皇宫里也仅收藏有吴道子的画轴画九十三件,现代所遗留下来的,大多都是碑刻画迹和口传画迹,被后人所临纂的。

现代被鉴定为吴道子真迹的画轴画,这世上还不到十幅,所以麻强张口要拍的就是吴道子的《关公像》,顿时引来了众人的不满。

“各位,各位,先别激动,这画自然是仿吴道子的,不过年代应该也是宋代的古画,收藏价值一样是极高的,大家先看看物件再说吧。”

麻强原本是想卖个关子的,却不料被骂了个狗血喷头,连忙招手示意手下人把那画卷给拿出来。

随着麻强的喊声,一个年轻人拿着一个卷轴来到那张椭圆形的餐桌前,和麻强一起,将那幅卷轴打开,平铺到了桌子上。

把那画轴铺开之后,麻强说道:“各位,有意向的可以上来看了,请不要用手

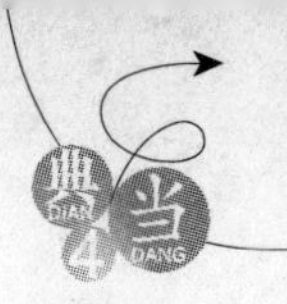

触摸……”

可能是中秋节的原因,这次参加黑市拍卖的人,并不是很多,除了庄睿、金胖子和那个叫杨波的京城名少之外,还有六七个人。

按金胖子的说法,这几个人都是半路出家,勉强算得上是收藏圈子里的人,庄睿知道,估计这几位就是金胖子所说的投资古玩的人了。

“金老师您先请……”

麻强话音刚落,大厅内除了苗菲菲和那个小明星之外,几乎所有人都站了起来,就连庄睿也不例外,吴道子的画作,即使是后仿的,也并不多见。

那几位应该都认识金胖子,均是退后了几步,让金胖子先上前察看。

在京城古玩界,除了那位姓爱新觉罗的老师之外,他可以称得上是最权威的字画鉴定专家了,这些搞古玩投资的人,说不定日后就会求到金胖子的头上,所以对他客气有加。

庄睿跟在金胖子身边,不客气地走到桌子旁边去了,搞得另外几人纷纷对庄睿怒目而视,你丫一玩玉器的,往字画这边凑什么热闹。

要知道,每次实物鉴定的时间只有五分钟,过了这五分钟就要进行拍卖了。当然,你可以选择不出手,但万一这物件真是宋人后仿的呢?那也是价值连城的宝贝啊,所以场内这些人对于这几分钟的鉴定时间,都是相当重视的。

庄睿却是没搭理这几个人,字画类古玩的作假和做旧是最多的,那几人连个鉴定师都没带,就想着来淘宝,纯粹是和阳伟他老子一个级别的,花钱找虐型的。

这幅《关公像》,长宽大概是38*60公分左右,纸质泛黄,但松弛有度,应该是上好的宣纸所绘。上面的关公单手拎着那把青龙偃月刀,刀柄向下,双腿分开骑在那匹追风赤兔马上,一双丹凤眼横眉四顾,其势圆转而衣服飘举,豪放洒脱,端的是威风凛凛。

金胖子拿出放大镜来,将身体俯低,从卷轴的轴杆开始,一点点地观察起来,虽然说这装裱可以是后世的,但是也能从中看出一些端倪来,鉴赏古玩不单是看物件本身,其他的细节也是很重要的,包括那些画卷上的钤印,都可以判断出真假来。

比起金胖子来,庄睿的表现就显得很业余了,虽然也拿出放大镜看了几眼,不过随之就从几人环绕中退了出去,一副凑热闹的样子。

“是不是真的?”

见到庄睿坐回来,苗菲菲出言问道,她知道自己看不出什么门道,都懒得上前去凑热闹了。

“我怎么知道?回头你问金老师。”

庄睿这会儿心里正犯嘀咕呢,他刚才直接就用灵气观察了,发现这画里面是有灵气,而且色泽微微泛黄,数量还算浓厚,按照他用灵气看古玩的经验,这幅画应该是清朝仿制的。

因为唐宋古玩里面的灵气,基本上都是红色,如果是珍品的话,更是红中发紫,就连

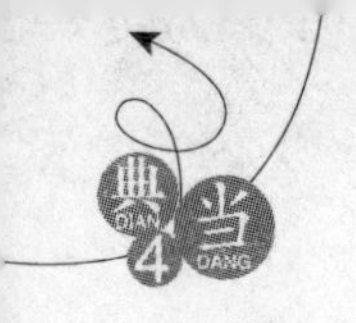

明朝古玩中的灵气，颜色也是淡红色，只有清朝和近代的，才是白色和黄色的灵气。

庄睿现在正考虑是不是出手拿下这幅画，虽然这画不是宋人所仿的，更加不会是吴道子的真迹，不过清朝也是有几位善仿名人字画的大家，现在他们的后仿作品，在市场上的价格也是一路走高，很有收藏价值。

其实现代字画类古玩的收藏，主要分这么几种，第一种当然就是名家珍品手迹，这个就不用多说了，古往今来的每位名家的作品，都有它的市场定价，您只要觉得值，多跑几家拍卖会参加几次拍卖，总能收到一些不错的物件。

当然，有些东西可不是有钱就能买得到的，像王羲之的《兰亭序》手稿真迹，都不知道还存不存在，传说是给李世民殉葬了。那玩意要是能问世的话，卖个一百亿人民币都不贵，这类东西已经变成了一种文化传承，不是用金钱可以估量的。

第二种有收藏价值的，就是后世名家仿前世大家的作品，这类的例子就多了，远的有唐伯虎、黄公望，近代的张大千、齐白石等著名大家，都曾经仿过古人的画作。这类作品虽然不是古人真迹，但是同样价值不菲，而且传世比较多，和近代的一些名家作品一样，都是现在字画古玩收藏中的主力军。

至于第三种有价值的字画，是比较罕见的存在，这类字画往往都是古画，但是无法考证其作者的身份来历，画作上无款无识，但是画工精湛，并不输于那些名家之作，往往都被后世名人收藏。

这类画有个统一的名字，叫做：佚名。以宋画居多，清朝也有一些佚名画作流传下来，但是其价值和宋代佚名画作相差的就远了，宋代流传下来的佚名画作，也多被录入到诗画典籍中。

康熙、乾隆都曾经收藏过很多宋朝的佚名画作，并且在上面留了自己的钤印和诗作，即使抛开古画本身，单是那些附在画作旁边的名家手迹钤印，也是价值不菲了。

至于最后一种，那就是纯粹的赝品仿作了，收藏价值不大，但也是市场上流传最多的。有些无良商贩，甚至拿些印刷品去糊弄那些刚进入收藏圈子里的人，大多都是些粗制劣作。

而那张桌子上的这幅画，应该就是属于第二种了，画工还算精湛，笔法娴熟，将关公的相貌特征以及赤兔马的神态，都凸显了出来，不过要是考证不出来这幅仿作出自谁的手，其价值也会大打折扣的，这也是庄睿犹豫要不要出手的原因。

有的朋友看到这里可能就要说了，你买下来是自己玩的，又不是倒手往外卖，管他是谁画的，自己看着养眼，挂在家里留着欣赏不就行了？

但是话不是这样说的，淘宝捡漏的乐趣就在于，你花了很少的钱，买到真正价值远远超出了你所花金钱的物件。这幅画如果考证不出作者来，恐怕也就值个三五万人民币的样子。

如果能考证出作者来，只要那作者稍有名气，这幅仿吴道子的《关公像》，价格就要在

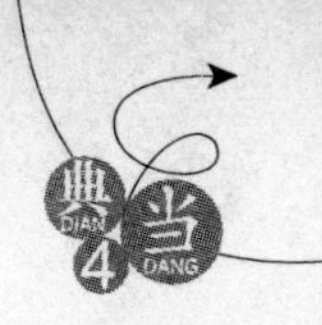

几十万甚至百万以上,两者可是相差甚远的。要知道,明清知名画家仿唐宋的画作,拍出几百万的价格来,都是很正常的。

几分钟之后,金胖子也坐了回来,庄睿小声问道:“金老师,这画您怎么看?”

“时间太短,看不准,不过从纸质和画工风格来看,应该是清末人所仿的,画工还算流畅,笔法不错,要是给我点时间查证一下,应该能查出是谁画的。”

金胖子的推断和庄睿所想的差不多,不过他一时半会的也看不出是谁仿制的这幅画,皱着眉头在思考自己应不应该出手。

“好了,朋友们请回到你们的座位上吧,这幅仿吴道子的《关公像》底价为五千元人民币,每次加价不得少于五千元人民币,有意购买的朋友请出价吧……”

麻强做事倒也干脆,见众人都坐下之后,马上就开始了拍卖流程,这幅画不过是开胃小菜,所以拍价并不算高,否则即使是清朝仿作,那也不是几千块钱就能买得下来的。

只是在麻强喊完价之后,场内没有一个人应声,都把目光看向了眉头紧锁的金胖子,想从他脸上看出点儿端倪。包括杨波在内,恐怕没有一个人相信这画是宋仿的,但是他们也知道,仿作也是有值钱的。

“我出五千元!”

庄睿可不管那么多,他猜想得出这些人心中的顾忌,但是他更明白,五千元对这幅画而言,已经算得上是捡漏了,如果有人抬价的话,最多自己不要就是了。

庄睿的出价让众人脸上都泛起了古怪的表情,因为庄睿刚才上前看这幅画的情形,众人可都是看在眼里的,他根本就是走马观花,难不成是金胖子刚才对他说了什么?有几个人已经是蠢蠢欲动,准备出价了。

“庄老师出五千元人民币,还有没有朋友出价?这可是货真价实的古画啊,一万元都等于白送,有意思的朋友请出价了。”

麻强的吆喝声又响了起来,只是比起草原黑市上的那位,他就显得有点急功近利了。

他不吆喝还好,这一吆喝,金胖子的眉头皱得更紧了,最终叹了口气,摇了摇头,显然是不打算出手了。而旁边的那几个人见到金胖子的举动之后,已经准备抬起来的手,又悄悄地放了回去。

“再没有别的朋友出价了吗?”

“最后一次,再没有人出价,这幅古画可就归庄老师所有了啊。”

“好了,麻子,换下个物件吧,别喊了。”

金胖子有些不耐烦了,明摆着没人和庄睿竞价了,一个劲地号个什么丧啊。

“好,这幅宋仿吴道子的《关公像》就属于庄老师了……”

听到金胖子不耐烦的话后,麻强也想尽快进行下面的拍卖,当下就喊死了价格。话说这黑市拍卖都是临时组织的,物件流拍也是经常的事情,五千块钱虽然不多,也够支付这总统套房的费用了。

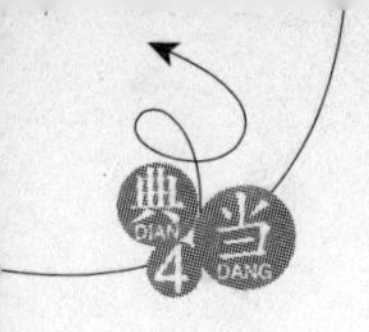

庄睿闻言打开了自己带来的密码箱，那散发着粉红色光泽的一刀刀人民币，顿时让黑市举办方几个人的眼中，充满了贪婪之色。不过盗亦有道，虽然举办黑市也算是捞偏门，但是他们还不至于杀鸡取卵，自断财路。

庄睿是学财会出身的，那双手点钱点得飞快，十来秒的时间就将一刀万元人民币分成了两叠，走到桌前接过已经卷起来放在一个长条盒子里的画卷，顺手把五千块钱交到了麻强的手上，这也算是真正的钱货两清了。

“金老师，这东西可要你帮忙给断断代啊……”

庄睿坐回到沙发上之后，把那装着画的盒子递给了金胖子。

“好小子，你打的是这个主意啊？是不是看出来这画有点儿年代了？这诀窍回头可要给老哥我说说啊……”

金胖子看到庄睿的举动之后，不禁有些后悔，五千块钱买下来这幅画，怎么都是赚的。不过他之所以没叫价，是因为金胖子知道，自己要是一喊价，旁边那几位，绝对会把价格抬上去，平白便宜了这黑市。

金胖子对庄睿的眼光也很佩服，自己观察了半天，才看出这是幅清朝人的仿作，庄睿只是打眼看了下，居然也能看出来，这让他也有些意外。

“嗨，您别膈应我了，我哪里懂什么画啊，这画的轴杆上，有个玳瑁做的杆盖，是个有年头的物件，所以我觉得这东西应该不是新仿的，这才出手拍下的。金老师，你回头可要帮我把这画的作者好好查证下啊。”

庄睿的这个借口还算合理，金胖子闻言之后，心中也释然了，否则在自己所擅长的领域里，都比不过庄睿，那他心里肯定结个疙瘩的。

旁边那几个人在听到庄睿的话后，也是一脸懊悔的神色，早知道自己就出手了，金胖子的这番话，明着指出这幅画是有些来历的。

不过他们现在看向庄睿的目光，就充满钦佩了，别的不说，就是庄睿观察物件时，那独特的角度，就不是自己可以比拟的，当时光顾着看古画了，谁还会去注意轴杆上那不起眼的黑色玳瑁盖子啊。

“各位朋友，为了节省大家的时间，下面将有三个拍品同时展出，各位朋友可以上台来鉴赏了。”

在庄睿和金胖子说话这工夫，在那大厅正中的桌子上，已经摆放了三个物件，分别是两尊铜塑佛像和一件个头不小的青花瓶子。

“老弟，你跟着上海的德老哥，也学到不少瓷器方面的知识吧？走，上去看看。”

金胖子虽然是鉴定字画的，但是对别的物件也有收藏，当下招呼了庄睿一声，往桌前走去。

这次庄睿就不用挤过去了，他走到桌前的时候，先去围在桌前的几个人，纷纷给他让出道来，庄睿心中不禁有点小得意，看来这人要是有本事，走哪都能吃得开。

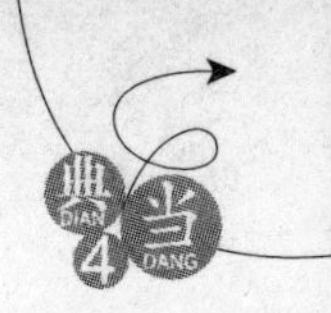

“看他等会儿挑中哪个物件，咱们就跟着出手。”

“对，老王，这次失策了，早知道多花点钱，带个鉴定专家来了。”

庄睿这高兴劲还没过，就被身后几人的谈话给整郁闷了。

“合着我是帮你们几个免费鉴定东西的啊？得，哥们儿我看中的偏不喊价，假物件我给你往死了叫价。”

庄睿在心里发着狠，眼睛却是看在那几个物件上面。正中摆的是一件正统青花人物罐，典型的明代青花造型，通体绘青花山水人物，层次丰富清晰，青花花色鲜亮明快，绘画流畅，笔触老到，线条劲挺，勾描、平涂、渲染娴熟洒脱。构图饱满，繁而不乱，釉色亮青，硬度感强，器型硕大。

“嗯?”

庄睿看着这青花人物罐子皱起了眉头，他的灵气是从罐口开始注入的，这罐子虽然胎质细腻，造型逼真，不过却没有丝毫灵气，应该是个现代的仿品。

不过就在庄睿的眼神往下游走的时候，突然发现了一丝灵气的存在，虽然数量极少，但是颜色却很深，显示出这个瓷器应该是个老物件。

庄睿这一年来看过的物件不少，但是还从来没有这种情况发生过，一般都是灵气进入到物体内部时，马上就能分辨出里面是否存在灵气，可是这次却是从无到有，透露出一丝诡异。

庄睿随手拿起桌子上的一副手套戴到手上，将这件瓷器给拿了起来，又从罐口看去，没错，没有感应到灵气，眼神继续往下延伸，还是没有！但是到了罐子底部的时候，庄睿忽然眼前亮了一下。

在那款上面写着正统年间制字样的罐子底座上，庄睿又看到了那丝红得有些发紫的灵气，心中恍然大悟，原来这罐子玩的是移花接木，把一个真品碎瓷片的底部，给粘贴到了这个假罐子上。

得出这个结论之后，庄睿仔细地看向罐底和罐身连接的地方，果然，在用肉眼无法看到的地方，有一丝细如发丝的缝隙，纯白色的特制胶水，将这两个差了几百年时光的物件给连接在了一起。

那白色的胶水微微有些泛黄，和这罐子的颜色几乎是如出一辙，就是用放大镜来看，也是很难辨别出来的，庄睿刚才即使用灵气查看，也忽略了过去，细看之下，才分辨出胶水和瓷器两者构成物之间的差异。

“奶奶的，高，果然是高。”

庄睿心里涌出一种说不明白的感觉来，就像是《没完没了》里面的葛优拿着把塑胶菜刀吓唬傅彪一样，这玩意还真他娘的能唬住人。

要知道，一般人看瓷器，是从几个方面来看的，第一看器形，看烧制的是否规整？这器形分为人工和机器工，如果物件是机器工，那就不用再看下去了，绝对不会超过一百年的历史。

有些朋友可能不明白,什么是机器工啊?机器工指的是清朝后期,从外国引进了先进的制瓷器的机器,而景德镇师傅的手工制作瓷器的流程,从那时候起就开始慢慢地退出舞台。举个大家都明白的例子,咱们现在家用的那些碟碗汤勺,就全部都是机器工的。

而几乎所有的老瓷器,以前的官窑,一律是牛胎瓷泥,手工拉爿,高到四十五公分以后八片拼凑,合烧而成,工艺繁杂,那些经验丰富的瓷器鉴定专家,一眼就能看出手工和机器工的区别。

这一点是相当重要的,如果连这个都看不出来,那就奉劝您最好别沾这瓷器。

当然,在民国还是有许多手工制造的瓷器的,但是那会儿机器已经比较普遍了,要知道,那时候做一个瓷碗不过需要十七分钟,而以前,做一个同样的碗,手工却需要整整四天。

这瓷器第二看的是烧制流程,现代的瓷器烧制,分为柴火和煤气两种,如果是煤气烧制的,对不起,那时间一般不会超过 1967 年。

这里面还有个故事,大家都不知道,景德镇解放前和解放后,一直都用柴火烧制瓷器,一直到了 1967 年才把几千年来一直用柴火烧制瓷器的办法改为煤气的。

怎么看?这就需要经验了,像景德镇的那些老师傅,一上手就能知道是煤气烧出来还是柴火烧出来的。

如果这物件既是手工又是柴火烧出来的,那么下一步就可以看底部的落款了,如果款识是真的话,再结合瓷器的胎质釉色等各方面的表现,初步就能认定这件瓷器的真伪了。

但是这些鉴定手法,专家们知道,制造赝品的那些人也是门清啊,所以就想出了这么个点子,我器形用手工来做,用柴火来烧制,并且给你安上一个真的底座,这三者结合起来,往往就能让老江湖栽跟头。

德叔在和庄睿聊瓷器的时候,就曾经说自已栽在这上面过,庄睿没想到,居然在这黑市里,也见到了这种物件。不过这青花罐子各方面来说堪称完美,恐怕就是黑市主办方,也未必知道这玩意的真假。

放下这正统青花瓷罐,庄睿默不作声地回到了沙发处,心里感叹不已,这百闻不如一见,如果不是参加了这次黑市,那还真没法见识到如此高明的作假手法。

至于那两件铜塑佛像,庄睿也用灵气看了一眼,毫无价值可言,不知道是从哪个工艺品厂里做出来的,上面整出点儿铜锈,拿来蒙这一帮半瓶子藏家们的。

众人也看完了这三个物件,麻强刚要开口喊价的时候,突然门外响起了敲门声,房间里的人顿时紧张了起来,虽然说参加黑市不犯法,但是被抓个现行,脸面上总是不好看的。

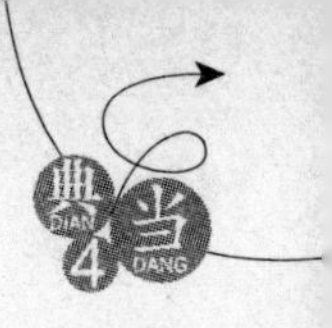

第十二章 黑市拍卖(中)

麻强的脸上露出一丝紧张的神色,今儿在这里举办黑市拍卖,知道的人并不多,除了他和这几个马仔之外,只有那个幕后老板才知晓具体地址,而且门外已经挂上了请勿打扰的牌子,按照五星级酒店的服务标准,是不可能有服务员前来敲门的。

"麻哥,怎么办?"

乌贼等人也着急了,均看向了麻强。要知道,如果被警察抄了底,东西要全部被没收不说,他们这个中秋也要去看守所的号房里隔窗赏月了,还想吃月饼?睡着了做梦吃去吧。

房间里一片寂静,不过门外的敲门声却也没有再响起,"不会是马上就要破门而入吧?"众人心中均涌出这个念头来,话说电视上都是这么演的啊。

"天上掉下个林妹妹……"

突然,房间里响起了越剧名段"天上掉下个林妹妹",顿时将房中众人吓了一大跳。

"谁?是谁手机没关?"

麻强的脸色瞬间变得有些狰狞,在他想来,外面敲门的十有八九就是警察,而走漏消息的人,肯定就在这房间里。麻强的想法是不错的,这房间内的确有个警察,但是苗菲菲今儿可是老实得很,什么都没做。

"麻哥,好像你的手机铃声吧?"

乌贼的提醒让麻强愣了一下,拿出手机一看,的确那林妹妹的唱腔,是从他手机里发出来的。

看到手机上的来电显示,麻强紧张的脸色缓和了一下,也没避着众人,马上按下了接听键,神态恭敬地说道:"老板,我是麻强,正有事想向您汇报呢……"

不知道电话对面那人说了什么,麻强长吁了一口气,口中答应了一声,就挂断了电话,脸上那紧张的神色也完全不见了。

"各位朋友,实在是不好意思,临时有位贵宾要来参加此次拍卖会,让各位受惊了,请诸位稍等一下……"

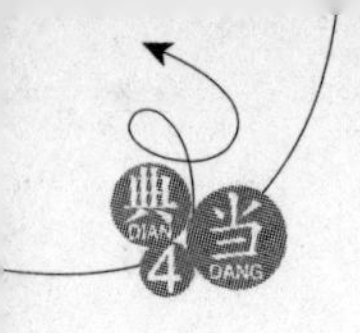

听到麻强的话后,房间里的这些人也都松了一口气,不是警察就好。苗警官也放松了下来,她刚才还以为是哪个片区的没协调好,跑来抓人了呢。话说北京城这么大,这样的事情也不是没发生过。

这三个物件的拍卖被中断了一下,因为主持人跑去开门了,刚才没有看仔细的人,趁着这机会,又围到桌子边上观察了起来,有两位老板已经是跃跃欲试了,显然很看好这三个物件。

"老板,您怎么来了?"

麻强打开门之后,发现一般从不到拍卖现场的老板居然站在了门外,这让他有些发愣,因为刚才接电话的时候,老板只是让他开门,没说自己也来了。

"嗯,拍卖刚开始吧?我陪着欧阳先生来看看,你不用管我们。"

乌贼的老板大概四十多岁,中等个头,皮肤白皙,脸上戴着副金丝眼镜,很是斯文,要是在外面遇见了,一般人只会把他往学校老师上面归类,怎么都不会想到这位就是京城最大的黑市老板。

在那人身边还站着一男一女,都是三十多岁的模样,只是那女人戴了一副几乎能遮挡住半边脸的墨镜,麻强无法看清楚这女人的容貌,但是从那一米七多的身高和凹凸有致的身材上来看,这也是个祸水级别的美女。

"老板,欧阳先生,请进……"

麻强侧过身子,把三人让进来之后,伸出头在门外观察了一下,将房门关死反锁。

"陶山,给你添麻烦啦……"

"欧阳先生说的哪里话,这点小事算什么,以后您要是需要什么物件,直接吩咐下来,我给您淘换去……"

麻强的这位老板对身边的欧阳先生很是客气,语气中带着奉承,看得跟在身后的麻强都傻了眼,他可是知道,自己这老板手眼通天,京城黑白两道都要卖他几分面子,在麻强眼中,陶老板那就是顶尖的人物了,没想到在这人面前会表现得如此拘谨。

"靠,他怎么来了?!"

被陶山两人对话整傻眼的不止有麻强,坐在沙发上的庄睿和苗菲菲二人,也是被吓了一大跳,因为他们两个听出来了,那位说话的欧阳先生,正是庄睿的小表哥,欧阳军。

庄睿侧脸向后望去,不光是欧阳军,徐大明星居然也跟在后面,心里不由得暗暗叫苦。欧阳军以前喊苗菲菲都是叫苗丫头,但是这段时间经常学着自己喊她苗警官,这当口要是喊出来,庄睿这脸就要在京城古玩圈子里丢尽了。

"欧阳先生,请到这边来坐吧……"

这会儿在桌前观察那几个物件的人都坐了回去,陶山进房间里一看,三排沙发上就庄睿那边还空了一张三人沙发,出言招呼了一声欧阳军。

"咦,那女人好脸熟啊?"

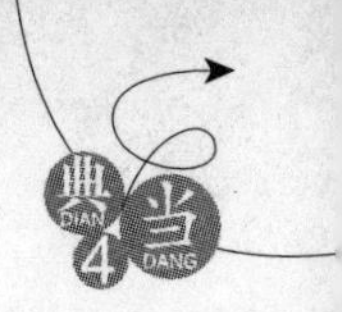

“切,你连她都不认识?那可是大明星!”

“对,对,我想起来了,经常演电影电视剧的……”

徐晴进入房间之后,就把墨镜摘了下来,顿时这大厅里的众人就骚动了起来,这徐大明星的名气,可不是刚才那位模特兼明星的张琦可以相比的,两人在娱乐圈里的地位,那要从颐和园差到故宫那么远。

虽然徐大明星穿得很保守,从上到下除了脖子脸蛋和手是露在外面的,其余都被衣服遮挡得严严实实,但是徐晴走动间所流露出来的风情,顿时吸引住了房间里所有雄性生物,把苗菲菲和张琦的风头全都抢了过去。

“四哥,你怎么跑这来了?嫂子,你们两个可真有闲心啊……”

庄睿看到实在躲不过去了,干脆站起了身子,和迎面走来的欧阳军打了个招呼。他是万万没想到,这两口子不忙着去办结婚的事情,跑这来凑热闹来了。话说今儿又是中秋节,小舅也不好好管管他,庄睿现在是满腹牢骚。

“五……五儿?哎,我说你小子怎么也钻这里来了,咦,还有苗……”

“四哥,我就是玩收藏的,怎么不能来啊,顺便带苗菲菲来见识下,倒是你们两口子干吗来了?”

庄睿见到欧阳军看到了苗菲菲,连忙把他下面要说的话给打断了,这要是喊出苗警官三个字,庄睿还真不知道该怎么收场了。

“废话,我来这儿当然是淘弄几个物件,你不知道我新房子空着呢。”

在这儿见到庄睿,欧阳军也有点儿不好意思,他是那天看了庄睿的宅子,对中院那套仿古家具和摆设很是羡慕,所以这段时间都在找些陶瓷字画类的古玩,准备先摆在新家,等什么时候整个和庄睿一样的四合院,再摆到四合院里面去。

他前几天就听陶山说手上有一批东西,想拿给他掌掌眼,欧阳军也明白这意思,就是要孝敬自己的,不过他不想欠这个人情,就没答应。

本来今天欧阳军是要去接二伯的,但是开车出来之后,才知道二伯晚上和大伯一起到,他又不想回玉泉山对着老爷子,干脆给陶山打了个电话,来见识一下这个古玩黑市。欧阳军也没想到居然在这里碰到了庄睿,还有苗家的丫头。

“行了,坐下吧,别耽误人家拍卖。”

庄睿拉了一把欧阳军,让他坐到了自己身边,却不知道自己的这个举动,让旁边两个人看得眼睛发直。

在这厅里除了庄睿等人之外,要说对欧阳军,那陶山应该算是最了解的了,典型的红三代,并且父辈还身居要位。

别的不说,就是欧阳军自己的那个会所,陶山也只是拿着白金卡,只能在二号楼里混,还没有资格进入到最核心的那个圈子里去。要知道,那圈子里的人,根本就不需要办卡的。

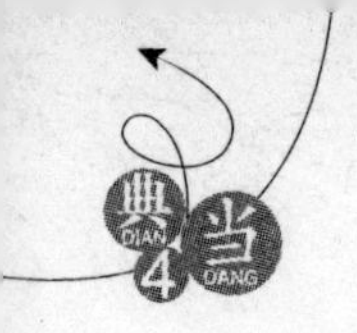

陶山曾经在会所见过这么一桩事儿，曾经有一个外省副省级领导的儿子，被人带到欧阳军的会所里玩，那小子初入京城有点不知道天高地厚，口出狂言不说，还对那里的女孩动手动脚的。

这事传到了欧阳军的耳朵里，那人被欧阳军派人扒光了衣服，最后就留着条短裤给赶出了会所，大冬天的逼得那位官二代赤着脚跑了二十多里路，才算回到了北京城。从那之后，所有感觉自己有点脸面的人，都想着去欧阳军的会所见识一番，但是再也没有人敢在那里闹事了。

所以陶山虽然有点小背景，但是对欧阳军一直是敬畏有加的，此刻见到庄睿和他说话如此随便，隐隐还在指责他来这种地方，顿时就让陶老板傻了眼。

不过陶老板也是久在江湖漂的人物，马上就反应了过来，说道："欧阳先生，既然您有熟人，就先坐这儿吧。麻强，还不上茶！"

陶山虽然对庄睿的身份很好奇，但是这会儿也只能强忍着，在招呼了麻强上茶之后，陶山四处张望了一下，对坐在离庄睿不远的杨波说道："这位先生，能不能麻烦您挪个位？"

按说来的都是客，陶山又是这黑市的主人，这么说话是有些不讲究，只是杨波的位置距离欧阳军最近，坐那儿才能说得上话啊，所以陶山就想让这年轻人给让个位。

杨波却是有些不情愿，脸色有些难看。不过这是别人的地头，他也只能忍下来，在站起身的时候，杨波突然对欧阳军说道："您……您是西郊会所的四哥吧？"

"嗯？你认识我？"

正在和庄睿说话的欧阳军愣了一下，抬头看了一眼面前的这个年轻人，自己并不认识，欧阳军也没兴趣了解这人是谁，点了点头后继续和庄睿聊了起来。

杨波却是没在意欧阳军的态度，兴奋地说道："嘿，四哥，我是经常去三号楼的小波啊，上次还和您打招呼来着……"

"哦，是你啊，以后有时间常去玩……"

欧阳军嘴上客气了一句，心里却是有点不耐烦，三号楼那地方有钱就能去，他哪儿能记得住自己和谁打过招呼。话说作为会所的老板，欧阳军时不时地会去另外两栋楼里转悠下，但是对面前的这小青年却是一丁点儿印象都没有。

杨波听到欧阳军的客气话后，马上拉着张琦走到了一边的沙发上坐下，他心里可是激动得很啊，话说他那开饭店的老妈要求的人，就是这位传说中手眼通天的大人物，没想到居然在这里被自己遇到了。

"幸亏自己没得罪那位姓庄的人啊。"

坐下之后，杨波在心里暗暗庆幸，看那位庄老师和欧阳军惯熟的模样，傻子也知道两人的关系很不一般，刚才自己要是说出什么不合适的话，恐怕别人一根小手指，就能把自己当蚂蚁给碾死了。想到这里，杨波背后不禁渗出了冷汗。

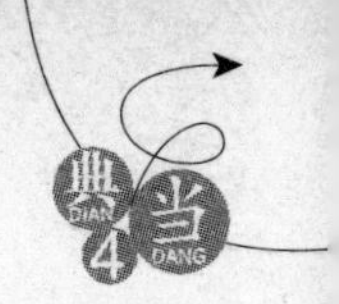

“妈的,北京这地界水还真是深啊,这么个不起眼的人,居然也是个大人物。”

在心里兴起了做人要低调的念头之后,杨波已经在心里思量着如何交好欧阳军和庄睿了。说交好二字可能有些不合适,别人根本不稀罕与他交好,让那两位加深对自己的印象倒是真的。

“杨哥,那人是谁啊?居然带着徐晴……”

张琦这会儿心里可是好奇得很,她在来之前就听杨波说了,开这黑市的人是个大人物,没想到刚才来的那个人,竟然让所谓的大人物在身边赔着笑,并且一向都没有绯闻传出来的徐大明星,一直挽着那个男人的胳膊,那人究竟是什么身份啊?

张琦也是出道没多久,还没资格去欧阳军的西郊会所,否则她就不会问出这个问题了。

“那可是真正的大人物,在这北京城里,没有他办不了的事情,以后我带你去西郊会所见识一下,你就知道了……”

杨波压低了声音说道,兴奋之意隐隐露了出来,要不是手机关机了,他现在就想给自己老妈打电话。其实说老实话,他自己也不明白欧阳军的背景,只是人云亦云,就连欧阳军也不知道,自己已经变成了个传说。

“老麻,可以开始了吧,今儿都忙着呢,抓紧时间把好物件拿出来,拍完了事。”

欧阳军进来耽误了一会儿工夫,另外几位老板有些不耐烦了,黑市老板又怎么样啊?咱还是准备上市的老板呢,又不比你钱少,没必要看你的脸色。

“对不住,真是对不住各位,刚才老板说了,今天所有的拍品,都在成交价的基础上,下浮百分之十,算是给朋友们赔礼了。”

麻强的话让庄睿听得乐了,这黑市还真有意思,都是用这招,不过这陶老板显然比草原黑市的那位大气,多让了百分之五的点。

厅里几人听到麻强的话后,脸色都缓和了下来,刚才他们是觉得自己被轻视了,没有面子,但是人家这句话,面子实惠都有了,还有什么好说的啊。

“这三个物件,从左到右,分为一二三号,底价都是三万,每次喊价幅度要在五千以上,大家可以根据物件的号码喊价。乌贼,你过来帮忙招呼一下。好,现在大家可以出价了。”

老板来到现场,麻强的声音愈加洪亮了起来,也亏得这是五星级酒店的总统套房,隔音设施好,否则早就被人投诉或者报警了。

“一号青铜菩萨像,我出三万五千。”一位年龄在四十岁左右的中年人率先喊道。

“好,于老板一号拍品出价三万五千,还有没有朋友出价的?”

“二号拍品,我出四万!”

这次喊价的是杨波,他虽然不懂古玩,并且连这明朝正统青花瓷罐的名字都叫不上来,但是这小子很有眼力见儿,刚才看到金胖子对这瓷罐很重视,于是就想取个巧,把这

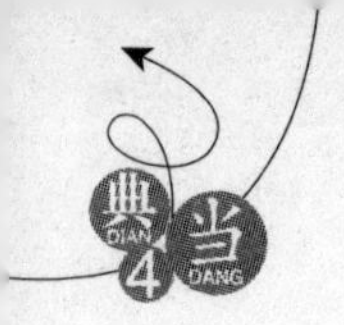

物件给拍下来。

“二号拍品，我出五万元人民币！”

跟价的是金胖子，他虽然不是专门玩瓷器的，不过这物件造型端正，釉色细腻，并且底款很正，十有八九就是正统年间的官窑，别说四五万块钱了，就是四五十万拍下来，回头拿到正规拍卖行里，转手就能翻上个七八倍。

“好，金老师出价五万了，看来金老师对这件青花瓷罐是志在必得啊，还有没有朋友出价的？”

“二号拍品我出五万五千……”

“我出六万，二号拍品！”

“二号拍品我出十万！”

负责主持的麻强话声刚落，几个喊价声就响了起来，最先开价的杨波更是直接将价格抬到了十万元。

“我看好你奶奶个头……”

麻强的话气得金胖子差点吐血，立马在心里问候了麻强的直系亲属，这不是借自己的名头往上抬价嘛，不过金胖子心有不甘，还是喊道：“二号拍品我出十万五千元。”

“金老师又出价了，二号拍品十万五千元，一号拍品三万五千元，有没有朋友继续出价，这两尊佛像可是隋唐时期的物件，也是机会难得啊。”

麻强见这瓷器价格上去了，铜塑佛像却只有一个人出价，连忙捎带着又介绍了一下。

“一号拍品我出四万。”

“三号拍品我出三万五千。”

“二号拍品我出十一万。”

“二号拍品我出十一万五千。”

麻强这位客串拍卖师还算是称职，将大厅里众人的情绪都调动了起来，三个物件的价格都是节节上升。能在老板面前露一手，麻强的脸色变得愈加红润了起来。

陶山见到自己等人刚坐下，拍卖就开始了，这欧阳军可还没看呢，于是往欧阳军那个方向侧了侧身体，小声地说道：“欧阳先生，您要是有意思，可以先上去看看，中意哪件，我给您留下来。”

“不用，不用，有我老弟在，这东西不用我去看。”

欧阳军摆了摆手，他很有自知之明，就是拿个商店里买的吃饭的碗来，他也分不清真假，上去也是白看，倒不如听身边庄睿的话，欧阳军可是知道，庄睿就是靠着古玩发家的。

“哎，四哥，你买你的，我买我的，少和我扯在一起。”

庄睿不乐意了，我还想捡个漏摆在家里呢，你这算怎么回事。

“嘿，我说你小子，不给四哥面子是吧。”

欧阳军瞪起了眼睛，继而又笑了起来，把嘴凑到庄睿耳边说道：“五儿，你带的那位，

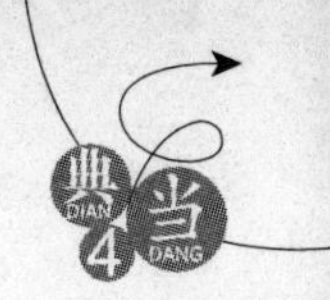

可是苗‘警官’啊,把她带到这里来,不会真是长见识来的吧?”

欧阳军可是很了解苗菲菲那小辣椒的性格,绝对是眼里容不得沙子,平时就是见到人家两口子吵架都恨不得上去打抱不平,眼前这黑市虽然不是很严重的违法行为,但也是在警察打击的范围之内的,苗菲菲这般安静,那就只有一种可能了,就是苗警官今儿深入虎穴卧底来了。

“爱信不信,要不然你自己去问她。”庄睿有点心虚了,早知道欧阳军有这关系,打死他也不会答应带苗菲菲来,直接给欧阳军打个招呼不就完事了。

“嘿嘿,不用问,四哥我喊她一声苗警官,你看怎么样啊?”欧阳军算是掐住了庄睿的软肋。

“得,今儿就当我白来了,回头碰见好玩意儿,我说你拍吧。”

庄睿无奈地说道。不过还好那幅画现在是拿在金胖子的手上,不然也会被这土匪四哥给抢走的。

欧阳军看着场内正喊价喊得热火朝天,不由问道:“这几件都不行?”

“行,您要是钱多,就把那青铜佛像买下来好了,现在铜价可不便宜,十多块钱一斤,买了回头您再去卖废铜不就得了……”

庄睿心里不痛快,那话里也带着刺,说得欧阳军直翻白眼,倒是苗菲菲和徐晴在一旁听得捂嘴直笑。

“二号拍品杨少出价三十万,一号拍品于老板出价八万,三号拍品江总出价十一万,还有没有朋友再出价的?”

此时桌上几个物件的拍卖也到了尾声,麻强激动得说话都带着颤音了,这几个物件现在的价格早已超出了他的预料,在看到没人出价之后,麻强大声喊道:“成交!请几位老板上前交易!”

第十三章 黑市拍卖（下）

包括杨波在内，所有人带的都是现金，这也是黑市交易的特点之一。一刀刀散发着粉红色光泽的人民币在桌子上铺了一层，麻强身后有个专门点钱的人，在查清楚数目之后，迅速地收入到皮箱里面。

庄睿现在是明白了，为什么以古老爷子那种眼力，也会在黑市拍卖上打眼交学费，这鉴定物件时间给得实在太短了，而且这东西造假的水平又相当高，没见那青花瓷罐是下了本钱的嘛。话说现在买个明朝青花的碎瓷，还要花上个三五百呢，带底款的或许还要更贵一些。

杨波捧着那个青花瓷罐回到沙发上之后，向庄睿和欧阳军点头示意，看得那二人心中直笑，按庄睿的话就是，花了三十万买了个咸菜缸，那物件只能起这个作用。呃，这么说还是抬高了那东西，咸菜缸用久了，说不定罐底开胶，还会漏水呢，得瑟个什么劲啊。

"四哥，这人你认识？"

庄睿看得有趣，忍不住问欧阳军，他家大人也真对他很放心，随便就给几十万来黑市交学费，话说陶山可是最喜欢这种人。

"不认识，听他的话可能去我会所玩过，不过我没印象。管他呢，下面有好东西你可要帮我看着点啊……"

欧阳军对杨波不怎么感兴趣，北京城的有钱人，想往他会所里面挤的多了，自己哪儿都能记住啊。不过欧阳军要是知道，杨波买这青花瓷罐就是想送给他的话，那对这小子的记忆力绝对会深刻起来的。

"他身边的那个女孩我倒是看着眼熟，好像是刚出道的人吧？哦，我想起来了，这男孩是刚从国外回来的，被评为什么京城名少……"

徐晴是娱乐圈的人，虽然平时为人低调，但是对娱乐新闻还是十分关注的，像张琦这种近来曝光率很高的小明星，也有所了解。娱乐圈的八卦无处不在，早就将张琦和杨少之间的关系曝光了。

"京城名少？"

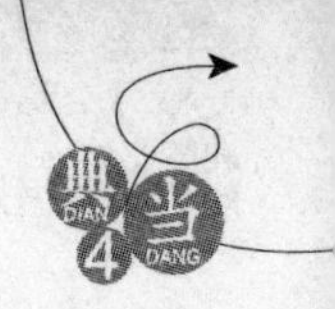

欧阳军听得眉头一皱，继而笑了起来，摇了摇头不再说话了。在京城里各有各的圈子，这称谓要是被安在他们这圈子里面，那绝对是骂人的，不过也有人会沾沾自喜，就像杨波这类的小年轻。

“下面要拍卖的物件，可是今天的重头戏，一共五件，都是西周时期的青铜器，分别为一个编钟和四个青铜酒器，这些东西可是出自虢国墓，绝对货真价实……”

在拍出第二波物件之后，麻强宣布了第三批要拍卖的东西，旁人倒没感觉到什么，但是庄睿和苗菲菲闻言心头大震，不由得面面相觑，这哪还要请鉴定专家啊，别人都是明买明卖，直接喊出来了。

“小弟，怎么回事？苗菲菲来，不会就是盯上这批物件了吧？”

欧阳军一直在注意着庄睿，看到他和苗菲菲眉来眼去的，当下心中就明白了一半。话说公安部督办的案子，他们也是有所耳闻的，只是欧阳军也没想到，陶山的胆子有这么大，居然敢卖这些东西。

“先看看真假再说。我说四哥，你和这老板关系很近？你会所那屏风，不会就是他送的吧？”、

庄睿没承认也没否认，不过没看东西，光凭麻强一张嘴说，那是无法确认的，只是看到欧阳军的样子，似乎和这黑市老板关系不浅。

“没有的事，那物件是别人送的，他和陶山不是一路人。对了，我还说介绍那人给你认识呢，等过完中秋吧……”

欧阳军摇了摇头，对于陶山这类人，他走得并不近，捞偏门始终不是正道，他问庄睿那句话，也只是想证实下自己猜测得对不对而已，陶山这次是否捅破了天，和他一丁点儿关系都没有。

“麻强，这批物件闹得动静很大，你们也敢卖？”

不止是庄睿和欧阳军知道这批东西在被追查，就是金胖子也有耳闻，他们故宫博物院有好几位专家，都赶赴河南进行抢救性挖掘去了。

“这……”

麻强闻言有些迟疑，那双眼睛不由自主地看向了自己的老板。

“各位，咱们这拍卖会的规矩，大家都知道，我们是不管物件来历的，有人卖，我就收，然后提供给诸位，而且从我这里卖出去的东西，大家都可以放心收藏保管，我保证绝对不会有人找后账的。”

见麻强镇不住场面了，陶山站起身来，给场内的众人吃了颗定心丸，那几位老板均是露出了兴奋的神情。

要知道，正规拍卖行极少出现青铜器的拍卖，即使想收藏，都没有门路，在这里要是能淘到几件珍品，那以后在藏友交流中，绝对是件倍儿有面子的事情，这些人玩古董，一来是投资，二来不就是想沾点文化的边嘛！

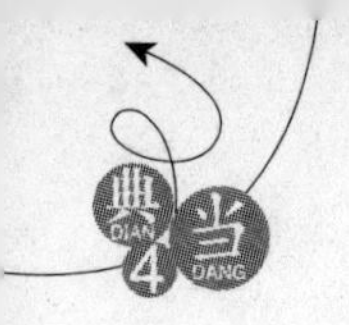

只有金胖子脸上露出一丝不以为然的神色，他知道这件案子闹得有多大，如果陶山的这批青铜器是真的话，那绝对是谁买谁倒霉，倒不会被牵扯到判刑那么严重，但是买物件的钱，那是绝对拿不回来了。

这几件青铜器的体积都不大，最大的是那个编钟，大概有三十公分高，直径约在二十五公分左右，远远望去，有点像是个大号的铜铃铛。

大家都知道，编钟是我国古代的一种打击乐器，用青铜铸成，它由大小不同的扁圆钟按照音调高低的次序排列起来，悬挂在一个巨大的钟架上，用丁字形的木槌和长形的棒分别敲打铜钟，能发出不同的乐音，因为每个钟的音调不同，按音谱敲打，可以演奏出美妙的乐曲。

西周时期是最早出现编钟的，那时候的编钟一般是由大小三枚组合起来，看这编钟的模样，应该是最小的一枚了。

另外三个物件，分别是一个圈足、敞口、长身、口部和底部都呈现为喇叭状的酒器：觚。另外四个却都是兽禽形尊，分别为牛、羊、虎、凤等动物形象，尊上装饰有各种华丽的纹饰，纹饰精美，雕工精湛。

“好了，各位朋友可以上前来观看了，这几件东西大家可以多看一会儿，十分钟后进行拍卖……”见到东西都摆在桌子上了，麻强喊完话后，让出了身子，给众人空出地方作鉴定。

“你还不去？快点上前看看是真的还是假的……”

一直对拍卖漠不关心的苗菲菲，现在来了精神，很隐蔽地在庄睿腰间推了一把，要不是自个儿不懂，苗菲菲早就冲到桌前去了。

“急个什么劲啊……”

庄睿慢悠悠地站起身来，脑子里回忆起昨天所看到的那批被盗文物的资料来。

有苗菲菲跟着，庄睿知道，这几件青铜器如果是真的，他都不能买，也懒得仔细察看了。走到桌旁直接对着那个体积比较大的编钟，将眼中灵气渗入了进去。

“这……这他娘的也忒假了点吧？”

庄睿在看到这所谓青铜编钟的内部结构之后，不禁在心里骂了一句，这玩意儿压根儿就不是青铜制作的，而是实实在在的铁器，要知道，青铜是红铜和锡、铅的合金，而铁是有光泽的银白色金属，两者很容易就能区分开来。

这作假的人很会省事，直接在铁模子上面镀了一层青铜水，然后再做旧，看得庄睿直摇头，这玩意儿做得一点技术含量都没有，比那青花瓷罐差得远了。

再看了一眼另外几件酒器，也都是一个模子里出来的，手法完全相同，庄睿也懒得再看下去了，直接分开身边的几人，坐回沙发上去了。

说老实话，庄睿现在对这黑市是失望透顶了，到现在为止出来了七八个物件，还就最开始被自己买到的那幅画，和文物沾点边，后面的这些东西，是一件比一件假，他都没心

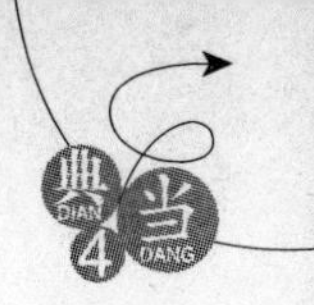

思继续在这待下去了。

虽然说北京是全国最大的文物市场，有着庞大的文物收藏群体，自然也是造假者的乐园，但是也不能净拿这些玩意儿来糊弄人吧。

怪不得这黑市老板不怕警察来查，就算是被查到了，别人拍卖现代工艺品，关你们警察屁事。

能够获得成功的人，往往是极其自信的人，当然，这也是成功的一个必要因素。曾经有人说过，成功者大多是偏执狂，认准了某件事儿，就会一头扎进去，不做好誓不罢休。

这种劲头用在传统行业，自然是好的，就像现在这场内的几位企业家，无一不是本行业的翘楚。他们大多都是白手起家，在长期的资本积累中，在历次企业转型里，也都养成了说一不二，极端自信的性格。

但是这种性格，要是放在古玩行里，那您就等着吃亏打眼交学费吧。古玩的鉴定不是看几本书，或者听几堂讲座就能学得会的，那需要大量的实物上手，无数次地把玩观赏积累下来丰富的经验，用做企业的风格去玩古董，是绝对行不通的。

“一号青铜器，于老板出价十二万，还有没有朋友出价?”

“好，赵老板喊价了，十二万五，杜总二号青铜器出价八万，记下来了……”

“杨少，四号青铜器杨少出价八万五，这些物件在西周的时候，可是只有王侯们才有权利使用啊，这可是权力和身份的象征，还有没有朋友出价?”

麻强的话听得庄睿脸上直抽搐，还他娘的王侯用过的，估计就是在茅厕里沤出来的，谁要是买回去真的当酒器找那种感觉，那算是倒了八辈子的血霉了。

“杜总也看上四号青铜器了，出价多少？九万，好，四号青铜器杜总出价九万!”

“四号青铜器杨少又出价了，十万，杨少果然是大手笔，四号青铜器十万人民币一次!”

杨波其实对这几件锈迹斑斑的青铜器，没有什么直观的了解，在他眼里，这东西和那些在博物馆里展出的或者是在地摊上摆卖的没有什么区别，他之所以出价，不过是想吸引欧阳军等人的注意罢了，至于东西真假，他压根儿就没有考虑。

由于青铜器不属于拍卖行流通的物件，所以那几位企业老板，在经过一番所谓的考证之后，纷纷开出了高价，只有庄睿和金胖子一声不吭，看着众人表演。

如此拙劣的仿品，金胖子自然是一眼就看穿了，他和庄睿的心情一样，今儿都有些后悔来这黑市了，明摆着那黑市老板请他来，就是把他做枪使。

除了庄睿和金胖子，还有不懂行的欧阳军之外，现在厅里正在竞相对这几件青铜器的这几位，都不是那么理智了，在他们的思维中，黑市里面的东西，自然要比潘家园里的真物件多，他们逛过几次潘家园之后，感觉自己看过的物件已经不少了，就想提高下档次，来黑市里趟趟水。

只是这几位却怎么都想不到，那位文质彬彬的陶老板，就是从琉璃厂练摊起家的，对于作假的门道,应用起来那是炉火纯青,小刀子磨得透亮,宰的就是这些平日里自我感觉良好的人。

“庄睿,那些青铜器是不是……”

见到庄睿回来之后一直默不作声,苗菲菲只能凑上去问结果。

“假的,没一件是真的,和你们那案子没关系。”

庄睿小声回道,苗菲菲的脸上顿时露出失望的神色来,说道:“那咱们还留在这里吗?”

“走吧,这地方没什么意思了,我和四哥打个招呼……”

庄睿没想到这京城的黑市,假货如此之多,还不如在草原黑市上遇到的好物件多呢。有闲工夫在这里待着,还不如去潘家园淘弄几个物件去呢。虽然那里假货更多,但是架不住基数大,庄睿的龙山黑陶,就是在那儿遇到的。

“四哥,走吧,这儿没好物件,别浪费时间了。”

厅里现在吵得很,庄睿凑到欧阳军耳边说话,也不怕被那位陶老板听到。

“走?干吗要走啊?没见这正争得热闹吗?”

欧阳军这会儿正看得兴高采烈呢,话说看着一帮子不相干的人,犯傻竞拍假货,欧阳军这心情不是一般的舒畅。有句话不是说,快乐是建立在别人痛苦之上吗,欧阳军此时正恶趣味地享受着这种快乐。

“这些人闲得蛋疼,你也那么清闲?我记得小舅今儿是让你去接人的吧?”

庄睿就是想拉着欧阳军一起离开,否则他自个儿走显得有些过于突兀。

“哎哟,你小子学会威胁人了啊。得,回头你可要给我淘弄几个好物件啊,否则我把你四合院架子上摆的东西都搬走。”

欧阳军也怕庄睿回头告自己一状,虽然大伯二伯是晚上才到,可是另外几位堂哥堂姐,可是早上的飞机,只不过他们各自任职的城市,在京里都有驻京办,不用自己去接而已。

“搬吧,回头我就去潘家园拉一车破瓷烂瓦回来。”

庄睿现在手上没多少东西,钧窑瓷器还在德叔手上,前天他刚把在济南淘到的青铜鼎和那件龙山黑陶放到地下室,欧阳军自然被庄睿列为地下室不受欢迎的人之一。

“走吧!”

被庄睿这么一说,欧阳军在这里待得也没劲儿了,站起身来对陶山说道:“老陶,今儿比较忙,下次再来你这吧,我们就先告辞了。”

“欧阳先生怎么不多坐会儿啊,今天的藏品是有点少,改天我收到好物件,亲自给您送去掌掌眼。”

自己的东西,陶山当然清楚,就连这些东西的拍卖顺序,都是他亲自定下来的,他知道除了最初的那幅仿吴道子的《关公像》还算是有点价值,其他的玩意儿都是他煞费心机搞来的,就是为了蒙这帮子自以为是的孙子们的。

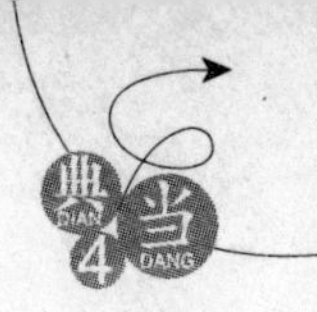

那件明正统青花人物瓷罐,是陶山花了近三万块钱,请一位作假高手亲自烧制的,其余的几件青铜器,还真如庄睿所猜想的,虽然不是在茅厕里沤出来的,却是在猪圈里放置了半个多月,真真儿的假货。

当然,这些事情只有陶山一人知道,就是麻强等人,也全都被蒙在鼓里,他们可不是专业演员,如果事先知道真假的话,这戏肯定会演砸的。

现在看到欧阳军要走,陶山也是松了一口气,万一这位要是看中哪个玩意儿,非要拍下来,等日后找人鉴定了是假的话,那自己可是吃不了兜着走了。

有的朋友看到这里可能有疑问了,你陶山不敢骗欧阳军可以理解,没人家权势大嘛,但是你就敢骗那些企业老板了?陶老板就不怕别人找后账?

陶山还真不怕那些人来找后账,古玩买卖的规矩在那里摆着的,而且黑市淘宝,更是各凭眼力,淘到好东西,那是您有水准;打眼交学费,那也纯属正常,要是回头算后账,那就是您不讲究了。像古老爷子在黑市打了眼,不也是自认倒霉了嘛。

可能还有朋友会说,你陶山这样做,不是在砸自己招牌吗?其实这点也不需要担心的,这些人在黑市打眼交学费,为了面子他们也不会大肆宣扬,他们在各自的行当里面,都是有头有脸的人物,谁会往外曝自己的丑事啊,最多下次接到这黑市的邀请,不再去就完了呗。

不过北京城想附庸风雅的老板多了去了,陶山就是挨个地请一遍,那估计排队都要排上十年八年,根本就不怕下次忽悠不到人来。

至于这次中秋黑市拍卖,从陶山所请的人就能看出来,陶老板此次就是想赚点过节费。来的这些人里面,除了金胖子之外,再没有一个知名的鉴定专家,估计最初邀请庄睿,也是把他当冤大头对待的,二十郎当岁的玉石鉴定专家?陶山才不信呢。

而拍品的次序,陶山也是经过了深思熟虑的,第一个上拍的,是那幅半真不假的字画,而且最开始价格肯定不会很高,这就给人造成一种黑市有好东西,而且价格便宜的错觉,对下面出场的物件,就会放松警惕。

像金胖子刚才就差点陷了进去,在错失了那幅清人仿的古画之后,憋着劲要将那个青花罐子拿下来,要不是杨波财大气粗,把那赝品青花罐子喊到了三十万,恐怕金胖子就要大出血了。

要说这些开黑市的人,远不是庄睿想得那么简单的,这次黑市拍卖,陶山就是抱着捞一把的念头,要是换作平日,他拿出来的物件,肯定是真假参半的。要说陶山对人心的揣测,虽然不及金胖子,但也绝对是大师级的了。

"庄老弟,咱们一起走,今儿我事情也挺多的……"

看到庄睿等人要走,金胖子也站起身来,他不知道混迹过多少黑市拍卖场所了,刚开始时没注意,但是现在心里多少明白过来了,敢情陶山这次就是拉他这张虎皮做大旗,并且是搂草打兔子,想把他也捎带进去。现在金胖子这心里,对陶山可是恨得牙根痒痒。

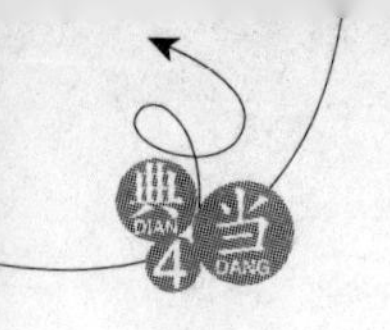

第十四章 买家不如卖家精

“哎哟,金老师,下面可是还有不少好物件啊,您不留下看看?”

陶山见到金胖子要走,有点慌神,欧阳军和庄睿走,正合他的心思,但是金胖子要走,他下面还有几个做得可以以假乱真的玩意儿,可是就少了个托儿了。

“呵呵,陶老板的‘好’东西自然是不少的,以后有机会再说吧……”

金胖子打了个哈哈,将那个“好”字说得极重,别说是陶山,就是厅里的旁人,也惊疑不定地看着自己手里的物件,心中有些打鼓了。至于以后再说那话,陶山也听得懂,那就是再也没下次了,他知道自己布的局被这胖子看透了,算是将他彻底得罪了。

“啊,好的,回头等有时间,再请金老师喝茶,您慢走啊……”

陶山知道自己留不住金胖子了,喝茶的隐意就是过后再向您赔罪。金胖子笑笑没有说话,拿着庄睿的那幅画,跟在欧阳军等人的后面走了出去。

至于陶山所办的这场黑市,在后面的拍卖中,那些有意投资古玩的企业老板们,出手也变得谨慎了起来,他们只是不懂,又不是傻,看到金胖子中途退场,也感觉到这黑市里面有着什么猫腻。

已经买下来了的东西自然是不给退的,但是对于那些新拿出来的拍品,任凭麻强是舌灿莲花,诸位老板们也是充分发挥了在生意中讨价还价的本领,相互之间也不抬价了,愣是把好几件高仿古玩,以低于成本价的价格拍到了手上,气的陶山差点吐血。

庄睿等人自然不知道后面的事情,在进入电梯之后,金胖子有些不爽地对庄睿说道:“庄老弟,那瓷器应该也有猫腻吧,你也不提醒老哥一句,我差点就一头钻进套子里去了,现在能说说了吧?”

古玩这行当,您要是样样通,那基本上也就是样样稀松了。金胖子是字画类的专家,对于瓷器虽然也了解,但是绝对不如那些专攻瓷器数十年的行家,所以他现在虽然怀疑那玩意儿有假,但是还没看出猫腻究竟是在什么地方。

至于庄睿当时不说话,那也是规矩,这和下棋一般,讲的是观棋不语真君子,你一说不打紧,帮了金胖子,却是恶了黑市老板,所以如果不是至亲好友,在这种场合下,一般是

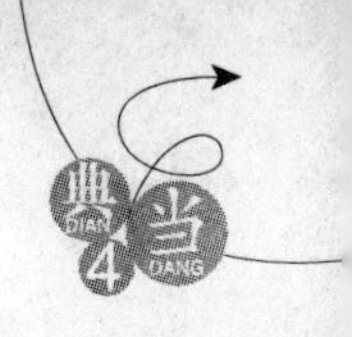

不会发表言论的。

“金老师，看您说哪里话，我还能眼瞅着您吃亏不成？实在是没来得及提醒您，那物件就拍完了……”

庄睿说的是实话，他和金胖子很投缘，本来想着点他一句的，但是自己刚和欧阳军说了几句话，那物件居然就被杨波三十万拍了下来，连让庄睿和金胖子说句话的工夫都没给留。当时让庄睿很是无语，这林子大了什么鸟都有，不过上赶着给别人送钱的，庄睿还是第一次见。

“嘿，那是我错怪老弟了，不过那物件釉色、造型和款识，怎么看都像是真的明正统青花，老弟你是如何看出假来的？”

听到庄睿的话后，金胖子也释然了，他也知道自己出手急了点，前后没一分钟的时间，就把价格抬到了三十万。这事不能怪庄睿，只是金胖子心中这份好奇，还等着庄睿给解惑呢，至少下次不能再吃同样的亏不是。

“嘿嘿，底款当然是真的了，不过金老师，那玩意儿您要是买回家去了，可不能装醋啊，否则有个三五十分钟，那底座就要和罐身分离了。”

庄睿的话让金胖子恍然大悟，这种移花接木的手法，在古玩里面并不少见，像有些古代名家的手稿，前面是真的，后面却是假的，也经常会让一些行家们走眼上当。

在民国的时候，就曾经有一位字画鉴定大家，那双眼睛是明察秋毫，号称王一半，任何字画类的古玩，他只看一半就能分出真假。这名头可不是自己吹嘘出来的，而是经过无数次的鉴定得来的。

但是，最终王一半就栽在了这一半上面。在一次他帮人鉴定一幅宋代名家古画的时候，也是按照习惯看了一半，就确定这画是真的，而请他的那个人，就出大价钱将画给买下来了，但是过了不久，就传出那画是假的。

王一半当然是自信满满，嘴上连说不可能，然后又去鉴定了一番，把那画轴打开一半的时候，王一半的脸色都很正常，但是一半过后，王一半发现，后面全是假的，当时气得怒火攻心，差点没晕厥过去。

后来这事传出去以后，有知情人给解开了谜底，那幅古画曾经遭受过一次劫难，下面的半幅被火给烧掉了，那幅画是一个古董商的，当初他可是花了大价钱买下的这幅画，心中舍不得，于是就出了一个歪点子。

这位古董商找了个手艺高明的书画匠人，用宋代的纸张把下半幅的画重新画了出来，和上半幅装裱在一起，然后就给那位王一半下了个套，用这半幅假画，卖了个真画的价钱。

此事在古玩界流传甚久，即使是现在，很多行内人也都知道。所以金胖子听庄睿这么一说，心中倒也释然了，这手法做得巧妙，别说是自己了，就是来一位瓷器鉴定专家，在那短短几分钟之内，也未必就能看出端倪来。

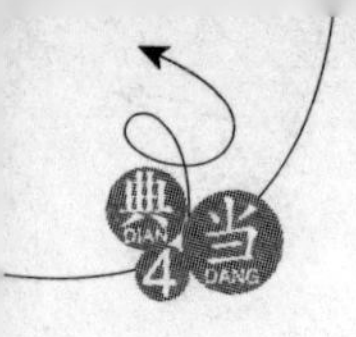

“庄睿,那瓷器都是假的,你买的这幅画,不会也是假的吧?要不,这五千块钱我给你吧……”

一旁的苗菲菲感觉有些过意不去,庄睿是来帮自己办案的,却花钱买了个假画。苗警官虽然有时很不讲理,但是对朋友还是很够意思的,她也不想想,庄睿差那五千块钱吗?

“咦,五儿,这画是你买的?”欧阳军还不知道金胖子手里拿的画是庄睿的,当下出言问道。

“嗯,苗……菲菲。”

庄睿差点当着金胖子的面喊出苗警官三个字,还好反应快,接着说道:“这画是清朝人仿的,不过没法断代,我让金老师拿回去帮忙给查查资料,看能不能找出是谁临仿的。”

“那你不是赚了啊?就刚才那奸商,会拿真东西出来卖?”

苗菲菲有些不解,这次任务没有任何收获,连带着苗警官对陶山的印象也很恶劣。话说你要是能拿出真的虢国墓被盗的文物,那案子不就是可以继续查下去了嘛。

“呵呵,苗小姐,那是别人钓鱼用的,想后面的东西拍个好价钱,当然要花点本钱了。只是这黑市的手法不高明,被庄老弟吃下了鱼饵,还没上钩。不过那开黑市的人也没吃亏,后面卖出去的东西,把这幅画赔的钱,早就找补回来了。”

金胖子这会儿想通了,反正这趟来没什么损失,还见到个移花接木的青花瓷罐,算是不虚此行了。

“还不高明啊?您都差点吃亏了。”苗菲菲一向是快人快语,说得金胖子是哭笑不得。

金胖子对苗菲菲的话倒是不以为意,笑呵呵地说道:“我这不算什么,给你说个行里的故事吧:玩收藏的人,都喜欢去乡下转悠,因为那里留下来的古玩意儿多,曾经有一个古董商下农村收购文物,见村口有一老农,低眉搭眼在卖猫,猛然间那位古董商发现,这喂猫的食碟,居然是个价值极高的文物。

“那人眼珠子一转,计上心来,为了不让老农察觉,他出高价买了老农的五只猫,临走装着不经意的样子说,我买完了你的猫,这猫又习惯用这食碟吃食,干脆,你把这‘破食碟’送我算了。

“说完这古董商伸手就要拿,就在这时,老农眼睛一睁,光如闪电,说了句石破天惊的话:‘别动,就凭这破食碟,我卖了五十只猫了!’

“嘿嘿,小丫头,你知道了吧,从来都是买家不如卖家精,别说今儿没吃亏,就算是吃了亏,那也长了见识了。”

欧阳军两口子也是听得有趣,在一旁抿嘴笑。

“好了,庄老弟,这画三五天估计就能鉴定出来了,到时候咱们电话联系吧。”

几人说着话,已经来到了酒店门口,来的时候有车接,这走的时候金胖子心里不痛快,也就没让黑市的人送,当下打了个的士离开了。

“苗警官,您这去哪啊?”没有旁人了,庄睿把眼睛看向苗菲菲,欧阳军和徐晴都知道

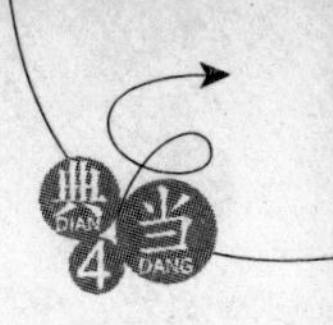

苗菲菲的职业，自然是不会吃惊了。

“我去上班，谁像你那么闲啊，拜拜了……”

苗警官还算是谨慎，在和庄睿等人打过招呼之后，没直接穿过马路进入到警察局里，而是绕了个圈，从警局另外一个侧门进去了。

“怎么，还舍不得别人走啊？”

欧阳军知道庄睿是担心那丫头直接走进警察局，被陶山的人看到，故意打趣道。

“得了，送我去小舅那，我车还丢在那里呢。”

看到徐晴从地下停车场把欧阳军的奥迪车开了出来，庄睿拉开后门，不客气地坐了上去。

欧阳军不愿意这么早回玉泉山，在取了车之后，庄睿就和欧阳军两口子分开了，他先回了一趟四合院，把那装着几十万元人民币的密码箱，放到四合院的地下室里，这东西他可不敢随意丢在车上。

话说在上海的时候，庄睿就曾经听说过，两个拾破烂的人，看到一辆奔驰车里面放了五块钱，愣是拿砖头砸碎奔驰车的车窗，把那五块钱给偷走了，搞得那车主是哭笑不得，抓住那俩人又能怎么样？到最后还是自己去保险公司索赔。

放好钱之后，庄睿驱车返回了玉泉山，今儿母亲那一族里面的人都会到，庄睿平时东奔西跑的，今儿说什么也要留在母亲身边，这也是欧阳婉一再叮嘱的。

“怎么这么多车啊？”

庄睿外公小院前面拐角的路口，有块空地，平时来人都是把车停在这里的，只是平日里能进这里的人很少，一般都是家里人的几辆车，今儿却停了足足有十来辆，搞得庄睿只能将车停在路口处了。

“咦，大哥，您怎么站在这里？”

庄睿把车停好，刚走过拐角的小道，抬眼就看见欧阳磊站在小院门口，在他身边还有一个三十七八岁的中年人，穿得西装笔挺的，正和欧阳磊说着话。

“小弟，你回来啦？这是你二表哥欧阳龙，来，认识一下。”欧阳磊看到庄睿，招手示意他过去。

“二哥好，还以为你们晚上才能到呢。”

庄睿上前打了个招呼，看这位二表哥的相貌，和欧阳磊倒是有几分相像，可能是老爷子的遗传基因比较强吧。庄睿的相貌也随自己母亲，和这哥几个站在一起，不认识的还以为都是兄弟呢。

“这就是小姑家的庄睿吧？刚才和大哥还聊起你呢，不错，赤手空拳打下这么大一份产业，比我们几个人可是强多了。”

欧阳龙对庄睿表现得很亲热，这也和刚才小姑的见面礼不无关系。在来之前，欧阳龙知道小姑这些年都没有和娘家联系，听说过得很清贫，却没想到刚见面，就送给妻子一

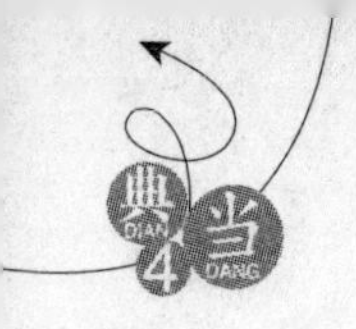

份价值数十万的首饰,也让欧阳龙对小姑一家收起了轻视之心。

“二哥就别开我玩笑了,几位哥哥现在可都是独当一面,什么时候要关照下小弟才行啊。”

庄睿知道欧阳龙在南方的一个城市任市长,三十八岁的正职市长,在全国也不多见。

欧阳家族可谓枝繁叶茂,欧阳振武那老一辈兄弟三个,老大欧阳振华今年进入中枢基本上已成定局。

老二欧阳振山相对大哥和三弟要稍差一点,不过也在南方某省经营了十多年,也算是欧阳家族的一块自留地,虽然是副职一直没有升上去,但也是为了家族牺牲的。

欧阳振武就不用说了,今年才五十七岁,按照他的级别,可以干到六十五岁,很有希望再进一步的。

欧阳振华就欧阳磊一个儿子,欧阳振山有两个,除了面前的欧阳龙之外,老二叫做欧阳路,走的也是仕途,现在西北某地任市委常委、副书记,除了欧阳军之外,这一家子可谓是真正的政治世家。

“我刚才听大哥说,你前几个月去参加平洲翡翠公盘了,下次再去那里,可要去找二哥啊。”

欧阳龙任职的城市,距离平洲不远,是个经济大市,想要关照庄睿一下还是很容易的。

有的朋友看到这里可能会很不爽,不过这也是实情。

“那先谢谢二哥了。对了,今儿怎么来了这么多车啊?也不怕打扰老爷子休息?”

庄睿没怎么把欧阳龙的话放在心上,自己凭“本事”赚钱,并不需要沾外公这边的光。

“嗨,每年都是这样,逢年过节来看老爷子的人特别多,以前爷爷身体不好,都是看一眼就走,现在却都想和爷爷聊上几句,这不,都等在院子里呢……”

欧阳磊一边说话,一边向院子里努了努嘴,庄睿伸过头一看,果然,有十多个人安静地站在院子里。

而最让庄睿吃惊的是,这里面有七八个人都穿着军装,而肩膀上的军衔,最低的也是中将,此时站在那里,身体挺得笔直,就像是等待首长接见的小兵一般。

庄睿现在算是明白欧阳磊兄弟两个为什么站在门口了,抛开他们是老爷子的孙子不谈,以他们二人的身份,确实也只能站在这里迎客才不算失礼,否则总不能让老爷子亲自站到门口来吧。

“老谢,首长身体怎么样?”

这时,老爷子那个房间的门被打开了,一个人走了出来,另外几位将军纷纷围了上去。

“首长身体很好。方司令,你进去吧,刚才首长还说你呢……”那位姓谢的对着另一位说道。

“首长说我什么啦?”方司令一脸紧张地问道,不过谁都没笑话他,在欧阳老爷子的面前,他们职位即使再高,那也是大气不敢喘上一口的。

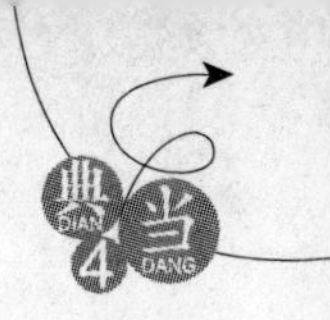

“首长说你去年没给他送酒，要教训你一顿呢……”姓谢的压低了声音说道，脸上全是笑意。

“好你个老谢，仗着给首长当过几年机要秘书，敢开我的玩笑啦，回头再找你算账。”方司令笑骂了一句之后，整了整军装上的风纪扣和帽子，大步走进了房间。

“刚才出来的那位，咱们都要叫谢叔的，爷爷刚复出的时候，他给爷爷做机要秘书……”

欧阳磊见到庄睿一脸震惊地看着那帮将军，出言给他解释了下，只是在说这话的时候，欧阳磊丝毫没有意识到，自己的身份已经不比那位谢将军低了。

“小磊，这才几年没见你，怎么和谢叔生分了？”

欧阳磊正和庄睿说着话，那位谢叔走了过来，一巴掌拍在欧阳磊的肩头，说道：“不错，好小子，从小看你就是个当兵的料，再过几年，谢叔叔可就要叫你首长啦。”

“谢叔叔，您说哪里话啊，我就是再怎么样，还不是从小跟您跑前跑后的小屁孩啊。”欧阳磊的话说得谢叔很是高兴，拉着他走进院了，混入到那一帮子将军群里去了。

“小弟，你刚回来，去里面休息下吧，小姑他们都在里面呢……”

这时小路那边又走来四五个人，欧阳龙知道庄睿对接待人没什么经验，低声给庄睿说了一句之后，自己就迎了上去。

庄睿回到自己的房间之后，心里还有些震撼，以前看外公，不过就是个老头子，最多就是刚认的时候，把他和影视屏幕上的原型人物联想一下，但是时间长了，只当是个普普通通的老爷子罢了。

但是今天看到这般情形，庄睿才知道，老虎纵然老了，那也是虎老雄风在，一啸震山林啊。庄睿看到电视里经常出现领导人去慰问老同志，每次都要说这些老同志是国家的财富，现在庄睿的理解却更加深刻了一点，看问题还是不能浮于表面啊。

“哎哟，白狮，别闹，明儿咱们就回四合院……”

今儿院子里来的人多，欧阳婉怕白狮吓到人，就把它关在庄睿房间里的，现在它看到庄睿进来，马上兴奋地扑了过来，用那大舌头差点又帮庄睿洗了个脸。

安抚了下白狮，庄睿走到母亲的房间，那里面也是热闹得很，几位嫂子加上已经出嫁了的表姐，见到庄睿后，都是叽叽喳喳地准备给这小弟介绍对象，搞得庄睿面红耳赤落荒而逃。

“喂，萱冰，中秋节快乐！”

躲回房间，庄睿正想着给秦萱冰打个电话的时候，手机却响了起来，拿出来一看，是秦萱冰打来的。

“中秋快乐，庄睿，想我了没有？”

不知道是不是国外那浪漫的气息影响到了秦萱冰，这半年多来，每次通电话，秦萱冰第一句问出的都是这句话，以前那种冷淡，早就不翼而飞了。

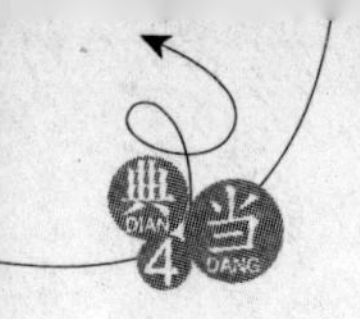

“想。你要是再不回来，我那帮子嫂嫂和表姐，就快把我打包给卖了。”想着那帮很有媒婆潜质的女人们，庄睿还是有点不寒而栗。

“你就不能来英国看我啊？我……我也想你了……”电话那头的秦萱冰说完这句话后，脸上不由升起一片红晕。

“好，过完中秋节我就去英国！”

庄睿此时也是心头火热，虽然两人经常在电话里打情骂俏，但是这远水解不了近渴啊，听到秦萱冰那略带暗示的话语后，他恨不得现在就长双翅膀飞过去。

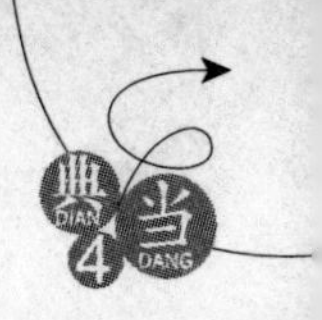

第十五章 欧阳家族

“庄睿,我现在不在英国了。”

电话一端传出秦萱冰的声音,听得庄睿一愣,继而大喜道:“你回来了?在内地吗?”

不过想想秦萱冰要回也是回香港的家,中秋节怎么可能跑到内地来,庄睿不由又有些沮丧。

果然,电话里的秦萱冰说道:“我在香港。庄睿,每次都是我去看你,你就不能来香港一次吗?”

庄睿脸上有些发烧,秦萱冰说得没错,自己似乎、好像真的有点不够主动,别说是在香港,就是英国,那也没有多远啊,在飞机上睡一觉就能到了。

“好,萱冰,我过完中秋马上就去香港,你暂时不会离开吧?”

庄睿在心里拿定了主意,自己的生活要自己来安排,自己的幸福,要自己去追求。虽然这半年多来认识了不少女人,当然,仅仅是认识,但是在庄睿心里,秦萱冰始终都占据着最重要的位置。

从彭城茶馆的初识,到西藏结伴而行,秦萱冰从孤傲冷淡,变得柔情似水,这个过程让庄睿心中充满了自豪感。征服,没错,就是征服,哥们征服了一个女人的心,马上就要去征服她的身体了。

想到这里,庄睿心里不禁火热了起来,妈的,等哥们告别处男生涯之后,一定要向全世界发通告,不,那忒夸张了点,就给刘川那小子打个电话就行了。不过想想也没什么好说的,话说那哥们很多年以前就不纯洁了。

“我还要在香港停留半个月的时间,然后就回英国了。庄睿,你确定能来吗?”

秦萱冰的声音充满了期待,自从那次西藏之行以后,她就感觉到,待在庄睿的身边,有一种无法言喻的安全感和满足感,就好像儿时父母不太忙的时候,抱着她的那种感觉。

秦萱冰不知道这是不是爱情,但是除了亲人之外,她心里只能装下庄睿这么一个男人。

“能。明天,不,后天,我一定到香港!”

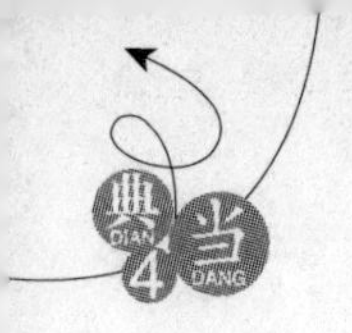

庄睿毫不犹豫地说道。不过去香港似乎要办理一些什么手续，庄睿于是把时间延后了一天，这事交给欧阳军去办，一天的时间应该足够了吧？

“好，那我等着你。”

秦萱冰听到庄睿的话后，感觉心跳都加速了，连忙挂断了电话，在房间里发起呆来，连母亲喊她吃饭都没有听到。

“小弟，你傻笑什么啊？”

在小院的餐厅里，一大桌子人坐在一起正在吃饭，只是庄睿这会儿显得有些心不在焉，拿着个馒头看了半天，愣是没往嘴里送，庄敏看到老弟的傻样，实在是忍不住了。

“啊？没有啊，我在吃饭呀。”

庄睿一愣，赶紧狠狠地咬了一口馒头，但那动作怎么看都是有点欲盖弥彰。

“小弟听到我们要给他介绍女朋友，高兴坏了吧？”

说话的是大舅家的表姐，她嫁的老公是老爷子一位老战友的孙子，虽然是政治联姻，但是两口子先结婚后恋爱，关系居然很融洽。那边也是个大家族，枝繁叶茂，女孩子着实不少，所以刚才她也是最热衷给庄睿介绍女朋友的人之一。

“红姐，别开我玩笑了，我已经有女朋友了，后天我就去香港，回头把人带来给你们看看。”

庄睿实在是受不了这帮媒婆们的烦扰，干脆就把话说明了。等我带秦萱冰回来，你们就知道那些所谓的名门淑女，根本就上不了台面了。

不过庄睿从小过中秋的时候，都是和母亲与姐姐三个人一起过的，很是冷清。现在有这么多的亲人，虽然身份各有不同，但是那种出自于亲人的关心，也让庄睿心里暖烘烘的。

“小睿，你要去香港？”

欧阳婉闻言眉头皱了一下，不过随之就舒展开了，说道：“也好，代我问候萱冰家里的老人，要是她有时间的话，就来北京住几天吧。”

欧阳婉知道自己这个儿子是极有主见的人，他拿定了主意，基本上谁都没有办法改变。再说欧阳婉本人在婚姻上就受到过家庭的阻挠，她也不想过多干涉儿子的感情问题。

话说婆媳不和，大多都是婆婆将儿子看作自己的私人物品，舍不得交给儿媳妇，从而导致矛盾的发生，欧阳婉是不会犯这种错误的。

“好的。对了，妈，红姐，过完中秋，大家都去我的四合院住一段时间吧？这房子要有人住才有人气，放置久了不好。”

庄睿突然想到这个问题，趁着这会儿人多，就提了出来。

“好啊。大哥，你回头找警卫员们商量一下，看看爷爷能不能去。”

欧阳红早就听蒋颖说过庄睿的四合院，也想着去见识一下。不过想让老爷子去，可

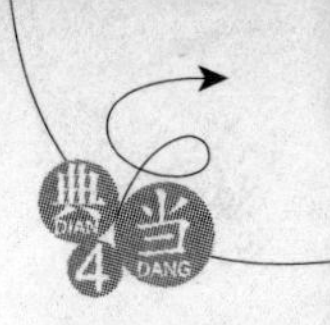

能会有些难度，因为老爷子一动的话，那些保健医生、警卫员什么的，都要跟着去了。

“嗯，我明天让警卫局的人先去小睿那里看看，如果可行的话，就让爷爷他们去那里住上一段时间，换换环境对爷爷奶奶的身体也是有好处的。”

欧阳磊点了点头，他是抽空过来吃口饭的，老三也到了，这会儿正和欧阳龙在外面招呼着客人，他吃点东西就要把那兄弟俩给换进来。

欧阳老三的名字叫欧阳路，他在国安部门供职，虽然编制隶属于北京，但是人却飘忽不定，一年倒是有十一个月见不到他的人影，这次也是专门从外地赶回来的，据说是能待上一段时间。

小院的喧闹一直延续到傍晚，才慢慢地安静了下来，老爷子这会儿坐到了院子里面，看着这儿孙满堂，正爽朗地笑着。老太太没在院子里，她正在厨房旁边，看着一帮子人忙活着，要不是特护拉住她，老太太都想上去露两手。

老爷子虽然见了一天的人，不过都是短短的几句话，更多的时候都是来人把礼物放下就告辞了，不是每个人都能见到老爷子的。而老爷子见了这么多老部下，心情也很舒畅，他当然不知道，在午后睡觉那会儿，庄睿专门又用灵气帮他梳理了一下身体。

小院外面突然传来一阵喧闹声，庄睿向门口看去，一位经常在电视里可以看到的人，走在最前面，后面还跟了几个扛着摄像机的人，正步入到院子里。

“爸，正国同志来看望您了……”

在那位全国人民耳熟能详的人后面，一位相貌和欧阳振武有些相似的人，快步走到了前面，对着老爷子喊了一声，庄睿知道，这应该是那位大舅了。

老爷子再是托大，此时也站起身来，接受了对方一番问候，客套了几句之后，那位正国同志就告辞离开了。毕竟这玉泉山住的老同志不少，一圈慰问下来，也是需要不少时间的。

“振华，一会儿到屋里来。”

老爷子见到大儿子，却没有说什么，颤巍巍地在特护的扶持下，走回了房间。他知道自己这大儿子和婉儿关系好，故意给他们留下谈话的空间，当然，他也是怕大儿子提起当年的事情，自己脸上挂不住。

“小妹，你也老啦……”

在那帮人走之后，欧阳振华走到欧阳婉的身边，用大手抚摸了下小妹头上的白发，儿时那个调皮任性的丫头模样，顿时浮现在眼前。

数十年弹指一挥间，曾经的天真少女，现在已经是鬓角斑白，欧阳振华心疼之余，唏嘘不已。

“大哥，对……对不起……”

看着这从小就疼爱自己的哥哥，欧阳婉的声音也哽咽了，泪水不由自主地从脸庞上滑落了下来。

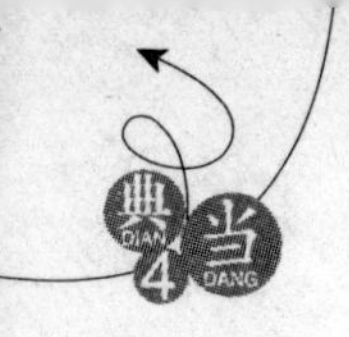

欧阳振华比欧阳婉大了十多岁，从小对她是有求必应，最是宠溺。长兄如父，相隔二十多年再相见，欧阳婉也是心情激荡，不能自已，泪水早就模糊了眼睛。

“傻丫头，说什么对不起，是大哥没有照顾好你。好了，记得你可是从来不肯哭的啊，这都做了外婆了，可别让小辈们看笑话……”

欧阳振华拍了拍小妹的肩膀，示意她坐下说话，早有人拿了一把椅子，放在了欧阳婉的身边。

“外婆是高兴了才哭呢，对不对，外婆?”

本来一直在欧阳婉怀里的小囡囡突然小声地说道，自从外婆上次掉眼泪跟她说过这句话，小家伙就记在了心里。

“对，好聪明的小丫头……”

欧阳振华坐到椅子上，一把将囡囡抱在怀里，然后看着一院子的小辈们，说道：“你们小姑就不用我多介绍了，相信你们都认识了，但是你们都给我记住，要是让我知道有谁对婉儿不尊重的话，别怪我这个做大伯做父亲的不讲情面!”

欧阳振华的话让院子里一帮子小辈们均是心中凛然，在老爷子之后，欧阳振华已经是欧阳家族新一代的领军人物，他的话，没有人敢不听的，而欧阳婉在他们心目中的地位，也陡然拔高了起来。

像欧阳龙等人的妻子，虽然接了欧阳婉的礼物，对这位小姑表面上也甚是尊重，但是心里不免带有几分轻视，毕竟他们娘家都是身家显赫，而欧阳婉却是丈夫去世，现在住在娘家，未免给人一种寄人篱下的感觉。

但是现在听到欧阳振华的话后，所有人对欧阳婉的态度，却是发自内心的尊重了：开什么玩笑，惹欧阳婉不痛快，那欧阳振华还能给你好果子吃？虽然老爷子现在还健在，但是这当家主事的人，实际上已经是欧阳振华了。

“大哥，你比我还要来得早啊?”

就在欧阳振华说完这番话，院子里气氛稍微显得有些压抑的时候，门口又走进来一个人，这就是庄睿的二舅欧阳振山了，他和欧阳婉也是数十年未见，当下几兄妹坐在一起好好地聊了一会儿。

“走吧，咱们去见父亲……”

在院中坐了一会儿之后，欧阳振华站起身来，招呼了两个弟弟一声，向老爷子的房间走去，临进门的时候，欧阳振华回过头来，说道：“小磊，你也过来。”

看着欧阳磊走了过去，欧阳龙的脸上不禁露出了羡慕之色，他现在虽然也是厅级干部了，但是还没资格列席家族核心会议。欧阳路倒是无所谓，他的工作性质比较特殊，对权力看得相对淡一些。刚才和欧阳振华一起进来的欧阳军，对此更是没有丝毫兴趣，在他看来，当官哪里有他逍遥自在。

这几位长辈离开之后，院子里重新热闹了起来，欧阳龙等人的孩子，带着囡囡到处疯

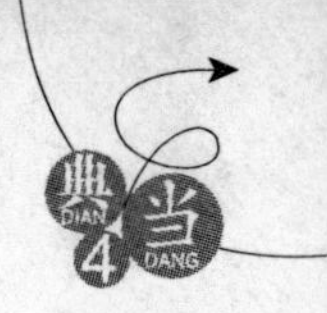

跑；而欧阳红几个女人，自然是以小姑为中心，聊起了八卦。庄睿看在眼里，感觉这和普通家庭，似乎也没什么两样。

半个多小时之后，欧阳振华等人才走了出来，保姆们把桌子摆在了院子里，正式开始了中秋节的晚宴。

在酒席开始之前，欧阳振华站起身来，拿着酒瓶子给老爷子面前的三个酒杯都倒满了酒，老爷子将酒杯里的酒一一洒到了地上，这是在祭奠他那些在半个多世纪以前就已经牺牲了的老战友们的，这也是欧阳家族的传统，每年都是如此。

除此之外，这也就是一个平常的家宴，老爷子的心情很好，不顾保健医生的劝阻，连喝了好几盅酒，最后不胜酒力回房间休息去了。

欧阳振华几兄弟吃了东西之后，就到客厅里喝茶聊天，庄睿却是被欧阳军几兄弟联手给灌醉了，怎么回到的房间都不知道，迷迷糊糊地睡了过去。

第二天一早，欧阳红就吵吵着要去庄睿的四合院，他们都是大院里长大的孩子，对于四合院也是情有独钟，当下六七口人，开了四五辆车，浩浩荡荡地驶往庄睿的宅子。

只是欧阳磊却没有去，留在了爷爷那里，今儿才是他们谈事情的时候，未来欧阳家族的发展，都会在今天定下来，中秋聚会，其实也就是为了这个目的。

“哇，好大，小弟，你可真是个资本家啊……”

“是啊，没想到小弟这么能干，不行，不能便宜了外人，咱们要给他找个大陆媳妇。”

“对，对，明天我就拿照片去……”

一帮女人们在看到庄睿这宅子之后，马上对其又口诛笔伐起来，庄睿连连拱手求饶，最后让她们各自去挑选自己的房间，才算是平息了几人做媒婆的欲望。

这宅子里水电都通了，中后院所有的电器也都配齐了，只是还没有人住，厨房里面锅碗瓢盆什么的还没有。庄睿那几位表姐表嫂一商量，干脆拉着庄敏和小姑去超市了，说是中午要在这里开伙。

欧阳路好像是有什么事，没来。现在院子里就剩下庄睿、欧阳军和欧阳龙三兄弟了，其余人包括小孩子，都跟去超市了。

“唉，这院子我当初怎么就让给你了啊？早知道我自己买下来不完事了。失算，失算，你小子要赔偿我啊……”

欧阳军坐在中院池塘边的凉亭里，看着满池塘的荷花，心里那个悔啊，他这几天也找了几处院子，像庄睿这样的四合院，居然没有第二家了。

“嗨，四哥，您这话可就见外了啊，我这房子这么多，您尽管挑间好的住下不就行了，还省得您花钱买宅子了不是。”

庄睿的话让欧阳军有些疑惑，话说这小子对自己说话，已经是不用“您”这个字了啊，“有啥事找我帮忙吧？有事直接说，少给我灌迷魂汤。”欧阳军看庄睿那神态，也猜得八九

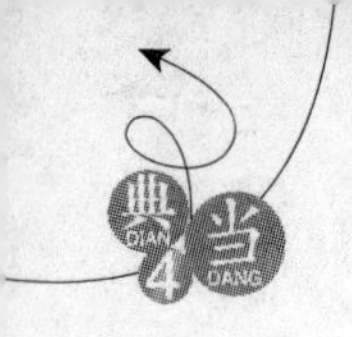

不离十了。

“嘿嘿,四哥,我明儿要去香港,可是听说要什么港澳通行证,我这不是没门路嘛……”昨儿庄睿被灌醉了,愣是把这事给忘了,他可是答应了秦萱冰明天就到香港的,所以今天无论如何都要将手续给办好。

“这事,有点不大好办啊,这可是要在你身份证驻地的公安局办理。你等等,我给你问下……”

欧阳军还真不了解这里面的门道,掏出电话准备打出去。

一直没说话的欧阳龙突然开口说道:“得了吧,老四,看你那点儿出息。小睿,这事我给你办了……”

“嘿,二哥,你还有这能耐?”

“找揍不是?”

欧阳龙瞪了欧阳军一眼,随手拿出电话,好像是叫了个什么人来这四合院,说了几句就挂断了。

过了半个多小时,大门外就传来了门铃的声音,古云设计了两个门铃,一个像个铃铛似的,挂在大门门房下面,只要按动这个门铃,几乎中后院都能听到。而另外一个门铃却只有门房可以听见,庄睿现在还没请到人,用的是那个大门铃。

“欧阳市长……”

庄睿去开门的时候,欧阳龙兄弟俩都跟了过去,大门刚一打开,一个四十多岁,长得胖胖的中年人,连忙恭恭敬敬地向庄睿身后的欧阳龙打了个招呼。

“嗯,白主任,刚才电话跟你说的事情,下午能办好吗?”

欧阳龙点了点头,往门外走了一步,却是没有请这人进来的意思,就站在门口说开了。

“能,一定能,我们驻京办要是连这点小事都办不好,那就辜负领导们的信任了……”

那位白主任的头点得像小鸡啄米似的,就差没拍胸脯打包票了。

“嗯,那就好。小睿,你有照片没有?交给白主任吧。”欧阳龙扭头看向庄睿。

“没有……”

“没关系的,这位先生跟我去拍一下,后面的事您就不用问了。”

白主任很有眼力见儿,看得出庄睿和欧阳市长关系不浅,别的不说,欧阳龙到北京后,连驻京办都没去,就来这地方,而且张嘴就是办私事,一点都不避讳。

“行,那咱们现在就去拍照吧。二哥,四哥,你们稍等一会儿,我妈她们也快回来了。”庄睿点头答应了下来。

“欧阳市长,那我们先去了啊,您要是有时间,还请来驻京办指导下我们的工作啊。”白主任难得有机会和这位据说是背景深厚的大市长对话,现在还不抓紧时间多拍拍领导马屁啊。

“嗯。”欧阳龙不置可否地答应了一声,白主任立马告辞带着庄睿去拍照了。

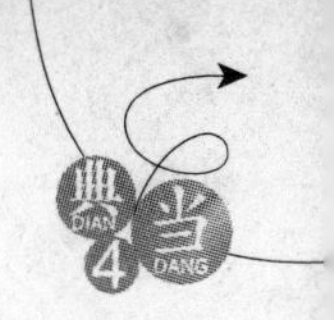

拍照片倒是不麻烦，在这保护区里就有照相馆，白主任都没让庄睿等冲洗，照完之后要了庄睿的身份证，就让庄睿先回去了，前后都没用半个小时。

中午那帮女人们回来之后，立刻操办了起来，一帮小孩子算是找到了玩的地方，围着花园假山捉迷藏，原本寂静的大宅门，立刻变得热闹起来，庄睿生怕小家伙们掉到池塘里，吩咐白狮做起了保镖，有谁靠近池塘，白狮就很尽职地龇牙咧嘴地把他吓回去。

中午的时候，欧阳磊也赶过来吃饭了，在大宅门里吃的第一顿饭，庄睿感到格外的香甜；姐姐嫂子们的叨唠，也变得顺耳起来，似乎就缺少一个女主人了。

吃过饭后，各人都去挑选自己要住的房间，不过后院却是没动，那是留给庄睿的，中院那七八个房间，足够她们住的了。

白主任办事的效率，果然如他所说，相当的高。下午三点多钟，就满头大汗地来到了四合院，把办理好的港澳通行证交给了庄睿，顺带着还有一张明天早上北京直飞香港的头等舱机票。

要不然说白主任怎么能坐上驻京办主任这个位置啊，领导交代的事情能办好了，那是应该的；领导没有交代或者忘了的事情也能办好，这才能凸显出白主任的办事水平嘛。

由于时间太紧迫，这张通行证在香港滞留的时间只有七天，不过足够庄睿用了，七天的时间要是还没有什么进展的话，庄睿大可以去跳珠江了。

庄睿当天晚上把四合院的钥匙什么的都交给了母亲，又带她去设置了车库的进出权限，然后从地下室里拿出了一个首饰盒子，放进了自己随身的包里，这里面装的是一只血玉手镯。这是庄睿离开彭城的时候，车子都开出了别墅，又特意返回去带上的，这次正好派上了用场。

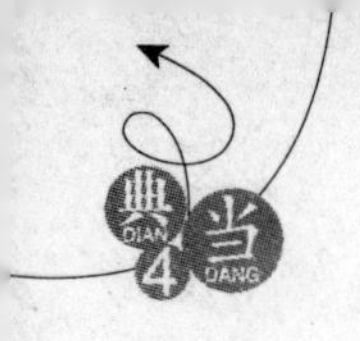

第十六章 赴港幽会

坐在飞往香港的飞机上，庄睿心里竟然有些莫名的紧张，连着叫了几杯饮料，后果就是来回跑了好几次洗手间，搞得头等舱内那漂亮空姐，看向庄睿的目光都变得有些古怪：这不会是哪个暴发户第一次坐飞机心情紧张导致的吧？

在经过三个多小时的飞行之后，庄睿乘坐的飞机，降落在香港国际机场，随着人流从出口走出来之后，庄睿一眼就看到了站在接机处的秦萱冰。

要是庄睿还没到，秦萱冰就要崩溃了，她也不知道自己为什么会早上九点多钟就来机场，要知道，庄睿的班机可是十二点多才抵达的啊，香港这地方虽然明星很多，但是说句老实话，美女真的很少。

而秦萱冰今天特意打扮了一下，很是大胆地穿了一件低胸的紧身体恤，配上下身那条牛仔裤，将其一米七多凹凸有致的身材，显露得淋漓尽致。

秦萱冰本意不过是想在庄睿面前展露她美好的一面，但是不成想，她在机场这么一站，众多自我感觉良好，年轻有为的成功人士，纷纷凑上来搭讪。

更有那大肚便便，手上戴了七八个戒指的土老财也想上来一亲芳泽，搞得秦萱冰烦不胜烦，要不是为了来接庄睿，她早就扭头回去了。

不过看到出口处那长得不是很帅，但是眉宇间透出沉稳的庄睿出现时，秦萱冰心中的委屈马上不翼而飞了，女孩的高傲和矜持，在这一刻都化为了恋人重逢时的激动，待到庄睿走到身前，秦萱冰情不自禁地投入到了庄睿的怀抱。

处子的幽香充斥在庄睿的鼻尖，低头向下看去，庄睿更是连鼻血都差点喷出来了，香港此时的天气还很炎热，秦萱冰穿的那件低胸 T 恤本身就将那道鸿沟深深地展现了出来，现在经过一挤压，更是让庄睿血脉贲张，下身不由自主地支起了一个小帐篷。

“你……你，你真够坏的……”

两人身体相贴在一起，秦萱冰马上就感觉到了庄睿身体的变化，一张俏脸变得通红，放开了庄睿的身体，向机场外面走去。

“我……冤枉啊，还不是你穿得太诱人啊。”

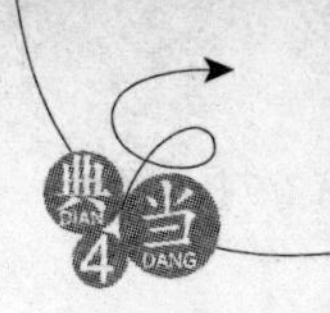

可怜庄睿拎着包，用一种近乎八字形的步伐，向秦萱冰追去。

北京九月底十月初的天气已经是很冷了，庄睿上飞机之前，穿了件皮夹克，这刚从出口走出来，还没来得及脱掉。现在追着秦萱冰一跑，再加上姿势古怪，引得机场内的人纷纷向他看去，要不是见庄睿人高马大的，说不准就会出来几个打抱不平的。

“我说，咱能走慢点吗？”

庄睿就搞不懂，这女人穿个高跟鞋，走起路来不崴脚不说，跑起来还飞快。庄睿追出机场之后，已经热得满头大汗，那张脸就像是煮熟了的大闸蟹一般通红。

“看你那傻样，穿那么厚不热吗？”

一直走到机场外面，秦萱冰才停下了脚步，看着庄睿满头大汗的样子，不禁有些心疼，从手包里拿出一张纸巾，给庄睿擦了一下汗。

“不热，心里比这还热乎呢……”

庄睿不喜欢泡吧去夜总会，晚上除了复习考研的资料之外，闲暇也看点肥皂剧，嘴皮子功夫倒是见长，在脱掉夹克的时候，顺势低了下头，在秦萱冰的小手上亲了一下。

秦萱冰像触电般地缩回了手，白了庄睿一眼，但是却没有生气，庄睿顿时胆子壮了起来，上前一步搂住了秦萱冰的纤腰，说道：“先去找个酒店住下，我要洗个澡，刚才跑了一身的汗……”

秦萱冰身体微微有些颤抖，这去酒店不就是开房间吗，饶是她已经有了心理准备，这会儿也是心神大乱，张口说道：“雷蕾知道你要来，正等着咱们一起吃饭呢，晚上好不好啊？”

秦萱冰话中已经带着恳求的味道，不过她哪里知道，庄睿就是想洗个澡而已，虽然刚才有点小冲动，不过跑了这一路，那欲火早就平息了。

“晚上干吗啊？”

庄睿愣了一下，在看到秦萱冰俏脸升起的一片红晕时，顿时大悟，继而大喜，连连点头。

其实女人和男人都一样，在遇到自己感觉可以托付的人之后，很多事情都是自然而然水到渠成发生的。不过这两个没有经验的人凑到一起，有时候很多话要说明白，对方才能了解。

秦萱冰顿了顿脚，没有再搭理庄睿，走进停车场后，按了下手中的遥控器，不远处响起了滴滴声，却是一辆红色的两座法拉利跑车。

“上车，咱们先去吃饭，雷蕾估计都等急了……”

秦萱冰拉开车门坐到驾驶位上，顺手脱下高跟鞋，换上了一双平底鞋，看得庄睿有些目瞪口呆，敢情这样也行啊。

香港在 1997 年 7 月 1 日以前是英国的殖民地，很多习惯还受到英国的影响，像开车靠左行驶，就让庄睿感觉非常不习惯，他看着前面的路，总是觉得左边会突然冲出一辆车

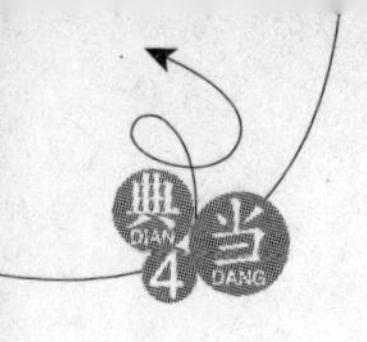

撞上来,干脆拿起车上的一份香港报纸看了起来。

“庄睿,那报纸你能看懂?”

秦萱冰虽然开着车,眼睛却一直偷偷地看着庄睿,几个月没见,庄睿变得比以前更加沉稳了,而且在他不说话的时候,身上多了一种说不出来的味道。嗯,给人一种位高权重不怒而威的感觉。

“萱冰,你也太瞧不起我了吧,我马上要考考古专业的研究生,繁体字都看不懂的话,那也没必要去报考了……”

庄睿明白秦萱冰的意思,由于中国内地推行简化字的时候,香港还是英国的殖民地,因此香港最普遍使用的汉字书体是繁体中文,对庄睿而言繁体字阅读没有任何问题。只是这报纸还沿用古代文字书写的形式,是竖排由左至右,这让庄睿稍微感觉有些不习惯了。

对于香港,相信每一个人都有所了解,从二十世纪八十年代传入内地的流行歌曲、新潮服饰,还有那开遍大街小巷放映香港电影的录像厅,都向人们诠释了一个神秘富饶的香港。

可以说,以前的香港,对于内地人的影响是非常大的,在二十世纪八九十年代,最为流行的那些电子表、随身听、喇叭裤等等,让内地的小青年们,都以能拥有一件港产的东西为时尚。

众多城市的个体户,纷纷跑到广州深圳等地,去进一些所谓香港产的水货,然后回到各自的城市去练摊,俗称“倒爷”,也造就了中国最早一批富裕起来的人。

而香港二十世纪八十年代繁荣的影视产业,也是影响了大陆一个时代的人,二十世纪六七十年代出生的人,有谁没看过港产的《霍元甲》、《射雕英雄传》、《再向虎山行》等影视剧?那会儿,谁嘴里都会哼哼几句根本不知道词是啥意思的粤语歌曲。

到二十世纪八十年代中后期《英雄本色》传入大陆的时候,马路上更是多了一帮身穿风衣,梳理着大奔头的小青年们,要是在那时候作个全民调查统计的话,“小马哥”的知名度,肯定要远超美国总统和英国首相。

明星这个词也是从那会儿流传进来的,庄睿小时候和刘川贩卖明星贴画,就是盗版香港影星的肖像权,当然,那会儿还没有盗版这个词。

只是从香港回归之后,就开始慢慢揭开了它神秘的面纱,每年大陆赴港旅游的人,占据了香港相关收入的很大一部分比例,对其经济造成相当大的推进作用。

不过对于庄睿而言,这个城市还是很陌生的。此时秦萱冰的车正开在一条繁华的道路上,道路两旁都是殖民时期的建筑与现代高科技大厦的混合体,大厦如林,酒楼栉比,东西文化兼蓄。

在马路两旁的街道上,有一些灯箱广告,上面用繁体字写着按摩松骨的字样,和庄睿在电影里所看到的,完全一模一样。在川流不息的人群里,每个人的脸上都带有一种焦

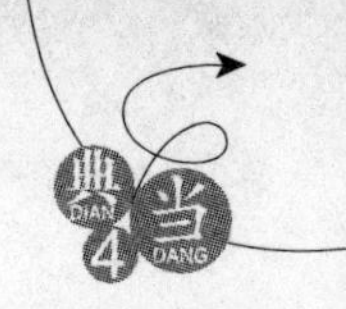

虑,至少看在庄睿的眼中是如此。

拥挤,眼前的一切带给庄睿的,就是这种感觉,林立的高楼大厦,狭小的街道,而走在马路上的人群,就像是沙丁鱼罐头似的,密密麻麻,让人有一种喘不过来气的感觉。

“这里是中环,也是香港最热闹的商业圈,喏,那就是我们家的珠宝店。”

秦萱冰一边开着车,一边给庄睿介绍着,循着秦萱冰的手指看去,靠左的一条街上,并排一列有七八家都是珠宝店。

和大陆的珠宝店门可罗雀相比,这里要热闹了许多,人们进出频繁,只是庄睿并不知道,这些人还是以内地旅游的人居多。在几十年里形成的惯性思维,还是让这些人认为,香港的东西又便宜又好。

“到了,下车吧!”

车子又开出半个多小时后,秦萱冰在一处街道边,将车子停了下来,然后下车在旁边的打卡机上投了币,很自然地挽着庄睿的胳膊,走进了路边的酒楼。

“这里是旺角,酒楼最多了。哎,雷蕾,我们来了。”

一走进这酒楼,庄睿感觉好像进了菜市场一般,喧闹无比,这里面的人哪里是在吃饭啊,整个就像扎堆在一起聊天,关键是那些话庄睿还听不懂,有些粤语的词他勉强记得几个,但是有些桌子上讲的潮州话,在庄睿耳朵里就犹如天书一般了。

走在这酒楼里,庄睿甚至还看见一桌子老外,似模似样地拿着筷子在吃中餐,也像旁边的人那样大呼小叫着。刚进来的时候感觉有些吵,但是现在,庄睿居然有些喜欢这地方了,处处充满了生活的气息,和刚才所看到的钢铁城市,变成了两个截然不同的世界。

“喂,你们两个,什么时候变得那么亲密啦?”

雷蕾见到秦萱冰挽着庄睿胳膊走进来,不禁把眼睛都瞪圆了,在她印象里,感情很内敛的秦萱冰和庄睿,似乎都不会做出这种举动的。

“咳咳,你懂什么,这叫距离产生美,我们平日隔了数万里,一见面亲热下怎么啦?倒是老同学你,马上就要做新娘了,有没有新婚恐惧症啊?”

庄睿怕秦萱冰脸皮薄,坐下后连忙把话题扯到了雷蕾的身上。

“切,我们都老夫老妻了,有什么好恐惧的。对了,庄睿,我听大川说你把獒园的股份差不多都转让出去了,以后你准备做什么啊?”

雷蕾知道庄睿赌石赚了不少钱,可是也不能坐吃山空立地吃陷啊,雷蕾知道庄睿的家世很普通,要是本人没有一项有发展前途的产业,恐怕秦萱冰家族,也是不会那么轻易答应他们之间的婚事的。

听到雷蕾的话后,秦萱冰也把目光转向了庄睿。虽然母亲很着急要将自己嫁出去,不过就目前而言,庄睿似乎只是他们众多选择中的一个。

“我现在有身份呀,在玉石协会有个闲职,又不是黑人,你担心个什么劲儿?”

庄睿笑了笑,从随身的包里拿出名片,递给了雷蕾和秦萱冰。像新疆玉矿的产业,他

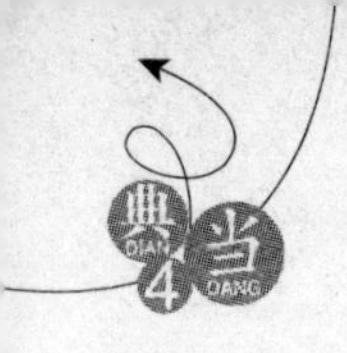

并没有多加解释，就是刘川都不怎么清楚，雷蕾自然也不会知道，至于秦萱冰多少了解一点，但也知之不深。

秦萱冰看向庄睿的眼光变得柔和了起来，在她心里，并不需要庄睿大富大贵，只要有份自己感兴趣的事业，不至于每天游手好闲就行了。话说自己要是想嫁给与秦家相同地位的人，整个香港不知道有多少人排着队等自己选呢。

"庄睿，你现在还有多少钱啊？嗯，我就随便问问，你可以不说的……"

雷蕾开始时对秦萱冰和庄睿之间的交往，并不怎么看好，不过她没想到现在二人情根深种，所以就想多了解一点庄睿的事情，有些秦萱冰不方便说的话，自己也能帮着出出主意。

"还有八九百万吧，我没仔细算，应该差不多是这个数目。呃，过段时间可能就只剩三四百万了，有个项目需要一笔钱……"

买下一个四合院，几乎就让庄睿回到解放前了，那些极品翡翠雕琢出来的物件，他也没打算出售，所以这段时间一直没有进账。

可能再过几天，庄睿连这点钱都没了，因为赵国栋和奥迪中国的人谈好了，下个月会派驻工作人员，对赵国栋所选的地址进行考察，如果能让他们满意的话，双方将签订代理合同，将彭城奥迪车的代理交给赵国栋。

虽然有欧阳军的面子在里面，奥迪方面不会收取抵押金，并且先期会无偿提供车型，但是4S专卖店的装修，一定要按照他们的要求来，这一笔开支至少就要五六百万了，庄睿要把这笔钱给预留出来。

庄睿的话让雷蕾吃惊地张大了嘴巴，有点不确定地问道："你真的就只剩下这么点钱了啊？"

见到庄睿点头之后，雷蕾也没什么话说了。她是知道庄睿在平洲翡翠公盘赚了足足有上亿元资金的，只是没想到庄睿赚钱厉害，烧钱更是厉害，这才三四个月的工夫，一亿元居然就剩下几百万，恐怕就是香港的那些百亿富翁们，也没有庄睿的手笔大。

"钱多多花，钱少少花。庄睿，听你说在北京买了套四合院，我一定要去看看……"

秦萱冰倒是想得开，自己有家族百分之四的股份，换成现金也近一亿了，足够她和庄睿生活得很好。做完这次英国的单，她就不准备接外单了，最多帮家族公司设计一些饰品。

像秦萱冰这样的女孩子，一般是极难动情的，但是一旦动了真感情，就会义无反顾地投入进去，在共同经历了那次西藏生死之行后，秦萱冰就将一颗芳心牢牢地拴在了庄睿的身上。

"嗯，雷蕾过几天要是有空，一起去北京转转吧，我那宅子可是不小，住上几十个人都没问题……"

说起自己的四合院，庄睿满脸喜色，虽然这院子几乎掏空了他所有的钱，但庄睿还是

觉得值得，那院子的规模、地段，别说是现代了，就是放在古代，也是王侯将相们才能住的。

“几十个人？庄睿，你不会在北京圈了块地，建了个庄园，把钱都花完了吧？”

雷蕾听到庄睿的话后，面色有些古怪，能住几十个人的四合院，那要有多大啊。

“呵呵，你猜的差不多，到时候你们去看看就知道了。这段时间大川也经常去北京，你们两口子正好在我那里住上一段时间。”

关于四合院，庄睿对秦萱冰说得都很少，就是想在日后给她一个惊喜。生活在都市里面的人，对于那种集合了江南水乡风格和老北京建筑于一身的四合院，一定会喜欢的。

雷蕾看了一眼秦萱冰，突然说道：“庄睿，要是秦伯母问你这方面的事情，你可千万不要说把钱都买房子了啊，那样不好的……”

“雷蕾，有什么不能说的？我的事情，我自己做主！”

秦萱冰脸上有些不悦，她知道雷蕾的意思，在香港人眼里，如果像小超人那样的身家，买了个价值上亿的房子，那叫做有脸面，要是买便宜了反而会丢脸。但是如果像庄睿这样没有背景的人，买了相同的房子，那就叫暴发户和打肿脸充胖子了。

庄睿微微皱了下眉，他原本认为感情是两个人的事情，却从雷蕾的话里听到一些别的意思，不过想了一下心中也就释然了，谁家的父母不希望女儿嫁得好啊，对于日后是否能让秦萱冰过上衣食无忧的生活，庄睿还是有自信的。

秦萱冰一直都在偷偷看着庄睿的脸色，见他刚才怔了一下，怕庄睿多想，连忙出言宽慰道：“庄睿，你别担心，我妈不是那样的人。”

“担心？我担心什么？担心伯母不肯把你嫁给我？”

要说这半年多来，庄睿钱变多了是一方面，另外脸皮也厚了许多，要知道，半年以前的庄睿，和漂亮女孩说话的时候，手都不知道往那儿放才好。

“死相……”

秦萱冰白了庄睿一眼，心里却是甜丝丝的。要说这次见到庄睿有什么不同的话，那就是秦萱冰感觉庄睿身上多了一种自信，一种内敛中的绝对自信，说出来的话，也会让人在不自觉中认可。

仔细想一想，秦萱冰觉得似乎只有在某些领域中翘楚人物的身上，才会有这种强大到可以感染周边人的自信心。

“好了，受不了你们了，快点吃东西吧，庄睿坐飞机也累了，下午去休息一下。晚上我们，算了，我还是不当电灯泡了，晚上让萱冰陪你去游香港吧……”

老同学来到香港，雷蕾本来是想陪同的，不过看这二人打情骂俏的样子，她很自觉地吃完饭把单买了之后，就自行离开了。

……

“萱冰，这海景房也不错啊，等以后我找个靠海的地方，也建一栋房子，这样可以每天看到大海了。”

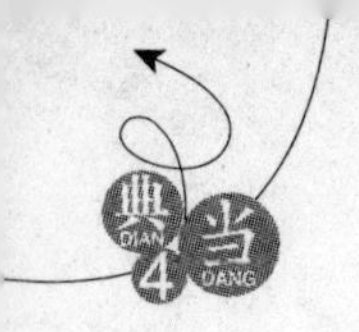

庄睿进了酒店房间之后，拉开了窗帘，看着外面碧波荡漾的海水，站在这三十六层之上，似乎都闻到了海水的味道，著名的维多利亚港、遮打花园及中环优美迷人的景色尽收眼底。

秦萱冰给庄睿订的是位于中环干诺道中—港岛之商业区的丽嘉酒店，这是一家具有英国传统建筑的风格，又融合了古老的东方文化精髓和具有国际性活力的酒店。

三百六十五平方英尺的面积，在卧室正中摆放了一张国王床，钢琴、写字台，私人储物室，两个独立大型意大利大理石浴室，庄睿看一圈，居然都用了十几分钟。

当然，作为整个酒店只有二十间的豪华客房，价格自然也是不菲，在这里住上一天，就能抵上庄睿当年在典当行近乎一年的工资了。

秦萱冰走到窗前庄睿的背后，环腰搂住了庄睿，说道："你买房子还真买上瘾了啊，对了，庄睿，你真的买了一个很大的四合院啊？"

"当然是真的了，那里有池塘，有假山，有满池的荷花，有高大的枣树，还有满园的鲜花，你一定会喜欢上那里的……"

庄睿反手搂过秦萱冰，在她耳边喃喃细语着，从庄睿口中喷出的热气，吹在秦萱冰的耳垂上，让她的身体不由自主地颤抖了起来，鼻尖充斥的全都是一股特有的男人气息。

"庄睿，我想……呜……"

秦萱冰侧过脸刚想说话，嘴唇就被堵住了，秦萱冰的眼睛瞬间放大了，不过随之就被那充满侵略性的攻击俘获了，从唇中传来的那种奇特感觉，让她不知道天高地厚地迎合了起来，双手环绕在庄睿的脖子上，整个身体都瘫软了。

庄睿贪婪地亲吻着秦萱冰的嘴唇，一双大手也变得不老实起来，从秦萱冰的背后游走，那柔若无骨的身体，让庄睿欲火高炽，一双手从那紧腰的牛仔裤中插了进去，感受着那高翘的臀部所传来的惊人弹性。

身上的衣服在这时变得那样的多余，庄睿微微把头后仰，一把扯掉了身上的衬衣，露出健美的胸膛，然后将头埋到秦萱冰胸前那雄伟的沟堑之中，此时的秦萱冰早已是浑身瘫软，媚眼如丝，再也使不出一丝力气来。

"庄睿，不行，不行，你还没有洗澡呢……"

就在庄睿的手在秦萱冰腰间活动了半天，都没能解开对方牛仔裤扣子的时候，秦萱冰一下子清醒了过来，虽然早就有了准备，但是女人的本能，还是想让庄睿洗得干干净净之后，再把身体交给他。

可是庄睿现在的情形，就像正在驾驶着秦萱冰那辆法拉利跑车，并且时速已经开到了两百五十以上，哪里是一句话就能刹得住车的，那双手还是不屈不挠地和牛仔裤的扣子作着斗争。

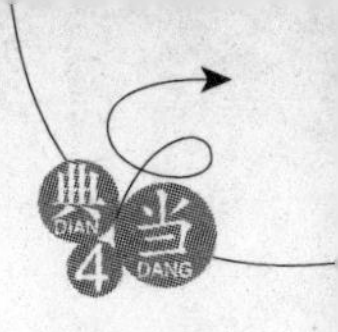

第十七章 意乱情迷

庄睿是个男人，而且是个身心都很健康的男人，虽然平时很理智，但是在这个时候，也是个只会用下半身思考问题的男人了。

正当庄睿春风得意马蹄疾，双手终于解开那该死的牛仔裤的时候，嘴唇突然传来一阵剧痛，如同一盆凉水自头上泼下，脑中顿时恢复了清明。

看向身前的秦萱冰时，庄睿那一丝清明差点又泯灭到欲火之中了，在不知不觉之中，秦萱冰那紧身的小T恤衫已经被剥落到了地上，而身前那如同两片树叶般的布片，根本就无法掩饰住胸前那高耸的所在，一片白花花的身体，让庄睿口干舌燥。

“庄睿，不行，你要先去洗澡！”

正当庄睿那双手又开始不老实的时候，秦萱冰低沉却又坚定的声音响了起来，虽然她……她也很想要，但是却想自己的第一次，更加的完美。

“好吧……你要等我哦……”

庄睿此刻也感觉到自己浑身汗淋淋的很不舒服，低下头来在秦萱冰的嘴唇上吻了一下，然后急匆匆地向浴室冲去。

没有了庄睿这个依靠，秦萱冰的身体差点瘫软到了地上，身体中的那股热流让她一张俏脸红到了耳朵根，看着自己骄人的身材，秦萱冰的眼睛有些迷离，刚才那阵让她喘不过来气的热吻，似乎又浮现在了眼前。

拾起了地上的T恤衫，秦萱冰不知道自己是该留下，还是趁着庄睿洗澡的时候溜走。话说女人即使有了准备，在这一刻心中也难免会忐忑不安，穿上衣服之后，秦萱冰走到了浴室门口。

“庄睿，你坐了一上午的飞机，等会儿先休息下吧，我晚上再过来。”

听着浴室里水流的声音，秦萱冰鼓起了勇气，说出这番明明和她心中所想并不相符的话来。

浴室里水流声骤然停顿了下来，秦萱冰把耳朵附上去，正要开口的时候，浴室的门突然被打开了，一只强壮的手臂揽住她的细腰，将她拉进了浴室里，另外一只手却将浴室的

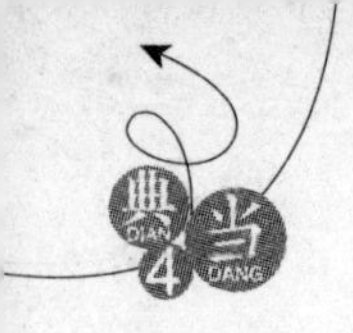

门给拉上了。

“啊!”

秦萱冰不提防之下,整个身体都冲了进去,脚下一滑,摔在一具充满了阳刚之气的光溜溜的身体之上。

还没有反应过来的秦萱冰,发现自己身上的衣服正在一件件地减少着。不多时,一具白羊似的肉体出现在浴室之中,那白色的雾气笼罩在浴室里,像是催情药一般,使得秦萱冰一动都不想动,任由庄睿施为。

……

男人粗重的喘息声,和女人的娇呼声交织在一起,不知道是痛苦还是快乐……

午后的阳光慢慢西斜,落日的余晖照射在窗帘上,将房间映射得红彤彤的,给那正在蠕动的身体镀上了一层霞光……

日落月升,维多利亚港的灯光亮了起来,房间中的喘息声终于停止了。

秦萱冰已经沉沉睡去,姣好的身材完全不加掩饰地呈现在庄睿的面前,那诱人的曲线在月光下忽隐忽现,让庄睿本来已经平复下来的身体,又蠢蠢欲动起来。

庄睿强自压下心中的欲火,关键是不压下也不行了,因为他身体的某个器官,已经变得有些麻木了。虽然灵气可以缓解疲劳,治愈伤痛,不过对于比较敏感的海绵体而言,效果似乎不是那么好。

拉过薄薄的蚕丝被,庄睿轻轻地盖在了秦萱冰的身上,有些心疼地用灵气梳理了一下秦萱冰的身体,在某处隐私的地方,更是加大了灵气的用量,当然,只是治疗伤处,话说已经畅通了的地方,是不会再被堵塞住的。

两个同样对性都很青涩的男女,凭借着本能完成了人类最伟大的运动。当然,一回生二回熟,到第三回合的时候,庄睿就像是战场上的将军一般,横冲直撞,所向无敌。

事后,两人沉沉睡去,不过脸上还带着一丝甜蜜与满足的微笑。

庄睿轻轻拿开秦萱冰搭在自己胸口的手臂,庄睿慢慢地从床上走了下来,那腰好像是生锈了的机器一般,酸痛得他差点摔倒,低头灌输了一股灵气之后,才直起了身体。

走进浴室冲洗了一下之后,庄睿在腰间围上一条浴巾,摸出包香烟走到阳台上点燃了,吞吐着烟雾,看着下面热闹的维多利亚港。

秦萱冰迷迷糊糊地感觉到,身边那个可以依偎的男人,不在床上了,睁开眼睛一看,庄睿正站在阳台上,秦萱冰正要起身,却发现自己身无片缕,连忙抓起被子盖住了身体。

“醒了？我抱你去洗一下吧……”

进到浴室里,自然又有一番不可说的旖旎。

“庄睿,很奇怪啊,怎么不疼的?”

虽然今天是初经人事,但是秦萱冰在国外待了那么多年,对男女之事并不陌生,话说国外的成人付费频道,可是相当普及的,没吃过猪肉总归见过猪跑啊。

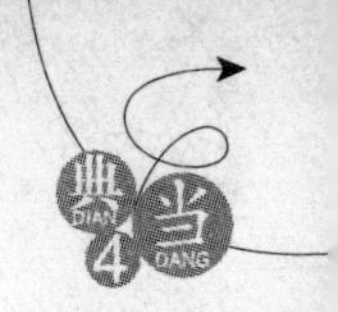

而且经历了人事之后，秦萱冰在庄睿面前完全放下了羞涩，穿着宽大的浴袍与庄睿相拥在阳台上。

此时的秦萱冰，脸上少了一丝青涩，却多了一股说不出来的妩媚，眼神流转之间，都带有一种让男人心动的蛊惑，那种性感从骨子里向外溢出。

“可能是你平时注意锻炼的缘故吧？”

庄睿把秦萱冰又向怀里搂紧了一些，他自然不能说出是眼中灵气的效果，这件事情实在太过玄幻，庄睿打算一辈子将之埋在心底。有时候，秘密的分享，往往也会给带来巨大的压力，这种压力，庄睿自己一人来承受就够了。

“电话，我的电话响了，哦，不要，亲爱的，让我接下电话，不，让电话去死吧！”

随着一声沉重的喘息和诱人的娇喘过后，房间才又平静了下来，只有秦萱冰手机的铃声还在响着，只是这时的秦萱冰，连坐起来的力气都没有了。

“庄睿，我饿了……”

两人在床上相拥着躺了半个多小时，同时听到了对方肚子里的“咕咕”声，不由相对笑了起来，庄睿看了下时间，从下午一点钟进入酒店，到现在足足过了十一个小时，已经接近凌晨零点了。

“咱们出去吃东西吧？”

庄睿坐了起来，他现在可是精神亢奋，一点睡意都没有，再加上有灵气恢复身体的疲劳，丝毫都不感觉劳累。

“不，今天我就和你一起过，哪里都不去，我叫酒店送餐进来……”

秦萱冰像猫一般缠绕到庄睿的身体上，伸手抓起床头边的电话，用广东话讲了起来，只是这声音虽然悦耳，但是庄睿却是一句都听不懂。

酒店的效率挺高，二十分钟之后，就有一辆餐车推到庄睿的房门前，在按照秦萱冰的吩咐，给了小费之后，庄睿自己把餐车推到房间里。

秦萱冰叫的晚餐很丰富，除了牛扒之外，还有几样精致的粤式点心与小菜，另外还有一瓶已经开启了的，放在满是冰块的盛酒器里的红酒，另外还有两支粗大的红蜡烛放在餐车一角。

庄睿拿餐车上的火柴先点燃了蜡烛，然后往两只高脚杯里倒满了酒，端给了秦萱冰，红酒映照美人面，使其愈加美艳不可方物，庄睿在心中暗叹了一声：“哥们今儿晚上，似乎是不用想睡觉了。”

“谁这么没趣，半夜了还打电话？”

正在两人温情地享用着烛光晚餐的时候，秦萱冰的手机又响了起来，从庄睿手里接过电话，秦萱冰看了下号码，不禁吐了下舌头。

“我妈咪打的……”

秦萱冰把手指放在唇边对着庄睿嘘了一下，才按下了接听键。

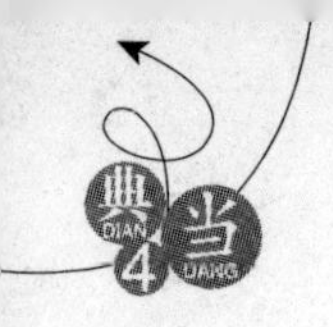

"妈咪,这么晚了打电话来有什么事啊?"

秦萱冰有点心虚,所以接通电话之后,就来了个恶人先告状。

"小冰,你也知道很晚了啊,怎么还不回家?"

方怡对秦萱冰本来是很放心的,她知道自己这个女儿不喜欢泡吧去夜店,不过听到秦萱冰的话后,她心里起了一丝疑窦。

"我……我和雷蕾在一起,今天不回去了……"

秦萱冰还是不会撒谎,一句话说得结结巴巴,就是庄睿在旁边听着,都不怎么相信。

"我刚才给小蕾打电话了,你没有在她那里。小冰,你什么时候学会撒谎了?"方怡在电话里的声音变大了一点,也让秦萱冰更加慌乱了。

"妈,我有个朋友来香港了,要陪下别人啊……"秦萱冰老老实实地说道,她是个聪明的女孩,知道一句谎言,往往要十句谎言来弥补,干脆就实话实说了。

"朋友?英国的朋友吗?男的女的?"

方怡听到秦萱冰的话后,心中的疑问反而增加了。

"好了,老婆,小冰也是成年人了,你问那么多干吗啊?"躺在床头看书的秦浩然不满地看了方怡一眼。

"废话,我的女儿我不管吗?都像你,平时一点都不关心女儿的事情……"

秦浩然见老婆把战火烧到自己头上,连忙缩了缩脖子,拿起书本挡在眼前,让女儿自求多福去吧,更年期的女人是没办法讲道理的。

"妈咪,你问那么多干吗啊?平时又不见你们关心人,现在又……"

秦萱冰被老妈问得又羞又急,心里的委屈也涌了上来,从小到大父母都只顾着做生意,什么时候关心过自己呀。

"好好说话,别急。"

庄睿轻轻拍了拍秦萱冰趴在自己身上的那光滑的后背,用嘴唇向她表达自己的意思。

秦萱冰听了庄睿的话,对着电话说道:"不是英国的朋友,是大陆的朋友,好了吧?"

"大陆的朋友?哦,是那个姓庄的小伙子吧?"

方怡知道女儿朋友不多,大陆认识的人,好像也就只有自己夫妇见过的那个年轻人了。

"是的。好了,妈咪,我很累了,有事明天再说吧。"

秦萱冰话一出口,才感觉自己说错了话,电话对面的老妈听到这句话还不知道会怎么想呢,干脆直接挂断了电话,然后将手机关了机,老妈要是生气了的话,大不了自己跟庄睿回北京住几天,然后直接飞回英国去。

"很累?你干什么了很累啊?喂,喂,小冰,你说话啊,喂?"

方怡一时没有反应过来,再说话的时候,电话中却传来的"嘟嘟"的忙音。方怡这下着急了,一把抢过老公挡住脸的书本,说道:"浩然,小冰今天是跟个男孩子在一起的,这

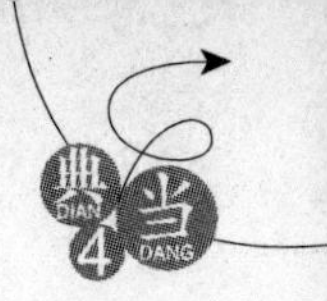

么晚要吃亏的,你赶紧起来去给我把女儿找回来。”

“唉,我说你和我较什么劲啊,女儿长大了,总归是要有自己的生活的。”

秦浩然不满地从老婆手里拿回书本,他是很想得开,小时候对女儿关心少,现在只要女儿高兴,给自己找个什么样的女婿都是能接受的。话再说回来了,庄睿那个小伙子他也是见过的,印象很好,不像是什么混迹欢场的花花公子。

“那……也不能不回家啊,一个女孩子在外面,这,这……”方怡被老公说得愣了一下,不过随之还是接受不了女儿和一个男人在外面过夜的事实。

“小怡,咱们认识的时候有多大?”

秦浩然放下手里的书,将鼻梁上的眼镜也拿了下来,看着自己这三十多岁容貌,四五十岁心理的老婆问道。

“那时候我是二十二岁吧? 你问这个干吗?”方怡有些不解地看着老公。

“那会儿咱们好像就住在一起了吧,女儿现在都快二十五岁了,你还想干涉?”秦浩然笑着说道,一双手搂住了方怡的肩头。

“死相,看你脑子里都想着……呜……”

方怡话没说完,嘴巴就被堵住了,床头那盏灯光,也随之熄灭了。

……

庄睿所住的这豪华套房的卧室,是双面朝阳的,白天的阳光透过那丝质的窗帘,如同朵朵金花洒在卧室中间那张巨大的国王床上,两具纠缠在一起的白花花的身体,都暴露在阳光之下。

慢慢地从床上走到地下,庄睿把昨天并没有合拢的窗帘给拉紧了一些,让阳光无法透射进来,房间里马上变得昏暗了一些。

“庄睿,你怎么起来了?”

秦萱冰这会儿也醒转过来,见到庄睿正赤裸着身体站在床前看着自己,脸上不禁一热,虽然两人之间已经捅破了那层……窗户膜,不过秦萱冰终究是女孩子,脸皮还是有点薄,当下拉起被子盖在了自己身上。

“都快中午了,当然要起了,难道咱们今天还待在房间里?”

秦萱冰一时没回答。

“咱们今儿哪都不去了。”

庄睿把秦萱冰的沉默,理解成是对自己的挑衅,当下就往床上扑去。

“呜……别,亲爱的,你就饶了我吧,哦,我真的不行了……”房中男女的喘息声又变得沉重起来,间中还掺杂着堪比女高音的求饶声,更是刺激得庄睿卖力耕耘了起来。

过了足足半个多小时之后,风暴才算是停歇了下来,秦萱冰浑身瘫软,像没有骨头一般,趴在庄睿的胸膛上,急促地喘息着,白皙的脸庞已然完全变成了粉红色,媚眼如丝地望着庄睿。

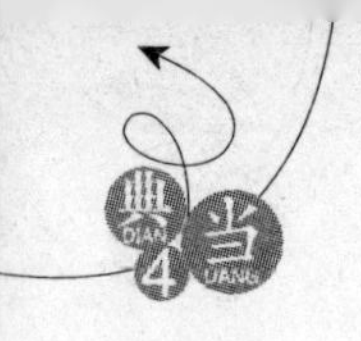

“萱冰,送给你个礼物,看看喜不喜欢?”

庄睿变戏法似的,从床头摸出一个首饰盒子来,放到自己的胸口、秦萱冰的眼前。

秦萱冰这会儿连动动手指的力气都没有了,娇声说道:“什么东西? 我要你拿给我看。”

庄睿笑了笑,打开首饰盒,从里面拿出一只晶莹剔透的红翡手镯,然后拉过秦萱冰的左手,轻轻戴了进去。

“好漂亮的镯子啊!”

秦萱冰用力翻了个身,侧躺在庄睿的身体上,举起左手,当她的眼睛看到那只手镯之后,情不自禁地发出了赞叹声。

借着房间里那微弱的光线,秦萱冰打量着手腕上的镯子,只是脸上的神色变得越来越惊奇,最后忍不住开口问道:“庄睿,这只手镯的品质很高啊,是高冰种的红翡镯子吧?”

作为一个珠宝设计师,对于珠宝鉴赏,那是最基础的课程,秦萱冰虽然只是粗看,也感觉到这只红翡手镯不同寻常。

“不是高冰种的……”

看到秦萱冰脸上露出疑惑的表情,庄睿坏笑着在她耳边说道:“是玻璃种的,真正意义上的血玉手镯。萱冰,喜欢吗?”

“啊?! 真的?”

“色泽艳红,种如流水,是真正的玻璃种红翡镯子。庄睿,你真的把它送给我?”

穿着宽大的浴衣,秦萱冰拉开了厚厚的窗帘,午后的阳光垂直照在阳台上,房中顿时变得明亮了起来,秦萱冰站在窗前,满脸陶醉地看着左手上的镯子。

“当然是送给你的了,难不成送给别人?”

庄睿充满爱意地说道,用手抚摸着秦萱冰潮湿蓬松的头发,他看到阳光照射在眼前玉人的脸上,隐隐现出一层红晕,犹如画中人一般美丽。

“谢谢你,庄睿。对了,我也有礼物送给你……”

秦萱冰似乎想起了什么,回到房间找出她那个坤包,从里面拿出一个小盒子,打开之后,却是两枚白金戒指,在戒指的表面,镶嵌着两颗指甲大小的翡翠,绿意盎然,清晰的几乎可以将人影映入里面。

第十八章　太平绅士

“这也是玻璃种的吧？咦？是不是我给你的那块翡翠打磨出来的戒面？”

以庄睿现在的眼光，即使不动用眼中灵气，也能分辨出这两颗翡翠的品质来。不过玻璃种帝王绿的料子实在少见，所以他第一时间想起自己曾经送给秦萱冰的那块翡翠来。

“是。这可是我亲手打磨出来的呀，咱们一人一个……”

秦萱冰笑着拉起庄睿的手，将两个戒指都放在了庄睿的手心里。

庄睿看着手中的戒指，发现里面还刻着二人的名字，于是坏笑着说道：“萱冰，你不会是向我求婚吧？”

“啊，你坏死了，不过，你要给我戴上……”

秦萱冰被庄睿说得俏脸绯红，她开始并没有多想，只是那颗帝王绿的料子，只够打磨出两个戒面的，她干脆就做了男女两个戒指，将翡翠镶嵌了上去，当然，心中也无不有一丝庄睿刚才所说的意思。

虽然说情人之间送钻石更加合适一些，不过论起价值来，就算是高品质的昂贵钻石，都没有这两个帝王绿戒指值钱。而且这东西是最初庄睿送给秦萱冰，秦萱冰又将其加工成了成品，对二人而言，意义也是不一样的。

给秦萱冰戴上了戒指，两人相拥着站在阳台上，看着美丽的维多利亚港，庄睿心头感觉到无比的宁静，他本就不是一个有野心的人，只希望这辈子能和怀中的爱人厮守一辈子，做点自己感兴趣的事情。

“啊！坏了，昨天挂了妈咪的电话，这会儿她不知道气成什么样子呢……”

正享受着爱人拥吻的秦萱冰，突然想到了昨儿老妈的电话，连忙跑进了房间，把自己的手机翻找出来，却让身后的庄睿大饱眼福，那一双修长白皙的大腿，在浴袍下显得是那样的诱人。

“怎么都快一点了，庄睿，我被你害死了……”

秦萱冰开机之后，看了下时间，不由大叫了起来，真不知道回头怎么向母亲解释了。

庄睿笑着走进了房间，说道：“没事，最多我陪你去见伯母，都说丈母娘看女婿，是越

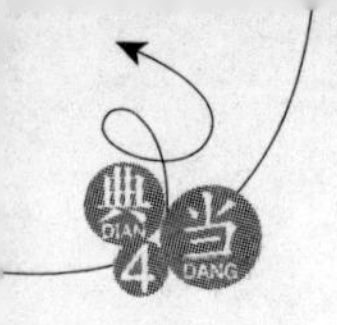

看越喜欢,伯母总不至于拿大棒把我打走吧?”

庄睿此次来,算是准备得很充分,除了送了秦萱冰的红翡镯子之外,他还准备了一副冰种红翡镯子和一套吊坠及耳环,价值也是在百万以上的。

来之前庄睿还在心中感叹,这泡妞花费的本钱真是不少,只是经过昨天疯狂的一夜之后,庄睿再也没有种想法了,话说那……真的是物超所值。

“你说话要算数啊,不然晚上你就跟我去见母亲,现在我带你游游香港。”

秦萱冰听到庄睿的话后,也不那么担心了。

“庄睿,把脸转过去……”

从床头和地上把散落的内衣找出来后,秦萱冰要换衣服了。

穿好衣服之后的秦萱冰,脸上少了一丝青涩,多了一种成熟女人的妩媚,显得是那样的艳光四射,看得庄睿差点都呆住了。

“电话,电话响了,别闹!”

就在庄睿低下头去找秦萱冰的红唇时,秦萱冰拿在手里的手机,忽然响了起来。

“还是我妈,别捣乱啊……”

秦萱冰拨开庄睿那双游走在她身上的大手,接起了电话。

“小冰,怎么电话一直都不开机?你不知道妈咪都急坏了……”

手机里传来方怡的声音,她从早上就一直在拨打女儿的电话,可是都是提示关机,急得她差点安排人去查询香港所有酒店的登记记录了。

“妈咪,手机没电了,刚刚充上电,我挺好的。今天陪庄睿去逛街,晚上我带他回家去见爷爷……”

秦萱冰和庄睿一样,都是拿定了主意,旁人就很难改变的人,她知道家里的事情,还是爷爷做主,就想直接跳过父母,让爷爷答应他们两人的关系。

“你这孩子,就这么不待见妈咪和爹地啊?”

方怡知道女儿的心思,秦萱冰从小就跟着爷爷长大的,刚才说那番话,肯定是怕他们夫妻阻止女儿和庄睿交往,所以要去找老爷子做主。

“没有啦,你们不是都见过庄睿了嘛,只有爷爷没见过了,再说晚上你们在家里,不都是可以见到的啊……”秦萱冰听到母亲并没有反对自己和庄睿在一起的意思,口气也缓和了下来。

“今天晚上?”

电话那头顿了一下,紧接着传出秦母的声音:“今天晚上不行!”

“为什么啊?庄睿过几天就要回北京了。”

秦萱冰着急了,她不知道母亲是什么意思,难道还要给自己介绍那些所谓门当户对的富家子们?

“别急,慢慢说……”

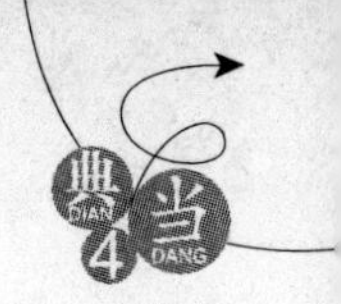

庄睿虽然听不懂秦萱冰的粤语话，但是看她的表情，知道她和母亲似乎谈得不怎么顺利。

“你这孩子，你忘了吗，今天晚上何太平绅士要举办慈善拍卖，咱们几天前就答应去了，还要拍你的一个作品，你怎么能不去啊？”

方怡的话让秦萱冰愣了一下，庄睿的到来，让她将这件事情完全忘到了脑后，母亲这么一说，她才记了起来。

“妈咪，我能不能不去啊？庄睿在香港又没有什么朋友，一个人好无聊的。”

“不行，前几天已经给了别人答复了，晚上你一定要去的，这是最起码的礼貌，要不然别人会认为咱们秦家不懂礼节的……”

方怡断然拒绝了女儿的要求，不过心里也在苦笑，都说是女生外向，这话一点儿都不假，认识没几天的人，现在在女儿的心里，居然比自己和家里的生意都重要了。

“要不然这样吧，晚上你带庄睿一起去参加这次慈善拍卖，这样总行了吧？”

方怡想了一下，还是作出了让步，她知道要是把女儿逼急了，结果很有可能就是挂断电话后继续关机。

再说方怡对庄睿的印象也是很不错的，不过这女儿也不是随随便便就交出去了，方怡还想看一下庄睿的交际能力如何，晚上的那个慈善拍卖，正好是个机会。

“好吧，我要和庄睿商量一下，晚点再给你打电话……”

秦萱冰想了一下，没有把话说死。她是个聪明的女孩，并不会因为和庄睿发生了关系，就以为自己能做庄睿的主了，这事情还是要庄睿自己决定。

“怎么了？和父母有事情好好说，别伤感情。”秦萱冰挂掉电话之后，庄睿在一旁问道。

秦萱冰摇了摇头，说道：“没有吵架的，只是今天去不了我家了，前几天答应一位太平绅士去参加他举办的慈善拍卖晚宴，拍品里面还有一件我的作品，不好不去，庄睿，你看……”

“那就去吧，我晚上正好能休息一下，昨儿可是累坏了呀。”庄睿故意伸了个懒腰，眼睛不怀好意地在秦萱冰身上打量着。

“你坏死了，我妈咪说让你和我一起去，你愿意去吗？”

秦萱冰说完之后，有点期待地看着庄睿，现在的她是一刻都不愿意与庄睿分开，如果庄睿不去的话，她宁可自己也不去了。

“对了，太平绅士是做什么的？那人多大了？”

庄睿忽然皱起了眉头，以前虽然好像听说过太平绅士这个词，但是并不了解是什么意思，而那位太平绅士偏偏邀请秦萱冰去，莫非是存了什么念头？

话说再大度的男人，也不喜欢自己的女人接受另外一个男人的邀请，所以庄睿接连问出了好几个问题。

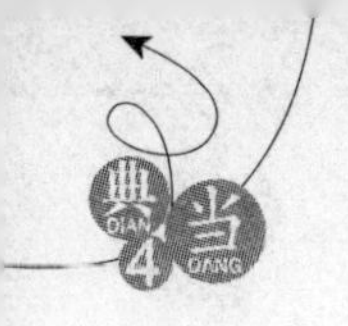

“你想什么呢？庄睿，何太平绅士都是七十多岁的人了，不是你想的那样的啦……”秦萱冰看见庄睿的样子，是又好气又好笑，只能给他介绍了一下太平绅士的来历。

太平绅士是一种源于英国由政府委任民间人士担任维持社区安宁、防止非法刑罚及处理一些较简单的程序的职衔，作为英国曾经的殖民地，香港自然沿用着太平绅士的制度。

香港太平绅士的主要职责为巡视如监狱等羁押院所，接受被扣留者的投诉，避免惩教当局对扣留人士施行法院判决以外的刑罚。

太平绅士同时可监理和接受市民的宣誓和声明，使该宣誓或声明具有法律效力，此范畴的工作中最为人所熟知的，就是在香港台的电视上经常可以看到的，每次六合彩开彩搅珠时，联同香港赛马会受助机构代表，负责监理开彩结果。

在香港回归之前，根据香港的法律，太平绅士甚至一如其他英联邦国家一样，需要审理案件，或者作为陪审员决定犯人是否有罪，不过在现在，这个职能已被具有法律资历的全职裁判官所取代。

从二十世纪的初期，香港人就视成为太平绅士为一种身份象征，因此有不少社区人士皆踊跃捐款或担任公职，以期获委任为太平绅士。

在二十世纪的时候，太平绅士是由大法官以英女皇的名义委任的，必须是对社会作出过杰出贡献，或者是受人尊敬的人，才能获此殊荣。

只是在香港回归之后，太平绅士的制度虽然保存了下来，但是委任太平绅士的权利，却是由香港的行政长官替代了，行政长官有权利授予他认为合适的人选为太平绅士，也可以在理由充分的情况下，罢免太平绅士的任命。

而秦萱冰所说的这位何姓太平绅士，来头很大，他是当年香港首富的后人。

所以他所举办的慈善筹款拍卖会，往往到场的人，都是香港的顶级富豪，许多人甚至都以接到他的邀请为荣。

听完秦萱冰的解释，庄睿颇为无语，原本以为自己在北京买的那个四合院，已经是很不错的了，可是和那位何爵士一比，简直就不入流了，这半个香港都曾经是人家的后花园，自己怎么比啊。

庄睿现在才知道，和这些超级富豪比起来，自己只能算是一穷人。远的不说，就是秦萱冰的家族，那也是经过数代经营，资产达数十亿之多，也远非现在的庄睿能与之相比的。

“庄睿，你要是不想去就算了，在这里等我吧，我很快就能回来的。”

秦萱冰曾经去过庄睿在彭城的家，知道他家境一般，怕他去这样的场合会不习惯，因为晚上去的人，可能还有她的追求者，秦萱冰也怕到时候有人刺激庄睿，这也是她不想参加此次慈善拍卖的原因之一。

“没事，去看看吧，我也很好奇晚上都会有什么东西拍卖，是不是都是古玩啊？”

庄睿想了一下，自己待在酒店里也无聊，话说等回到北京之后，欧阳军问他都干了些

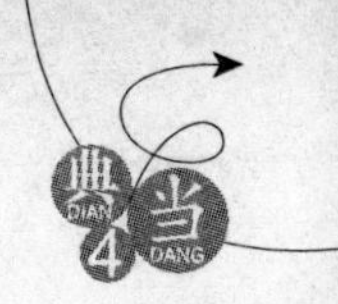

什么事,总不能说自己在酒店里待了两天吧。再者庄睿对那拍卖也很好奇,说不定里面会有什么好东西呢。

“这个就难说了,每次拍卖的东西,都是由何爵士邀请的客人提供的,我们家这次出的东西,就是我设计的一款女式铂金镶翠项链,本身的价值应该在二十万左右。

“这种性质的慈善拍卖,在以前,都是拿出一些很普通的物件来拍卖的,像是李小龙的电影海报,某位名人曾经用过的东西之类。

“不过现在参加慈善拍卖,很多人都开始相互攀比了,拿出来的东西也是越来越昂贵。甚至有些人在别的拍卖场所里拍得物品,再拿到这里来进行慈善拍卖,当然有古董了,而且还都是价值不菲的呢。”

香港虽然不大,但是慈善机构在全世界却是数一数二的,严格的监管制度,全民参与的踊跃捐款,包括那些电视台,每个星期都会举办一次慈善捐款晚会,并且设置捐款电话,每打一次电话,就可以捐款一元钱,真正地做到了全民参与。

在国内历次天灾中,香港的慈善机构都发挥了巨大的作用,内地所用“义工”一词,也是从香港传过来的。

秦萱冰对这种慈善拍卖的行为,虽然很赞同,但是这种个人组织的小型慈善筹款拍卖会,在近些年来,已经有些变质了,那些超级富豪的后人们,就经常拿出一些昂贵的文物或者是珠宝,相互间进行攀比。

虽然这些东西拍得的金钱,最终是用于慈善事业了,但是已经变相成为某些人的斗富场所,让秦萱冰很是反感,要不是作为那件首饰的设计师和主人,秦萱冰才懒得去这种场合呢。

庄睿听到秦萱冰说的这些,心里顿时兴趣缺缺了,从正规拍卖行里拍出的物件,基本上是真品的几率比较大,即使拿到慈善拍卖会上,拍出的价格也不会低,应该是没有捡漏的空间。再说了这拍卖的性质是为了慈善筹款,也不是捡漏的好地方。

只是看着秦萱冰充满期待的眼神,庄睿还是点了点头,说道:“晚上我陪你去,不过回来你可是要陪我啊……”

“冰个(谁个)怕你啊!”

秦萱冰冒出一句广东话来,挺了挺那经过了庄睿滋润,似乎更加丰满的双峰,绷得紧紧的小体恤似乎随时就会爆裂开来,看得庄睿是蠢蠢欲动,一双大手又不安分了起来。

“别……别闹,咱们要出去买衣服啊。”

这次秦萱冰很坚决地按住了庄睿的手,现在都已经是下午了,逛几家店买点东西再加上吃饭,时间就差不多了。

庄睿从内地穿过来的衣服,显然有些不合时宜,虽然说这种场合不一定非要西装革履,但是西裤衬衫那是必须的。要是庄睿穿着那双旅游鞋和牛仔裤闯进去,保准第二天就会成为香港某个富豪圈子里的笑料。

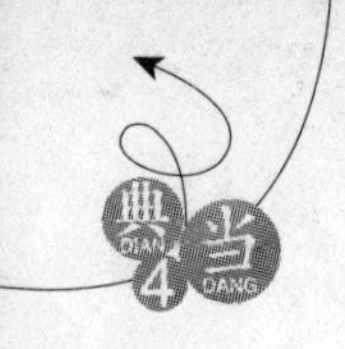

和秦萱冰从酒店里出去之后，两人先是吃了点东西，然后庄睿就跟在秦萱冰的后面开始了扫货。逛街是女人的天性，到天色快黑的时候，秦萱冰那辆法拉利的后车厢里，已经放满了大大小小的纸袋。

“庄睿，好看吗？”

秦萱冰换上一身连体的黑色长裙，优雅地在客厅中间转了一个圈，挑逗着庄睿的视觉极限。

“好看……”

庄睿很艰难地把涌到嘴边的口水重新咽回到肚子里，说道：“还是不穿更好看！”

回到酒店半个多小时了，秦萱冰已经换了五六身礼服，看得庄睿眼花缭乱，尤其在换衣中间显露出来的那雪白的肌肤，更是让庄睿口干舌燥，不能自已。

“你也快点把衣服换上，咱们等下吃完饭，时间就差不多了。”

要是以为晚宴会有东西吃，那保准你会一晚上饿着肚子，这样的晚宴以交际为主，最多提供几杯红酒沙拉之类的食品，想吃饱那是不可能的。

秦萱冰对这身黑色的礼服很满意，搞定自己之后，她开始给庄睿装扮了起来，今天所买的衣服，倒有一大半是给庄睿买的。

当然，买衣服的钱全都是庄睿自己支付的，虽然没有什么大男子主义，但是庄睿也不会让秦萱冰花钱，只是整整刷掉了他那张中国银行卡近六十万，这让庄睿还是有点心疼。

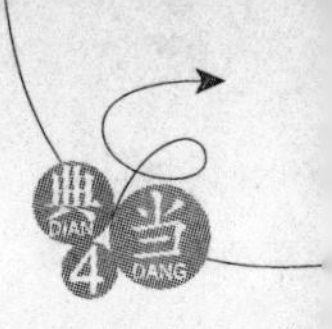

第十九章 丈母娘看女婿

“怎么样?”

庄睿换好衣服后,先去浴室把胡子刮了一下,然后才走了出来,第一次参加这样的晚宴,庄睿心里还是有点小紧张的。

“嗯,是个靓仔……”

虽然庄睿的相貌绝对称不上英俊,但是他身材很好,一米八多的个子不胖也不瘦,体态匀称,简直就是个天生的衣服架子,即使很普通的衣服,穿在他身上都很有味道,更不要说是秦萱冰给他精挑细选的名牌服饰了。

“唉,时间太紧了,不然可以给你定做一身衣服,相信比这件还要合身……”

都说是情人眼里出西施,女人看男人也不例外,看着爱郎神采奕奕的样子,秦萱冰满脸迷醉地在庄睿脸上奖赏了一个吻,当然,这种带有挑逗性的动作,马上就招来了庄睿的反击,直到吻得秦萱冰气喘吁吁满面绯红才算是停了下来。

“好了,咱们要走了,接上雷蕾先去吃饭……”

秦萱冰有些不舍地推开了庄睿,初尝禁果的男女,对那种事情向来都是百做不厌的。

“雷蕾也去?”

庄睿奇怪地问道,下午聊天的时候听秦萱冰的意思,那位何爵士所邀请的人,都是在香港很有地位的,雷蕾家族在普通人眼里看着好像是个庞然大物,但是在真正超级富豪的眼里,却有点不怎么够格的。

“嗯,每位被邀请的人,可以带一两个男女同伴,以前你不在,都是雷蕾陪我去的,总不能你一来就把雷蕾赶走吧?”

以前雷蕾可是帮秦萱冰挡了不少人的追求,在那个圈子里,甚至有些追求秦萱冰未果的人,放出谣言说秦萱冰和雷蕾二人是那啥关系。

“那就一起去吧……”

庄睿在出酒店之前,想了一下,趁着秦萱冰去补妆的时候,打开了房间里的保险柜,

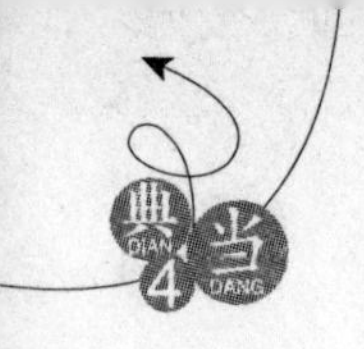

把昨儿放进去的物件，全部都装到了自己的手包里，里面除了要送秦母的一套冰种红翡首饰之外，还有多出来的一个冰种镯子。

“你们两个终于舍得出来啦？”

坐在一家海鲜酒店的包厢里，雷蕾一脸戏谑地看着庄睿二人，秦萱冰眉眼之间不经意流露出来的风情，自然是瞒不过她的眼睛。

“要不是这慈善晚会，我才不稀罕出来呢，是吧，庄睿？”

秦萱冰是个敢爱敢恨的女孩，做都做了，她根本不在乎别人怎么看和怎么评论她。

“当然了，老同学，不会是大川这段时间没来陪你，你想另外找个靓仔吧？”

“你……你们，太无耻了……”

往常一向都是雷蕾打趣这二人的，没想到今天被两人联手给挤兑了，雷蕾心里有股要打电话叫刘川来香港的冲动，她知道自己的那位准老公，绝对比面前这两位还流氓。

……

几人嬉闹着吃过饭之后，才刚过七点，距离那个慈善晚会的时间还有两个多小时，本来秦萱冰想带庄睿去逛庙街夜市的，只是她和雷蕾都穿着礼服，去那种地方有点不合适，最后只能又去逛品牌店扫货。

不过这次还好，两个女人都是只看不买，庄睿更是提不起一丝购买东西的欲望来。都说香港是购物天堂，在庄睿看来，这里也是有钱人的天堂，刚才看了一条很普通的领带，居然要三万美金，简直就是抢钱嘛，三万美金够买多少那种布条了。

晚上八点半的时候，秦萱冰接到了母亲的电话，却是要和他们会合，一起前往何爵士的住所。

“叔叔、阿姨好……”

看到从酒楼里走出来的秦浩然和方怡，庄睿连忙上前打了个招呼。本来是想称呼伯父伯母的，不过这二人的年纪比自己父母要小，庄睿想了一下还是喊出了叔叔阿姨。

秦浩然夫妇今天也是在外面用的餐，和女儿约好在酒楼门口相见。

“好，好，小庄，到了香港不直接来家里，见外了啊……”

秦浩然、方怡和内地人接触并不是很多，而在香港，被晚辈们称呼也多是用英语“uncle”或者“anti”，很少听到普通话的叔叔阿姨。

刚才秦浩然和方怡都被庄睿的称呼搞得愣了一下，不过随之就反应了过来，秦浩然更是上前拍了拍庄睿的肩膀，对于香港人而言，面对不太熟悉的人，这种动作已经是表现得非常亲热了。

“刚到香港，正准备去看叔叔阿姨呢……”

庄睿憨厚地笑了一下，他现在能说什么呢，总不能说昨儿一天都在和您二位的女儿

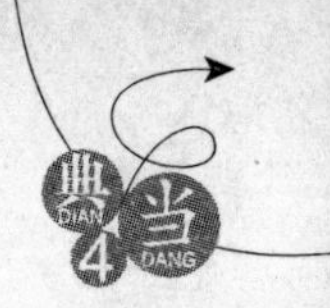

赤诚相见吧,那保证面前的这位谦谦君子,也会摸出把菜刀来追杀自己。

“不用那么客气的,小庄,你上我们的车吧。冰儿,你和雷蕾自己开车跟上。”

方怡看到酒店的侍应把车开了过来,连忙推了秦浩然一把,示意他去开车,而自己则是轻轻地拉了庄睿一下。

“这……”庄睿看了一眼秦萱冰。

“妈咪,我的车又不是坐不下。”秦萱冰跺了跺脚,不高兴地说道。雷蕾也开车来的,所以她那两个座位的法拉利,正好够她和庄睿坐的。

“萱冰,我坐叔叔的车就行了,你开车小心点……”

庄睿知道秦萱冰和父母的关系不是特别好,不想因为自己的到来,惹得他们之间再生嫌隙,于是先帮方怡拉开了那辆奔驰车的后车门,等方怡上车之后,给还不肯上自己那辆法拉利的秦萱冰使了个眼色,之后坐到了奔驰车副驾驶的位子上。

“小庄,上次的事情还没谢谢你呢,我们前段时间翡翠原料快要断货了,多亏了你那块料子啊。”

秦浩然一边开车,一边和庄睿闲聊了起来,他知道女儿会对庄睿说起公司的事情,也不怕自曝其短,翡翠原料的匮乏,是每一个珠宝公司都面临的事情。

“秦叔叔客气了……”庄睿很有礼貌地回应到,但是却不多话,基本上是秦浩然问一句,他回答一句。

“对了,小庄,我听冰儿说你过几天要回北京,记得你好像是住在彭城的吧?”

看到自己老公和庄睿净是聊些没营养的话题,方怡有些着急了,话说上次在广东见面的时间太短,只是粗略地问出庄睿的家庭住址和亲属关系,其余的却是一无所知,从女儿那里更是一点有用的信息都没得到。

这嫁女儿不光要看对方的人品,经济基础和社会关系也是很重要的。方怡知道庄睿赌石赚到点钱,估计有个几千万,但对于他们家而言,那也不是很多,所以趁着这机会,就想多了解一点庄睿的情况。

庄睿偷偷从倒车镜里看了一眼方怡的脸色,说道:“我明年会在北京读研,正好工作关系也挂在北京了,以后回彭城的时间不会很多,最起码这几年都会待在北京。”

“哦?年轻人知道上进是好事,不知道你在北京做的是什么工作啊?”

方怡听到庄睿只是个本科生,心里就感觉女儿和他有些不般配,要知道,秦萱冰那可是剑桥毕业的研究生啊,不过想到女儿的态度和那倔强的脾气,方怡还是耐着性子问了下去。

车厢里没有开灯,庄睿即使看着倒车镜,也看不清方怡的脸色,听到她语气平稳,心里也平静了不少,开口回答道:“我在国家玉石协会挂了个理事的闲职,偶尔会去转转参

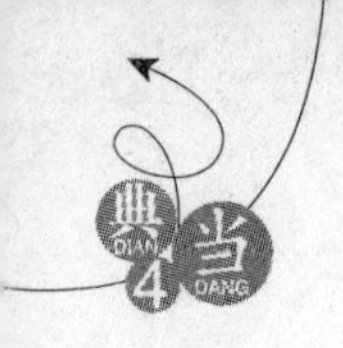

加一些会议。”

庄睿这话其实是往自己脸上贴金了，他是玉石协会的理事不假，也知道玉石协会的地址，但是要说去那里开会，纯粹就是扯淡了，庄睿到现在连玉石协会的大门往哪边儿开都搞不清楚呢。

“玉石协会？”

方怡和秦浩然闻言都是吃了一惊，他们做珠宝行业的，对于玉石协会还是比较了解的，大陆那边玉石行当里有什么变动，最先都是由玉石协会出具调查报告，然后协助政府来进行调整，可谓是半官方的实权部门了。

香港也有类似的协会，但都是由各个珠宝公司联合组办的，其影响力只能在自己这个圈子里，并且协会出台的某些政策，还要受到有关部门的监督，看是否对消费者的利益有损害，影响力远不如大陆的玉石协会。

即使这样，在秦氏家族里面，也只有秦浩然的父亲在那个行业协会里面担任了个理事，就连秦浩然现在也只是协会的普通会员。他们夫妻两个都没想到，庄睿年纪轻轻的，居然能在大陆那种半官方机构里面任职。

“小庄不错，以后要好好干。对了，北京的住房现在听说也挺贵的，小庄你是在那边买房子，还是租房子住啊？”

方怡的话让秦浩然都皱起了眉头，这问得也过于直接了，不过庄睿倒是没感觉怎样，别人要把女儿交给你，总不能对你一无所知吧？那样的父母也太不负责任了。

“我在北京买了套四合院，刚刚装修好，叔叔阿姨要是有时间，可以去我那里住几天，环境很不错的……”

对于自己的那套四合院，庄睿还是很有自信的，能买下那院子，也算是自己运气好，要是现在去买的话，肯定没有了，没见到欧阳军这段时间上蹿下跳的，也没找到合适的四合院。

像庄睿的那套院子，现在已经不是有钱就能买得到的，你有钱可以在乡下买上几百亩地，造个皇宫也没人管，但是在四九城里，对建筑物的面积、高度都是有限制的，围绕故宫那周围几处的地皮更是寸土寸金，曾经有位国内的富豪，要拿自己香山的一处价值千万的宅邸，和别人换一个当时不过值几百万的四合院，道理就在这里了。

听到庄睿的话后，秦浩然打开了车内的顶灯，从倒车镜里看了一眼自己的老婆，两人眼中都有一丝惊奇。他们是去过北京的，也曾经去四合院参观过，知道那是属于文物被保护起来的，没想到这小伙子居然能买上一套，估计是花了不少心思在里面。

“好啊，浩然，咱们找个时间去一下吧，不过小庄你那四合院有多大？我们两口子去了有地方住吗？”方怡对这个来自内地的未来女婿，越来越感兴趣了，不过这一句句问得

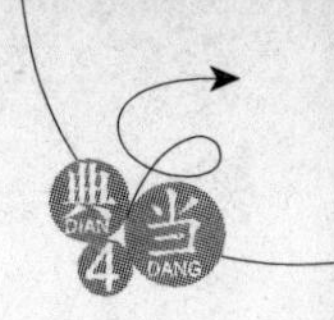

她自己都有些难受，恨不得庄睿一口气自己都交代出来。

“不算地下室，只算车库和花园，还有住房面积，大概是两千八百多平方米吧，不到三千平方米……”庄睿回答得很认真，即使别人在查你户口，那也是别人的权利不是。话说女儿都交给你了，问仔细点也是应该的。

“什么？”

“老公，开稳点啊……”

坐在车里的庄睿只感觉到一阵摇晃，差点将头撞到车窗上去了，虽然随之汽车就稳了下来，但是坐在驾驶位上的秦浩然，正一脸惊愕地用眼睛的余光在看着庄睿。

秦浩然苦笑着对庄睿说道：“小庄，你确定那四合院的面积，是将近三千平方米？”他真的是被庄睿的话给吓到了，要不是这里已经进入到太平山山道上，车子比较少，刚才恐怕就要出事故了。

“不到三千，算上地下室还差一点。怎么了，秦叔叔？”

庄睿有些不解，按理说秦萱冰的家族那也是财雄势大，不至于听到个两三千平方米的院子，就如此吃惊吧？

其实庄睿并不了解香港的房价，香港这个弹丸之地，汇聚了来自世界各地的人，总人口近千万，早已将这个还没有深圳大的地方挤得满满的了。

要知道，在香港这地方，三四百平方米的房子，就能称得上是豪宅了。

秦浩然现在车子所在的半山豪宅，已经算是香港最有钱的人住的地方了，一栋别墅的价格都在一亿以上，但是要论起面积，一般也只有一两千平方米。

虽然说内地和香港的房价有差距，但是秦浩然两口子都知道，北京的四合院，那也都是黄金地段，如果真像庄睿所说，买下了一套近三千平方米的宅子，那绝对称得上是大手笔了。

在香港，住宅是最能体现身份的象征，有钱人基本上都是住在半山豪宅里的。

别的不说，秦浩然两口子也是住在这半山之上的，家里的别墅还是老爷子买下来的，当时花了五千多万港币，但是现在的市值，已经达到三亿之多了，不过面积只有一千平方米，也是不如庄睿的那套四合院的。

其实庄睿的那套院子，如果现在出手的话，最低也能卖到一亿五以上了，不过要是再过上几年，三五亿都是有可能的。

“咳咳，没事，小庄，你那院子花了不少钱吧？”

现在连秦浩然都变得有些八卦了，这个年轻人实在是让他有些看不透，说他年少轻狂追求享受吧，经过这两次接触，却又不像是那样的人。

“买下来花了六千多万，然后推倒重建，杂七杂八的加起来总共九千多万人民币吧。”

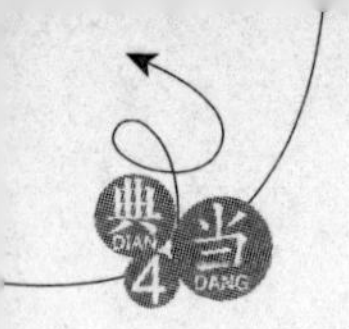

庄睿的话让坐在后面的方怡无话可说了。论人品，这小伙子真的不错，一点都不浮躁；论工作，那个理事身份，在香港也是属于上层社会的人了；论身家，住着九千多万的宅子，不比港岛任何一个超级富豪差。要说有什么不足的话，可能就是出身差了一点，但是能赤手空拳地打下这么大一份家业，也说明了庄睿的能力。

秦浩然两口子倒是没有雷蕾的那种想法，毕竟他们不知道庄睿的身家到底有多少，如果庄睿有个十几亿的话，花钱买套大宅子，那也不是不能接受的事情。

“对了，方阿姨，我这次来的仓促，没准备什么东西，带了几样小礼物给您，您看看喜不喜欢？”

庄睿看到审讯工作告一段路，连忙借着车内的灯光，从自己手包里面取出了三个大小不一的首饰盒，回身递给了方怡。

“你这孩子，来就来了，还带什么礼物啊……”

要说在庄睿上车前，方怡对他的评价只有六十分刚及格的话，现在已经可以给庄睿打到九十分了，如今见到庄睿这么懂礼貌，刷地在脑中又给他加了五分。

“咦，这是红翡啊？品质还不错，浩然，你把车灯都开开。”

方怡打开首饰盒看了一眼，顿时愣了一下，继而对着车灯看了起来，她在家族里虽然是做财务方面的工作，但是对于珠宝鉴赏，也是不陌生的。

“是高冰种的红翡，前段时间刚解出来的，找了一位雕工大师打磨的。想着阿姨可能会喜欢，我就带来了……”

对未来丈母娘的工作，一定要做到位，要不是自己坐在前面，庄睿恨不得帮丈母娘把首饰戴上，然后再送上一顿好夸。不过就算是现在，方怡对庄睿的满意度也是直线上升，再加五分之后，那已经是百分百的满意了。

秦浩然一边开着车，一边悄悄地对庄睿竖起了右手拇指，能把更年期的老婆哄得这么开心，秦浩然也算是放下了心。从小就没怎么关心过女儿，老婆要是因为女儿交往朋友的原因和女儿闹翻，那是秦浩然不愿意看到的。

不过秦浩然也没想到，这小伙子三言两语外带送点礼物，居然把老婆给搞定了……呃，这想法有点邪恶，不是搞定，是摆平……也不对，好吧，是让老婆满意了。只是秦浩然这心里还是有点不自在，怎么就找不到合适的语言形容这件事情呢。

但是不管怎么说，想到女儿能有个好归宿，秦浩然这心里也是美滋滋的。心情好话就多了起来，指着车外说道：“小庄，这里是太平山，是观赏香港美妙夜景的最好的地方，等哪天让冰儿带你来游玩一下，晚上这里的景色很美的。”

“谢谢秦叔叔……”

庄睿这会儿心里也是松了口气。要知道，方怡刚才的追问，也是让庄睿心里压力很

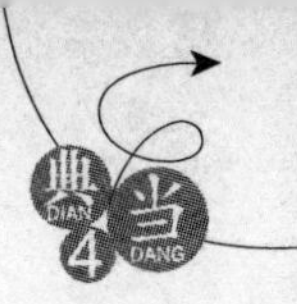

大的，就像是小时候偷吃过年的年糕，被母亲抓住了一样。自己可是要了别人女儿的第一次，心里自然有些发虚了。

“到了，前面就是何爵士的家，小庄你有什么不懂的，一会儿问冰儿就行了。”

秦浩然和庄睿说着话，没多大会儿就到了今天的主人家，倒是方怡这会儿一直在打量着那套首饰，没有再出声。

秦浩然把车开到前面那栋别墅外面，停好车走了下来，在这处空地上，已经停了十多辆车。

下车之后，秦浩然随口对庄睿说道：“这里是花园台，很多老一辈的香港人都住在这里的。”

庄睿自然不知道，所谓的老一辈，都是要比李嘉诚还早一些的超级富豪，但是现在的一些后生代们，大多都住在梅道一号或者浅水湾道等地方。

第二十章 香港名流

庄睿和秦浩然夫妇刚下车，秦萱冰和雷蕾也停好车走了下来，只是秦萱冰脸上带着一丝焦虑，她是怕父母说了什么不合时宜的话，惹庄睿生气，不过看到三人站在那里谈笑风生，秦萱冰也放下了心。

“走吧，时间差不多了……”

秦浩然招呼了庄睿一声，率先向别墅走去，别墅的大门口，站了一位大概只有四十多岁，但是头发花白的英国人，在查看了秦浩然和秦萱冰两人手上的请帖之后，招手喊来一个侍应，很有礼貌地躬身将几人请了进去。

秦萱冰看庄睿盯了那老外好几眼，在旁边轻声地给他解释道：“那是英国管家，都是经过专业培训的。”

这别墅的院子不是很大，一个小花园之后，就是别墅的正房，在这个三层的别墅小楼旁边，还有一栋两层的小楼，按照秦萱冰的说法，那里是给下人们居住的。

别墅的客厅很大，足足有一两百个平方，并且经过布置，将一些沙发什么的搬开在两旁，中间留出很大一块位置，摆放了一个长形餐桌，上面有些点心之类的食品和斟满了红酒的酒杯。

这豪宅的客厅之大，有些出乎庄睿的意料，完全比得上一些中型的宴会厅了，装修得富丽堂皇，但是这种贴金镶银的风格，有点像是解放前一些豪富之家的装饰风格，稍微显得有点落伍。

里面现在大约有二三十个人，庄睿粗略地看了一下，这些人分成了三个群体，各自在厅里一角说着话。人数最多的是门口处，有十几个年轻人，从年龄上看都和庄睿差不多。另外就是坐在中间位置的七八个中年人，正高谈阔论着什么事情。

但是庄睿一进门目光就被吸引过去的，恰恰是人数最少的地方，那里坐着的是三位老人，年龄应该都有七八十岁了，头发花白，他们坐在大厅的最深处，在他们身后都站着一位侍应，几位老人喝的也不是酒，而是茶水。

另外还有七八个穿着统一服装的侍应，单手端着放着酒杯的托盘，游走在大厅之中，

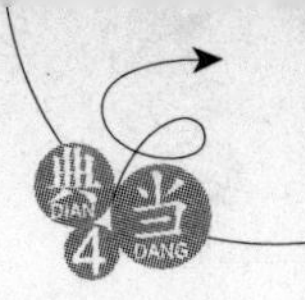

在餐桌旁边有一台唱片机，里面正放着二十世纪二三十年代风靡大上海的那首《夜来香》，要不是看厅里这些人的穿着，庄睿还真以为是穿越了时空，来到解放前了呢。

秦浩然一行五人进来之后，马上吸引了厅内人的目光，所有说话的声音都停顿了一下，坐在门口的那些年轻人，纷纷站了起来，很有礼貌地向秦浩然打着招呼，但是随后这些年轻人的目光，全部都死死地盯在被秦萱冰挽着手的庄睿身上，不管男女，脸上均是露出一副不可思议的样子。

今天的秦萱冰无疑是场中最耀眼的女人，一袭黑色的低胸长裙，将其傲人的身材显露无遗，白皙的脖颈下面，戴着一个黑色水晶十字架，那向下的箭头处，直指双峰隆起的沟堑，愈加惹人遐思。在场的女人，看到这般模样的秦萱冰，不禁都有些自惭形秽。

与往日冷淡傲气的秦萱冰不同，今天的秦萱冰显示出她风情万种的另一面，举手投足之间，仿佛有魔力一般，吸引着这群年轻人的目光，久久舍不得离开。

不过就在秦萱冰等人步入到大厅中间之后，这些年轻人的眼光终于转移到了庄睿的身上，并且在交头接耳地窃窃私语着，应该是在相互打听着庄睿的来历。

“秦老弟，今天怎么来晚了呀，我知道贤伉俪一向可是最热衷慈善事业的……”

在秦浩然进入到大厅之后，原本在中间聊天的几个中年人也站了起来，向秦浩然夫妇打着招呼。

“小庄，你们年轻人聊得来，去那边坐坐吧，我们陪陪老朋友。”

秦浩然转身招呼了庄睿一声，然后迎上前去，和那几个人用广东话聊了起来，却突然看到里面的几位老人，秦浩然连忙告罪一声，走了过去，态度很恭敬地说道：“郭老好，何爵士好，郑老好，几位身体都好吧……”

“嗯，是小秦啊，谢谢来捧老头子的场，你们年轻人有得聊，我们几个难得见一面，你就不要过来凑热闹啦……”

几位老人都没起身，只是点了点头，除了身为主人的何爵士之外，另外两位老人连话都没说一句，不过秦浩然脸上也没有不满的神色，返身退回到那群中年人里面。而看到这一幕的也都神色不变，似乎那几个老人就应该用这种态度对待秦浩然。

“萱冰，那几个人是谁？这么牛气啊？”

看秦浩然进来之后许多人打招呼的场景，庄睿感觉自己这未来的老岳丈，应该是混得不错的，只是没想到随后那几位老人，一点面子都没给秦浩然。庄睿虽然听不懂广东话，但是态度总是能看得出来的。

“咱们去一边说话……”

秦浩然夫妇走开之后，秦萱冰和雷蕾还有庄睿，就站在了大厅中间，被十几双眼睛盯着，秦萱冰有些不舒服，挽住庄睿的胳膊，向大厅里没人的一个角落走去。

“这些人烦死了，雷蕾，等会儿你帮我挡驾啊……”

来到角落里的沙发上坐下，秦萱冰发现那些目光还是追了过来，干脆把身体靠在了

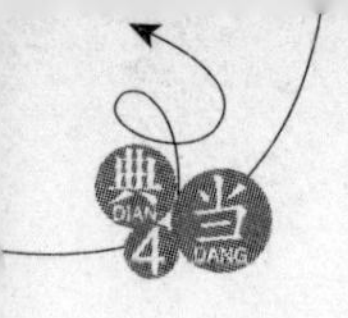

庄睿的身上，挡住了那些人的视线。

“庄睿现成一个活靶子，这回轮不到我来挡驾了……”

雷蕾嘻嘻笑了起来，她一听说庄睿要来，就已经猜想到了这种局面，虽然说这些人未必就一定都要追求秦萱冰，但里面可是有好几个都被秦萱冰拒绝过的，现在看见美人心有所属，肯定是不会服气的。

“庄睿，对不起啊，我也没想到今天会来这么多人，早知道咱们就不来了……”

“干吗不来啊？你老公我见不得人？”

庄睿淡淡地笑了笑，不以为意地说道：“萱冰，还是给我说说那几位吧，怎么这么大的架子？”

对那几个年龄和自己差不多的人，庄睿压根儿就没放在心上。和自己抢女人？别看这是上流社会的聚会，庄睿照样敢挥拳头干架。妈妈的，哥们虽然是玩古董的，但可不是斯文人，惹火了直接干丫挺的，就那几个细胳膊细腿的人，庄睿还真没看在眼里。

看到庄睿自信的模样，秦萱冰安心了许多，她是不怕那些所谓的年轻俊杰，只是怕庄睿受委屈而已，当下说道：“那个长得干瘦的老人，姓郭，是香港中华总商会会长、永远名誉会长。”

“是他？”

庄睿闻言愣住了，这位郭老可是个大名鼎鼎的人物啊，自己是位亿万富翁不说，对内地的帮助也是很大的，从改革开放以来，他在内地的慈善捐款都超过了十亿元。

庄睿以前经常在电视上见到他的身影，不过现在好像是老了许多。庄睿看过他的自传，这人的年龄应该也有八十岁左右了，以他的资格，对秦浩然那副态度，倒也说得过去了。

“那另外一个人是谁？”庄睿继续问道。

“那个人也是个大亨。对了，周太福珠宝你听过吧？他就是那家公司的主席，而且在香港投资众多，现在资产应该在三十亿美金左右，我们家的珠宝公司，和他一比，就有些上不得台面了……”

都说不到广东不知道钱少，庄睿来到这里，才知道什么叫做井底之蛙。奶奶的，钱都用十亿来计算，而且还是美刀，想想自己即使把新疆玉矿给卖掉，与这些资本大鳄们，还是没得比的。

“奇怪，他们两位都不怎么出来了，今天为什么会来这里啊？”

秦萱冰给庄睿介绍完之后，自言自语地说道。以前她也参加过不少次类似的慈善晚会，不过似乎都是秦浩然那一辈的人居多，像郭老那样即使在内地都是重量级的人物，却是从来都没有出现过的。

而且今天来参加这个慈善拍卖的人，也多的有点出奇，在秦萱冰等人进来之后，后面还在源源不断地往厅里进着人，甚至还有两位被人搀扶进来的老人，加入到那三位中间

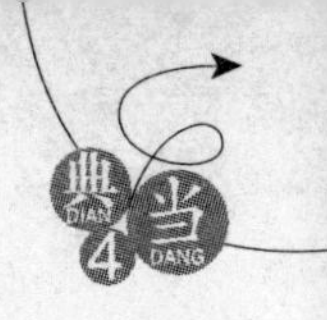

去了。

过了有十分钟左右，这数百平方米的大厅里，已经是有七八十个人了，那些年轻人的位置也都让开了，纷纷站在门口聊着天，不过好多人的目光，还是会有意无意地扫到秦萱冰等人这个角落里来。

“庄睿？”

正在和秦萱冰聊着天的庄睿，突然听到有人喊他的名字，不由得愣了一下。话说他在香港认识的人不少，像李超人之类的他都认识，不过那些人不认识他啊，庄睿还真想不出，有谁能叫得出自己的名字。

抬头望去，厅里都是人，庄睿看了一会儿也没找出熟悉的人来，还以为是错觉呢，耳边却又真真切切地响起一个声音：“庄大哥，真的是你啊？”

这回说话的却是个女声，庄睿循声望去，嘿，还真是个熟人，原来是柏氏兄妹二人，混在一堆男女中间，正向他招着手。

“不要过去，他们不会过来啊。”

庄睿对这兄妹二人感觉不错，再加上以前也是同患难过的，遂站起了身体，准备过去打个招呼，却是被秦萱冰给拉住了，庄睿只能无奈地冲柏梦安摆了摆手，示意他们走过来。

柏梦安和柏梦瑶兄妹倒是走过来了，只是后面跟了十来个年龄和他们差不多大的人，这让秦萱冰皱起了眉头，只是碍于父母的面子，也站起身来，和柏梦瑶打了个招呼，至于其他人，秦萱冰连看都没看一眼。

“庄兄，还真的是你呀？我刚才听人说秦大小姐被人给征服了，这心里本来还不怎么相信，不过看到是庄兄弟，那应该就是真的了。”

说老实话，柏梦安看到秦萱冰小鸟依人似的偎依在庄睿身旁，这心里也是不怎么舒服的，这番话说出来，未免没有挑起身后那帮子人怒火的意思。

庄睿听到柏梦安的话后，挑了挑眉毛，淡淡地说道：“柏兄，你这话说得不对了，萱冰选择谁，是有她自己的主意，怎么能说是征服呢？香港作为国际性的大都市，这年头不会还有男尊女卑的思想存在吧？”

柏梦安闻言一愣，他没想到印象中处事淡然的庄睿，会如此反驳他的话，一时间倒是说不出什么来了。不过庄睿这话把整个香港都说了进去，柏梦安后面的几个年轻人，脸上均是露出不忿的神情。

“是我失言了，萱冰不要在意啊……”

柏梦瑶见到老哥失态，连忙在他后腰上捅了一下，柏梦安才反应了过来，连忙向秦萱冰赔了个不是，他们两家在生意上有诸多合作，因为这点小事引起嫌隙就不好了。柏梦安刚才也是心里有点小嫉妒，这才说出了不合适的话，现在心态却是调整了过来。

“没关系，拍卖马上就要开始了，各位请回吧……”

秦萱冰又回复到以前那个拒人于千里之外的模样，只是眉眼之间不经意流露出来的

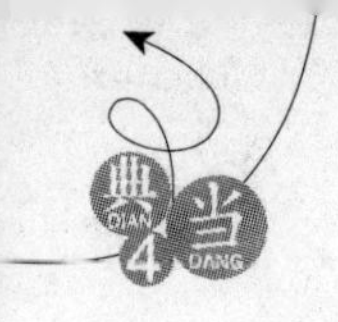

万种风情，却是与以前表现出来的冷漠大不相同了，即使对秦萱冰没有意思的年轻人，这会儿也看得呆了，就是那些带女伴前来的人，也是偷眼看着秦萱冰。

“今天来的人太多了，秦小姐，我们留在这里，你不会介意吧？”

人群里的一个三十岁左右的青年人突然开口说道，旁边几人也是出言附和，秦萱冰看了一眼那人之后，没有说话，只是默默地点了下头。

“那人姓郑，叫郑华，是那位郑大亨的孙子，现在在他爷爷的珠宝公司里面任职，被誉为是新一代的周太福珠宝的领军人物。萱冰和他不熟，但是也不好拒他的面子……”

雷蕾怕庄睿有什么想法，附在庄睿耳边，给他介绍了一下刚才开口说话的人。都是在珠宝行业里混的，别人公司的规模要比秦氏珠宝大得多，秦萱冰要是出言赶人的话，那未免太不给人面子了，话再说回来，这地方也不是她私有的。

要说这些超级富豪的子弟们，对秦萱冰的兴趣，其实远没有对庄睿的兴趣大，以他们的身家财富，想要什么样的漂亮女人没有啊？何必抱一块冰冷的石头回家？当然，是冷还是热乎，在场的这些人里面，只有庄睿才知晓了。

但是秦萱冰找了庄睿这么一个内地人，就让这些人好奇了。要知道，从 1997 年过后，内地和香港两地通婚，是很正常的，不过在香港上层社会里，还是很少听闻有谁家愿意把女儿嫁到内地去的，毕竟从天气气候和生活习惯来说，香港人一般很难适应内地的生活。

这会儿几个人正拉着柏梦安窃窃私语，就是柏梦瑶也被几个女人给拉到一边去了，想来也是在打听庄睿的来历。不过柏氏兄妹和庄睿虽然一同经历了西藏之行，但是对于庄睿的事情，知道的并不是很多，除了知道庄睿是内地人之外，也没透露出什么有用的信息来。

“庄先生是第一次来香港吧？”

慈善拍卖还没开始，各个年龄层的人都在扎堆聊着天，突然，站在柏梦安身边的郑华，向庄睿笑着打了个招呼，伸出手去。

俗话说伸手不打笑脸人，庄睿和这个戴着副金丝镜，看起来很斯文的郑氏珠宝继承人握了一下手，淡淡地回答道：“是，第一次来……”

“呵呵，不知道庄先生在内地是从事什么行业的？我现在每年都有三四个月的时间在内地工作，有机会的话，一定要去拜访下庄先生的……”

郑华对秦萱冰是没有任何心思的，他就是想摸一下庄睿的底，要是有本事的人，那自然要交往了。俗话说多个朋友多条路嘛，做生意做到他们这种程度，很多事情往往都不是靠钱来解决的了。

二十世纪七十年代后期，从内地来港的人，在最初的时候，是被香港人看轻的，但是二十世纪七十年代一些人赤手空拳的来到香港之后，靠着一笔为数不多的资金，在二十年的时间里，创下了近二百亿资产的庞大商业帝国，不能不让人刮目相看。

从那时候开始，香港的这些超级富豪们，也有意无意地和内地交好起来，因为内地那

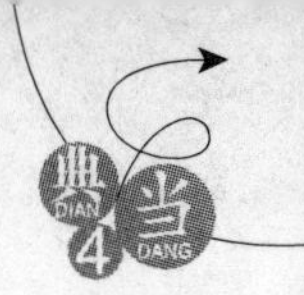

个庞大的市场，是他们无法放弃的。同时这些人也认识了一个道理，那就是在内地做生意，有钱不如有权。

郑华现在就是在怀疑，庄睿不会是内地的什么太子爷吧？如果不是的话，为什么秦家愿意把女儿嫁过去呢？要知道，在此时的香港，豪门之间用联姻来维系合作关系，还是十分流行的。

庄睿并不知道这位普通话说得很流利的郑公子的意思，随口答道："我在内地从事一些玉石生意，呵呵，不值一提的。"

"哦？庄先生也是珠宝行业的人呀？那咱们以后要多亲近一下了……"郑华听到庄睿话后，更是加深了自己的猜想。

"不，不，我只做些玉石原料的生意，对珠宝没有什么接触。"庄睿纠正了一下郑华的说法。

"那庄先生可就是我们这些人的上家了，等以后有机会，郑某一定要去拜访的。"

听到庄睿是做玉石原料生意的，郑华一下子就没了兴趣。要知道，内地最大的几个玉石原料供应商，他全部都认识，而且关系维持得很不错，这里面并没有姓庄的人，而且再深想一下，内地似乎也没有什么姓庄的高官，所以现在庄睿在他眼里，也就是个一般的小商人罢了。

这群人隐隐是以郑华为首，听到郑华套出了庄睿的来历，另外几个人脸上都露出不屑的神色来，不过倒也没上前去找茬，毕竟以他们的身份，要是传出为个女人争风吃醋的事情来，那丢人可就丢大了，回家也免不了受长辈的训斥。

不过有几个人已经在心里暗暗算计了，等会儿怎么样才能让庄睿出点洋相，毕竟这来自内地的小子今儿的风头太大了，单是被秦萱冰挽着胳膊，就把他们几个的风头给抢走了。

庄睿看那位郑公子没再搭理自己，而是换成了广东话和旁边几人说笑起来，也不以为意，搂着秦萱冰往旁边走了一点，低声闲聊了起来，庄睿感觉有些奇怪，这都快十点了，人也到的差不多了，慈善拍卖为什么还不开始？

就在这时，从门外进来了两个人，一个是那位英国管家，进来后就站在门口，好像在引领着什么人，另外一个侍应却是跑到了何爵士那桌上，小声地说了句什么。

让庄睿有些吃惊的是，一直稳稳坐在那里的几位老人，全都站起身来，就连那位郭老，都被人搀扶着向门口迎去，而原本坐在中间闲聊的那群中年人，也都闭上了嘴巴，站起来摆出一副迎接客人的样子。

"柏兄，是谁来了？"

秦萱冰一直和自己在一起，肯定是不知道的，庄睿只能问距离自己不是很远的柏梦安。

"你不知道？今天这场慈善拍卖，是何爵士为了给内地建一百座希望小学举办的，除

了拍卖所得之外，剩余的钱都由何爵士来出，所以请来香港新华社的王主任，还有驻港部队的黄将军，这应该是那两位到了。”

柏梦安看到身旁的人都围向了门口，匆匆给庄睿解释了一下之后也挤了过去。

在柏梦安这群人围过去的时候，门口已经并排走进来两个人，走在右边的是位身穿笔挺军装的将军，肩膀一颗金星在灯光的照射下熠熠生辉，左边的那个人是位四十多岁的中年人，穿着一身中山装，看起来很是精干。

“郭老好，怎么敢劳烦您来迎接啊，失礼，失礼了。”

两人一进大门，看到正向他们走过来的几位老人，那位王主任马上迎上前去，握住了郭老的手，而那个将军则是先敬了一个军礼之后，才向几位老人问起好来，至于旁边的人，他们只是略微点头打了下招呼而已。

几人在大厅内客气了一番之后，王主任与黄将军被引到几个老人那一桌上，而场内感觉自己有点身份的人，也是纷纷端着香槟酒，去到那一桌和两位贵宾说上几句话，碰下杯子。至于那些年轻人，却是没有这个资格，只能站在原地远远看着。

何爵士见到今晚的压轴贵宾已经到了，遂招呼了那位管家一声，马上进来十几个侍应，将摆在大厅中间的餐桌挪到了边上，另外搬了一张铺着红绸的方桌放在了大厅中间。

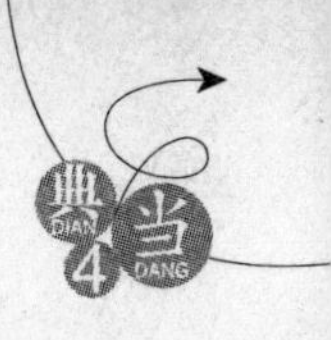

第二十一章　慈善拍卖

最先走到桌前的是一位女司仪，用广东话讲了几句应该是欢迎的贺词，庄睿也听不懂，不过看那人有点眼熟，最后经雷蕾提醒，他才想起来，敢情这女司仪就是当年红遍内地的那位汪明星啊，只是现在有些老了，脸上已经是有了皱纹，风华不再了。

汪司仪说了几句之后，就将本次慈善晚宴的主人请了出来，何爵士大约是七十多岁的年纪，身体还算硬朗，走到桌前，先是欢迎了参加此次慈善拍卖的嘉宾，并且重点感谢了黄将军和王主任的到来，被提到名字的人都站起来向场内点头示意。

何爵士虽然说话的语速很慢，但是庄睿肚子里也只有在二十世纪九十年代录像厅里学来的粤语，显然词汇量不够，竖着耳朵听了半天，还是一句没听懂，全部都是秦萱冰帮他翻译过来的。不仅是他，就是在那两位始终是面带微笑的王主任和黄将军身边，也有人和他们咬耳朵。

还好香港人很务实，何爵士在简短地说了几句之后，就宣布此次慈善拍卖正式开始。

虽然只是一次富商举办的拍卖会，但是也搞得很正规，请来的是一家著名拍卖行的首席拍卖师，现在那位司仪正向场内的人介绍着拍卖师的情况，这次拍卖也是由他们二人一起进行。

“下面开始第一个拍品的拍卖，这件拍品是由何爵士提供的，是当年何爵士的爷爷曾经使用过的一只烟斗，这可是用意大利瓦里西流域出产的海泡石制作的，现在这种工艺已经失传了。

“而最重要的是，这只烟斗也寄托了何爵士对爷爷的追思，纪念意义更甚于烟斗本身的价值……”

这位拍卖师是使用普通话的，让庄睿松了一口气。听粤语还不如用英语呢，实在是太折磨人的耳朵了。

“好，我们现在开始进行拍卖，按照何爵士的意思，今晚所有的拍品，起拍价都为一元钱，请朋友们踊跃出价，要知道，慈善事业就是我为人人，人人为我！”

在汪明星用粤语讲解了一番之后，拍卖师宣布了拍卖开始。一般像这样的慈善拍

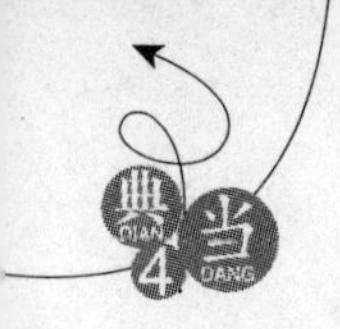

卖，第一件拍品，都是由主人提供的，也算是抛砖引玉吧。

“我出五万元，买何爵士的这只烟斗……”

慈善拍卖会中的物品，自然不会让你去台前鉴定的，当拍卖师话声一落，马上就有人开始喊价了，并且这价格喊得还不低，直接从起拍价翻了五万倍，这让庄睿颇为无语，原本他还想着出个价呢，现在直接被抬到了五万块，就有点不值得了。

别人不能上去鉴定，并不代表庄睿也无法去查看这只烟斗，那摆放烟斗的桌子距离他不过只有十来步远，肉眼虽然看不准确，但是使用了灵气之后就不一样了。

这只烟斗的用料海泡石质地十分细腻均匀，并且在烟锅上刻有浮雕，是一只海豚的动物图案。可能是由于海泡石毛细孔的缘故，这只烟斗的表面，还有一层均匀的烟油，应该是早年使用的时候，从烟斗里渗出来的，犹如包浆一般，颜色非常一致。

而且在这只烟斗里面，还有一层稀薄的白色灵气存在，也就是说，这只烟斗已经能算得上是件古董了。庄睿在典当行工作过，知道这种世界顶级的烟斗，本身价值就很高，已经可以称之为奢侈品了，所以刚才才动了购买的心思。

“我出十万元……”

这种拍卖，似乎并不怎么需要拍卖师调控现场气氛，他还没来得及说话，原先的价格又翻上了一倍。

要说五万元的时候庄睿还有点不死心，但是十万元让他彻底打消了出手的念头。虽然不是什么东西都是可以用金钱来衡量的，但是这个烟斗要是用金钱来估价的话，十万元已经是高了。

“这位先生出价十万元，还有没有朋友对这只烟斗感兴趣的？要知道，您在这里奉献一份爱心，也许就有一个失学的孩子可以坐在教室里上课，请朋友们踊跃出价！”

要说这位著名典当行的首席拍卖师的名头，还真不是吹出来的，在十万元的时候，有些冷场了，但是他短短几句话，让场内的气氛又活跃了起来，马上就有人喊出了十五万元的价格，他们似乎都秉承了第一个人的起始价，价格始终都是以五万元的幅度向上递增着。

“二十万元。”

“二十五万。”

“我出三十万。”

场内的人频频举手，在价格抬到三十万的时候，却是没有人再出价了，这实际上已经超出了烟斗本身价值近十倍了，何爵士的抛砖引玉，已然起了一个好头。

“好，三十万元，恭喜这位先生，您为内地的孩子们，奉献出了您的爱心。”拍卖师在等待了一会之后，见到没有人再出价，就把拍卖槌重重地敲了下去。

“恭喜秦先生，还请上前来领取您拍到的物品。”

喊价的人在那一群中年人中间，而且都是用广东话在喊价，庄睿并不知道是谁拍到

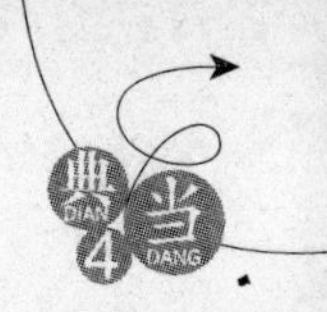

这烟斗，只是当那人上前之后，庄睿才看见，居然是自己那位未来的老岳丈秦浩然，在将一张三十万的现金支票交给汪司仪之后，秦浩然领走了他今天的战利品。

"咱爸还有这爱好？喜欢叼烟斗？"

庄睿稍稍侧身，在秦萱冰的耳边问道，他没想到第一个出手的人，居然是秦浩然。

"谁是你爸，那是我爹地。他很少抽烟的，只是来这里不拍上一件东西，会被人看不起的。"秦萱冰虽然纠正了庄睿的叫法，不过那心里就像是喝了蜜水一般甜滋滋的，身体也往庄睿身上又靠了靠。

"那我岂不是也要拍上一件东西？"

庄睿没想到还有这规矩，他倒不是没钱，在临来香港的时候，他特意让欧阳军帮他办理了可以在香港支取现金的支票本，总额度为五百万港币，拍个物件应该没什么问题，只是这段时间庄睿手头比较紧张，五百万几乎是他三分之二的身家了。

而且这种拍卖等于就是让这些超级富豪们捐款，拍的东西都是华而不实，值不了那么多钱的玩意儿。不过想想香港人都能为内地失学儿童作贡献，庄睿也就准备等下随便出手拍下个小东西，也算是自个儿来香港捐次款吧。

"不用了，爹地刚才那件东西，已经可以代表我们了，大家来这里只是给何爵士面子，走个过场就可以了……"

秦萱冰不知道庄睿在想什么，出言给他解释了一下，这种场合其实也不会拍出什么天价的东西来的，场内都是在港岛有头有脸的人物，也都是经常做慈善的，不会在这里斗富制气的。

庄睿点了点头，既然拍不拍都无所谓，如果没有物超所值的好玩意儿，他也就不想出手了。在这种场合里，要是拍下一件东西，肯定会被不少人记住的，庄睿还不想出这个风头。

"第二件拍品，是由秦氏珠宝提供的铂金镶翠饰品一件，这是由国际著名珠宝设计师，秦萱冰小姐亲手设计的，所用玉料是高冰种的极品翡翠。起拍价还是一元，请大家出价。"

这时桌前的拍卖师已经拿出了第二件拍品，却是秦萱冰的那件首饰，在提到秦萱冰名字的时候，秦萱冰也站起了身体，向四周点头致意，不过小手还牵在庄睿手上，却是让场内众人的目光，有不少落在了庄睿身上。

庄睿此时有些犯难了，按说秦萱冰的东西，作为秦萱冰的男人，他肯定是要出价的，不过出多少这是个问题，庄睿有些挠头。

"三十万！"

庄睿犹豫了一下，还是率先喊出了价格，这件饰品的市场价格应该在二十万左右，庄睿故意喊多了十万。

刚才拍卖烟斗的时候，喊价的人都是用的粤语，使用普通话喊价，在今天还是第一

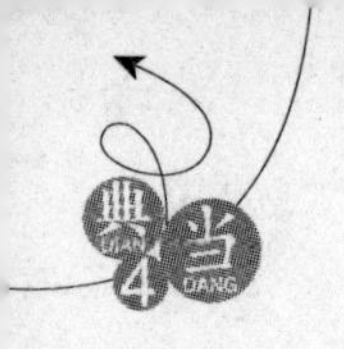

次，引得众人纷纷向庄睿看去，见到是个陌生的年轻人之后，许多人开始交头接耳打听起庄睿的来历。

“我出五十万。”

一个声音从庄睿不远处传了出来，却是刚才跟在郑华后面的一个年轻人，在喊出价格之后，这人用眼睛的余光扫了庄睿一眼，脸上露出一丝不屑的神情来。

“是牛少……”

“没错，就是他……”

“听说他以前追过那位秦小姐，这下有好戏看了……”

喊价的这人，旁人倒是很熟悉，也看出来这位牛少有点针对庄睿的意思，都有点幸灾乐祸地低声议论了起来。话说庄睿今儿被大美女挽着手，让很多港岛名少都有点看不惯。

“庄睿，别理这个人，他是已故船王的孙子，手上有价值十几个亿的股份，让他拍去好了。”

秦萱冰看到有人针对庄睿，脸上不禁有些着急，怕庄睿和他扛上了，连忙小声地给庄睿介绍了一下那人的来历。

“妈的，怎么净是遇到这些传说级的人物？”

庄睿心里有些郁闷，秦萱冰所说的那位船王，庄睿也是看过他的自传的，其后人虽然不能与船王相提并论，但是有诸多前辈照拂，一直都混在香港顶级富豪这个圈子里，势力不容小觑。

“牛先生看样子对这项链情有独钟啊，五十万元，还有没有朋友出价的？”

在秦萱冰给庄睿介绍牛公子来历的时候，台上那位汪司仪，正在卖力地喊着，眼睛有意无意地看向庄睿这边，只是她这番心机却是白费了，因为庄睿压根就听不懂她在说什么。

“庄睿，这人叫牛宏，在家排行老三，是船王最小的一个孙子，平时被骄纵惯了，别和他制气。回头我再亲自设计一个，到时候你要亲手帮我戴上。”秦萱冰伸出手揽住了庄睿的腰，也是表明了自己的心迹。

“没事，我心里有数的。”

庄睿淡淡地笑了笑，拍了拍秦萱冰的小手，忽然高高举起右手，喊道：“三百万！”

简简单单的三个字，让本来议论纷纷有些嘈杂的会场瞬间沉寂了下来，所有人都把目光看向了庄睿，虽然三百万这个数字在他们眼里，根本就不值一提，但是从五十万直接喊到三百万，说明这年轻人是和牛少斗上了。

这种场景，可是有很久没出现在他们这种层次的圈子里了。

现在人们的目光，却是集中在了牛宏的身上了。在他们这个圈子里，相互斗富是被人看不起的，所以牛宏虽然不在乎这几个钱，但是却不想因此回家被老头子骂，眼下脸上是一阵红后一阵白，显然不知道自己是否应该继续叫价。

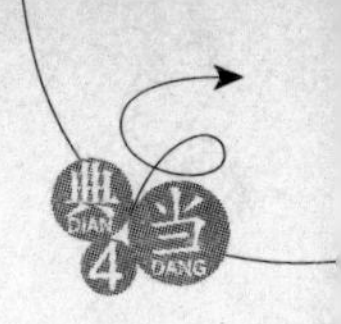

不加价吧，自己刚才已经出头了，要是现在退缩，不免被几个关系好的朋友耻笑；要是往上抬价吧，这事传出去，那牛三少肯定会成为香港人茶余饭后的笑谈。话说香港媒体的狗仔精神，可不仅仅是针对明星们的。

最关键的是，即使牛宏拍下了这条项链，也无法获得秦萱冰的青睐，这也是他犹豫的最主要的原因。

庄睿却是不知道牛三少此时心里的想法，他也就是博一下，反正身上只有五百万，我就一口叫出三百万来，你要是再加，哥们就不陪你玩了，不加价的话，那三百万就当自己捐给内地希望工程了，也没什么大不了的。

至于为了女人斗气值不值得，会不会被人笑话之类的问题，庄睿心里压根儿就没考虑，自己的女人都不出头的话，那还叫老爷们吗？

俗话说输人不输阵，庄睿此时的气势很盛，摆出一副你要玩我就陪你玩的架势来，也让牛三少有点心虚，毕竟自己的钱也不是大风吹来的。

像牛宏这样还没有进入家族企业核心的子弟，所拥有的那些股份，并不是现钱，每年只能从中支取一部分的分红，虽然三五百万的不算什么，但是也能包个小明星出海玩上几天了，何必与这大陆人斗气啊。

要说这些世家子弟，那还真是能屈能伸，变脸比翻书还快，就他们所受到的教育，也是不允许他们像街头商贩那样挥拳动脚的，即使刚才牛三少喊价挤兑庄睿，脸上也是带着微笑的。

牛三少在心里给自己找了个台阶之后，原本还青白不定的一张脸，马上就堆满了笑容，很有礼貌地向庄睿举了举手中的酒杯，说道："君子不夺人所爱，既然庄先生喜欢，那小弟就不争了。"

"马勒的隔壁的。"

庄睿心里气得直想问候对方的母亲，价格被他抬起来了，现在居然得了便宜还卖乖，让自己白白掏出去三百万。庄睿长这么大，除了差点挨枪子那样的明亏，还从来没吃过这种暗亏呢。

不过心中再怎么生气，表面上的礼貌还是要维持的，庄睿向那位牛三少笑了笑，举了下香槟酒杯，却是没有说话，看在旁人眼里，却是一副高深莫测的模样。

"好，这件铂金镶翠项链，就归这位先生了，谢谢这位先生对慈善事业作出的贡献，谢谢！"

看到纷争还没有起来，就有人退缩了，拍卖师吆喝几声之后，也没人应答，遂敲下了手中的拍卖槌，槌响价定，只等庄睿上前付款了。

拿出支票本开出三百万的支票之后，庄睿领回了秦萱冰设计制作的那条项链，回到人群里之后，亲手解下了秦萱冰原先的项链，将刚刚拍到手的铂金镶翠链子，给秦萱冰戴到了脖子上，这个举动，也引来场内一片掌声。

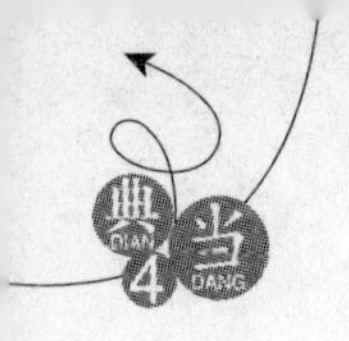

“你看你，只会买男人用的烟斗，还不如小庄呢。”

在另外一群人中，方怡那小手在老公腰间软肉上狠狠地掐了一把。庄睿刚才的表现，让她很满意，不过更年期的女人思维是很活跃的，马上就联想到自己老公的身上了。

“秦老弟，小冰的那个朋友不错啊，出手果断，一锤定价，什么时候小冰要是嫁人，可要给我们几个打声招呼啊，我们这些做叔伯的，一定要去捧场。对了，不知道那年轻人是内地哪个家族的?”

说话的这人也是想套套庄睿的底细，现在大陆和香港同气连枝，他们进入大陆市场已经算是比较晚了，现在看到秦浩然居然准备找个内地的女婿，这人心中和郑华也是一个心思。

“嗨，小冰自己谈的朋友，一直都瞒着我们的，没有什么背景，只是内地的普通商人。”问话的这人是秦浩然的多年好友，所以他也没隐瞒。话说这事也瞒不住，稍微一打听就能知道的。

听到秦浩然的话后，那人打了个哈哈，把话题给岔开了，心中对庄睿的兴趣自然也消失了。

庄睿是没听到秦浩然那圈子里的人对他的评价，这会儿他心里正不忿呢，本来手头资金就不多，现在又白扔了几百万，这让他对牛三少很是不爽，心里打定了主意，有机会一定要把今儿吃的这暗亏给找补回来。

只是庄睿没发现，刚才当他走上台取项链的时候，在那几位老人的桌上，有个人却是一直在打量着他，这会儿更是向桌上的几个人告了罪，出门去打电话了。

“好，第三件拍品归属于李先生了，下面进行第四件拍品的拍卖!”

“郭生出价五十万，感谢郭生对慈善事业的慷慨解囊!”

慈善拍卖会继续进行着，没有什么波澜，大多数人都是象征性地抬上几次价之后，看到有人确实要出手拿下的时候，就退让一步，没过多大会儿，就拍出了七八件物品。

场内出现的这些拍品，更多都是一些日常用过或者有纪念意义的东西，刚才拍出的就是一张有李小龙亲笔签名的海报，也拍出了三万块钱的价格来。

拍出的这些物件，都是在场众人提供的，倒是并没有出现秦萱冰所说的高价古董，这是因为今天这场合来的人，全都是港岛的顶级富豪，如果真拿出那些物件来拍卖，只会让人从心里看不起。

“下面要拍出的这件拍品，是由郑华先生提供的，是一块老坑种的玉料原石，这也是郑老先生收藏了二十多年的一块藏品，为了这次慈善拍卖，特意拿出来的，请各位朋友出价吧!”

随着拍卖师的话声，他身边的侍应将一块放在托盘上，大约有两个拳头大小的翡翠原石，放到了拍卖师面前的桌子上面。

闲极无聊的庄睿听到拍卖师的话后，却是来了精神，当下向旁边稍微挪动了下身体，

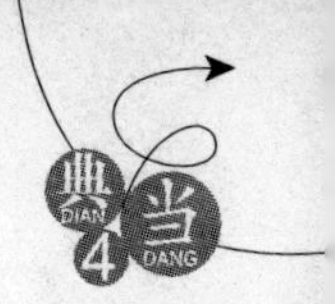

让开前面几个挡住了他视线的人，释放出灵气向桌子上看去。

“半赌料子？”

看到这块毛料的表面之后，庄睿心中不禁有点疑惑，这块料子已经被切过两次了，另外一面也有擦石的痕迹，但是三面只有一面出了绿，而且那绿还不怎么正。而且这表皮的表现，就让庄睿很是失望，他没想到珠宝大亨拿出来的毛料，表现会是如此之差。

庄睿并不知道，这块毛料其实是郑大亨早年在缅甸赌垮了的一块料子。当时郑大亨花了三千多万港币，赌到这块外皮表现极好的全赌毛料，但是解开之后，却是一文不值，只剩下这么大一点了，郑大亨也就没有继续往下解，而是留着做个纪念。

要知道，在二三十年前，三千多万港币的购买力，相当于现在的几个亿了。当时赌垮这块料子之后，郑大亨的公司曾经一度陷入资金周转不开的窘境之中，留下这块料子，郑大亨也是对自己的一种警告，做事情要给自己留条后路。

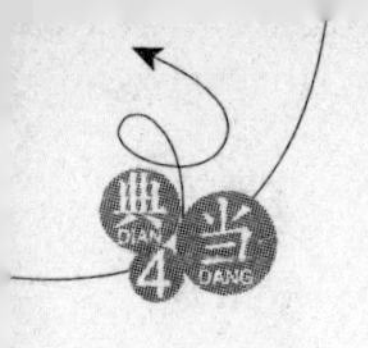

第二十二章 慈善拍卖也能捡漏

“郑老先生说了，这块翡翠原石，曾经记载了他的一段往事，也是这数十年来，对他力争将事业做大做强的一种鞭策，如果朋友们对这块原石有出手的意向，可以上前来观察一下……”

拍卖师的话让场内众人骚动起来，今儿所拍出的东西，大多都是一些应景的物件，其真正的市场价值并不是很高，根本就没有鉴定的必要，这众目睽睽之下，要是真上去鉴定一块破石头，那面子可丢大发了。

所以在拍卖师喊出这番话之后，别说没人上前，就连喊价的都没一个，场面顿时显得有些冷清，而那位郑公子脸上，也有点挂不住了。

在这种场合每位嘉宾拿出来的物件，拍出物品的价格高低，都反映着原主人的身份。价格越高，说明主人身份也高，交游广阔；如果主人拿出的东西，拍出的价格很低，说明这主人的人缘一般，没有人愿意捧他的场。

郑老先生在香港根基深厚，他拿出的这块石头当然不是第二种情况了，只是一块破石头还要人上去看，未免有些丢身份，所以才没有人出手。郑公子脸色变了一下之后，对身旁的一个人使了个眼色，之后示意他出手竞拍。

“我可以看一下吗？”

正当郑公子的那位朋友准备出价的时候，庄睿的声音响了起来，引得场内众人纷纷向他看去，眼中均露出一丝不屑的神情，一块破石头还要去鉴定，没钱装什么大尾巴狼啊。

秦浩然对庄睿的举动也是不甚满意，作为从事珠宝行业的人，郑老先生几十年前赌垮这块毛料的传闻，他早就知晓，甚至也看过这块仅剩的料子，根本就没有什么可赌性了，看了也白看，反而遭人瞧不起。

庄睿根本没有在意别人的眼光，在得到拍卖师的同意之后，坦然自若地走到桌前，装模作样地观察起这块不是很大的原石来。

没错，就是装模作样，其实现在庄睿心里早就乐开了花，刚才他对这块原石也是不怎么看得上眼，但是当灵气进入到原石内部的时候，他发现，这块原石里面，居然有一种他

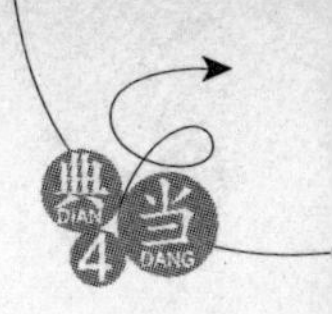

从来没有见过的翡翠。

庄睿玩翡翠虽然时间不长，但可谓是经验丰富，他所开出的极品翡翠，比一般人玩一辈子还要多。但是这块几乎算是废料里面的那块翡翠，却是一种他从来未曾见过的颜色：紫色。

大家都知道，翡翠颜色的形成条件，是非常苛刻的，其中以绿色为正，但是在某些特殊的环境下，原石经过变异之后，也会产生红、黄、蓝、紫等色彩，这也是对应了人们常说的福禄寿喜，有些翡翠上，甚至会同时出现这几种颜色，如果种水品质高的话，那雕琢出来的物件价值就非常高了。

但是单色的极品翡翠，价格要更加昂贵，像帝王绿和血玉红就不用多说了，另外极品蓝水、黄翡，还有紫眼睛，这也都是翡翠中难得一见的精品，价格比起帝王绿来也是毫不逊色。

而这块原石里面的翡翠，虽然不大，并且有点分散，只有三个蛋黄那般大小，中间还有些散乱的烟灰紫色晶体，但是那三颗蛋黄大小的翡翠，颜色极其浓艳，那种纯正的艳紫色，是庄睿从来没见到过的，并且水头透明，好像在新疆玉王爷的葡萄园里所看到的即将成熟的葡萄一般，吹弹可破，引人垂涎欲滴。

即使包裹在这原石之中，呈现在庄睿眼睛里的紫色，也是那样的光彩夺目，犹如盛开的紫罗兰一般。如果说血玉红代表了北方女子的热情奔放和妖艳，这种紫眼睛则更像江南女子一般，给人一种极其妩媚的感觉。

虽然这块原石里的紫眼睛翡翠不是很大，但是如果将之分解成一粒粒的圆珠状，再配以别的材料，制成一串紫眼睛项链的话，那足以让全世界的女人为之疯狂。庄睿在心中估算了一下，如果真能打制出来那么一串项链，恐怕其价值要在三千万以上了。

“三百万刚花出去，转眼就能进账三千万！”

庄睿现在心中是乐开了花，不过表面上还是不动声色，在将原石托在手心里观察了几分钟之后，庄睿把它放回到桌上的托盘里，看向拍卖师，淡淡地说道：“我出五万块。”

庄睿的出价让安坐如山的郑老先生都吃了一惊，他保留这石头，更多的是一种念想，对往事的回忆。对这块原石本身，他只是将其当成一块废料。

这次把它拿出来拍卖，郑老先生也是心血来潮，刚才心中其实已经后悔了，倒不是舍不得，而是这东西太拿不出手了，郑老先生也怕别人出价太低，自己脸面上挂不住。

只是没想到庄睿一开价就是五万，郑老先生现在心里反而有些惊疑不定，自己和这小伙子没什么渊源啊？别人好像没必要给自个儿面子吧？

“嗯，一块废料出五万块，也算是有面子了，回头要让郑华感谢下这位年轻人……”

不过郑老先生随之看到自己孙子和刚才那小伙子的女朋友站在一起，心中也就释然了，原来是郑华的朋友，这就难怪了。

只是郑老先生也不知道，郑华现在也正纳闷呢，原本身边的人都要喊价了，没想到庄

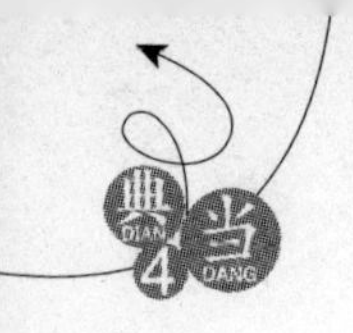

睿插了一脚，他无意中看到爷爷正对他点头微笑，心中却是更加纳闷了。

不过郑华也打消了再出价的念头，毕竟一块破石头，要是抬起价来，明眼人都能看出自己这边是托，那样反而会失了面子。

“这大陆人就是古怪，买这个破石头干吗啊……”

“别人可能是给郑老先生面子，这有什么奇怪的……”

“就是啊，别说是个破石头，就是郑老先生拿根牙签出来，也能卖得出去……”

大厅里的人听到庄睿出价，说什么的都有，不过庄睿反正也听不懂，干脆就充耳不闻，眼睛盯着那位拍卖师，等着他落槌定价，拿宝贝走人。

“还有没有朋友对这块翡翠原石出价的？大家都知道，神仙难断寸玉，说不准这石头里就有好玉呢，还有要出价的朋友吗？”

拍卖师职业使然，又吹捧了一下这块在他眼里也是废料的翡翠原石，只不过他不知道，这句话一说出来，场内最少有三个人恨不得掐死他。

这东西是郑老先生赌垮的，拍卖师这么说，首先就是打了老先生的耳光，你这不是指着和尚骂秃驴嘛，合着老先生那眼睛是瞎的，留了数十年都没看出来里面有宝贝？

郑华和郑老先生生气，也是必然的，另外庄睿也是恨不得上去给这家伙一拳，这要是再有哪个不开眼的出个价，自己岂不是又要多花钱了？而万一出来个愣头青，把价格抬到两百万以上，自己岂不是要眼睁睁地看着宝贝被别人拿走？

还好，庄睿害怕的事情并没有发生，而那拍卖师似乎也感觉到了来自郑华和老先生不善的眼神，在喊出那句话之后，没等几秒钟，就将拍卖槌重重地敲了下去，庄睿提着的那颗心，也算是放回到了肚子里。

“不对啊，这个叫庄睿的在内地是做玉石生意的，肯定懂解石，他不会看不出来这块废料一文不值，为什么还要花钱买下来啊？”

郑华这会儿心里隐隐感觉到有点不对头，努力地分析着庄睿的行为原因，忽然脑中一亮，“莫非他是想拿着这块原石，回到内地去显摆？把爷爷当年赌垮的事迹，传出去？”

“有可能，如果不是为了哗众取宠，干吗要花这五万块钱呢？”

郑华以为自己找到了原因，不过就在他想示意朋友喊价的时候，那锤子已经是敲了下去，庄睿的钱也支付了，这让郑华郁闷不已，准备等会儿找庄睿交涉一下，看看是否能用高价再从他手里把这块原石收回来。

旁边的汪司仪拿出一个制作精美的袋子，将那块大约有五六斤重的翡翠原石放了进去，等庄睿签好支票以后，交到了庄睿的手上，当然，嘴里还言不由衷地说着感谢庄先生为慈善事业作贡献等云云。

庄睿此时心里正美滋滋的呢，根本就没在意汪明星在说什么，对那拍卖师点头示意之后，拎着袋子就准备回到秦萱冰的身边。他心里这会儿正想着，是把这玩意拿回内地解开，还是就在香港解出来，交给秦家打制，不过这个小问题并不能影响到他高兴的心情。

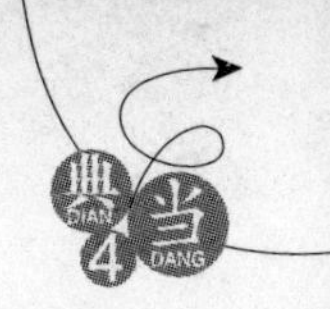

“那位小伙子，请留一下……”

庄睿已经离开了桌子，马上就要走进他所在的那个人群的时候，一个洪亮的声音响了起来。

“黄将军？您喊我？”

在这大厅里正在走动的人，好像只有自己吧？庄睿回过头来，看到坐在何爵士那桌的黄将军，正站起身子向自己走来，庄睿心中有点疑惑，自己并不认识他啊。

庄睿仔细地打量了一下走到身前的黄将军，这人应该是四十八九岁的样子，年龄比起欧阳磊来要大上好几岁，不过军衔就要比欧阳磊低了，但是这个年龄的少将，也算得上是军中少壮派了，要知道，一般人晋升少将军衔，都要五十开外。

黄将军走到庄睿身边，问道：“你是叫庄睿吧？”

“是啊，黄将军认识我？”

庄睿点了点头，继而有些不解地看着面前的将军，自己从小到大，除了这几个月才认的外公一家，和部队可是没有任何交集的。

“会不会是外公的人？”

庄睿脑中冒出这个念头，不过随之就打消掉了，自己认识外公不过这几个月的事情，而且这是家事，即使面前这位将军和外公有交集，也不可能认识自己的。

不止是庄睿，这大厅里，包括秦萱冰在内，所有认识庄睿的人都糊涂了，他怎么会和驻港部队的长官认识呢？秦萱冰更是轻步走到庄睿身旁，和庄睿站在了一起。

“嘿，还真是你小子，我早先看着就像你，不过没敢认。刚才给婉姐打了个电话，知道你来香港了，这才知道是你……”

黄将军的神情有些兴奋，重重地拍了一下庄睿的肩膀，声音之大，全场的人都听到了，却也让这些人心中更加迷糊，婉姐是谁啊？

“黄将军你认识我妈？！”

庄睿现在可以确定，这位将军的确和外公家有关系了，而且居然和母亲认识，要知道，母亲可是离开欧阳家几十年了。

“叫黄叔叔吧，我当得起你这么叫……”

黄将军纠正了庄睿的喊法，忽然想起自己把这拍卖会给搅和了，连忙说道：“拍卖师，对不起，请你继续主持拍卖吧。小睿，咱们去那边说话。”他也不管庄睿同意不同意，拉着他的胳膊找了个人少的角落就走了过去。

“哎，我说老秦，你这可是有点不够朋友了啊，这年轻人明明和黄将军都认识，你还说他在内地没什么根基。老哥我做生意又用不到军队，大家交个朋友怕什么，干吗藏着掖着的？”

此时秦浩然的那个老朋友回过劲来了，不由向秦浩然抱怨道，刚才庄睿和黄将军两人的对话，一听就是世交的关系。话说庄睿要是没有什么背景，只是个小市民的话，能和

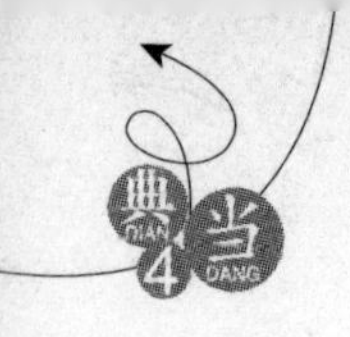

一位将军是世交吗？

“刘总，我是真的不知道啊，哎，这小庄从来没有提起过……”

秦浩然由于吃惊张开的大嘴，也是刚刚合拢，听到老朋友这样说自己，连忙出言解释了一番，至于别人信不信，他也顾不得那么多了，这事透着股子邪性。

“老婆，你和小庄接触的多，你知道吗？”

从秦浩然和庄睿的交往来看，这小伙子为人谦逊，并没有世家子弟的那种从骨子里显露出来的优越感，按说自己的判断不会错，但是面前的这一幕，让秦浩然也有点糊涂了，转脸问向身边的方怡。

“我也不知道，恐怕小冰都不知道，你看她脸上的表情就知道了。”

方怡观察得比较仔细，看到女儿也是一副莫名其妙的样子，就知道女儿对庄睿的家世，也是知之不深。

不过方怡的话倒是让他们那位老朋友释然了，敢情这都快嫁女儿了，连别人的家世都不知道，刘总在心里对秦浩然两口子腹诽了一番。

“黄将军，请问您怎么认识的我母亲？对了，咱们从来没见过，您怎么认出来我的啊？”秦浩然那两口子正迷糊着呢，庄睿也是有点莫名其妙的。

“叫什么黄将军，都说了喊黄叔叔。谁说咱们没有见过？只是你小子没记得罢了……”黄将军瞪了庄睿一眼，那样子真是把庄睿当晚辈看待了。

“前几天我才见的你，要不然可能也记不住，那天你和小磊在门口说话，我那会儿是在院子里的，没想到这才几天工夫，居然在这里见到你了……”

黄将军接下来的话，让庄睿恍然大悟，敢情是过中秋节那天，来看外公的那群将军里面，就有这位黄将军啊？

这也不怪庄睿记不住，那天院子里整整站了十多位肩膀上扛着金星的将军。再说了，他们当时都是穿着军装，庄睿哪儿能一一去分辨啊，他那天只是在门口站了一会儿，就回房间了。

不过由于他和欧阳磊在一起，倒是被黄将军给记住了，后来问了欧阳磊之后，才知道庄睿是欧阳婉的儿子。

“黄叔叔，您怎么会认识我母亲啊？”

庄睿一直憋着这个问题，刚才这位喊婉姐喊得那么亲热，不会是当年老爷子给订了娃娃亲的那位吧？要真是那可就尴尬了，不过看年龄又不像，欧阳婉最少比这位黄将军大上四五岁呢。

“从小就在一个大院长大的，我能不认识吗？还别说，你长的真是随婉姐，想当年那会儿……”

随着黄将军的讲述，庄睿才知道，这位黄叔叔的父亲，是自己外公的老部下，从小都是住在一个大院里的。他要比欧阳婉小五六岁，打小光着屁股在大院里淘气的时候，还

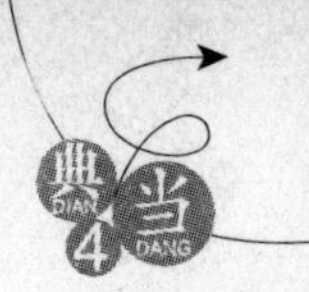

经常问欧阳婉要糖吃呢，要不然婉姐怎么叫得那么亲热？

黄将军是个直性子的人，也不避讳小时候的事情，说得庄睿身边的秦萱冰抿嘴直笑，她对庄睿母亲出自大家庭倒是一点都不奇怪。

在去庄睿家里的那次，秦萱冰就感觉到了，像庄母接人处事的那种大气，还有自身流露出来的高贵气质，那种见过世面的表现，就不是小门小户的家庭能培养出来的。

虽然欧阳婉十八九岁就离开了北京，但是有句俗话说：三岁看老。欧阳婉自小接触的人，都是军内党内的高级领导人，再加上老爷子疼爱这个小女儿，上的学校都是北京最好的，那气质要是差了才怪呢。

"庄睿，你外公的事情怎么都不告诉我？"秦萱冰悄悄地在庄睿耳边问道，语气里有一丝不满。

"咳，我都是才知道没多久的，这事说来话长了，以后慢慢告诉你吧。"事关母亲的隐私，庄睿不想在这种场合细说，还好秦萱冰是个聪明的女孩，听庄睿这么一讲，也就没再追问下去。

"行了，你们小两口有话一会儿说，我带你去认识下王主任他们。"黄将军见庄睿二人咬起了耳朵，不由笑了起来。

此时现场拍卖还在继续着，在庄睿他们聊天这会儿，又有三四件拍品成交，今儿来的人多，这捐献出来的东西也不少。

不过厅里的人，显然对庄睿和黄将军的关系比较感兴趣，距离他们谈话角落比较近的人，更是竖起了耳朵听着，只是这几位在香港待得久了，对普通话听不太懂，这会儿正一脸懊丧地发誓回家要请个教普通话的老师呢。

"王主任，给你介绍一下，这是我的一位世交的儿子，庄睿；小庄，这是港澳办的王主任，这位郭老，何爵士，还有……"

几人走到何爵士的那个桌子前，黄将军出言给庄睿介绍了在座的几个人，不过除了王主任之外，几位老人都是向庄睿点头示意，并没有站起来。话说以他们的年龄，做庄睿的爷爷也绰绰有余了，怎么可能起身迎接这小毛孩子啊。

"小庄是我父亲的老首长欧阳老将军的外孙，我也是前几天去看老爷子，这才认识的……"在给庄睿介绍完之后，黄将军有意无意地点出了庄睿的背景，这下那几位老人却是坐不住了。

"欧阳老将军！"

郭老闻言最先站了起来，颤颤巍巍地走到庄睿面前，用那有些干枯的手，握住了庄睿的手，说道："老将军的身体还好吗？我前年还去看过老将军，唉，这一晃就好几年过去了，小伙子，回去给我向老将军问声好……"

郭老起身的时候，就惊动了那些一直关注着他们的人，待得听到郭老的话后，这些人全都惊呆了，嘴巴张得大大的，久久无法合拢。

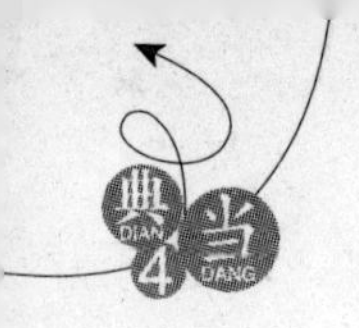

郭老那是什么身份啊，无论是论年龄，还是论财富资历，在港岛都是数一数二的人物，即使去到内地，也是会受到领导人接见的，现在张嘴闭嘴的都是老将军，这一个“老”从他嘴里说出来，那意义可就不一样了。

“外公的身体很好，让郭老挂念了……”庄睿很有礼貌地回应了一句。

“欧阳老将军是谁?”

“你们谁知道啊?”

“会不会是抗日战争时期，那位战功卓著的欧阳将军?”

场内响起了各种询问声，此刻他们对庄睿身世的好奇，已经放大到了无限大，就连拍卖会都已经无法继续下去了，纷纷议论着，不过倒是也有精通抗战历史的人，居然一下就猜到了欧阳罡身上。

要知道，欧阳罡的威名那可不是吹出来的，而是一个个著名的战役打出来的。

第二十三章　拜访秦家

这大厅虽然不小，但是人和人之间传话的速度却很快，不过短短的几分钟时间，场内几乎所有人都知道了，庄睿的外公是欧阳老将军，这时人们看向他的目光，可就要复杂多了。

从1997年香港回归之后，两地往来要比1997年之前多了起来。

内地和香港不同，不管做什么，都讲究个人情往来，有些时候，你拿出金元政策，还不如别人随意打个电话好使，当然，打电话的这人，一定是要有分量的。

有钱不如有权，这是香港人在内地做生意总结出来的最重要的一条经验，有了这个前提，大家当然都想和内地的一些实权人物交往了，但是他们家大业大，眼界也高，眼睛也就瞄准了那么几个人，欧阳家族自然是名列其中的。

别的不说，就是欧阳军要是来到香港，那年轻一辈里面的人，绝对会有一半相迎，像郑公子和欧阳军的关系就不错，当然，这也是郑公子刻意结交的原因。

不过这会儿郑华心里正后悔呢，刚才都和庄睿搭上话了，干吗又冷落别人，这么好的一个机会被自己放过了，要知道前几年为了搭上欧阳军的关系，郑公子可是花费了不少的心思。

现在郑公子正想着是不是明天邀请庄睿出海游玩一番，弥补下刚才失礼之处。其实他也不算失礼，只是知道庄睿的身份后，自己有这种感觉而已。

至于郑华身边的牛公子心里却是另外一个心思，他们家族的生意和内地来往比较少，即使刚才自己给庄睿吃了个哑巴亏那件事，牛公子也没怎么放在心上，不就是三五百万的事儿嘛。

“老公，咱们有很久没去内地了吧？过几天和小庄一起去趟北京怎么样？正好也能见见亲家母，还有小庄说的那房子。”

方怡的话让秦浩然有些哭笑不得，这功利性也忒强了一点吧，上个月西安一家分店剪彩，两人才刚去的，到老婆嘴里，就变成很久没去了，不过秦浩然还是点了点头，说道：“好，等回头先和女儿商量一下，然后再看看小庄的意见吧……”

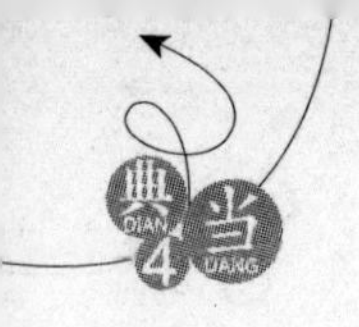

作为秦氏珠宝现在的当家人，秦浩然心中是明白的，不说庄睿身后的背景，就是他玉石协会的理事身份，也能帮助自己家族的珠宝公司。现如今不仅是翡翠价格突飞猛涨，就是软玉的市场行情，也是一路走高，原料更加紧俏了。

“周叔叔，郭老，何爵士，您几位先聊，我去那边和朋友打个招呼……”

庄睿在这桌上辈分最小，虽然说别人给外公面子，但他也有点如坐针毡的感觉，看到远处柏梦安正向自己招手，连忙向几位老人告了一声罪，带着秦萱冰离开了这桌。

此时拍卖也继续进行了，庄睿的身份揭晓之后，虽然人们心里都有些震惊，不过随之也就释然了，别说那几位老家伙，就是秦浩然他们这群中年人里面，也是大多都受到现如今最高首长接见过的，眼皮子还不至于那么薄。

在庄睿和秦萱冰走向柏梦安的这一路上，经过的人纷纷端起手中的酒杯向庄睿示意，这种感觉和刚进来时无人问津完全不同，庄睿不由在心中暗叹，这一个人出身所带来的地位，虽然不能决定这个人最终的成就，但是绝对会给其带来许多的便利。

要是自己空有钱而没有外公那样的背景，恐怕这里的人，最多把自己当成内地来的土包子，想要得到他们的尊敬，只有两种办法，一个是你比他们还要有钱，另外一个就是你拥有与他们相同的社会地位。

“庄兄弟，你可是真人不露相啊，咱们也算是同患过难的人，你居然一点口风都不露，明儿我请客，可要多罚你几杯酒啊……”

柏梦安和庄睿共同经历过西藏大草原上的那惊魂之夜，虽然柏梦安那会儿醉得不分东南西北，但是二人关系的确是要比这些公子哥们近一点。

“柏兄说哪里话，你现在做出来的这番成就，也不是依仗家里吧？那只是给咱们提供了个平台，能否做出成绩来，不还是要靠自己的努力嘛……”

庄睿这话说得有些言不由衷，话说去西藏那会儿，他倒是也知道欧阳罡这名字，可是他即使做梦也想不到，自己居然会是他的外孙，那会儿就是想显摆，也没那底气啊。

不过庄睿的这话，倒是得到旁边众人的点头认可，他们都是出身于豪富之家，自从出生之后，就备受关注，做得好了是靠家族的荫庇，如果是做得不好的话，就会被人指责为纨绔子弟、不学无术。

所以这些豪富子弟们，虽然得到的要比旁人多，但是那种压力，也是远远大于普通人的，甚至连婚姻都不能自主。庄睿这番无意间说出来的话，正说中了他们的心事，一时间这些人看向庄睿的眼光，都变得柔和了起来，算是正式接纳庄睿进入他们这个小群体了。

“庄先生，我和欧阳军先生也是老朋友了，你来香港我要是不招待，那可是要被欧阳先生指责的。这样吧，明天咱们去公海玩一玩，大家都一起去，你看怎么样？”

郑华也凑了上来，他们家族现在在内地的珠宝店年营业额，已经远超在香港的份额了，所以对于结交内地实权人物，他的心情要比柏梦安迫切的多。

“明天……”

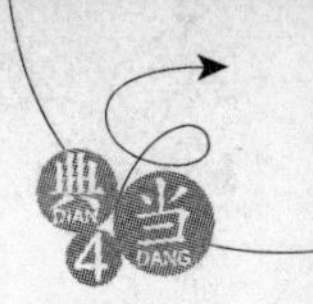

庄睿迟疑了一下,转脸看了一眼秦萱冰,才答道:“郑先生,明天估计不行,我来香港还没去萱冰家里,这有点不合适。柏兄,郑先生,这样吧,等我离开香港那天,请各位朋友聚一下,大家看行不行?”

庄睿这话是半真半假,明儿他的确是要去秦家拜会,但是他更多的心思,却是放在了秦萱冰的身上,与出海钓鱼游玩相比,显然庄睿对和秦萱冰做些有益身心的运动,更加感兴趣一些。

“好,那就一言为定了,到时候我来做东,庄先生一定要光临啊。”

郑华也没勉强庄睿,随即和庄睿交换了一下名片,待看到庄睿名片上那个头衔之后,也是吃了一惊,说道:“没想到庄先生居然是玉石协会的理事啊,以后去北京,一定叨扰了。”

“郑先生要是来北京,打电话给我就是了。”

庄睿此刻在心里想着,是不是让新疆的玉王爷——阿迪拉老爷子往香港售出一点玉料啊,话说自己现在手头可真是有点紧张了,即使这块紫眼睛解出来,那也不是一时半会儿就能兑换成现金的。

不过先前答应了玉王爷自己不插手任何关于玉矿的事情,庄睿想了一下,还是打消了这个念头。

其实庄睿并不知道,香港和田玉饰品的进货渠道,大多都是来自玉王爷,那老头远比庄睿想象的还要精明得多。他现在的囤货行为,已经造成内地和香港的软玉原料紧张,价格已经翻上几番了。

那老爷子是想借着这次机会,对全国的软玉原料市场,重新进行一次洗牌,把一些小打小闹的原料商人都给淘汰出去,那样的话,他就可以形成和田玉市场的垄断了。中国可不像是美国,还会有人去法院告你垄断,玉王爷可是不吃这一套的。

“各位先生,各位女士,各位来宾,现在要进行今天最后一件拍品的拍卖,这是由黄将军提供的,大家请看……”

庄睿和郑华等人正在闲聊的时候,此次慈善拍卖会也进行到了尾声,而压轴拍品,是由黄将军提供的,两个身穿军装的战士,抬着一个直径足有半米多的托盘走进了大厅,只是托盘上的物件,被红绸遮挡住了,但是从外观看,这东西的体积应该不小。

“哇,好漂亮啊。”

当托盘放到桌子上之后,拍卖师将红绸布掀了起来,一架全部由炮弹和子弹壳制作的飞机,呈现在了众人的眼前。整架飞机机身长约一米,机翼是由一颗颗机枪子弹制成的,而机头处,却是一颗榴弹炮的弹头,当然,所有子弹都是发射过的,地火已经被破坏掉了。

整架战机都镀了一层银色,造型线条优美,在灯光的照射下,银光闪闪,顿时吸引住了所有人的目光。

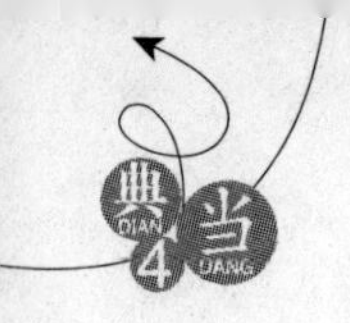

"十万,这架战机我出十万元。"

"二十万,真是太漂亮了。"

众人震惊了一下之后,纷纷开始出价,和前面所拍的物品不同,几乎没有人肯作出让步,这架战机模型价格也是一路走高,最后还是郭老出到九百万港币的时候,才将之拍了下来。

"庄睿,快点啦,不要碰,不行了,哦……"

丽嘉酒店内那超豪华的浴室里,突然响起一阵低沉的呻吟声,伴随着水花飞舞,犹如一首交响乐,足足过了半个多小时,才停歇了下来。

"妈咪等着咱们去吃午饭呢,再不走真的来不及了……"

云雨初歇,满面潮红的秦萱冰媚眼如丝地看着庄睿,差点让他又兴奋了起来,不过想想马上要去拜访秦家,庄睿强忍着心中的欲望,匆匆冲洗了一下,把那全身光溜溜的妙人儿抱出了浴室。

昨天慈善拍卖结束之后,秦浩然夫妻也默许了庄睿上了秦萱冰的车,不过在之前交代二人,明天一定要去秦家看望老爷子,只是两人贪食,回到酒店之后又折腾了半夜,这都临到中午了,庄睿还不忘再做个晨运。

在秦萱冰穿衣服的时候,庄睿免不了在一旁动手动脚,房中自然又是一片旖旎风光。

"庄睿,昨天忘了问你呢,你买这原石干吗?看这表现,似乎里面出不了什么翡翠吧?"

两人收拾妥当之后,秦萱冰看到庄睿手里还拎着那个装有翡翠原石的袋子,不由好奇地问道。秦萱冰昨天就想问的,只是一进酒店房间,嘴巴就被庄睿给堵住了,直到现在才找到机会。

"这个很难说的,你看这料子切面上,有黑色的雾状晶体,说不定里面就会有变异的翡翠,反正几万块钱,买回来切开看看吧……"

庄睿随口找了个解释。话说几乎每块带绿的翡翠原石都会出现雾,这借口是烂的不能再烂了,但是也无可反驳,俗话说神仙难断寸玉,不将之分解开来,谁都不知道里面会有什么东西。

秦萱冰听了庄睿的解释之后,也没怎么在意,这块料子实在太小了,即使出了像帝王绿这般的极品翡翠,那最多也不过价值千万左右,和当初郑老先生赌石所花的那三千万港币,还是不成正比的。

出了酒店,坐到秦萱冰的法拉利上,庄睿问道:"对了,你们家里有解石的工具吗?我可不想拎着这东西回内地……"

"当然有了,我爷爷现在闲暇的时候,还是会找些原石来解的,吃完饭我陪你解石。"秦萱冰笑颜如花,恋爱中的男女,最是黏糊,一会儿都舍不得分开,秦萱冰上洗手间的时

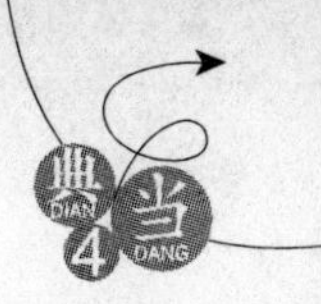

候，庄睿都恨不得跟上去。

秦浩然夫妇是和老爷子一起住在老宅的，也是在太平山上，秦萱冰开着车在环形的太平山道上慢跑着，让庄睿也能在白天领略一下太平山上的风光。

从山道向下望去，半个香港尽收眼底，维多利亚港那弯曲的河道，犹如一条银色的彩带，众多林立的高楼大厦，密密麻麻地排列在城市之中，和眼前绿树成荫的太平山，像是两个世界一般。

秦萱冰家的别墅不是很大，将车停好之后，秦萱冰带着庄睿穿过一个小小的花园，来到一栋颇具欧陆风格的别墅前面。

"秦叔叔，方阿姨，你们好！"

见到秦浩然和方怡夫妇都站在小楼前，这可是未来的丈母爹和丈母娘，庄睿连忙迎上去，恭恭敬敬地问了个好。

"别客气，小庄，进来吧，冰儿他爷爷在里面等着了……"

方怡看着自己这位准姑爷，怎么看怎么满意，庄睿那张只能称得上普通的面容，在丈母娘眼里也变得很出色了。

"庄睿，这是我爷爷，这位是我二叔和二婶，那是我小叔和小婶，这是我堂哥，他是我小弟，嗯，那是我堂妹……"

进到房间之后，别墅的大厅里已经是坐满了人，秦萱冰拉着庄睿一一给介绍着，庄睿这会儿就像是点头虫似的，根本连人的相貌都没看清，就被拉着介绍给下一位了。看起来秦家对庄睿的到来还是很看重的，几乎所有在港岛的成员，全都集中在这别墅里了。

秦萱冰的表现也让家里的人感到一阵惊奇，要知道，秦萱冰在家里也向来表现得很冷淡，见了长辈也就是问声好，和几个堂兄妹更是聊不到一起去，除了和老爷子亲一点之外，基本上不怎么搭理别人的。

"好，好，小庄啊，萱冰从小被我给宠坏了，你以后要让着点她啊。"

秦老爷子是位很儒雅的老人，年龄在七十岁左右，头发花白，整齐地梳向脑后，脸上戴着一副老花镜，一脸笑意地看着庄睿。

"爷爷，我哪里被宠坏了啊？"

秦萱冰靠在老爷子身旁，不依不饶地说道，那种小女人的模样，引得房中的人都有些发呆，他们哪见过秦萱冰这般模样，不由对庄睿也增加了几分好奇，这小伙子不简单，把咱们家的冰山都给融化了。

"呵呵，咱们先吃饭吧，小庄，来，别客气啊。"

这会儿也到了吃中午饭的时间了，老爷子站起身来，率先走向餐厅，那里有两个保姆正在忙碌着，酒菜已经摆上了桌。

虽然秦萱冰的这些家人里，有几个普通话说得不是很好，但是庄睿还是感觉到一种家的温馨，除了秦萱冰有点不合群之外，秦浩然兄弟几人的感情都很好。

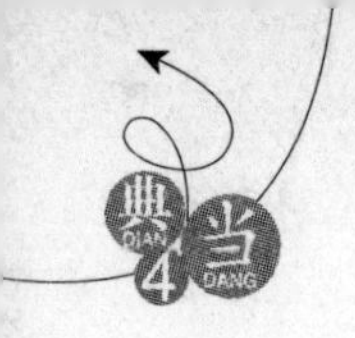

这也是一个大家族是否能做强做大的关键所在。香港可是有不少曾经叱咤港岛的家族，就是内部出了问题，才逐渐没落下去的。

秦家每个人基本上都在自己家族企业里供职，平时都比较忙，难得聚在一起，吃饭的时候也聊起了公司的事情。秦浩然等人现在已经是把庄睿看成秦家的女婿了，所以也没避着庄睿。

“爸，这几个月来，新疆那边的原料比较紧张，咱们各个店里的和田玉饰品，基本上都快要断货了，您和新疆玉王爷的关系不错，是不是打个电话询问一下情况？”

秦浩然这段时间比较头疼，翡翠市场那就不用说了，短短的几个月，原料价格近乎翻了十倍，同时软玉市场也是货源紧缺，让他有点撑不住劲了，要知道，软玉饰品，那可是市场上的主力啊。

老爷子听完儿子对公司近期的一些工作汇报，沉吟了一会儿，问道：“这么说，现在和田玉的原料，是有钱买不到了？”

出于礼貌，他们之间的对话，也都是用普通话来说的，庄睿听到秦浩然说原料紧张，又听到玉王爷的名字，连忙低下头去扒饭，这事跟他可是有一定关系的。

“是啊，根据新疆那边的朋友说，玉王爷最近又开采了一处玉矿，玉石原料应该不会紧张才对。看这势头，玉王爷估计是准备囤货，提升软玉原料的价格了。”

庄睿和玉王爷合作开采的那个玉矿，根本就瞒不住人，早在新疆传开了，所以行内人都很清楚玉王爷的目的，但是那老爷子本身就占据了新疆和田玉原料市场百分之八十的份额，他要如此做，别人也只能干瞪眼看着，一丁点儿办法都没有。

秦老爷子稍微一想，就明白了其中的道理，当下摇了摇头，说道：“阿迪拉这么做，目的就是要提升整个和田玉市场的价格。人情归人情，生意是生意，我这张老脸，他也未必就会给面子的。”

“庄睿，上次打电话，你不是说在新疆也搞了个玉矿吗？能不能先提供点原料给我们？”

秦萱冰突然开口说道，她本来不怎么关注家族生意的，但是此刻看到老爸和爷爷都愁眉苦脸的，不禁向庄睿问道。

“咳咳，我是和田伯一起开发了个玉矿，只是有话在先，那玉矿我只拿分红，不过问具体事务的，开采以及出售，都是由田伯负责的。”

听到秦萱冰的话后，庄睿差点没把嘴里的饭粒给喷出来，眼看躲不过去了，只能老老实实地把那玉矿的事情解释了一遍。

“田伯？你认识阿迪拉？”

秦老爷子是知道玉王爷的汉姓的，当下有些惊奇地看着庄睿，他没想到这小家伙居然和新疆那位只手遮天的人物，也能搭上关系。

“嗯，最近那个玉矿，我有百分之五十的股份。”

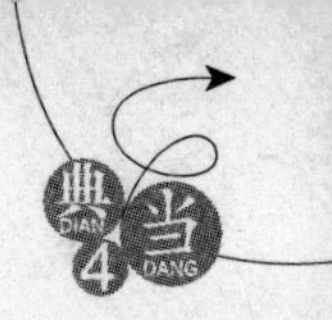

庄睿点了点头，想到秦萱冰这是第一次开口求自己，在心中思量了一下，开口说道："这样吧，我和田伯商量一下，先给你们提供一批和田玉原料，看他同不同意。秦叔叔您看这样行吗？"

"行，行，价格上没有问题，就按玉王爷说的算。"

秦浩然来不及消化庄睿拥有一座玉矿的事实，连忙满口答应了下来，再没有原料入库，恐怕很多店里的和田玉饰品就要断货了。

在庄睿出门给玉王爷打电话的时候，秦萱冰的二叔开口说道："大哥，小冰这次可是捡到个宝啊，这小伙子，前途无量啊。"

"嗯，这小伙子做事情很沉稳。浩然啊，昨天你不是说要去内地吗？到时候就和小冰他们一起去好了，也拜访下亲家嘛。"对庄睿这位孙女婿，秦老爷子也很是满意。

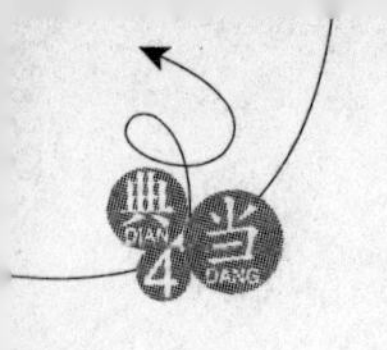

第二十四章 极品紫眼睛

“小冰,庄睿的那个玉矿有多大规模,你知道吗?”

趁着庄睿出外打电话,方怡向女儿问道。要知道,对于他们这些珠宝公司而言,其命脉就是把握在原料供应商手上的,当然,他们的产品不单单是玉器饰品,不过软玉饰品备受消费者的喜爱,是任何一家珠宝店都不可或缺的产品。

如果能和庄睿的玉矿达成长期的供求关系,那么秦氏珠宝在以后很长的一段时间里,都不需要在软玉原料上面操心了。

“妈咪,我一直都在英国,怎么会知道庄睿玉矿的规模啊。他今天是来做客的,又不是来谈生意的……”

秦萱冰对母亲的问题有点不高兴,她要不是看到外公为了软玉原料发愁,才不会出言求庄睿呢。秦萱冰也知道,庄睿先前没有主动开口,肯定是有他的难处的。

“小冰,我不是那个意思,我就是想知道……”

“嗯,小冰说的对,不管小庄能否帮到我们,今天他都是客人,等会儿他进来,这个事情不要再谈下去了。”

秦老爷子听到孙女的话后,摆手打断了方怡还准备追问下去的话,看了眼自己的大儿子,接着说道:“你们夫妻准备点礼物,等小庄回北京的时候,一起去吧。你们这个女儿,可是要急着嫁人了哦。”

“爷爷……”

秦萱冰被老爷子说得羞红了脸,饭也不肯吃了,丢下碗筷跑了出去。

“田伯,就是这么个事,您看是否能给香港秦家这边出点货?价钱由您来定,他们现在店里的软玉饰品快要断货了,行不行您说了算啊,我就是私人想请您帮个忙。”

庄睿打通了田伯的电话之后,将自己和秦萱冰的关系说了一下,然后提到了香港的秦氏珠宝,他和田伯可是有言在先的,所以这番话说出来后,自己也是有点不好意思。

电话那边沉吟了一会儿之后,才传来老爷子的声音:“你这小猴崽子,净是惹麻烦啊。这样吧,你让他们来个人找我,具体的事情你就不用管了,我会处理的。”

"嘿嘿,谢谢,谢谢田伯,回头您来北京,我请您去东来顺吃饭。"听到田伯卖给自己这个面子,庄睿嘿嘿笑着在电话里贫了起来。

"滚一边去吧,以后这事你别掺和了,安心拿你的分红就行了。对了,十二月底的时候,会有次分红,大约在一亿元人民币左右吧,到时候我再通知你。"

田伯笑骂了一句之后,就把电话给挂断了。他之所以这么轻易就答应了庄睿的要求,也是有着自己的考虑的,一来庄睿这小伙子的确不错,做人十分大气,按理说两人合股开矿,庄睿即使不过问具体事务,也应该派个财务和监理到新疆监督开矿的进展。

但是庄睿别说派人了,连电话都是隔上个把月才见到一个,说明了小家伙对自己的充分信任,提出这点小事,玉王爷当然要投桃报李了。当然,玉王爷这名头,就是诚信的保证,老爷子也不会在玉矿上做什么手脚。

其实庄睿也曾经考虑过这个问题,只是自己手上并没有合适的人,并且即使找到人派驻过去,以玉王爷在新疆的手段,想搞点猫腻,那也是再简单不过了,所以庄睿干脆就不闻不问,全交给那老人家去管了。

再者就是,玉王爷也考虑到目前的市场情况,一般的珠宝公司,都会在每年的年初囤上一批玉料,以保证来年的销售,现在马上到年底了,前几个月自己控制原料外流,已经起到了效果,现在和田玉原料的价格,比早前高出了近三倍,到下个月就可以投放市场了,否则某些部门就会出手干预了。现在庄睿提出要点原料,老爷子也就顺水推舟地答应了下来。

庄睿挂断电话,正好看到秦萱冰从屋里跑出来,不禁调侃道:"萱冰,你怎么出来啦?担心老公我搞不定?"

"不是,我是想告诉你,如果这事为难就算了,反正现在各个珠宝公司都缺和田玉的原料,也不是我们一家,我不想让你难做。"

"傻丫头,有什么难做的。行了,这事办妥了,回头让你们家里去个人到新疆,直接找阿迪拉就行了。"

庄睿心中微微有些感动,上前搂住了秦萱冰的纤腰,用手指用力地刮了一下她那精致笔挺的鼻梁。

"坏死了,庄睿。你说的是真的?"

听到庄睿一个电话就将困扰自己老爸和爷爷的问题给解决了,秦萱冰有些不敢相信地问道。

"当然是真的。行了,咱们去吃饭吧。"庄睿松开秦萱冰,两人回到了别墅里。

回到饭桌上之后,庄睿把这事一说,秦老爷子马上就安排了下去,让秦浩然的二弟明天就飞往新疆。解决了这件事,秦家众人都放下了一个心事,他们对庄睿也有了新的认识,看来这年轻人有此成就,未必就是靠了外公那边的荫庇。

吃完饭之后,在秦萱冰的带领下,来到了别墅的后院,这里有一整套解石的工具,秦

老爷子闲暇无事，也会挑几块自己看得上眼的料子，解来打发时间。

“小庄，这块料子我二十年前就见过了，当时那块整料，开出来的都是些杂色翡翠，以蓝紫居多，不过种水不好，郑老哥当年可是赔惨了。你怎么会想起买下这块料子的？”秦老爷子对庄睿这块料子，极不看好。

庄睿要解石，秦家大大小小的人自然全都跟了过来，就是在秦家待了二十多年的老保姆，也跟到后院看姑爷能解出什么东西来。

庄睿把那块翡翠放到擦石机上，笑着说道：“呵呵，爷爷，我解出过玻璃种的帝王绿翡翠，还有极品的血玉红翡翠，但是从来没见过紫翡翠，这块料子雾状晶体呈黑紫色，出紫翠的可能性很大，所以我就买下来，想解开看看。”

“嗯，多上手点解石经验倒也不错，五万块不贵，你来解吧，是准备先擦石，还是直接切？”

秦老爷子点了点头，赌石七分靠运气，另外三分靠的就是经验，赌涨了固然可喜，但是赌垮了也能从中看出一些道理来，至少下次遇到同样的情况，不会再犯错。庄睿现在花了五万块钱，就算是解不出翡翠，也总比日后花五百万或者五千万，在公盘上赌垮同类型的料子要好得多了。

“直接切吧，这么大一点料子，没必要再擦了。”

庄睿眼睛盯在原石上，随口答道，这块料子里有三个鸡蛋黄大小的紫翠芯，种水质地可以达到紫眼睛的品质了，在其中两颗紫眼睛的中间，有大约两公分宽的雾状结晶体，庄睿准备一刀将之分开。

先前庄睿已经向众人阐明了自己对这块毛料的判断，加上自己现在也顶着个专家身份，就算一刀见翠，秦家人应该也不会怀疑什么，这就是玉石协会理事头衔带来的好处了，切出好东西，别人只会认为你眼力高明。

打开了切石机的电源，庄睿单手稳稳地握住了把柄，从固定住了的毛料切面上，直接往下切去，随着一阵“咔嚓”声，细碎的石屑打到庄睿的脸上，但是他眼睛眨都没眨，稳稳地将原石一刀两断。

“嗯，下手沉稳果断，天生就是赌石的好手啊。”

秦老爷子在旁边看得直点头，庄睿那连贯的动作，果断的下刀，都是一些老赌石师傅们才具备的素质。

老爷子和秦浩然等人都不怎么看好这块料子，所以对分成了两半跌落到地上的毛料，并没怎么在意，倒是秦萱冰蹲下身体，将两块原石捡了起来。

“咦？这是什么颜色？”

秦萱冰看向一块原石的断截面时，眼睛不由一亮，在一层极薄的紫黑色晶体后面，一颗蛋黄大小的翡翠，若隐若现地出现在了眼前。

“嗯？出绿了？拿来我看下。”

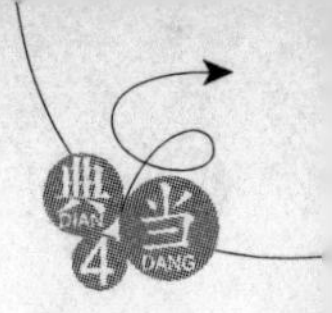

庄睿装模作样地问了一句,从秦萱冰手里把两块毛料接了过来,看了一下说道:"有可能出极品,我把这雾擦掉再看看。"

听到庄睿的话后,秦老爷子等人都围了上来,秦浩然更是抢过庄睿没擦的那半块,对着阳光看了起来,只是被那层雾遮挡住,无法分辨出里面翡翠的品质等级。

"有粗砂纸吗?"

庄睿这次就要小心了许多,擦石机上的齿轮无法控制,他怕伤到里面的玉肉,干脆准备用砂纸先将这层薄雾擦掉再说。

"有,我这就去拿。"

秦浩然答应了一声,跑着返回了别墅,几分钟后,手里拿着几张粗砂纸跑了回来。

接过砂纸之后,庄睿将其折叠正四方形,只留出一小块带砂面对着那层紫黑色的薄雾摩擦了起来,一粒粒黑色的砂纸和结晶颗粒,随着庄睿的动作,从砂纸与原石上脱落开来。

这层结晶体极薄,不过用了两三分钟时间,那炫目的紫色就露了出来,正午的阳光垂直照在上面,散发出奇异的光彩。

"天啊,这是什么颜色?"

在日光的照耀下,那露出的切面只有猫眼大小的深紫色,就像是黑夜中情人的眼眸一般,散发出妖异的光芒,纯净的像玻璃似的种水,光可鉴人。

在这一刻,场内所有女人的目光,都被这小小的一块翡翠给吸引住了,再也舍不得将眼神挪开,当庄睿继续解石挡住了她们的视线之后,包括方怡在内,几个女人才清醒了过来。

"是紫翡翠,顶级的紫翡翠啊!"

秦老爷子激动得连连用手中的拐杖敲打着地面,以一种要比他实际年龄最少年轻了二十岁的身手,从儿子那里把另外半块翡翠原石抢了过来,对着日光仔细端详着里面那块隐藏在薄雾之下的翡翠,眼中满是兴奋的神色。

"没想到啊,郑老哥保留了数十年的这块废料,里面居然会有紫眼睛存在,真是没想到啊……"

秦老爷子在感叹了一会儿之后,忽然绷起了脸,对着几个儿子孙子们说道:"这事你们知道就行了,谁都不能说出去啊,我和郑老哥交往了半辈子,不能扫了他的脸面。"

秦浩然等人连忙答应了下来,这事要是传出去,郑老先生的确是没脸见人了,玩了一辈子的翡翠,居然将一块无价之宝在手上保留了数十年,最后却是以白菜价卖掉了,即使别人不说,那老爷子估计也会气得吐血。

众人这时再也没有先前谈笑的心情了,全部都瞪大了眼睛,在看着庄睿解石。随着切石机发出的声响,他们的心也随之起起落落,生怕庄睿一个不小心,损坏了那颗极品紫翡翠。

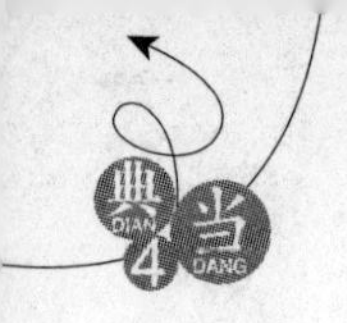

不过他们的担心显然是多余的，庄睿只是将边角料给切掉，然后就用打磨机一点点地擦去那些结晶体状的丝雾，待到将那颗蛋黄般大小的紫翡翠抠出来之后，更是拿起砂纸，一点点地打磨了起来。

这个过程足足用了半个多小时，一颗在阳光照耀下散发着无尽妖艳气息的紫翡翠，被庄睿托在了手心里。

比弹珠稍大一点的紫翡翠，更像是七月间熟透了的紫葡萄，透过那层薄薄的透明的外皮，几乎可以清晰地看到庄睿手掌上的纹路，随着阳光的强弱，这颗紫翡翠也跟着散发出深浅不一的色彩来。

如果说黑色可以代表女人的神秘，那么紫色就代表了女人的妩媚。没错，这就是一种妩媚的色彩，感觉就像一位江南女子凝眸回望，那万种风情直落心底。“紫眼睛，女人心”的说法，就是由此而来。

“太漂亮了……”

在这一刻，不管是男女，都被这诱人的色彩所迷醉了，紫色的霞光几乎笼罩住了庄睿的整个手掌，庄睿相信，如果将这颗紫翡翠丢在一盆水里，相信那盆水的颜色马上就会变得深邃起来。

“萱冰，你先拿着，我接着把那半边毛料解开……”

庄睿笑了笑，他虽然从业时间最短，但是在今天这个场合里，除了秦老爷子之外，恐怕就是秦浩然，也没有他见识过的极品翡翠多。很快回复清明之后，庄睿把这颗紫翡翠，交到了秦萱冰的手上。

“姐，给我看看……”

“冰儿啊，给叔叔看看……”

“乖女，让妈咪先看下……”

这紫眼睛的魅力果然是无穷大，刚才在庄睿手心里的时候，这些人碍于面子，没好意思开口，现在到了秦萱冰的手上，却是将秦萱冰围了起来，都想拿在手里一睹为快。

庄睿没去管这些人，而是从秦老爷子手上取过那半块原石，这次他没有用砂纸擦石，而是直接先把四周多余的石头切开，把那两个紧挨在一起的紫翡翠，小心地取了出来，这两个蛋黄般大小的翡翠，中间的缝隙极小，庄睿废了好大会儿工夫，才将之清理了出来。

开始擦石时用的砂纸比较粗糙，庄睿又向秦浩然讨了几张细砂纸，重新将三颗翡翠都打磨了一遍，至此，在那位珠宝大亨手里埋藏了数十年的极品紫眼睛，终于出现在人世间了。

“没想到临老了，还能看到这种极品翡翠。小庄，你真是机缘不浅啊。”

秦老爷子也是玩了一辈子的珠宝，各种稀世珍品见过不少，但是像紫眼睛血玉红以及帝王绿这些翡翠，几十年都难得一见，此时手捧着这三颗翡翠，老爷子也是唏嘘不已。

“运气好罢了。古人都说神仙难断寸玉，我是从不相信翡翠有废料一说，所以见到没

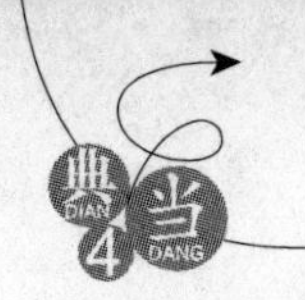

完全切开的料子，总想一探究竟，呵呵，还是运气好。”

庄睿此时表现得很淡然，并没有那种得宝狂喜的神情，看在别人眼中，愈发感觉这小伙子为人稳重。其实庄睿也想表现得激动一点，奈何他经手的极品翡翠太多了，任取其一，价值都不低于这几颗紫眼睛翡翠。

“好，做人就要有这种追根究底的心态。不过，小庄啊，你这块翡翠，能不能交给我们制作，并且代售呢？”秦老爷子夸奖了庄睿一句，随之将话题引到了翡翠上面。

庄睿闻言愣了一下，他还没想好这东西究竟要不要卖呢，不过老爷子下面的话，就让他下了决定。

“这三颗翡翠全部打磨成珠状，然后再配以铂金、珐琅等工艺，将其加工成一串项链，其价值应该在五千万元港币以上；如果参加世界珠宝博览会能夺魁的话，那价值还要翻上一番，就是上亿元，也不是不可能的。”

秦老爷子用手抚摸着这几颗翡翠，作为一个本身就设计了一辈子珠宝首饰的老设计师，他脑中已经在勾画其成品的样式了，如何才能将这紫色凸显出来，如何才能把紫眼睛的魅力发挥得淋漓尽致。

“秦爷爷，值不了这么多钱吧？我送萱冰的那副血玉手镯，也不过就是一千多万，这几颗紫眼睛虽然稀少，但是也不至于如此昂贵吧？”

老爷子的话让庄睿有些动容，这价格比他心中所想的高出了许多，不过随之也产生了一丝疑惑，按理说血玉红和帝王绿都是和紫眼睛同级的翡翠，价值不可能相差这么多吧？

“什么？你还有血玉手镯？冰儿，在哪呢，拿来给我看看。”

老爷子闻言吃了一惊，就是秦浩然等人，也不知道庄睿送了副血玉镯子给秦萱冰。那副手镯秦萱冰并没有戴出来，而是放在盒子里藏了起来。

而方怡听到庄睿的话后，脸上就变得有些不好看了，不过随之一想，心中也释然了，别人是要娶自己的女儿，又不是看上自己这丈母娘了，送东西当然要分个薄厚的，再说那血玉红也是极其珍贵的翡翠，说不定只有那一副呢。

秦萱冰本来不想把那手镯拿出来的，听到爷爷这么一说，有些不情愿地回到车上，将那副镯子拿了出来。秦老爷子又是看了半天，才依依不舍地交还给孙女，当然，那边自然是一窝蜂地围上去讨要观看了。

“小庄，像刚才那副血玉镯子，只能称其为极品翡翠饰品，虽然也是很少见、很稀有的，但是翡翠本身，还是有着市场价格的。

“而这几颗紫翡翠就不同了，把它们分开制作成项链，还要加入不少别的珍贵材料，说不定还要用上像钻石之类的珍贵宝石，如果制成项链之后，那就脱离了翡翠本身的范畴，而统称为珠宝了。

“一件珠宝首饰的定价，取决于设计师的名声，珠宝款式的独有性，使用材料的珍贵

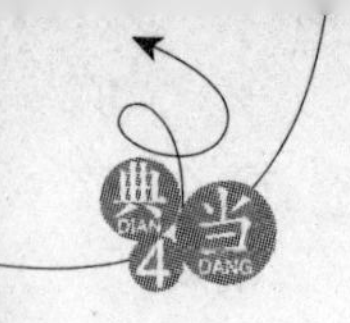

性，这是要综合多方面因素来考虑，所以我说这几颗紫翡翠制成项链之后的价格，就远不是这个血玉手镯能相比的了。”

看到儿女们都去争抢那镯子了，老爷子苦笑了一下，转头给庄睿解释了一番。他要是年轻个三五十岁，想必表现得也会和儿女们差不多，毕竟他们都是从事这个行业的人，对于这种极品翡翠首饰稀有性的了解，要远高于普通消费者。

“秦爷爷，那制作这项链其余的花费，大概还需要多少钱呢？”

庄睿听到老爷子这番话后，就有意将其交给秦氏珠宝去制作了，毕竟秦氏珠宝在行内的名声也是很响亮的，仅次于周太福珠宝，而且也会省却自己不少的麻烦。

“这要制定一个设计方案的，现在还很难说，不过这项链肯定是以这几颗紫翡翠为主料，其余的都是配料，应该不会低于五百万吧。小庄，要不然这样，咱们在商言商，这串项链制作出来之后，如果能卖出的话，我们秦氏珠宝拿售价的两成，另外八成归你，而且制作费用和配料的费用，都算在我们这两成里面了，你看怎么样？”

老爷子说完之后，眼睛看向庄睿，神情稍微有些紧张。

“嗯？对不起，秦爷爷，我先接个电话……”

要说老爷子开出的这条件，算是比较公平的了，庄睿正要给老爷子回复的时候，兜里的电话突然响了起来，庄睿掏出来一看，是个陌生的手机号码。

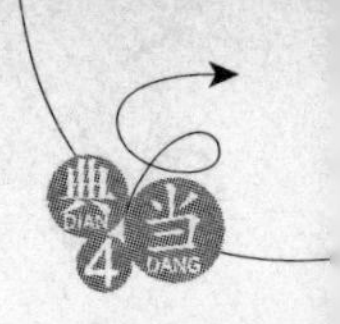

第二十五章 香港赌船

“喂，是庄先生吗？”

明显带有广东口音的普通话，让庄睿感觉有些陌生，广东人讲起普通话来，大多都是一种腔调，他实在是分辨不出来。

“我是庄睿，请问您是哪位？”庄睿很有礼貌地回了一句。

“呵呵，庄先生，我是郑华啊，打扰您了，不好意思……”

电话一端的郑华有点郁闷，怎么说那天都和庄睿聊了几句，对方居然没有听出自己的声音来。他也不想想，电话肯定会失真的，不是非常熟悉的人，谁能从一句话里就听出对方的声音来。

“哦，是郑先生啊，请问您有什么事？”

庄睿对那些所谓的酒会什么的，可是没有什么兴趣，心想对方要是提出这邀请，还要想个借口拒绝才是。

“是这样的，明天在公海上，有点节目，不知道您有没有时间参加啊？”

“公海？什么节目？”庄睿被郑华说得有些莫名其妙，没事跑公海去干吗？话说现在很多渔民闲得蛋疼，去模仿十八、十九世纪的海盗，要是被自己碰上了，那多冤枉啊。

“明天香港赌船海王星号会出海一天，庄先生想不想去玩一玩？当然，如果庄先生不喜欢赌钱的话，去公海看看风景钓钓鱼，也是很不错的。”

郑华可是昨儿想了一天，才想出这么个与庄睿接近的机会来。话说欧阳军来香港几次，都让自己陪着去澳门赌一把，想必庄睿应该也有点兴趣吧？

“赌船？”

庄睿闻言愣了一下，脑海中马上想起二十世纪八九十年代看的一些香港电影，记得掀起香港赌片热潮的那部周润发主演的《赌神》，似乎最后就是在公海赌船上拍摄的。

“郑先生，我先考虑一下吧，回头再给您电话，这会儿还有点事情。”

庄睿想了一下，虽然心中很想去见识一番，不过他对香港了解太少，还是等下听听秦萱冰的意见再说吧。话说这公海貌似杀了人都不犯法的，庄睿可不想稀里糊涂地钻进个

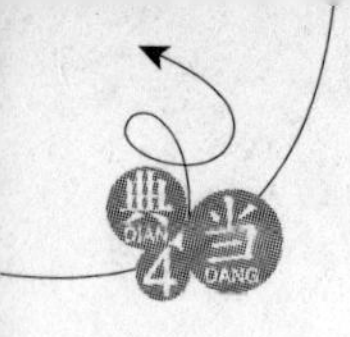

贼窝去。

“行，庄先生您要是想去玩玩，给我打个电话就可以了，我给您安排……”

郑华听到庄睿没有拒绝，客气了一声就挂断了电话，他猜想到了庄睿的顾忌，应该是去找人询问赌船的事宜了。

“嗨，秦爷爷，对不起，刚才有个朋友打电话来，让您久等了……”

庄睿拿着手机出了会儿神，这才想起秦老爷子还等着自己的答复呢，连忙走了过去。

“没事，年轻人有精力，多跑跑玩玩，不是坏事。小庄，你看我说的那个方案，是否可行呢？”

秦老爷子笑着摆了摆手，这几颗紫翡翠可是庄睿的，他要是不答应，自己也没办法。老爷子是不会用秦萱冰的关系去说事的，亲情归亲情，生意是生意，这一点秦老爷子分得很清楚。

“秦爷爷，就按您说的办吧，只是不知道您所说的珠宝博览会是什么时候开啊？”

这些紫翡翠虽然稀有，但是庄睿并没有将之收藏起来的意思，昨儿花了三百万出去，他现在是囊中羞涩了，新疆玉矿的分红要等到年底，再不搞点钱，恐怕姐夫那个4S汽车专卖店都搞不起来了。

“嗯，我想想……”

老爷子低下头沉吟了一会儿，说道：“珠宝的款式设计定型需要一个多星期，打制加工估计有半个月就可以了，应该能赶得上下个月在英国举办的国际珠宝博览会的。”

“行，秦爷爷，那这事我就拜托给您了。”

庄睿点了点头，下个月要是就能回笼一笔资金，应该耽误不了赵国栋4S店的装修，自己手上还有三四百万，可以撑到那个时候。

“小庄，如果在博览会上，有人想购买这串珠宝，咱们卖是不卖啊？”

见庄睿点头答应了，秦老爷子松了一口气，不过虽然双方的分成份额谈好了，但是话还是要说明白，因为主导权是在庄睿手上的，如果他感觉价格不合适，不愿意出手，那自己也只能听从。

“卖，价钱合适咱们就卖，秦爷爷您看着处理好了。”

庄睿毫不犹豫地给出了答案。开什么玩笑，他之所以愿意把这几颗紫眼睛交给秦氏珠宝，就是想尽快地变成现钱，不卖留着干吗？

“好，有你这句话，老头子我怎么样都要把它卖出一个天价来。浩然，浩斌，都跟我到屋里来。小庄，你这几天就和冰儿在香港玩下吧。”

秦老爷子听到庄睿的话后，心中大喜，也顾不得招呼庄睿了，喊了自己的两个儿子，回到别墅召集公司的珠宝设计师，准备打制这几颗紫眼睛翡翠了。

老爷子拉下老脸，求得这几颗紫眼睛，可不是为了钱，他是为了秦氏珠宝的名声。要知道，一件稀世独有的珠宝问世，如果能在珠宝博览会上夺得奖项的话，那秦氏珠宝在国

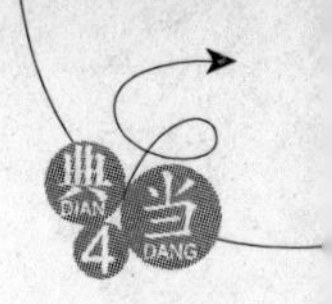

际珠宝界的名声，绝对会更上一个台阶的，那种轰动效应，可不是几千万就能买得到的。

所以秦老爷子给庄睿的条件也是非常优厚的，除非这件珠宝能卖到五千万以上，否则两成的份子他们等于根本就没有利润。这件珠宝以秦氏珠宝的名义参展的话，所带来的隐形效应，那才是秦老爷子所看重的。

在秦家陪着方怡等长辈聊了一会儿天之后，庄睿和秦萱冰就告辞离开了。香港其实并不大，秦萱冰开车带着庄睿到庙街等地转了一圈，又到那个据说是很灵验的黄大仙树下拜了一拜，直到傍晚，两人才回到了酒店。

“萱冰，郑华明天邀请我去公海赌船，咱们去不去？”

庄睿一直把这事憋在了心里，直到回到了酒店，才出口向秦萱冰问道。

“行啊，你不说我还想明后天带你去澳门玩一玩呢。”

秦萱冰的回答让庄睿有些傻眼，他一直认为，女人肯定不喜欢男人赌博的，没想到秦萱冰根本就不在乎，而且还要主动带自己去澳门，那里可是世界闻名的十大赌城之一啊。

“你们香港人都喜欢赌钱？”庄睿以为秦萱冰是在说反话，试探着问了一句。

“才不是呢，我告诉你，在香港每个人……”

秦萱冰白了庄睿一眼，开口给他解释了起来，听完秦萱冰的话后，庄睿这才恍然大悟，原来这完全是理念的不同。

在香港这个地方，赌博一直都伴随在每个人的身边，香港最出名的报纸，不是什么《明报》、《大公报》，而是《六合彩报》，还有赌马，这两项名为彩票实为赌博的行业，往往伴随许多香港人终生的。

在香港，你随处都可以看到有人拿着报纸在津津有味地看着，你要是以为他在关心时政新闻，那就错了，因为那人十有八九是在研究今天该买哪一批马，该选什么号码的六合彩。可以说，六合彩和赌马，已经深入到他们的生活之中了。

还有许多香港人，每到星期六，就会乘船去到澳门，小小地赌上一把，不管输赢，当天或者第二天再返回香港。对于他们而言，这是一种释放生活压力的方式，也是周末的一种消遣。

从香港去澳门船票很便宜，上到豪门公子，下到小商走贩，几乎每个香港人都去得起。所以曾经有人统计过，在香港的成年男人里面，几乎有百分之九十九点九的人，都去过澳门赌场。

但是具有讽刺意味的是，香港虽然盛行六合彩和赌马，但是赌博却是非法的，也就是说，香港那些地下赌档，全部都是非法经营的。

香港赌博是非法，但是可以开着赌船到公海里面赌，这样就不会违犯香港的法规。一时间，大大小小的赌船纷纷出炉，也对澳门赌场的生意，造成了很大的影响。

这些由大油轮改造的豪华赌船，每天清晨都会载着游客开到公海上，然后傍晚返回，现在已经成了香港外地游客必去的一个景点了，所以秦萱冰听到庄睿说要去公海，一点

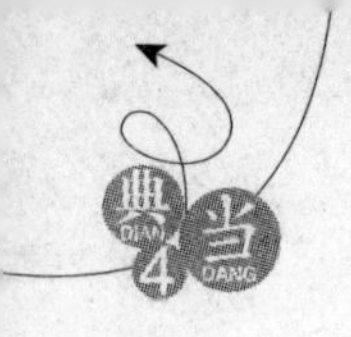

都没感觉到有什么不对的。

看到秦萱冰不反对，庄睿兴奋了起来，他虽然赌性不大，但是心里却很渴望去见识一番，连忙拿出手机给郑华打了电话，约好了明天见面的地点。

“庄睿，咱们先说好，去玩玩不要紧，但是你可不能沉迷啊……”

秦萱冰见庄睿兴奋的模样，心中不由有点担心，这“赌”之一字，不知道害得多少香港人倾家荡产，她可不愿意庄睿变成一个赌徒。

“放心吧，老婆，现在能让我沉迷的，就只有你了……”

庄睿哈哈笑着，弯腰将秦萱冰抱起来走向了浴室，不消说，自然又是一晚春色，盘肠大战。

“老婆，别再打扮了，要不然我可又忍不住了……”

看着对着梳妆台化妆的秦萱冰，庄睿忍不住从后面将她抱在了怀里。

不知道是得到了爱情的滋润，还是庄睿每天灵气梳理的效果，现在的秦萱冰完全脱去了羞涩，变得更加艳光照人，皮肤白如凝脂，摸上去如羊脂白玉一般润滑，举止间不经意流露出来的万种风情，更是让庄睿迷醉不已。

如果现在再将秦萱冰和欧阳军的那位大明星相比较，恐怕秦萱冰都要略胜一筹了，她在人前表现出的那种冷艳的气质，绝对会让任何一位正常的男人有种一亲芳泽的冲动，这样的女人，会给人带来一种征服的快感，当然，在人后的滋味，庄睿体验的更加真切。

“别闹了，马上就好了，要不然等会儿赌船可就要开走了……”

秦萱冰的话让庄睿收回了他那双毛手，只是秦大小姐口中的“马上”，又让庄睿在旁边呆坐了将近半个小时，才得以走出酒店。

“郑先生，不好意思，让您久等了……”

在秦萱冰将车停到尖沙咀码头停车场之后，庄睿看到在码头入口的地方，郑华正和几个人站在那里四处张望着，他顿时有点不好意思，说好的七点半到，现在已经快八点了。

“没事，我也是刚到，这几位咱们前天都见过了，不用我介绍了吧。走，咱们上船。”郑华看到庄睿身后光彩照人的秦萱冰，也是微微愣了一下神，不过随之就清醒了过来，和庄睿打个招呼之后，带头向码头走去。

郑华身后站的那几个人，都是前天慈善晚会上庄睿见过的，也都是香港一些知名家族的子弟，有几位还带着女伴，只是和庄睿身边的秦萱冰一比，马上就分出了高下。

客气了几句之后，众人跟在郑华的后面，走进了码头。

“嘶……”

刚才在外面被那些建筑物挡住了视线，现在走进了码头，庄睿一眼望去，不禁倒吸了一口凉气，在码头上，大大小小的停靠着数百艘游轮。

游轮停靠的位置是由小到大排列的，小一点的停靠在码头边上，而最远处的几艘，却

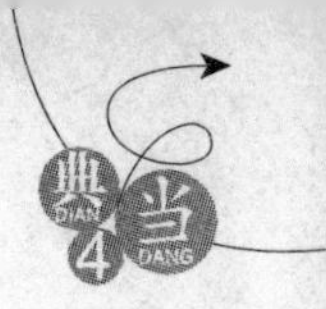

是长达两三百米的超级游轮，即使距离岸边还有很远的距离，也带给庄睿不小的震撼，相比这些巨型游轮，他在上海黄浦江内所见到的，根本就不值一提了。

“怎么有这么多人啊？”

走到码头上之后，庄睿发现有许多打着旅游团旗帜的人，从自己身边走过，听口音应该是内地的，纷纷上到停靠在岸边的小艇上去，每个小艇坐满了人之后，就会响起发动机的轰鸣声，向大海驶去。

“呵呵，这些人都是来自世界各地的游客，一般来到香港，他们都会去赌船上玩玩的……”郑华放缓了脚步，耐心地给庄睿解释了起来。

原来停靠在这码头上的船只，除了私人的豪华游轮之外，有一半都是香港的赌船，每天都会在这里招揽顾客，然后驶入公海。

这些赌船分为几个档次，中型的一般可以乘坐一千多人，而最大的游轮，可是堪比泰坦尼克号，能乘坐数千人。

为了招揽生意，这些游轮的票价都不怎么贵，中型的一般一百五十元港币就可以在船上住一夜，并且还包晚饭、消夜、早饭三顿饭，同时两个人给一间标准房，两张床，而且有独立卫生间和电视，也非常干净。

这个价钱在香港，其实是很亏本的，因为如果这样还包三顿饭，在岸上价格至少要一千多元的，但是赌船为了吸引人们上去赌钱，可是倒贴了。

但是有几艘大型的超豪华游轮，价格就要高出许多了，在那种赌船上，真可谓是人间天堂。中西餐厅、娱乐场所、卡拉OK、夜总会、桑拿浴室、按摩房、美容中心、免税店等等，应有尽有，只要你有钱，尽可以在上面过着纸醉金迷的生活。

“庄先生，咱们要去的海星号，本来七点的时候就要离港的，郑先生让他们多停留了一会儿，回头郑先生这艘船也跟在后面，您要是晚上不想住在海星号上，咱们还能赶回港的……”

几人走到码头的中间部位停了下来，郑华和庄睿打了个招呼之后，身手敏捷地跳到一艘距离岸边只有两三米远的私人游艇上，而跟在庄睿身后的一位叫刘雄的年轻人，出言给庄睿解释了一番。

郑华上到自己的私人游艇之后，让上面的船员放下了甲板，在游艇和码头之间连接了一个通道，庄睿等人纷纷通过甲板走上了游艇。

郑华的这个私人游艇也不算小了，前后长约二十多米，内舱的空间很大，里面有酒柜沙发，布置的非常豪华，另外还有两个房间和洗手间，如果出海的人不是很多的话，还可以在上面住宿。

等所有人都上来之后，有船员解开了拴在码头上的绳索，将游艇驶离了码头。庄睿搂着秦萱冰站在船头的甲板上，望着脚下蔚蓝的大海，心情很是舒畅，要不是怕人笑话，他都想站到船头上，整出泰坦尼克号露丝和杰克那一幕来。

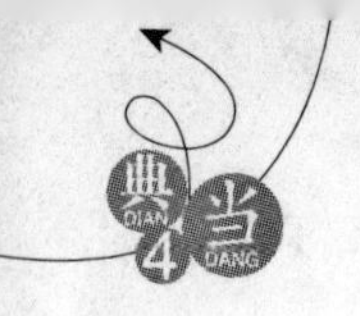

从岸上看远处的豪华巨轮似乎并不是很远，但是郑华的这艘游艇开了大约有二十分钟，才来到了那艘巨轮下面，愈是接近那艘巨轮，庄睿这心中愈是感到震惊。

从游艇往豪华巨轮上看，庄睿只能看到吃水线以上的船体，至于船身则全部都被这船体给遮挡住了，仰头看去，单单是吃水线以上的船体高度，应该就有五六十米，要知道，这已经相当于二十多层的高楼了，试想你站在一栋高达二十多层的楼房下面，会是什么感觉？

与这艘巨轮相比，郑华的游艇更像是一个小舢板，飘荡在大海之中，估计那艘巨轮一个加速所引起的海浪，都能让这艘小游艇经历一次海上冲浪的感受，原本还感觉这游艇不错的庄睿，现在心神完全给那艘巨轮给吸引住了。

庄睿不知道，郑华的爷爷，也就是那位珠宝大亨，本身也是赌业中的巨子。而这艘豪华赌船，就是郑华的爷爷还有香港几位大亨联手建造的，去年才投入使用，首航的时候，内地的某位大佬都亲自前来剪彩祝贺，这艘巨轮总造价高达六十亿港币，船长三百四十五米，宽四十一米，吃水线以上高度为六十二米，相当于二十六层楼那么高，总吨位为十五万吨，航速三十海里。

整艘巨轮可以接待近三千名乘客，并容纳一千两百多名船员，船上有可同时容纳千人的赌场，并且还有三十多个 VIP 包房，以及舞厅、图书馆等设施，并配备了五个游泳池、高尔夫球场以及十四个酒吧和六个豪华餐厅。

并且在游轮中的一千多个豪华双人客舱里，全部都设有私人健身房和小阳台，曾经有人对世界上所有的豪华游轮做出过排名，这艘海星号，绝对可以名列三甲之内。郑大亨是这艘赌船的大股东之一，也是郑华为什么能让这艘赌船多停留了一个小时的原因。

在靠近了赌船之后，郑华游艇上的船员们，小心地伸出了带吸壁的隔杆，让两艘大小完全不成比例的船只，保持了一定的距离。要知道，如果靠得太近的话，那巨轮稍微晃动一下身子，说不定就能让这游艇粉身碎骨。

郑华事先已经打好了招呼，在游艇停稳之后，巨轮的船体上放下一个升降机，升降机落到和游艇平行的高度时，从上面伸出一个一米多宽的合金甲板来，正好与游艇对接上。

升降机每次只能乘坐五个人，郑华招呼庄睿和秦萱冰率先走了上去，这升降机的速度并不是很快，一分多种之后，才升到了赌船的甲板上，庄睿回头向下望去，那艘二十多米长的游艇，现在看上去真和一个小舢板差不多了。

"郑老弟，你们要是再不来，我可就要开船走人啦……"

游轮的甲板上，这时也站着几个人在等候，见到郑华等人上来后，纷纷走了过来。庄睿看到说话的那个人之后，眉头不禁轻挑了一下。

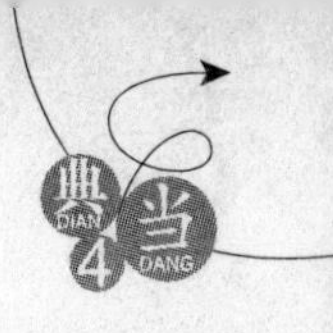

第二十六章 挑衅

“秦小姐，以前邀请过你几次，你可是都拒绝了，这次来我可要带你好好逛一逛，不是吹的，全世界也找不出几艘比这再好的游轮了……”

那人和郑华打过招呼之后，居然没看庄睿一眼，径直走到秦萱冰身边献起殷勤来，庄睿的脸色不由阴沉了下去，这位牛公子，还真是牛气冲天啊，把自己当作空气不说，连别人带来的女伴，竟然也想下手。

“妈的，怎么把这浑人给忘了……”

郑华看到这个场景之后，差点没给自己一耳光。他和牛宏可是打小就认识了，要说这人在香港的富豪圈子里也是个另类，像他们这圈子里的人，不说去国外读个博士 MBA 什么的，但是最起码也是受过高等教育的。

但是这位牛公子则不同，打小就很顽劣，并且最受那位老船王的宠溺，在老船王过世之后，给他留了一大笔的遗产，比留给他父母的还要多，牛公子素来不爱读书，赌博和玩明星，是他最大的爱好。

在香港，除了那位混迹股市的老风流王子之外，就数他风头最劲了，数年来和不少女明星都传出过绯闻，去年更是自不量力地去追求秦萱冰，结果当然是吃了个闭门羹，在圈子里也被引为笑谈。

说来这人也挺有天赋的，读书不行，但是对赌博这行当却是一学就会，牛宏干脆变卖了一些爷爷留给他的股份，换购了许多澳门赌场的股份，在郑大亨等人建造这艘豪华赌船的时候，他也插上了一脚。

只是这赌船下水不过一年多的时间，牛宏还没分到过什么红利，不过他算是找到了个好去处，整天无事就干脆待在船上，平时来了豪客他就去对赌，倒也是赢多输少，玩得不亦乐乎。

在前天参加完慈善晚宴之后，牛宏就回到了赌船上，郑华正好让他招待一下，不过郑华却是忘了，牛宏可是曾经追求过秦萱冰的，并且那天也有些故意针对庄睿，这两人相见，还会有什么好场面啊。

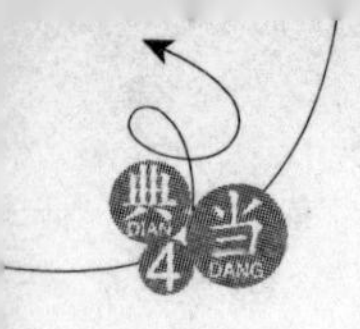

郑华不知道，牛宏这番举动就是故意的，他就是想让庄睿难堪。前天在拍卖会上，长辈太多，他没敢犯拧，但是丢了面子，他是一直记恨在心的。

对于庄睿的背景，牛宏是不怎么在乎的，他到现在都没去过内地，他想得很明白，即使庄睿在内地权势滔天，也不关他的事，身家到了他们这种程度，生意遍及世界各地之后，已经不是某个人可以打压得了了，所以刚才故意无视庄睿，就是要给他个难堪的。

看到身旁的庄睿面色阴沉，牛宏开心得差点大笑了起来，准备等秦萱冰和他握手的时候，再行个吻手礼，好好地落一下这大陆土老帽的面子。

“对不起，我不认识你，请你让让好吗？”

秦萱冰的话让牛宏的笑容僵在了脸上，伸出去的手停在半空中，不知道如何是好了，总不能强行去抓秦萱冰的手吧？牛宏虽然蛮横，但是还不至于如此下作。

“庄睿，走吧，咱们去船里面转转，没想到外面风大，还有这么多的苍蝇，真是讨厌。”

秦萱冰接下来的话，差点让牛宏一头栽下这万吨游轮，他认识秦萱冰也有不少年了，从来没有从她嘴里听到过这么多句话，但是第一次听到，却是让他气得差点吐血，这女人骂人不带脏字的呀。

秦萱冰虽然不怎么喜欢出来交际，但是这并不代表她不通人情世故，牛宏想通过她来羞辱庄睿，到头来只能是自取其辱。

庄睿本来满腹不爽，也是被秦萱冰给说得笑了起来，他没想到秦萱冰翻起脸来，语言如此犀利。伸手搂住了秦萱冰的腰肢后，庄睿看了郑华一眼，说道：“郑先生，我们去船里转转，这甲板上的苍蝇虽然不多，但是挺讨厌的。”

庄睿说完话后，向郑华点了点头，同样没有看面前的牛宏一眼，搂着秦萱冰就向船舱走去。郑华本来想跟上去的，回头一看牛宏那小子面色发紫，挥舞着拳头似乎想找庄睿干一架。

郑华吓得连忙一把抱住牛宏，往秦萱冰相反的方向拖去，并摆手示意他身边的人跟上庄睿。你牛公子家族不需要和内地打交道，但是我们家的生意重心可是放在内地的，你和庄睿过不去，也别挑在这个时候啊，现在庄睿可是我的客人。

走得稍微远了一点之后，秦萱冰抬头看了下庄睿的脸色，说道：“庄睿，别生气，那个人就是这样，从小缺少管教，回头我陪你去赌几把，心情就好了。”

庄睿听到秦萱冰的话后，笑了起来，说道：“没事，我不会和那种人计较的，对了，我还没看出来，你居然还会赌博啊？哈哈，回头和婆婆打麻将的时候，可别把她的钱都赢光啦。”

“婆婆？你坏死了，谁说要嫁给你啦。”

秦萱冰被庄睿说得愣了一下，不过随之就反应了过来，用手在庄睿腰间狠狠地掐了一下，两人打打闹闹地走进了船舱，也就把刚才那一小段不愉快给冲淡了。

“庄先生，我带你们先去休息一下吧，要等船开到了公海上，博彩大厅才会对外开放

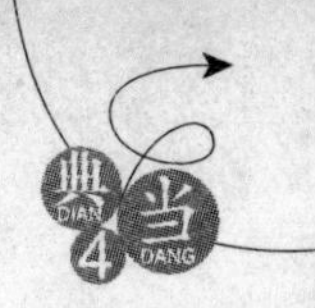

的。”跟在庄睿身后的是那个叫刘雄的年轻人，他的家族是做食品生意的，和内地的联系更是紧密，所以对庄睿也很友善。

“好的，谢谢刘兄。”

庄睿点了点头，跟在刘雄身后进到电梯里，他看了一下，楼层按键那里有一至五，五个数字，而在一的下面，还有负一负二负三的字样，也就是说，除了在甲板上面的五层之外，下面应该还有三层，可见这艘游轮之大了。

郑华给庄睿安排的房间是第五层，这一层上面一共只有三个套间，每个套间都是三面朝阳，不仅能欣赏海景，更是可以将整艘巨轮尽收眼底，别看牛宏身为这艘赌船的股东之一，他也没有资格住在五层的。

“庄先生，你们先休息下，回头到了公海，我再来叫你们。对了，牛宏那小子你不用理会他，他就那狗脾气。”

把庄睿和秦萱冰送到房间之后，刘雄向庄睿表达了他的善意，言语里也捎带着提醒了一下庄睿。他对牛宏也是知之甚深，那小子被人这般无视，回头肯定会闹出点幺蛾子来。

“谢谢你，刘兄，我就不认识那人。今儿真的麻烦你们了，日后到内地，一定要和我联系啊。”

庄睿向刘雄点了点头，他本来就不想惹什么争端，不过自己招谁惹谁了啊，这纯粹是无妄之灾嘛。

刘雄走了之后，庄睿关上房门，打量起这个房间来，眼前不由一亮，这房间单是客厅就有上百平方米了，在靠近阳台的地方，居然还有个一洞的高尔夫练习场地，可谓是奢华至极了。

走到阳台上之后，庄睿才发现，这巨轮已经是在行驶了，不过他感觉和在陆地上差不多，并没有丝毫的晃动，如果不是有岸边的参照物，庄睿都会以为这巨轮是静止的。

看着碧蓝的大海，还有远处飞翔的海鸥，庄睿原本有点小郁闷的心情，逐渐变得好了起来，要不这古往今来，怎么都是用大海来形容人的心胸啊。

游轮行驶的速度很快，庄睿感觉和秦萱冰在阳台上待了没多久，门外就响起了敲门声，打开房门一看，却是郑华和刘雄二人。

“怎么，这就到公海了？”庄睿将二人让进了房间，出言问道。

郑华闻言笑了起来，说道：“早就到公海了，都两个多小时了。我怕你没休息好，这不，到午饭点了，我才来喊你的。”

庄睿看了下表，还真是，没多大会儿居然过去了两个多小时，连忙客气道：“郑先生，不用这么客气，您就把我们当成游客就完事了。对了，郑兄，看年龄您应该比我大几岁，以后就喊我名字好了，这先生女士的，我们内地有些叫不惯。”

“好，那我就托大叫你声庄老弟吧。咱们先去吃饭，然后再去小赌一把，到了赌船上

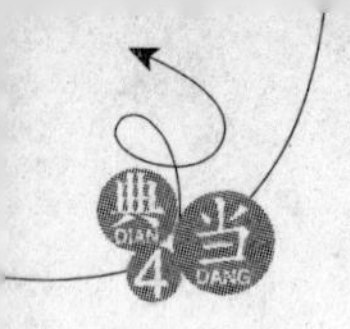

不玩玩，那等于白来嘛……”庄睿的话让郑华心里苦笑起来，您要是游客，我至于让海星号多等一个多小时吗？不过庄睿话中流露出来的善意，让郑华很高兴。

几人聊了一会儿，就下到二层的餐厅去吃饭了，吃完饭后，庄睿自然是要见识一下闻名已久的赌场了，在郑华的带领下，众人来到一层。

“乖乖！”

当门口的侍应推开了一层赌厅的大门之后，硕大的赌场大厅呈现在了庄睿的面前，那金碧辉煌的装饰，熙熙攘攘的人流，喊大叫小的呼叫声，完全和庄睿在电视里看到的一般无二。

“庄老弟，这里是五万元的筹码，你先拿着玩，有什么不懂的就问我。”进入到赌厅之后，郑华拿出一沓薄薄的圆形筹码，递给了庄睿。

“郑兄，怎么好让你破费呢？”庄睿把递过来的筹码推了出去。

“没事，庄老弟，你要是不拿着，可是不把我当朋友啊，你问问他们，有朋友来到这赌船上，我都是奉送五万筹码的，不过你要是输光了，那可就要自己花钱再去买了……”

郑华的手依然停在半空中，并没有缩回去，一副你不接着我就不动的架势。他所说的那话也是半真半假，只有一些他所认为的贵宾，才会奉送筹码，毕竟他们家虽然在这赌船上有股份，但是这些筹码，可是要他自己掏腰包的。

“郑兄，好意心领了，不过这赌钱，还是用自己的好。对了，在这里怎么兑换筹码？”

庄睿笑了笑，他和郑华的关系还没有近到这种地步，虽然自己并不依仗外公家的权势，但是庄睿也不想以后有人拿自己来说事，毕竟拿了别人的手短，万一这郑华日后要是对自己提出什么要求，那帮还是不帮啊？

“呵呵，老弟你和欧阳老哥还真是一个脾气啊……”

郑华见庄睿坚辞不受，就把手中的筹码收了回来。上次欧阳军来的时候，也是宁愿自个掏钱，也没接受他的筹码。郑华心里明白，越是地位高的人，越是不会白白领受别人的这些小恩小惠。

所以郑华也没在意，带着庄睿来到筹码兑换处，说道：“在这里可以用现金兑换筹码，也可以用瑞士银行的本票，对了，大陆在香港要是设有银行机构的支票，也可以使用的……”

“中国银行的支票也可以？”

庄睿是学金融的，自然知道瑞士银行的本票，指的就是由瑞士银行开出的承诺无条件付款的银行票据，在国际上可以当作现金来使用，他只是没想到中国银行的支票也可以，如果是那样的话，他昨天特意准备的三万港纸（币），就用不上了。

“当然可以……”

“那好，给我兑换五万元的筹码吧。嗯，要两个一万的，四个五千的，剩下的全部都要一千的好了……”

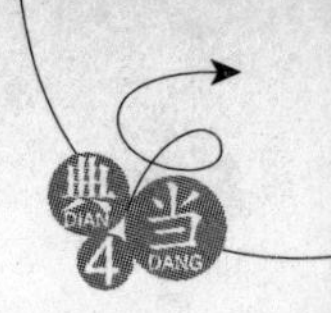

得到郑华肯定的答复后，庄睿拿出支票本，开出一张面值五万元的支票，递交到了兑换处，庄睿刚才看到郑华递给他的筹码有好几种颜色，猜想可能和电影上演的一样，面额不同颜色也不同吧。

果然事情和他想的一样，里面的工作人员在检查了一下支票后，从窗口推出一叠薄薄的大小不一的筹码来。

庄睿拿在手里翻看了一下，最下面那两张一万的筹码，无论是厚度和大小，都要比上面五千一千的筹码大出一点，并且外面还镀有一层透明硬塑胶，制作得很是精致。

郑华看到庄睿在旁边翻来覆去地打量着手中的筹码，出言说道："庄老弟，这些筹码可都是特制的，有防伪标志的，赌场不问你筹码的来历，拿着它们就可以兑换现金……"

"抢到的筹码也可以？"庄睿想起以前看过的电影，不由问了一句。

"当然可以，不过他们要能抢到才行，还有，抢到了也要够胆子来兑换啊……"

郑华闻言笑了起来，别的不说，就这艘赌船上的武装力量，几乎相当于一艘小型战舰了，除了没有重炮之外，其余的轻武器是应有尽有，榴弹炮都有不少，根本就没有哪支海盗武装敢来打劫。

像赌场之类的地方，武装力量都是很强的，澳门赌场开了那么多年，每天从中流通的资金都有上亿元，也没见有人敢去抢劫。

当然，也有一些小赌档经常会传出被打劫的消息，但那都是一些当地的小混混组织的，即使能抢到筹码，给不给兑换还是两说呢，对于郑华这样的人来说，那些小赌档天天被抢才是好事呢，省得客源分流了。

"萱冰，给你一半儿，咱们去转转，"

庄睿将手中的筹码分出了一半儿，交到了秦萱冰的手上，回头又对郑华说道："郑兄，就不麻烦你了，萱冰她懂得规则的。"

"行，那你放开玩，有事打我电话。"

郑华点了点头，他今天做得已经够多了，并且庄睿也领了情，再陪下去就显得有些丢身份了，再怎么说，郑华也是堂堂郑氏珠宝的太子爷。

走在熙熙攘攘的大厅里，庄睿心中有点乐，这感觉就像是回到了国内一般，耳朵里听到的基本上都是普通话，可见现在国内的有钱人越来越多了。

"庄睿，你要赌什么啊？"

秦萱冰见庄睿脸上带着傻笑，一直都是顺着人流走动，并没有往那些赌台上靠，不由奇怪地问道。

"随便什么都行啊，反正我都不会。"

庄睿从小除了在街口看过那些拿个破碗赌石子的，还真没接触过"赌"这个字，刘川的父母和欧阳婉虽然对儿子管得都比较宽松，但是对于赌博，却是抓得很严，庄睿记忆中唯一一次被母亲打屁股，就是打扑克赢了十块钱拿回家显摆那次。

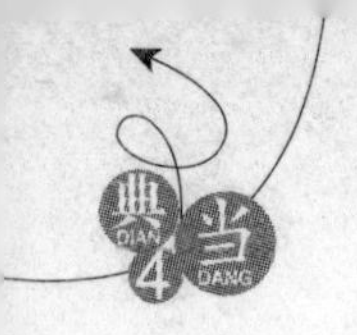

所以庄睿虽然眼中灵气可以透视物体，那他也只是去分辨玉石古董，从来没有想过要用这异能去赌博赚钱，即使现在手头缺钱，并且来到了赌场，他也就是想凭着运气玩玩而已，并没有动用异能的意思。

“萱冰，那边热闹，咱们就去那里玩。”

庄睿忽然看到在前面有一张两头完全一样的长桌，中间部分是空的，里面站了三个人，然后围着那三个人一圈，摆放着十多张转椅，在转椅旁边更是围满了人，非常热闹。

秦萱冰看了一眼，说道：“那个是百家乐，你会玩？”

“百家乐？”庄睿重复了一句，然后很肯定地说道，“不会玩。”

庄睿的话说得秦萱冰哭笑不得，不会玩你凑什么热闹？不过看到庄睿已经挤了过去，她也只能跟在身后了。

庄睿挤到桌前观察了起来，他发现桌子上面有十四个号码，每个号码都对应着一个人，但是却从十二号直接跳到了十四号，回头问了秦萱冰一句才知道，敢情这老外也迷信，认为十三不吉利，于是第十四位玩家入座十五号位。

在每个转椅的前方都有一个下注的区域，分别为三个下注区，上面用中文写着庄家、闲家或是和局。

庄睿在旁边看了一会儿，加上秦萱冰的讲解，慢慢地明白了百家乐的玩法，这百家乐一般使用八副牌，每副五十二张，不包括大、小王。

荷官洗完牌后把牌放在发牌箱内，玩家在发牌前先选择在下注区押哪一方，只能在一处押注，押完注后开始发牌，庄、闲两方均会收到至少两张牌，但不会超过三张。根据百家乐的规则，总点数最接近九点的一方获胜，押闲家赢钱：一赔一，押庄家赢钱，也是一赔一，但是需要从赢钱中扣除百分之五的佣金，也就是俗称的抽水。

如果双方的总点数相同，那就是押和局者获胜，赔率是一赔八。

牌点的算法是：花牌（J、Q、K）及十点牌都算作0点，A牌算作一点，每手牌的牌点等于各张牌牌点总和的个位数，也就是说，你拿到一张九和八，最后的点数就是九加八之后的七点了。

“萱冰，我来玩玩。”

庄睿看了一会儿之后，有点跃跃欲试了，正好在他身旁的一个人筹码输完离开了，庄睿连忙坐了上去，拿起手中的筹码对着桌子看了起来。

这看别人玩和自己玩，感觉还真是不一样，庄睿刚才在旁边看的时候，还知道怎么下注，但是现在到了他自己，拿着筹码就不知道往哪里放了。

“投注离手，朋友们要买的抓紧时间下注了，马上就要发牌了啊。”

站在中间的荷官吆喝了起来，庄睿心中有点着急，拿了一片筹码，也没看面额，直接就放到投注区的那个“和”字上。

“庄睿，你怎么买‘和’啊？几率可是很低的。啊？你还买了一万？”

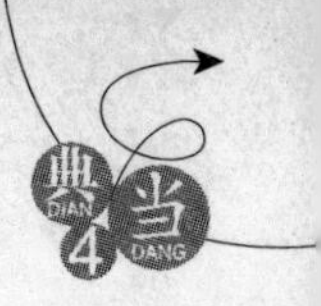

秦萱冰看到庄睿的举动，颇是有点无地自容，这也太外行了吧，虽然说押“和”的赔率很高，如果押中的话，一万就会变成八万，但是那种几率是非常低的。

秦萱冰看着一脸无辜的庄睿，无奈地说道：“好吧，说不定咱们就能买中呢。”

“萱冰，你以为他是汉伯？押什么中什么啊？筹码不多，小心输完了还要去换。”庄睿本来还想问能不能重新押注的，耳边突然传来那个牛宏幸灾乐祸的声音。

从庄睿他们进入赌厅，牛宏就注意上了，只是庄睿一直都没有上桌去赌，牛宏没找到奚落庄睿的机会，现在看到庄睿押了一万元到和局上，差点把他的大牙都给笑掉了。

“庄睿，还可以改的，你换个押也行的。”秦萱冰拉了拉庄睿的袖子。

牛宏还真像是只苍蝇，在旁边煽风点火地说道：“是啊，现在改还不迟，等会儿可就不行了。”

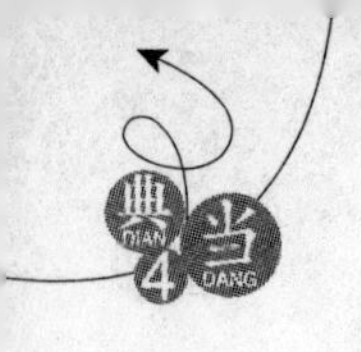

第二十七章　赌的就是运道

“牛公子很清闲吗?”

庄睿没有去动桌子上的筹码,而是扭过头来冲牛宏笑了笑。

牛宏愣了一下,他不知道庄睿是什么意思,瞪起了眼睛说道:“我就是清闲怎么样啊?关你什么事情。”

“哦,原来是个无聊的人啊,萱冰,不用搭理他,这世上无聊的人太多,走到哪里都能碰到……”

庄睿回过头来,没有再去看那气得面皮发紫的牛公子,对牌桌上的荷官说道:“发牌吧,就押和局了……”

庄睿本来就没想着赢钱,要不然他也不会来玩百家乐了,直接找个摇色子的桌子去押大小不就完事了。按照庄睿从小所受的教育,他始终感觉这赢到的钱终归路数不正,没有通过赌石捡漏玩古董赚钱花得实在。

为了表示公正,洗牌的荷官是不发牌的,专门还有一个发牌员,从发牌箱里取出纸牌,挨个用手中的那个长尺子状的工具,递到桌上每一个人的面前。

发到庄睿面前的第一张是明牌,是个黑桃七,而庄家是红桃五,第二张是暗牌,庄睿掀开牌的一角,看了下,是张方片六,也就是说,他两张牌最后的数字是个三,而庄家除非拿到八,才能是平局。

“再要一张牌!”

庄睿抬手示意了下,发牌员听到后,又取出一张牌递了过来,而庄家却是不要了,掀开了他的暗牌,是个桃花三,如此一来,他最后的数字就是八,在百家乐的牌面上,已经是不小的数字了。

“唉,怎么又是庄家赢……”

“就是啊,我才是个六点……”

“庄家连赢四把了,真邪,下次买庄家……”

“没见识了吧,庄家连赢十四把都有,这算什么!”

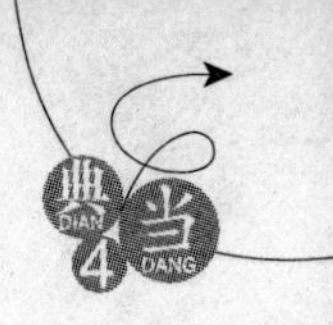

在庄家开牌之后，众人看了自己的底牌，纷纷议论了起来，在牌桌上的几个人，更是垂头丧气地把纸牌丢到废牌箱里去了，不过还有几个人要了第三张牌，正一脸严肃地准备看牌呢。

“吹，吹，吹出个三点来，三边，三边，妈的，怎么是五点，爆了！”

坐在庄睿旁边的那个人很是搞笑，将身子趴得很低，头几乎和桌面平行了，右手把那张暗牌压得死死的，左手慢慢地将牌的一角给掀起来，而那张嘴也没闲着，正使劲地往牌上吹着气，似乎这样就能带来好运气一般。

庄睿看了一下他的牌面，两张明牌分别是A和五，要是能有张三点的牌，就可以赢庄家了，而他押的也是闲家赢，只不过吹了半天的气，开出来的是张五点，如此一来，他最后的牌面只能是一点，又输给了庄家。

“这位先生，请开牌吧……”

庄睿正左顾右盼地看热闹时，那位和他对赌的荷官开口提醒了他一句。

“哦，我差点忘了……”

庄睿不好意思地笑了笑，刚才只顾着看旁边那些人的热闹了，现在才发觉，整张桌子似乎就只剩下自己没有开牌了。之所以刚才没人催他，是因为没有人跟他的和局，不过现在众人的眼神都看向了庄睿身前的那张暗牌。

“兄弟，我这张五要是给你，你这一把就能赚八万啊……”

坐在庄睿旁边的那个人是个香港人，大约三十出头的年纪，看起来文质彬彬的，不过刚才开牌时候的样子，整个就像一小流氓，现在操着一口半生不熟的普通话，和庄睿搭讪，他赌的不大，刚才那一把只是输了几百块钱的筹码而已。

庄睿掀开的两张明牌，牌面现在是三点，最后一张暗牌必须是五点，才能和庄家平局，平局在牌桌上是经常有的事情，但是庄闲和局，而又押中，却并不多见，并且庄睿押的又是一万的筹码，这在赌厅里，也是不常见的，毕竟有钱人都去楼上包厢里对赌去了。

“小伙子，快开牌啊……”

围观的人有些按捺不住了，倒不是想知道庄睿的底牌，在他们眼里，庄睿这把肯定是输的，不过庄睿不开牌，下面的牌局就无法进行了，这才是众人所关心的问题。

庄睿摸了摸左手戴的天珠手链，他是真的没看底牌，就想试试运气，当右手将底牌掀开的时候，这桌周围齐刷刷地响起一阵“啊”的声音。

“是五哎，真的是五，庄睿，你运气太好了……”

秦萱冰看到庄睿的那张底牌之后，先是不相信地擦了擦眼睛，确认没错的时候，不禁一把搂住了庄睿的胳膊，兴奋地喊了起来。

“妈的，我刚才怎么没跟他的和局啊，八倍啊。”这是放马后炮的。

“现在把牌盖上，重新让你跟，你也不敢。”这是说风凉话的。

“运气，这小伙子运气好，我下把就跟他了。”

一时间，旁观的人群纷纷发表起自己的看法来，更是有不少人围到庄睿旁边，准备跟他下一把的注。

“还真中了？”

庄睿也是有点傻眼，他刚才压根儿就是乱投的，根本就没有任何技术性可言，不过赌博本来就是靠运气的，在澳门赌场里，有些手气旺的人，一晚上赢个三五十万，也都是很正常的。

“先生，闲家押和局，一赔八，这是八万，请收好您的筹码……”

在庄睿愣神的时候，对面的荷官已经推过来八张面额分别为一万的筹码，在将庄睿面前的废牌收起之后，第二轮下注又开始了。

“妈的，狗屎运啊！”

站在庄睿身后的牛宏也是看得目瞪口呆，原本等着庄睿输钱的时候再嘲笑他一番的，没想到这生手蛋子居然就押中了，而且还是一赔八的高赔率，这让牛公子面色悻悻，心中十分不爽。

“庄睿，咱们这一把押什么？你押什么我也跟着押……”

秦萱冰拿着手上的筹码，等待庄睿下注，要说这赌博真是男女老少皆宜啊，像秦萱冰这般性情冷淡的人，居然也兴奋了起来，这倒不是为了赢得那几个钱，而是身在局中，不自觉就被周围的环境给感染到了。

不仅是秦萱冰，就是庄睿身旁的那些人，也眼巴巴地看着庄睿。要知道，赌场这“运气”一说，是很邪性的，有些人往往就能连赢很多把，要说跟对了人，这些投散注的人，也是能小赚一笔的。

“难道这活佛送的天珠手链，还真的能带来财运？”

庄睿没有回答秦萱冰的话，而是用手摸了下那串手链，这链子跟了自己也有半年多了，或许是自己赌石捡漏多用灵气，而让这手链明珠蒙尘了吧？

“我还押和局，两万！”

庄睿拿定了主意，挑拣出两枚一万的筹码，扔到了和局的投注区，在这个赌桌上，能否看透对方的牌，根本就无关大局，庄睿就是看看自己今儿的运气如何，反正这钱也是赢来的，花着不心疼。

“庄睿，你没搞错吧？还押和局？”

庄睿的举动不仅让周围的人看傻了眼，就是秦萱冰也不理解，像百家乐这样的赌博，其实就是一种数字游戏，里面也有一定的规律可言的。

曾经就有一位数字天才，在拉斯维加斯玩百家乐，一晚上赢了数百万，他就是靠着精确的计算来选择投注的。一般来说，连着两把都是和局的几率，那是相当小的，所以所有看到庄睿投注的人，脸上都显出一种难以置信的神情来，这小伙子长得不像是精神病啊，嫌钱多？

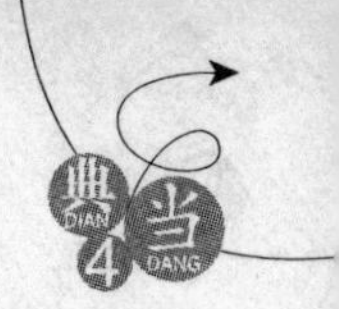

不过这些人始终都忘记了一点，精确的计算固然能赢钱，但是赌博始终是要靠运气的，澳门赌色子连开十八把大，那就是运气使然，根本没道理讲的。

“这人不会是疯了吧？还押和局，我不跟了，老赵，你跟不跟？”

“我也不跟了，要是再开把和局才怪了呢，这人又不是汉伯。”

后面这人口中所说的汉伯，就是曾经的赌王叶汉，在他一生七十多年的赌场生涯中，什么样的事情都经历过了，别说连开两把和局，就是三把五把，放在叶汉身上，都是有可能的，所以赌场里的人，经常就会用叶汉来比喻一些人的举止。

原本准备跟着庄睿下注的人，纷纷摇头走开了，手气旺也不能乱点注啊，这要是跟上去，指定是赔钱，一时间，庄睿这边投注区，只剩下他那两个孤零零的筹码扔在上面。

“还真的以为自己是赌神啊？哈哈哈……”旁边的牛宏像狗皮膏药似的，今儿算是缠上庄睿了，见到庄睿的举动之后，忍不住又开口奚落了一番。

“庄睿，我跟你押！”

秦萱冰不满地看了一眼牛宏，居然把手中的两万五千元的筹码，全部都押到了和局上，这让旁边的赌客都看得目瞪口呆，这对年轻的男女，莫非不是来赌钱，而是来赌气的？

见到秦萱冰用行动扫了自己的面子，牛宏的笑声戛然而止，恶狠狠地从嘴里迸出了一句：“押吧，亏死你们。”

“这位兄弟，我也押五千块的和局！”

坐在庄睿身边的那个香港人，居然离座不赌了，拿出五千的筹码押到了庄睿的投注区上。

“嘿，还真有钱多的。”

牛宏见到庄睿旁边的位置空了出来，连忙一屁股坐了上去，拿出筹码往自己的桌面上押了一万块的闲赢，另外又拿出两万，扔到庄睿投注区的庄家赢，摆明就是和庄睿过不去了。

庄睿没搭理牛宏，而是看向往自己这边押了五千块的那个香港人，说道：“这位大哥，我就是玩玩的，中不中可难说，你不怕赔了？”

“嘿嘿，叫我老谢就好了。赌博本来就是有输有赢嘛，我看好你的运道，自然就跟着你押了，那些墙头草，根本就赚不到钱。”

老谢在香港是做编辑工作的，普通话说得不大好，结结巴巴地说了半天，才表达出自己的意思。老谢和这些临时来赌场的游客不同，他可谓是个老赌棍了，没事就会到澳门或者赌船上去转悠下。

以前香港人最喜欢去澳门，但是有了赌船之后就不同了，价钱不贵还包食宿，赌船就成了很多香港人的首选了，老谢也是如此，每隔上三五天的，就会出海转悠一圈，而他对运道的理解，与旁人也有所不同。

老谢认为，这人运道一来，那就会一旺到底，别管他买得多么邪行，直接跟上押注就

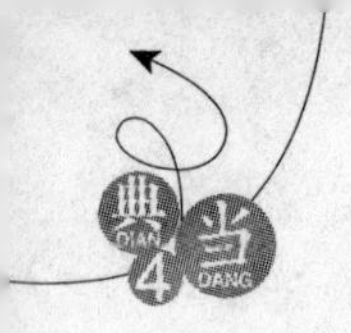

行了。他刚才自己做闲家的时候每把不过押上三五百的，但是在庄睿这边一下就砸进去了五千，赌的就是庄睿是否有运道。

在庄睿和老谢闲聊的时候，发牌员已经将两张牌发到庄睿面前，明牌是黑桃七，暗牌庄睿就没看，而荷官牌面上是红桃三，看着庄睿的牌面，荷官看过底牌之后，稍微犹豫了一下，又叫了一张牌。

将第二张牌掀了起来，是张方片A，庄家现在的点数是四点，庄睿也懒得去猜庄家的底牌了，直接将自己的底牌翻了过来，却是一张红桃四，也就是说，庄睿的牌面只是一点，而庄家最后一张牌，只要不是七这个数字，就稳赢庄睿押在和局上的投注了。

“嘿嘿，一点，幸亏我没跟。”

“是啊，那傻帽还跟了五千块钱的。”

“别急，庄家还没开牌呢，说不定就是七呢。”

“不可能，要是七点我把那张牌给吃了。”

庄睿旁边围观的人虽然没有下注，但是并不妨碍他们看热闹，当庄睿开牌之后，身边响起了一阵议论声，当然，都是不看好和局的。像百家乐的牌面，三至八点出的比较多，一、二之类的小点反而较少，如果庄、闲同时开出来一点，那更是少之又少的。

和庄睿对赌的荷官脸上虽然不动声色，但是心里已经开始紧张了起来，庄睿在和局上投的注不算低，算上跟注，总共有五万元整了，要是真被他押中，那么赌场就要赔出四十万，这个数目在包厢里不算什么，但是在赌厅里，一把赔出四十万，也是极为罕见的。

像他们这类的荷官，虽然并没有抽水，但却是有小费拿的，一天下来也是不少钱，但是自己管理的赌桌要是赔钱太多的话，可能就会被减少上桌的机会，那样小费自然就没有了，所以赌桌赚钱与否，和这些荷官也是息息相关的。

“开牌啊。”

庄睿身边的老谢看到荷官迟迟不肯开牌，有些不耐烦了，他每次来赌船最多只赌一万元，要是这五千块钱输完，那他剩下的一天就没什么事干了，吃饱喝足就可以打道回府了。

现在的情形与刚才完全相反了，众人纷纷都催促荷官开牌，那个中年荷官也没有看第三张牌，这会儿看了也没用，如果是和局的话，除非他出老千，否则怎么样都改变不了结果的。

虽然心里有些紧张，荷官表面上还是很镇定，在各种赌场都待过，这也不是第一次遇到豪客了，随着众人的催促声，荷官掀开了手中的牌。

“方片七！”

“老李啊，你害苦我了啊，刚才我说要跟，你非拉着我，你看，你看看。”

“连着两把开出和局，真是有点古怪啊。”

“这有什么古怪的，我在澳门见过连着七把和局的呢。不过这小伙子运气真好。”

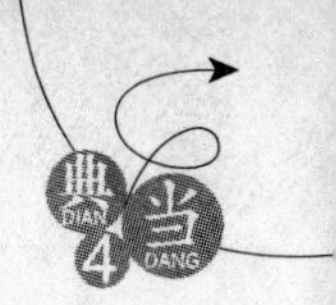

“是啊，下把他要是再押和局，我也跟了。”

“哎，哎，老王，你去哪啊？你不是说要是开出和局，你把那张牌给吃掉的吗？”

当荷官开牌之后，围观的人群犹如炸开了一般，纷纷叫嚷了起来，把数千平方米赌厅里的其余嘈杂声都给压了下去，引得所有人的注意力都转移到这张百家乐台子上，而最后那句要吃牌的话，更是引得众人哈哈大笑起来。

“牌是赌场的，他要是给我我就吃。”

刚才说大话的人见到发牌员将废牌都丢进废牌箱之后，才敢冒出头来回了一句，引起众人的一片鄙夷声，不过如此一来，倒是冲淡了庄睿连中两把和局的事情。

要说场内唯一笑不出来的人，可能就是坐在庄睿身边的牛宏了，牛公子自己这边的牌面赌输不说，押在庄睿那边的两万块筹码，更是直接被荷官拨给了庄睿，连收都没收回来。

由于是三方投注，赌场方面一共需要赔付庄睿和局四十万的赌注，其中有四万是归属于老谢的，另外十六万是庄睿赢得的，倒是秦萱冰收获最多，整整赢了二十万。

那位荷官额头微微冒汗，把三枚十万还有四枚一万的筹码推到了庄睿面前，还少了两万？不是有牛大少的那两万嘛，另外又赔了四万给老谢之后，才算是赔付清楚了。

庄睿把秦萱冰赢的筹码递给她之后，将那枚十万的筹码拿在手里把玩了起来，这枚筹码和圆形的一万面额的筹码不同，是长方形的，比汽车遥控器稍微大上一点，外面同样用透明塑胶包裹，拿在手里有点重量。

“郑少，您带来的这人是做什么的？手气也忒好了点吧？”

在赌船的一个房间里，摆放着三四十台监控器，其中的一台正对着庄睿，将那张普通的脸放大到了整面屏幕上。

郑华也没想到庄睿的运气如此之好，当下无奈地说道：“看他的手法，应该是第一次进赌场赌钱，随他玩吧，这点小钱咱们还输得起。”

“郑少，这是您朋友，要不您出面邀请他去包厢玩？”

说话的这人叫计奕，赌术十分高明，是赌船的技术总监，平时倒也没什么事，但是遇到有人来砸场子出老千，就是他出手的时候了。不过以他的眼光，一眼就能看出庄睿是个新手，和出千完全没有关系。

计奕见郑华对自己的话不置可否，连忙又说道：“郑少，我是怕他运道不衰，旁边的人都跟注，那咱们损失就大了，是不是换个荷官上去？”

越是在赌场里厮混时间长的人，越是相信运道，如果庄睿一直如此走运下去，继续押和局的话，旁人再一跟注，那要是再被他押中，可能就会赔上几百万，那样一来，赌场的确是损失不小。

郑华似笑非笑地看了计奕一眼，说道：“老计，百家乐输赢才几个钱？你是太久没遇到砸场子的人了吧？随他去玩，输多少赌船赔多少，咱们开门营业，就不怕有人上门赢

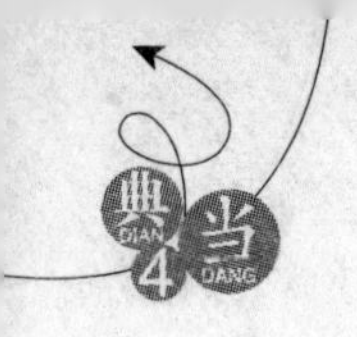

钱，别想着那些小家子气的事情。

“我告诉你，惹得那人不高兴了，别看咱们在公海，就是被几艘军舰给围上，都是有可能的。”

郑华知道作为整艘赌船的技术总监，计奕对每张赌台都是有抽水的，虽然抽水很少，但是架不住流通的金额总量大啊，计奕所说的换个荷官，郑华心里很明白里面的猫腻，他怕计奕干出什么蠢事，故意拿话点了他一句。

“是，是，郑少教训的是。”

计奕被郑华说得满头冷汗，在心里暗骂自己昏了头，郑少带来的朋友，自己居然还敢起歪心思，真是不知道死字是怎么写的。

“不过以他的身家，在赌厅里是有点不合适。我下去问问他，看他愿不愿意进包厢找人对赌。”

郑华哪里知道，庄睿现在的身家，不过就是几百万而已，说得更准确一点，他现在能拿得出来的，就是一百多万。

在郑华和计奕聊天这会儿，庄睿已经投下了第三次注，这次他没有再押和局，而是买了两万块钱的闲家赢，而待在旁边的那些投散注的人，纷纷把自己的钱押了上去，最多居然有人押了六万，比庄睿的本金还要多出几倍。

而那位老谢这次却是没有跟，反而押了一千块庄家赢，被旁人奚落了一番，只是在开牌之后，庄睿这局真的输给了庄家，搞得跟注的那些人大失所望，而牛公子自然不肯放过这次机会，操着半生不熟的普通话，又开始聒噪了起来。

“庄兄弟，这里玩的太小了，有没有兴趣上去玩玩？”

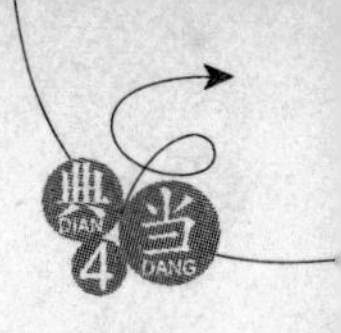

第二十八章 包厢豪赌

“上去玩？去哪里？”

庄睿没有搭理那些跟注的人，正准备随意再押一局的时候，郑华走到了身边，说出来的话却让庄睿愣了一下。

郑华向四周看了看，笑着说道：“下面玩的太小了，庄老弟要是不过瘾的话，咱们去包厢玩，里面也有百家乐，想玩什么都行，或者咱们找几个人，玩梭哈吧。”

“郑兄，不用了，我就是随便玩玩，主要是来见识下，对赌没多大兴趣。”

庄睿摇了摇头，别说他现在囊中羞涩，就是有钱也不想沾赌过深，小赌可怡情，大赌可发家之类的话，在庄睿心里纯属扯淡。

“那好，就随庄老弟吧，要是感觉玩的小了，回头再找我……”

郑华也没勉强庄睿，他此次的任务就是要让庄睿吃好玩好，庄睿喜欢在大厅里玩，就在这里玩好了，平时也有些豪客喜欢在大厅赌，个人爱好而已。

“不是没兴趣，而是输不起吧？”

旁边响起一个阴阳怪气的声音，却是牛宏正一脸不屑地看着庄睿，接着又说道：“就这样一万一把，玩到天亮才能输几个钱？内地人就是小气……”

“牛宏，你少说几句，庄老弟是我请来的朋友……”

郑华看到牛宏又和庄睿对上了，脸色有些难看，这小子牛劲发作，谁的账都不买，早知道就改天趁这家伙不在的时候再邀请庄睿来了。

“庄先生拍那项链的时候如此豪气，难道连赌得稍大一点都不敢？”

牛宏根本就没搭理郑华，继续一脸挑衅地看着庄睿。他刚才算是看出来了，庄睿对赌绝对是一窍不通，全凭着手气赢了两把，但是到了第三把时候，运气就衰了，像这样的赌场初哥，是最好拿捏的了。

牛宏也没别的意思，就是想逼庄睿同意去包厢对赌，然后赢他点钱，出出刚才被他们挤兑的恶气，所以现在不住地用语言挑衅庄睿，连郑华的面子也不给了。

“哦，不知道牛苍……呃，是牛公子，不知道牛公子要怎么赌啊？”

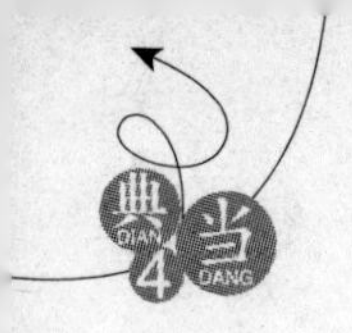

庄睿这时也被激出火气来了，本来不想和他一般见识的，但是接二连三被这人挑衅，泥人还有三分火性呢，虽然庄睿表面上仍然是不动声色，但是心里已经是怒火高炽了。

“庄睿，别和这人一般见识，咱们玩咱们的……”

秦萱冰知道牛宏这个人的秉性，吃喝嫖赌无一不精，庄睿要是与他对赌，指定是要吃亏的。

“庄老弟，听秦小姐的，别和这浑人一般见识……”郑华拉着牛宏就要往外拖，只是自己这身板比牛宏小了一圈，那厮站在那里，郑华根本拖不动他。

“郑哥，咱们认识二十多年了，你可不能胳膊肘往外拐啊。”牛宏今儿是铁了心要给庄睿难堪，站在那里纹丝不动。

“你说要赌什么吧？”

庄睿笑了笑，追问了一句，这牛宏实在是太嚣张了，今儿庄睿要是不把他兜里的钱掏光，都有些对不起这浑人。

“随便你，只要赌船里有的赌具，赌什么都行，就是没有的，你说出来赌法，我也和你赌！”

牛宏听到庄睿同意和他赌，心中大喜，他从麻将扑克到摇色子，什么不会啊，对付庄睿这样一个菜鸟，根本就不用动脑筋。

“咱们去包厢吧，这里人太多了……”

庄睿看到四周围了不少人，当下轻轻拍了拍秦萱冰的小手，示意她不用担心，然后又往赌桌上的小费箱里扔了枚五千块的筹码，自己和秦萱冰在这桌上赢了几十万，要是不给点小费的话，那可是要被人戳脊梁骨的。

“庄老弟，这……”

郑华有些不好意思，他没想到自己下来问了这么一句，却是给牛宏找到了挤兑庄睿的机会。

“没事，郑兄，小玩玩而已，咱们一起去包厢吧，让我也见识见识牛公子的赌技。”

庄睿笑着打断了郑华的话，随便他选？庄睿长这么大，第一次见到还有人上赶着给他送钱的，虽然说庄睿打心底排斥赌钱，但是赢牛宏这家伙的钱，庄睿绝对是没有一丝心理负担的。

“那好吧……”

郑华有点无奈，狠狠地瞪了一眼得意洋洋的牛宏。郑华心里已经是打定了主意，要是待会儿庄睿输得多了，等下船的时候，自己把钱给他找补回去。

“把一号包厢的钥匙给我，另外把计总监给叫来。”

在郑华的带领下，几人出了赌厅，走进电梯，上到二楼之后，马上就有侍应过来招待，郑华向侍应交代了一句之后，接过侍应手中的钥匙，自行带着庄睿等人去包厢了。

打开一号包厢的大门，庄睿看得目瞪口呆，这里简直就是小一号的赌厅嘛，除了没有

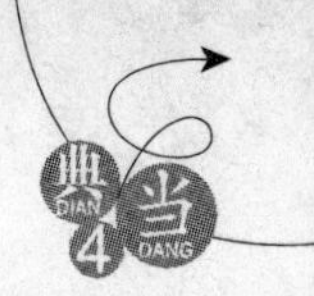

可以连彩拉彩金的老虎机，其余的赌具应有尽有，面积虽然没下面的赌厅那么夸张，但是也有一两百平方米大小。

“郑总，您喊我？”

计总监来得很快，郑华他们前脚进包厢，计奕后脚就跟了过来。

跟计总监身后进来的，还有赌场的几位荷官，另外一个人手里却是抱着个筹码箱，根据赌场的规定，所有赌局都是必须将现金兑换成筹码后，才可以进行的。

“嗯，牛少要和庄老弟对赌，你是行家，就委屈你一下，做次荷官吧……”

郑华是怕牛宏在对赌的时候玩什么猫腻，这才喊计奕下来的，有他在，绝对能保证赌局的公平性，郑华也只能帮庄睿这么多了，他总不能亲自下场代表庄睿赌吧？那样的话，非但要和牛宏撕破脸，恐怕就是庄睿也不会答应的。

“行，不知道二位要赌什么？”

计奕点了点头，向庄睿和牛宏看去。

“让他选，随便赌什么都行！”

牛宏摆了摆手，一副很嚣张的模样，在他看来，自己赢定庄睿了。

“让我选？”

庄睿笑了笑，向计奕问道：“能自己制定规则吗？我对赌场的规矩不是很了解。”

计奕沉吟了一下，说道：“这个，恐怕要牛先生答应才行，如果双方都同意的话，就可以按你们商议的规则来赌……”

“我都说了，随便赌什么，只要你提出来，我都奉陪到底！”

牛宏根本不在乎庄睿要怎么赌，无非就是扑克牌和麻将色子，这几样他都精通。

“好，那咱们就赌摇色子，计总监您出两个人，一个代表我来摇，一个代表牛公子来摇，色盅里为三粒色子，三至九点为小，十至十八点为大。

“至于规则嘛，咱们互相猜对方色子的大小，还有单双，两者都猜对为赢家，如果咱们两个同时猜错或者都猜对，为平局，你看怎么样？”

庄睿张口就说出了对赌的规则，早在电梯里的时候，他就合计好了，这个办法最是便捷，而且速度也快，庄睿还就不信了，赢不光这牛逼哄哄的牛公子。

“玩色子？”

牛宏一听之下，脸上露出一丝玩味的笑容来，他曾经下苦功夫专门学过一段时间听色子的技巧，虽然不敢说能听出具体的点数，但是如果赌大小的话，他十次里面也能蒙准个六七次，只是这单双有点麻烦，不过自己的机会总要大于全靠猜的庄睿的。

想到这里，牛宏点了点头，大咧咧地说道：“赌色子就赌色子吧，不过多少钱一把？赌小了我可不玩的。”

“一百万一把，少了我也不玩……”

庄睿淡淡地说道，却把旁人给吓了一跳，这摇色子可不比赌牌之类的，一分钟都能开

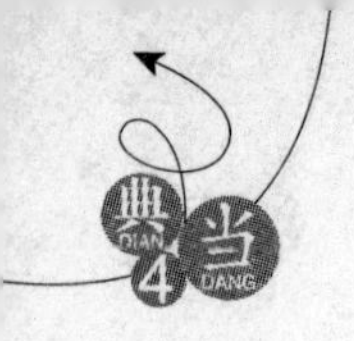

个好几把，这要是一百万一把，赌上一个小时，资金还不要上亿了？

包括那几个荷官在内，看向庄睿的眼光都有些不同了，这可是真正的豪客啊，回头把他伺候好了，随手丢一个筹码，可能都是十万一枚的啊。

“庄睿，是不是赌的有点大了？”

秦萱冰拉了一把庄睿的胳膊，在他耳边说道。

被牛宏挤兑了半天，庄睿现在终于能出口气了，看着牛宏淡淡地问道：“大？不大，牛公子是有钱人，我还怕他嫌小呢。牛公子，我说的对不对啊？”

“嘿，有种，怕钱花不出去是吧？我就成全你了，一百万一把，就一百万一把！”

牛宏听到庄睿的赌注之后，心里本来还有些踌躇，毕竟这赌注可真是不小，自己能动用的钱只有五六千万，要是手气不好的话，可能都不够输半个小时的，但是被庄睿一挤兑，马上就答应了下来，而最主要的是，他绝对不认为庄睿能赢了他。

“好，牛公子果然爽快……”

庄睿拿出支票本，开出一百万的支票之后，将支票本拿在手里扬了扬，笑着说道：“我这本支票有两个亿的限额，输一张，我撕一张，看看牛公子有没有本事全都赢走。”

庄睿在说这句话的时候，心里也是捏着一把汗，他那支票本，只能兑现刚才所开的那一百万了，如果别人真是要验证的话，那人就丢大了。

还好，赌船的工作人员只对庄睿开出的这张支票进行了验证，这一百万当然是可以支付的，至于支票本，还是在庄睿的手上，他们并没有怀疑什么，虽然一次撕一张有些麻烦，但这也是别人的权利不是。

“庄先生，这是您的筹码……”

验证完支票之后，抱着筹码箱的那个工作人员，从里面拿出一枚有巴掌长但是比其稍微窄一点的筹码来，递给了庄睿，庄睿打量了一下，这个筹码上面一的数字后面，足足有六个零，正是一百万元整。

“郑兄，拿着这个就能在赌船兑换一百万？”

庄睿笑着向郑华问道，他没看出这筹码有什么不同的，只是体积比那些一万和十万的大上一些而已。

“当然。不过一百万的筹码是赌场数额最大的了，在下面的赌厅可是见不到这种筹码的。”郑华笑着回答道，他也很佩服庄睿的镇定，一个对赌一窍不通的人，马上就要进行豪赌了，居然丝毫都不在乎，依然是谈笑风生。

郑华和牛宏认识很多年了，他从牛宏现在的表情里就可以看出，那家伙现在绝对紧张起来了，相比庄睿的镇定自若，这气势上就要差了一头。只是郑华哪里知道，这赌局对庄睿而言，绝对的是有赢无输。

庄睿提出的这种玩法不像是玩扑克，可以不跟，可以偷鸡诈牌，或者可以逃跑弃牌，这种赌色子完全要靠运气的，并且除非双方同时猜对或者同时猜错，否则的话，把把都能

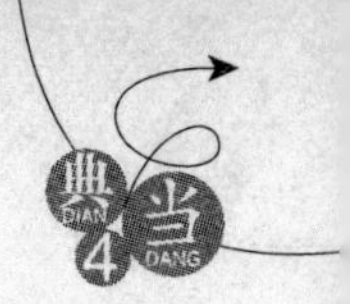

分出胜负，如果一方运气不佳的话，别说五六千万，就是上亿的资金，也不够输的。

庄睿见牛宏迟迟没有兑换筹码，笑着问道：“牛公子要玩大的，不会是没钱吧？”

“哼，钱多的是，就怕你赢不走！”

牛宏也掏出一个支票本，说道：“这是瑞士银行的本票，可以兑换五百万欧元，差不多六千多万港币。也给我取一百万的筹码来，依次从这本票里扣取。”

牛宏说着把那张瑞士银行的本票，交给了赌场的工作人员，然后走到一张长约三米左右的赌桌一头坐了下来，道：“咱们可以开始了吧？”

庄睿笑了笑，说道：“当然可以开始了。”

“两位，为了公平起见，你们可以指定为自己摇色子的人。”计奕知道自己赌场里的这些荷官，有不少是身怀绝技的，虽然听色子不行，但是摇三枚色子，想要控制点数，有几人还是能摇得八九不离十的。

回头看了一下那几位荷官，庄睿指向一个没有穿着荷官马甲的侍应说道：“嗯，就麻烦你来帮我摇色子吧，牛少，你也指一个吧。”

牛宏有点后悔，早知道在庄睿提出条件的时候，就要各人猜自己所摇的色子了，因为摇色子和听色子不同，在摇的时候控制好手劲，十次里面倒是有八九次是可以摇出自己想要的点数的，比之听色子要简单了许多。

那群荷官里倒是有几个人与牛宏相熟，只是庄睿指定了个侍应，让牛宏是有劲无处使，不过这会儿牛宏也不好改口反悔，在场中扫了一圈之后，也喊了个侍应走到自己身边。

“牛先生，请问您对庄先生提出的赌法有异议吗？”

计奕站在赌桌的中间，手里拿着几张纸，向牛宏问道。

牛宏先前把话说得太满了，现在只能摇了摇头，说道：“没有。”

“那好，两位先生请签一下这份协议，以免后面发生什么纠纷……”

计奕把手中的协议分别放到牛宏和庄睿的面前，赌船的办事效率很高，在庄睿提出赌法的时候，就已经有人将之打印出来了。

这也是赌场的规矩，如果是按照赌场应有的规则来赌，是不需要这东西的，但是客人提出赌法，为了以防万一，才会让对赌双方在这张写明了赌法规则的协议上签字。

庄睿将协议仔细地看了一遍，和他所说的并没有什么出入，接过一位侍应递过来的笔之后，随手签上了自己的名字，在把协议交给侍应的时候，还顺手扔给他一枚一千元的筹码，这几天住酒店的时候，每次有人进房间打扫卫生，秦萱冰都会给小费，庄睿倒也是学得有模有样的。

“二位要不要检查下色子？”

此时两个乌黑的色盅，还有三粒骨质色子，已经摆在庄睿和牛宏的面前，而那两个准备摇色子的侍应则是有点紧张，他们这些包厢的侍应，虽然见过的豪赌不少，但是自己亲身参与，这却是头一次，紧张得额头微微渗出了冷汗。

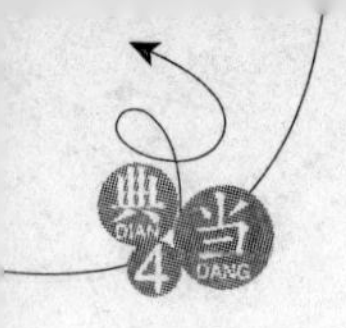

“不用了。”

庄睿早在赌厅里面就检查过了，这色盅并不能阻挡住他眼中灵气的透视。

“那好，两位请准备了，赌局马上开始……”

见到牛宏也摇头之后，计奕对那两个侍应说道：“你们可以摇色子了，我说停就停下来。”

两个侍应平时虽然也会小赌几把，对于摇色子赌博的场景也看得多了，只是这会儿换成自己，就显得有些手忙脚乱了，那双手几乎是颤抖着将三粒色子放入色盅里，然后放到色盅的底座上，用两手拿起来，胡乱摇了起来。

庄睿看得哑然失笑，他香港赌片看多了，还以为摇色子都像电影里面那样能玩出花样来呢，没想到这俩人都是一个动作，就是上下使劲地晃动着色盅，色子与色盅相撞，发出了清脆的响声。

“停！”计奕抬起手来，那两个侍应连忙将色盅顿在了桌子上，在几声脆响之后，色盅里面的色子完全静止了下来。

“两位请猜大小和单双吧。”

计奕的话让牛宏的脸色很难看，这两人一起摇色子，声音太杂乱了，他以前练过的听色技能，一丁点儿都用不上，即使他再精通赌技，在这个场合也是没有任何用处了，和庄睿一样，都只能靠蒙了。

他们二人面前的赌桌，都是经过改动的，在两人面前分别画出了双小、双大，单小、单大等四个字样的投注区，这也是根据庄睿的规则，刚刚由专人用特制的彩笔画上去的。

第一把，庄睿是绝对不容有失的，眼睛有意无意地从牛宏面前的色盅扫过之后，已经是看到里面的色子点数，二四六，十二点大。

“第一把，押个大吧。”

庄睿拿起筹码，放到了双大的字样上，不是他不想潇洒地扔上去，只是这会儿庄睿心里也有些紧张，万一要是扔到别的投注区上怎么办啊。

“牛先生，请投注。”计奕看向牛宏。

“我也押双大！”

牛宏咬了咬牙，反正有四分之一赌对的机会，就看各自的运气如何了。

“好，请开盅。”

随着两个侍应用那双颤抖的手把色盅拿起来之后，庄睿脸上露出了笑容，而牛宏则是满脸铁青，恶狠狠地看着庄睿面前的色子，二五六，十三点，大是猜对了，但是单双他就猜错了。

“庄先生二四六，十二点双大，投中；牛先生二五六，十三点单大，不中，第一局庄先生赢。”

计奕面无表情地将色子数字报了一遍，然后用手中的工具将牛宏投注区里的一百万

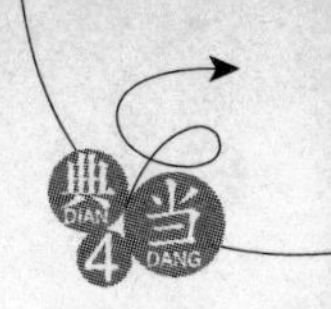

筹码，连同庄睿自己的那一百万，都拨到了庄睿面前。

庄睿拿起那两个筹码，在手中相互敲了一下，笑眯眯地看着牛宏，说道："牛公子的运气似乎并不怎么好啊。"

"哼，再给我拿一百万的筹码来。"

牛宏这会儿反而平静了下来，赌博最忌讳的就是急躁，他也感觉到自己刚才的心态有些不对，强迫自己冷静了下来。

由于牛宏拿出的瑞士银行本票不能破开，他每取一次筹码，就必须要在一张单子上签署自己的名字，签完单接过筹码之后，第二局就要开始了。

见到牛宏拿到筹码，计奕开口喊道："好，准备摇色子。"

"慢，这规则里可是没说两人同时摇色子啊，我建议一个一个地摇，然后同时开盅，不知道庄老板的意思怎么样？"

正当侍应要拿起桌上的色盅时，牛宏突然开口提出了一个建议，他也是没办法，毕竟两个色子同时摇，他是一点都听不出来。

庄睿微微笑了下，他还真不信这姓牛的草包能听出色子的大小和数字来，当下点头道："我随便，牛公子既然说了，那就这么办吧，计总监，谁先摇你来安排吧。"

一旁的郑华本来想说话的，见到庄睿答应得如此干脆，把已经张开的嘴巴给闭上了，毕竟他也不想真的和牛宏撕破脸。

"好，那就由牛先生这边先摇，庄先生这边后摇，等摇完之后，二位同时下注。"

在计奕的监督下，牛宏一方的侍应率先摇起了色盅，紧接着就轮到了庄睿这边。

"我还押双大！"庄睿把一个筹码推到了刚才的位置上。

"我……押双小！"牛宏犹豫了一会儿之后，也放上了筹码。

"庄先生四六六，十六点双大，押中，牛少一三六十点双大，不中！"

开出的色子让牛宏眼中直冒火，看着计奕将筹码推到庄睿处，大声喊道："给我拿一千万的筹码来！"

"牛少，不就是两百万吗？至于那么上火吗？"

庄睿慢条斯理地说道，他这会儿心中畅快极了，你不是牛逼吗？呃，牛宏，看你还牛不牛了？

"谁输谁赢还不一定呢，开始吧。"

签单拿到筹码之后，牛宏让自己冷静了下来，一双眼睛盯着庄睿身边正在上下摇动的色盅。要是仔细看牛宏耳朵的话，就能发现他的左耳在微微抖动着，这是一种全力倾听的表现，经过专门训练的人才可以做到的。

"我还押双大。"庄睿似乎认准了双大，把筹码又推到了双大的投注区上。

"我押单大。"牛宏所谓的听色绝技，其实根本就不怎么靠谱，刚才也没听出什么来，现在只能是靠着运气押。

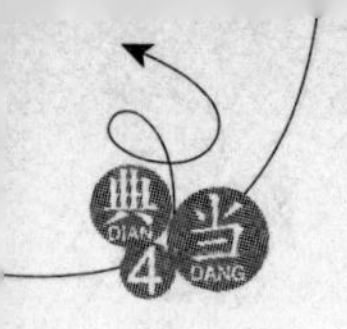

“庄先生一四二，七点单小，牛少六六一，十三点单大。”

不过这次显然是牛宏的运气好一点，居然让他给蒙对了，当然，这只是旁观的人心中的想法，至于庄睿，纯粹就是故意输的，因为这要是把把都赢的话，未免有些无法解释了。

再往下的第四把赌局，庄睿也输掉了，这下牛宏来了精神，甚至感觉这一百万一把的赌注有点小了，一脸洋洋得意的样子，甚至又开始拿话刺激庄睿。

只是接下去却是风云突变，连着十一次开盅，除了有两次两人都同时猜对，不分胜负之外，剩下的九次开盅，全是庄睿赢了，如此一来，牛宏面前那一千万的筹码，居然就剩下了一百万。

“再给我拿一千万的筹码来。”

第二十九章 赢的就是你

当输掉最后一百万的筹码之后，牛宏烦躁地将衣领给解开了，拿起桌前的水杯猛喝了一口，这才刚刚过去半个小时啊，他就已经输掉了一千一百万，如果按照这种势头下去，那张价值六千万港币的瑞士银行本票，还不够他输上三个小时的。

不过在接下来的赌局里，牛宏的运气有所好转，开始就连连押中，赢回来了四百万，只是在经历了一把二人都不中的赌局之后，牛宏的运气似乎又变差了，连输了八把，将刚刚赢回来的四百万输出去不说，那一千万也只剩下六百万了。

如此对赌，就连郑华都看得心惊肉跳，而庄睿则表现得平静多了，在侍应摇色子的时候，他都是在和秦萱冰低声说着话，然后落盅之后就随意投注。

但是奇怪的是，庄睿的运气始终要比牛宏好上一些，虽然也经常有猜错的时候，不过在输上几百万之后，总是又能赢回来，这一来一去，时间不知不觉地就过去了两个多小时。

“牛少，您的这张瑞士银行本票，只够支取五百万的筹码了。”

就在牛宏几乎将胸前的扣子全部解开，露出里面的胸毛，并再一次喊着要上筹码的时候，计奕出言提醒了牛少一句。

“什么?！你再说一遍……”牛宏瞪起了眼睛，看着计奕，他感觉自己没有输多少，怎么那六千万就只剩下五百万了？

“牛公子，您一共支取了价值六千一百万港币的筹码，按照现在港币和欧元的汇率来计算，您还可以支取五百万港币的筹码，绝对没有错的……”

计奕拿过有牛宏签字的单据，递到了牛宏的面前，上面每一笔支出的签名，此刻看在牛宏的眼里，都是那样刺目，抬起头来，庄睿面前排列着整整齐齐六行筹码，每一行都是十个一百万的筹码，而坐在筹码后面的庄睿，仿佛正在嘲笑自己。

“不对，我怎么输这么多的?”

牛宏皱起了眉头，仔细地回想了起来，只是他脑子现在有些乱，想到的都是自己赢钱的场面，而那些输钱的场面，却被大脑的兴奋皮层给自动过滤掉了。

俗话说当局者迷，旁观者清。除了算计他的庄睿之外，其余那些侍应与荷官，还有郑

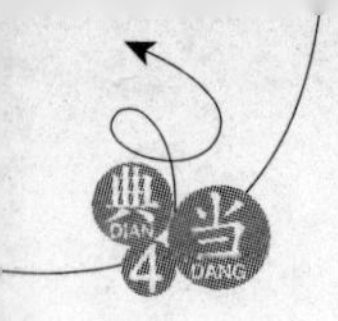

华等人，都是看得明明白白的。

两人之间的对赌，看上去好像是互有输赢，但是牛宏赌中的时候，往往庄睿也都赌中了，而庄睿押对了的时候，牛宏却是输掉了，此消彼长，牛宏的筹码就在不断地减少着，而已经赌红了眼的牛宏，早已忘记自己签过几次单、要过多少次筹码了。

在众人看来，这纯粹就是运气的比拼，庄睿丝毫都没有作弊的可能，反倒是牛宏经常竖起耳朵听色子。但是明显牛大少听色子的水平不怎么样，往往是赢上一把，就要输出去三四把，两个多小时的时间，这包厢里的人亲眼目睹了庄睿以一百万博得六千万的奇迹。

是的，只能称之为奇迹，因为庄睿大多数时间都是在和秦萱冰闲聊，或者与郑华说笑，有时候眼睛都没往牛宏色盅那里看上一眼，但是押上去的赌注，却是十局里能赢上六七次，剩下的还有两三次是平局，而牛大少能赢上一次就很不错了。这不是奇迹是什么？只能说是庄睿鸿运齐天。

只是这些人并不知道，庄睿就是闭上眼睛，灵气也能透过眼睑，看到对面的色盅。于他而言，赌色子和送钱之间的关系，完全可以划上对等号。

“牛少，要是钱不够了，今天就算了吧，明天，明天咱们继续，我给你个翻本的机会。对了，我忘了说了，我这人从小运气就特别好，走马路上都能捡到钱，啧啧，没想到赌钱运气居然也这么好。”

庄睿看到垂头丧气的牛宏，心里就像是大热天跑了五里路，突然有人送上一碗冰冻绿豆汤，还是加了糖的，那叫一个爽快啊，浑身的毛孔似乎都在唱歌。

按理说庄睿虽然对得罪过自己的人，心眼是小了那么一点，但是语言上是不会这么刻薄的。不过这牛宏实在是太让人厌烦了，那天在慈善晚会上的事也就算了，别人也有权利出价不是？

但是今儿三番五次地挑衅，却是让庄睿动了真火，尤其是牛宏对秦萱冰的垂涎，更是让庄睿忍无可忍。哥们的女人，也是你能动心思的？

不是有句俗话说，兄弟如手足，女人如衣服，谁动我的衣服，我就剁他的手足。再说牛宏根本就不是庄睿兄弟，那庄睿还不照死里整他。

只是庄睿这比喻真是有点气人，走马路上捡过钱的人多了，没见哪个跑到赌场里赢钱和捡钱一样的。牛大少现在开始怀疑，自己以前走在马路上，见到那些掉在地上印着英女王头像的钢镚，没有捡起来的行径，是不是做错了？

“阿宏，你今天手气不好，收一收吧。”

郑华虽然生气牛宏没给他面子，但是短短两个小时就输出去近六千万港币，郑华也感觉有点心惊肉跳，于是出言想结束这场起源于意气之争的豪赌。

“五百万就五百万，还不快点拿来？”

牛宏根本就没搭理郑华，而是冲着计奕吼了一声，然后看向庄睿，面色不善地说道：

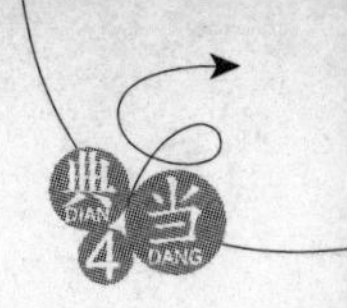

“得意的不要太早,咱们之间的赌局还没完呢!”

在此时的牛宏眼里,郑华就是和庄睿穿一条裤子的,而出言结束赌局,那不是意味着自己没有翻本的机会了?赌徒,尤其是赌红了眼的赌徒,心里永远都抱着一个虚无缥缈的希望,那就是或许下一把我就能翻本,能将输出去的钱赢回来。

“随你,只要你能拿出筹码来,赌到什么时候我都奉陪。”

庄睿听牛宏这话有点耳熟,仔细一想,却是在哪部电影里面看到过,而自己说话的语气,却是有些像电影里的大反派。不过庄睿不在乎,就这样赌下去,牛宏要是能翻本,那庄睿也敢说出把色子吃下去的话。

当牛大少最后一次在单据上签署完自己的名字之后,那张五百万欧元的瑞士银行本票,与他一丁点儿的关系都没有了。而牛宏有的,不外乎就是面前这五百万的筹码了。

“庄睿,今天是不是算了?”

秦萱冰看到牛宏赌红了眼的样子,心里也有点担心,她知道牛宏为人脾气暴躁,万一要是输急了眼,想一些歪点子报复庄睿,那就麻烦了。

庄睿轻轻拍了拍秦萱冰的手,说道:“没事,我有分寸的。”

在牛宏的坚持下,赌局很快又重新开始了,不知道是不是牛宏时来运转了,刚开始这半个多小时里,他居然连连赌中,赢回来一千多万,这让牛大少看到了翻本的机会,脸上也有了笑容,每局结束之后,都在催促计奕快点开始。

“牛少,现在差不多该吃饭了吧?咱们还要继续?”

庄睿看了看表,已经是下午近五点钟了,从进入这个房间到现在,整整赌了三个多小时。说老实话,用眼睛作弊来赌博,庄睿已经感到很无趣了,所以故意输给牛宏一点,想就此结束。

要知道,最后这几把,庄睿甚至连灵气都懒得用了,都是让秦萱冰代他将筹码扔到桌上去的。就算旁观的那些人,也都看出庄睿无心再赌,有故意放水的意思。

“怎么着,赢了钱就想走了?你们内地人不会这么没有赌品吧?今儿你要么把我的钱赢光,要么就继续赌下去。嗯,想走也行,而且我也让你把赢的钱都拿走,不过你要答应我一个条件。”

牛宏这会儿感觉自己手气来了,正兴奋着呢,见到庄睿突然提出不赌,一张牛脸马上就变成了狗脸。

“哦?什么条件?”

庄睿还没有见过这么不知好歹的人,哥们儿已经给你留面子了,居然蹬鼻子上脸,还提起条件来了。

“条件嘛,嘿嘿,很简单,就是让秦大小姐陪我共进晚餐,当然,是二人晚餐。”

牛宏嘿嘿地笑了起来,其实他并不想和秦萱冰吃饭,在赌徒赌红了眼的时候,就是一位大美女脱光了站在他面前,都是无法把他的注意力从赌桌上拉开的。

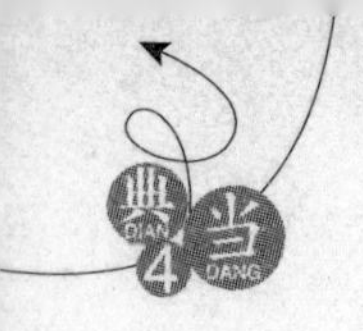

牛宏说这话的意思，就是想逼庄睿继续赌下去，趁着自己手气好，说不定还能反过来赢上一笔呢。只是牛宏却是忘了，庄睿到现在为止，只不过掏了一百万的本钱而已。

“牛宏，你！”秦萱冰闻言马上满脸怒容地站了起来。

“萱冰，坐下，牛公子既然想赌，我奉陪就是了。”

庄睿眼中冒出一缕寒光，要说先前他秉承着做人留一线的原则，打算放过牛宏一把，但是现在庄睿已经在心里下定了决心，今天牛宏不管拿出多少钱，都要给他赢得一分不剩，就算是因此得罪他身后的航运王国，那也在所不惜。

“开始吧！”

庄睿面无表情地向计奕示意赌局可以继续了，此时的样子和他先前那股子慵懒模样完全不同了，就连郑华等人，也都看出庄睿动了火气，当然，都是牛宏自找的。

那两位摇色子的侍应，此刻已经有些麻木了，摇色子的水平反倒是增强了许多，随着色子与色盅相撞击所发出的脆响声，赌局又重新开始了。

在众人的眼中，虽然庄睿认真了起来，但是牛宏的运气似乎真的来了，不过二十分钟，又让他赢回去七八百万的筹码。

不过风水轮流转这个道理，最适用于赌场。就在牛宏志得意满，准备收复失地的时候，却是风云突变，形势急转直下，他，又开始输钱了。

而且这次输得更快，刚才在一个小时里赢回来一千八百万，却在短短的半个小时里，输出去了两千三百万，不光把那一千多万输了出去，就是最后兑换的五百万的筹码，也整整齐齐地摆到了庄睿的面前。

此时的牛宏有些傻眼了，要是用一首歌来描述他现在的状态，那就是：不是牛大少不明白，而是这世界变化得太快。要知道，这可是整整六千六百万港币啊，就是兑换成筹码，那也够装整整一麻袋的了。

五百万欧元，六千多万港币，牛宏不是输不起，这些钱对于他所拥有的那价值十几亿港币的股份而言，不过就是一两年的红利而已，单是他在这条赌船上所占的股份，都不止这么一点。

但是牛宏输得不甘心，尤其是输给庄睿这么一个菜鸟，他自诩在香港富豪年轻一代圈子里，论赌术无人能比得上他，谁知道居然输在了他向来最看不起的大陆人手上，这个事实，让牛宏的心里很难接受。

虽然是赢了钱，但是庄睿对这无聊的赌局，真是有些不耐烦了，看着呆坐在那里的牛宏，说道：“怎么样？牛少，现在赌局可以结束了吗？”

“结束？早着呢，我就不信你能一直走运下去……”

听到庄睿的话后，牛宏清醒了过来，露出一脸不甘的神色，然后又掏出一个支票本，拿起笔刷刷刷地在上面写了个数字签上名之后，放到了计奕面前，说道：“汇丰银行的支票，两千万整，给我再拿两千万的筹码来……”

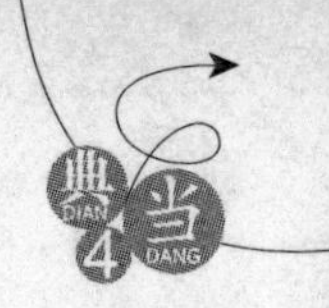

“牛宏,你疯啦,刚才庄先生已经给你留了面子,不要不知道好歹……”

看到牛宏的举动之后,郑华再也忍不住了,人在赌局中往往看不清,但是赌局外的郑华等人,却是看得明明白白的,庄睿今儿就是红星高照,牛宏再往里扔多少钱都是白搭。

“我的事情不用你管,再输了的话,我还有这赌船百分之六的股份,我就不信这小子能吃得下……”

牛宏此时已经是输红了眼,根本就听不进郑华的劝告,一心要继续赌下去。

“我看你小子是真的疯了……”

郑华摇了摇头,转身走出了包厢,掏出电话拨打了出去。

“继续吧!”

牛宏瞪着一双通红的眼睛看着庄睿,他现在也不去听什么色子了,完全凭运气押,和前面一样,虽然是有输有赢,但总是赢少输多,过了一个多小时之后,那两千万元的筹码,又已经摆到了庄睿的面前。

“行了,今儿就到此为止了,明天晚上我才会离开赌船,牛公子要是想翻本的话,我随时奉陪……”

庄睿站起身来,冷冷地看了一眼像斗败了的公鸡一般的牛宏,不是他要赶尽杀绝,实在是这小子太过嚣张,居然敢打秦萱冰的主意。要知道,现在的秦萱冰,对于庄睿而言,那就是老妈和老姐之外,最亲近的女人了。

“庄先生,请问您这些筹码是要兑换成瑞士银行的不记名本票,还是直接给您打入到指定的银行里?”

那个负责发放筹码的工作人员走了过来,他们可以根据客人的要求,把钱款打入到世界上任何一个国家银行的账户里,也可以开具瑞士银行的本票,多种多样的提款方式,也是赌船从澳门赌场上学来的一招。

原本神情颓废的牛宏,在听到那个工作人员的话后,屁股上像装了弹簧一般跳了起来,一脸狰狞地看着庄睿,大声喊道:“慢着,我还没输完,别想这么早就结束!”

“哦?有钱?那咱们继续。”

庄睿还不信了,今儿治不服这小子。不过他也赢得有些心惊肉跳的,这短短一下午的时间,居然就进账了近九千万人民币,要知道,庄睿以前辛辛苦苦赌石所赚到的钱,也不过就这么多。咳咳,相比较而已,赌石的确是比在这里喝着咖啡,吹着冷气搂着美女赌钱,辛苦了许多。

“牛少,今天就算了吧,休息一天转转手气再赌也不迟。”

计总监和牛宏很熟,他也看得清楚,庄睿今天的手气那绝对是势不可挡。别说牛宏了,就是他下场和庄睿去对赌摇色子,恐怕也是有输无赢的,毕竟这种赌法主要就是靠运气,基本上是没有什么技巧可言。

“怎么着?老计,连你也敢教训我了?你算是个什么东西!”

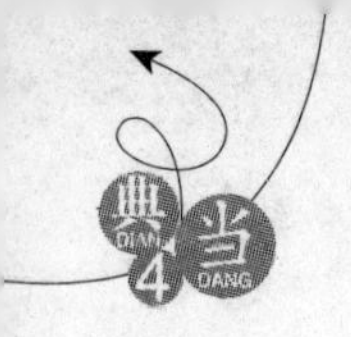

牛宏那张狗脸现在是六亲不认、生熟不分了，谁劝他不要赌，那就是和他过不去。刚才郑华劝他，二人身份差不多，牛宏还不敢恶言相向，现在计奕居然也来让他不赌，牛宏心里的那股子恶气，顿时冲着计总监就过去了。

“得，牛少，您当我什么都没说，不过按照赌场的规矩，您还是先兑换筹码吧。”

计奕被牛宏挤兑得面色通红，他在这赌船上主管所有的荷官，那也是说一不二的人物，现在牛宏当着那么多人的面，如此不留情面地训斥他，计奕此时也撕破了脸皮。

想继续赌？可以，掏钱出来吧，要是没钱，对不起，您该干嘛干嘛去，就是郑大亨在这里，也说不出个不字来。

如果没钱还想赌，那也不是不行，这赌船大厅里面多的是放高利贷的，虽然他们放贷金额不是很多，最多一次借贷几百万，但是架不住人多啊，以牛大少的名字，借出个几千万还是不成问题的。

“兑换筹码？”

牛宏那已经是狗血上头的脑筋，忽然清醒了，自己身上好像是没钱了。虽然他在许多公司里，那价值近二十亿港币的股份也可以抵押在赌场兑换筹码，但是谁没事将那些文件带在身上啊，现在牛宏身上除了几万港币的散钱之外，的确是掏不出一分钱来了。

不过要是让牛宏就此罢手，那他绝对是不甘心的，不过他也知道赌场的规矩，自己拿不出钱来，今天这赌局就别想再继续下去。

牛宏不是没想过去借高利贷，但是他不敢，这里面有两个原因，一是借了高利贷之后，今天这赌局绝对会在最短的时间内传遍港岛，那他牛大少的名声就毁于一旦了，当然，牛大少所谓的名声，也只有他自己在乎。

第二就是如果借了高利贷再输出去的话，那么牛宏就要变卖手中的股份来还高利贷了，这个后果同样是他承担不起的，因为他手里的那些股份，都是家族公司控股的关键。

不过除了股份之外，牛宏的确也拿不出钱来了，除非是卖房子，他所住的那栋半山别墅，是老船王留给他的，倒是也值几个亿，但是远水解不了近渴啊，那房契也没在自己手上。

一时间，牛宏有些挠头了，就这样让庄睿离去？那简直比杀了他还难受，但是想要接着赌，他又掏不出钱来。别人即使离开，他也没办法。牛宏心里很清楚庄睿的背景，自己要是想玩那些下三滥的手段，别说郑华不允许，就是庄睿背后，还站着那位驻港部队的黄将军呢，除非自己以后不想在香港待下去了。

“对了，怎么把那些东西给忘了？”

牛宏突然想起一些物件来，连忙站起来，对计奕说道：“老计，我去拿钱，赌局不许散了，要是我回来有些人走了的话，我就找你算账。”

牛宏也顾不上听计奕的回答，一阵风似的冲出了包厢，差点和刚从外面走进来的郑华撞到一起去。

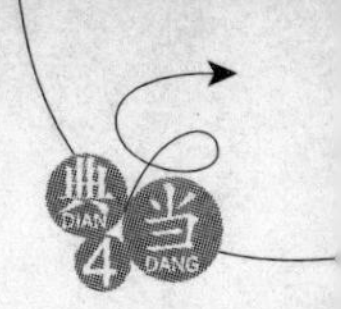

“他是怎么了?”

郑华莫名其妙地看向庄睿。

“不知道,可能拿钱去了吧? 郑兄,香港这圈子里,怎么还有这样的人啊?”

庄睿今儿是哭笑不得,这他娘的还有人嫌钱烧手,哭着喊着要给他送过来,还不许不要。早知道香港人这么热情,庄睿还费那老鼻子劲去赌石干吗。当然,牛宏这样的人属于极品,在香港圈子里也是极为另类的存在。

“唉。”郑华叹了口气,说道,“他出生没多久,父母就在环游世界的途中因飞机失事亡故了,他是老船王带大的,从小就骄纵,老船王去世之后,不但将家中的老宅子留给了他,分给他的公司股份,也是最多的。

“小的时候这小子动不了那些钱还好,但是过了十八岁之后,他就可以随意支配那些股份了。要说有钱,我们这圈子里的人,谁都没有他有钱,加上从小缺乏管教,所以他的性格很张狂,心眼也特别小。庄兄,您这次就别再和他计较了吧。”

郑华说出最后几句话的时候,已经是带着恳求的味道了。

在香港这些大家族里,男丁成年之后,都会分得一部分家族企业的股份,但是长辈在世的时候,他们是不允许变卖这些股份的,只能每年从中分红,这也是那些富豪子弟经常一掷千金的原因,他们就算不进入家族企业工作,一样可以拿到钱。

“这事的起因不在我,他想玩,我就陪他玩下去!”庄睿淡淡地说。这个世界谁都不欠谁什么,不要以为整个地球都围着他一个人转。

第三十章 郎世宁的宫廷画

郑华叹了口气，他也知道牛宏这次把庄睿给得罪狠了，只是家里的长辈和那过世的老船王关系实在不错，他也不能不劝上几句，谁知道牛宏不给自己面子不说，这看起来一直都很和气的庄睿，居然也是动了真火，毫不退让。

“好了，计奕，过来，看看这些东西值多少钱?”

牛宏身后背着一个大旅行包，一阵风似的冲进了包厢赌厅里，将旅行包往赌桌上一放，开始从里面往外掏东西。

牛宏的这个举动让庄睿愣了一下，不过随着他所拿出来的物件，庄睿的眼睛顿时瞪直了：清银胎珐琅彩绘狮纹细长颈瓶，明永乐甜白釉暗花牡丹纹梅瓶，居然还都是一对的，还有那一幅没有打开的卷轴，看其外表，应该也是老物件。

“妈的，这么珍贵的东西，居然就拿个旅行包给放到一起？这要是真的话，碰碎点边那也是要大打折扣了……”

庄睿在心里气得差点骂娘，这牛宏为人实在是太粗鄙了，他还没来得及用灵气去分辨瓷器的真假，仅看牛宏的举动，庄睿都恨不得上去暴打他一顿了。

自从进入到古玩行，庄睿对这些祖宗传下来的物件，那也是打心眼里爱护。要知道，这些东西都是不可复制的，损坏一件就少一件，如果换成庄睿，肯定会找个大小差不多的盒子，把里面放上碎纸填充物，才会将这些瓷器带出来。没想到牛宏这货就随便把瓷器塞在个包里，真不知道他脑子是怎么长的。

郑华也是苦笑了一声，他没想到牛宏居然把这些东西给拿出来了，当下摇了摇头，转身就往门外走，他要打电话催促一下那人，只有他来了，才能制得住牛宏这混世魔王。

“牛少，请稍等一下，我叫鉴定师过来……”计奕拿出对讲机走到门口，喊起人来。

在赌场用有价值的古玩或者抵押、或者直接变卖兑换筹码，一般来说赌场是不会接受的，但是在澳门大大小小有许多家典当行，出了赌场大门你就可以把东西典当出去，然后拿了钱继续赌。

在澳门所有的典当行里，都有许多死当的物件，如果您有眼光，绝对可以淘到不少好

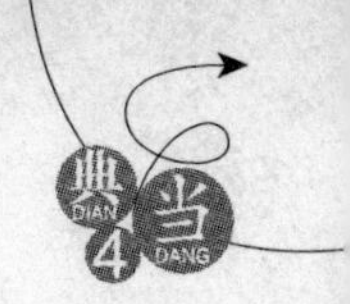

东西，像一些世界名表之类的奢侈品，在那里的价格或许只有原价的十分之一甚至更少。

当然，由于世界各个国家前往澳门旅游的人太多，也有一些良莠不齐的典当行，专门搞些假货放在死当区里，想要淘得宝贝，还是要看个人的眼光的。

不过在赌船上没有典当行的存在，所以赌场稍微改变了一下规矩，养了位古玩珠宝鉴定专家，如果有人拿出这类物件要抵押或者变卖兑换筹码，赌船也是接受的，只是给出的价格，比典当行还要低出几分，条件十分苛刻。

过了有五六分钟左右，一个年龄在六十出头的干瘦老头走进了赌厅，当他看到摆放在赌桌上的两对四件瓷器之后，眼睛一亮，没等计奕招呼，就快步走到桌前，捧起那个清银胎珐琅彩绘狮纹细长颈瓶子，仔细地查看了起来。

“计总，我能不能看看这几件瓷器？”

在等待鉴定师到来的几分钟里，庄睿远远地用灵气观察过了，这几件瓷器的确是真品，里面白色灵气浓郁，隐隐向黄色转变。根据庄睿的经验，这绝对是清朝的官窑作品，因为要是明朝的，灵气就会是黄色，他看过很多物件，几乎是百试不爽。

而那两件有点像是明永乐甜白釉暗花牡丹纹的梅瓶，里面的灵气全部都是黄色，并且颜色发暗略微带紫，比之那两件珐琅彩还要出色，肯定是真品无疑。

不过清康熙、雍正、乾隆三朝官窑的瓷器，可谓是精品多多，其艺术价值和市场价格，比之宋明两朝的珍品也是不遑多让的。

要是论市场价值，那对乾隆瓷器还要比永乐梅瓶稍贵一些，因为明朝的单釉色的瓷器，价格一直不是很高，比之宋朝的要差许多，但是近年来也有上涨的趋势。

见到如此精美的物件，庄睿此时也是有些见猎心喜，想拿在手里把玩一番。

“这个……”

计奕把目光看向牛宏，这东西还没卖，所有权还是牛宏的，他也做不了主。

见到庄睿那略显迫切的样子，牛宏似乎找到了点优越感，从鼻子里哼了一声，说道：“土包子，看吧，没见识……”

庄睿此时的注意力，全被这几件精美的瓷器吸引住了，也懒得和牛宏斗嘴，上前一步，拿起了剩余的一件银胎珐琅彩绘狮纹细长颈瓶，仔细地看了起来。

这件珐琅瓷器，瓶体上半部呈细长形颈，下半部为圆球体状，接地有圈足，瓶内里及口沿、圈足沿及外底部均露胎，其余皆加饰了珐琅彩绘，颈部为长条串枝上悬挂莲花，每组有三朵，排列有序。

圆球体状部分饰狮子戏球图，点缀以朵云，场面活泼；颈肩部饰倒置的莲瓣纹样为分隔，画面分布比较合理，底心落“大清乾隆年制”六字三行无圈框篆书阴刻款，器物造型及珐琅彩绘的装饰，完全是清乾隆官窑瓷器的做法。

整件瓷器保存得极其完好，上面没有一点磕碰的痕迹，釉色鲜亮，包浆浓厚，应该是件大开门的传世作品，并且历代都有人把玩赏析。

放下手中的珐琅瓷器，庄睿又拿起了永乐梅瓶观赏起来，梅瓶也称经瓶，最早出现于唐代，宋辽时期较为流行，在宋朝，民间生产了很多梅瓶，一般在大小酒铺里都能见到。

到了明朝以后，梅瓶在器形上变化很大，肩部特别丰满，几乎成一条直线。腰部以下收得较直，而瓶口制作得十分窄小，仅能插进梅花枝，故而称为了梅瓶。

这件梅瓶就是典型的明代风格，肩部较丰，胫部肥硕，通体白釉，品相完好，器形十分完美。庄睿在一些明清瓷器鉴赏的图录里，都没有见过如此品相的梅瓶，应该是很早就流失在国外了，只是不知道如何落到牛宏这人手中的。

最为难得的是，这四件瓷器都是完整的一对，要知道，流传了数百年的物件，不知道经过了多少时代变迁，战争祸乱，能保持品相完好就殊为不易了，能凑成一对，更是万中无一。像许多拍卖行所拍的瓷器，大多都是孤品，极少有成对的物件。

很多喜爱收藏的人，为了将手中的物件凑成一对，不惜花费巨大的财力精力，往往还是求之不得，而成对的珍品瓷器，在市场价格上，就不是一加一等于二那么简单了，那是要呈几何倍数往上递增的。

"嗯？这灰是什么东西？"

在庄睿把玩的时候，将梅瓶口倒过来看底款，却从瓶口处洒落了一地的灰烬，尽数掉在了红地毯上，庄睿蹲下身子，用手搓了一下，感觉和烟灰有些相似。

"这货不会拿这东西当烟灰缸吧？"

庄睿心中冒出了这个念头，随之把梅瓶倒过来，在瓶口一闻，果然有一股子烟油味。这个发现让庄睿有些哭笑不得，东西是牛宏拿来的，这事十有八九和他脱不了关系，这家伙还真他娘的是个极品少爷。

摇着头放下手中的梅瓶之后，庄睿将那幅画轴拿了起来，解开中间系着的红绳，将画慢慢打开铺在了赌桌上，他的举动引得秦萱冰等人都围了过来，只是那看瓷器的老头依然在观察着手中的瓷器，没有在意庄睿的举动。

"郎世宁的宫廷画！"

当画卷全部打开之后，庄睿大吃了一惊，他虽然早前就用灵气测得这是一幅古画，但是也没想到居然会是郎世宁的宫廷油画，一时间，心里的激动，犹如大海的波涛汹涌起来，久久不能平息。

郎世宁是意大利人，原名朱塞佩·伽斯底里奥内，生于米兰，清康熙帝五十四年作为天主教耶稣会的修道士来中国传教，随即入宫进入如意馆，成为宫廷画师，曾参加圆明园西洋楼的设计工作，在中国从事绘画五十多年。

作为一个外国人，郎世宁独享三代帝王的器重，官衔为正三品的宫廷画师，这在中国历朝历代是绝无仅有的。而他的画作融中西技法于一体，形成精细逼真的效果，创造出了新的画风，在中国的绘画史上，也留下了浓墨重彩。

郎世宁的作品，现主要存于故宫博物院和台北"故宫博物院"，美国克里夫兰博物馆、

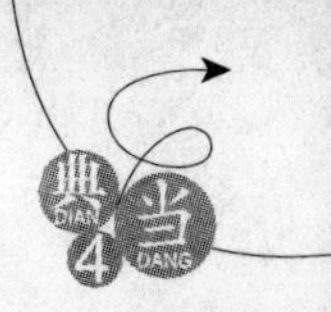

德国柏林的东亚美术馆也藏有个别作品，但是流失在民间和海外的很少，除了一些大的博物馆之外，是极难见到的。

而这幅油画是郎世宁为乾隆妃子所画的，画上的佳人着清色宫衣，宽大领口，广袖飘飘，头绾简雅倭堕髻，可谓是面若夹桃又似瑞雪出晴，目如明珠又似春水荡漾，袅娜纤腰不禁风，略施粉黛貌倾城。

上面一共画了六位妃子，其相貌形态各有不同，和古代仕女图那种抽象画派不同，这幅画是用西洋技法画出来的，其相貌逼真，完全将图中女子妩媚的模样展现了出来，这在中国古代画史上是极为罕见的。

庄睿想起一个曾经看到过的典故，说的就是乾隆皇帝曾经让郎世宁给他的帝后妃子一共十三个人画像，而乾隆仅在该画完工、七十大寿及让位时，看过三次，随即将画密封于盒内，旨谕有谁窃视此画，必凌迟处死。那就是著名的《心写治平》画作，现藏于美国克里夫兰博物馆，是八国联军进入中国时遗失的。

庄睿曾经见过《心写治平》那幅画的拓本，画卷上所绘的十三位人像，均为头戴冬吉服冠、身着冬季龙袍的半身端坐肖像，十分的规整。

而面前的这幅画作，却是穿着随意，应该是乾隆与妃子游园嬉戏时所画，在画的一角，有“臣郎世宁”的署款，确实为郎世宁的真品无疑。只是庄睿从来没有在任何文献上见过这幅画的记载。

郎世宁的作品，有名款的价格极高，这幅画上的人物有待考证，但如果真的问世的话，一定会在书画收藏界引起轩然大波的。

庄睿的脑子飞快地转动了起来，看到这几件瓷器的时候，他最多是感觉到惊讶，但是见到这幅画，他的第一反应就是要将其据为己有。没错，他现在就是想着怎样才能把这幅画变成自己的，要知道，这可是馆藏国宝级的文物啊，庄睿现在收藏的物件里面，单论市场价值，没有一件能与其相比。

整幅画摊开之后，老头也伸过头来看了一眼，可能是物有专攻吧，他对那幅画并不是很感兴趣，望了一眼之后，又把注意力放到了手中的瓷瓶上面。

“老计，看好了没有，快点估个价，拿筹码来！”

庄睿和那老头各看各的，都是一副爱不释手的模样，不过等在一旁的牛宏就有些不耐烦了，作为一个赌红了眼的赌徒，这些东西即使再珍贵，在牛宏心里，也不如桌子上那些筹码顺眼。

那干瘦老头恋恋不舍地将瓷瓶放到了桌子上，然后推了推鼻梁上的老花镜，向牛宏问道：“牛少，不知道您这些物件是个什么来历？”

老头问的这话，也是行规，赌场可是不收赃物的，否则被人找上门来，那也很麻烦。如果这东西不是牛宏拿来的，计奕根本就不会搭理他，他们开的是赌场，又不是当铺，收下来转手倒卖，也是一件麻烦事，所以这赌场虽然养着位古玩鉴定师，东西收的却是极

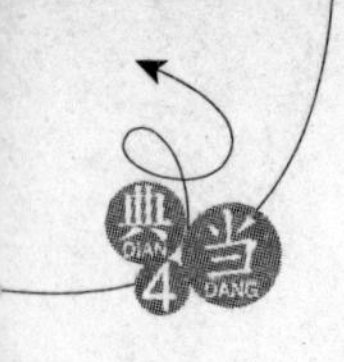

少的。

“你管我从哪里得来的，不偷不抢就行了，反正没人找你们算后账……”

牛宏这些东西的来历的确是很正当的，当年老船王去世之后，把自己住的老宅子留给了牛宏，而这些古董，都是老船王在世的时候收藏的。

要说这些东西为什么会出现在赌场上，还要从牛宏说起，这人在港岛富豪圈子里，算是受教育水平比较低的，但是他偏偏最讨厌别人说他没文化。

最近一年来，牛宏经常会带些港岛的小明星来赌船上过夜，为了假装斯文，就把别墅里的一些古玩，拿到了他在赌船上长包的豪华套房里。

牛宏这人虽然出生在豪富世家，不过他那身为船王的爷爷，最早也是泥腿子出身，牛宏没能学到父辈的本事，倒是将市井间的玩意儿摸得烂熟，为人也很粗鄙。

那几件瓷器古玩，放在赌船他的豪华客房里，所起到的作用，不外乎就是给小明星们显摆下自己的品位，那幅画牛宏倒是经常看，挂在房间卧室大床的正对面的，在做那事的时候，看着古代帝王的妃子，很容易满足他那变态的欲望。

至于那两对瓷瓶，庄睿猜得没错，这些玩意儿有时候就成了牛公子的烟灰缸，在刚才取来的时候，牛公子才把里面的烟头给倒掉。刚才也是庄睿闻出味道来了，不然以正常人的想象力，是绝对想象不到这位牛公子会拿价值数百万的古玩，来当做烟灰缸的。

“牛公子，东西要是来历……”

这位鉴定师有点老派人的作风，收东西要问清其传承，正在这时郑华走回了包厢，看到鉴定师还想追问下去，连忙出言阻止道：“华老，东西的来历就不用问了，您就给估个价吧……”

郑华是知晓牛宏的身家的，今儿虽然输了近一亿港币，但是也伤不到牛宏的根基，不算他那些股份本身的价值，就是牛宏这十几年来从这些股份里所得的分红，都有好几亿港币，只是现在一时半会儿没法支取而已。

虽然说赌场规矩很多，但是以牛宏的身家和本身还是赌船的股东身份，其实从赌船里拆借一两个亿，不是不可以，只是郑华不想让他继续赌下去，才用规矩来挤兑他，就是郑华自己，也没想到他能拿出这些玩意来兑换筹码。

牛宏这会儿也是心里憋屈得很，借高利贷吧？怕传出去名声不好，而且也会对牛氏家族的生意造成冲击，要是被别人知道牛大少需要借高利贷周转，那肯定会联想到牛氏家族身上去，这年头落井下石的人可不在少数。

而这几件古董，他虽然愿意拿出来变卖换取筹码，却是不愿意说出其来历，因为这些东西都是他爷爷留下来的，要是说出去的话，那败家子的帽子是稳稳地戴在头上摘不掉了。

“这一对瓷器的全名叫做清乾隆银胎珐琅彩绘狮纹细长颈瓶，做工精致，釉色鲜亮，应该是乾隆时期的官窑，如果让我估价的话，应该在三百万港币左右。而这对梅瓶，我有

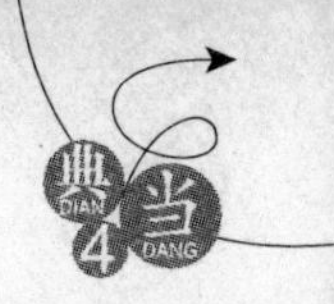

点看不准，风格是明朝永乐年间的，但是真假很难说，里面还有些烟灰，不知道是怎么回事？”

那位鉴定师华师傅的话，让牛宏脸上一红，挥了挥手，说道：“你就说能兑换多少钱的筹码吧，别说那些没用的……”

牛宏这会儿就是想拿到筹码找庄睿翻本，其余的事情他都不关心，这是典型的赌徒心理。有些输红眼的人，甚至都能丧心病狂地把老婆孩子给卖了，换些赌本继续往赌场里面钻，这可不是故事，而是真实发生过的事情。

“这字画类的古玩，我拿不准，那对明朝瓶子也很难说，所以这里能兑换的只有这对珐琅彩的瓷器，而且掐头去尾，只能兑换两百万港币。”华师傅低头想了一下，报出了这个价格。

“什么？两百万？你怎么不去抢啊？我爷爷当初买这对瓶子的时候都花两百多万，这二十年一分钱不涨，还往下掉价了？还有这画，最少也值七八百万的，你懂不懂啊？我说郑华，赌船是由你们家来管理的，请的这是什么鉴定师傅啊？”

牛宏听到华师傅的话后，顿时气不打一处来，大怒之下也不顾面子了，将这物件的来历给说了出来。牛宏再纨绔，也知道这些东西价值不菲，区区两百万卖掉，他才不甘心呢。

更重要的是，两百万只够赌上两把的，要是连输两把，岂不是又没钱翻本了吗？所以牛宏把矛头指向了郑华，更是不惜用自己赌船股东的身份来说事。

庄睿在一旁听得也是想笑，掐头去尾，光板无毛之类的话，都是过去的当铺或者是现在的典当行里的行话，看来这位华师傅，以前肯定是在典当行做的，这价格压得狠啊，那对乾隆瓷瓶如果拿去拍卖的话，绝对不会低于八百万，他居然只给出了两百万的价格。

“牛少，这东西在我眼里就值那么多，您要是不满意，就另请高明吧……”

庄睿猜得没错，这华师傅的确是赌船从澳门一家典当行挖来的坐堂师傅，并且看这模样，还是位有脾气的。这也难怪，去典当行的人都是遇到难处的，您爱当不当，这些坐堂师傅们，是不会给您什么好脸色看的。

牛宏此时心里其实也有点后悔了，秦萱冰明明不是自己的菜，自己干吗老是和庄睿过不去啊，搞到眼下这个局面，丢人不说，居然还被这典当师傅挤兑，牛宏是又气又恨，一张脸忽青忽白的，很是难堪。

“牛少要是想出手这些物件的话，我倒是可以买下来……”

赌厅里忽然响起了庄睿的声音，引得众人纷纷向他看来。

牛宏虽然和庄睿不对付，但是他现在需要钱啊，当下侧过脸，斜着眼睛看向庄睿，说道：“你？你能出多少钱？”以牛大少的品位，是看不出这些瓷片破纸，有什么艺术价值可言的。

庄睿伸出一个指头来，对着牛宏摇了摇，说道：“两对瓶子，一幅画轴，我给你一千万港币，愿意不愿意，就随你了……”

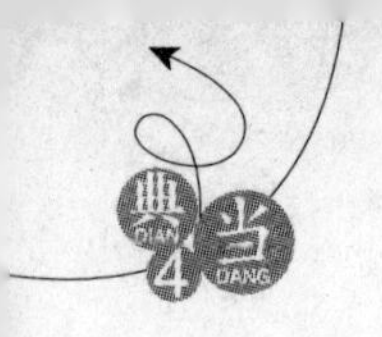

说老实话，这四个瓷瓶一幅郎世宁的宫廷油画，加起来的总价值，最少也应该在三千万港币以上，庄睿出这价，也有趁火打劫的意思，不过要是和那位华师傅相比，庄睿要算很厚道了。

庄睿对牛宏说完之后，把脸转向了郑华，问道：“郑兄，我这样不会坏了赌场的规矩吧？”

“没事，这是你和牛宏之间的事情，你们自己商量好了就行，我倒是可以给你们做个公证……”

郑华笑了笑，在赌场里那大大小小放高利贷的人多了去了，赌场也是不过问的，自己吃肉要是再不给别人点汤喝，那才是坏了规矩呢。而且他还真不想接手牛宏的这些物件，省得日后大家脸面上难看。

这会儿就要牛大少作出决断来了，虽然说二百万和一千万之间差了八百万，但是牛大少心里明白，这些东西的价值远不止一千万港币，只是形势比人强，他要是能等得及返回香港取钱，也不会把东西拿出来卖了。

牛大少是怕自己前脚一走，这庄睿后脚就溜回内地，那可连翻本的机会都没有了。

“好，一千万就一千万！”

牛宏考虑了一会儿之后，重重地点了下头，反正这些东西在他眼里一文不值，当烟灰缸都闲瓶口太小，搞不好哪天不小心就给打碎了，倒不如换成一千万，和庄睿再赌一场，说不定这一千万就是个契机，能让自己把老本赢回来呢。牛大少虽然有钱，但是还没有钱到一下午输出去近亿元而面不改色的程度。

庄睿让郑华叫人打印了两份转让协议，自己先签上名字，然后把协议交给了牛宏。

等牛宏签好之后，庄睿没忙着开赌，而是扔出了个五千元的筹码给侍应，让他去找几个大小合适的纸箱子和一些碎纸屑来，将那四件瓷器小心翼翼地收好，这才坐到了赌桌前。而牛宏早就等得不耐烦了，直接让计奕开局。

“一千万就想翻本？拿一千亿来你也输定了。”

庄睿心中冷笑，他今儿就是要让这不知道天高地厚的家伙感觉到肉疼，非要将他赢个底儿掉才算罢休，这还是庄睿长这么大第一次做事情如此决绝，不给人留一丝后路，即使当初面对许氏珠宝，庄睿也没有像这般存了赶尽杀绝的心思。

这种没有任何技巧的赌局，进行得非常快，几分钟过去之后，已经开了八九次色盅了，牛宏的运气不算太差，百分之二十五的几率，他居然猜中了五六次，加上庄睿故意放水，牛宏面前的筹码，也涨到了一千五百万。

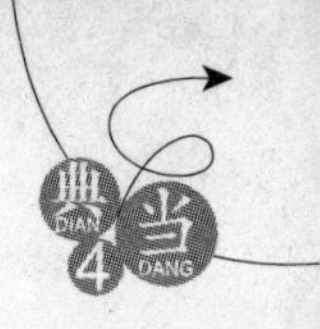

第三十一章 打了小的，来了老的

和前几次一样，在牛宏连赢几把之后，风向开始慢慢转变，而牛宏面前的筹码也一枚枚地减少下来，牛大少脸上的笑容，慢慢变得僵硬了。

不是庄睿不想留点余地，实在是牛宏这人太让人厌烦了，整个就是一牛皮糖，沾上了就甩不掉，要是不把他现在身上所能拿出来钱都赢走的话，这赌局就甭想结束。

一千多万的筹码，不过是二三十局，短短的半个多小时过后，牛大少面前又变得空空如也了，这个打击让他有点接受不了，呆呆地坐在赌桌前，两眼有点发直。

要知道，今天输出去的现金加那些古董，可是价值上亿了啊，就算是包那些香港的一线女明星，也不过是一晚两三百万，这一亿港币，足够他睡几十个了。牛大少的金钱观，向来都是和女人联系在一起的。

别说是牛大少，就是围观的众人也是看直了眼，这赌船下水有一年多，也不乏豪客对赌，像中东就经常有人来赌船上玩，输赢上亿元的赌局也有好多次，但他们大多都是赌梭哈，往往一战就是十几个小时甚至好几天，像庄睿和牛宏这般几个小时就见分晓的，还真是第一次。

“行了，萱冰，咱们去吃饭吧……”

庄睿把手中把玩着的一枚筹码扔给了计奕，说道：“计总，这点钱拿着和大家分一下吧，辛苦大家了……”

一百万的小费，对这赌局而言是不高的，要知道，在赌船如果能拉下彩金，那都要分出三分之一来给整个赌场发小费的。不过这是二人间的对赌，和赌场关系不大，一百万港币的小费，马马虎虎也说得过去了。

“谢谢，谢谢庄先生……”

计奕没想到庄睿这个大陆人挺懂规矩的，一时间，赌厅里的人脸上都带着喜色，一下午的时间，每人都能分上个十几万，他们也很满足了。

“没事，叫人把这些东西收到我房间去，至于这些筹码，开成瑞士银行不记名的本票

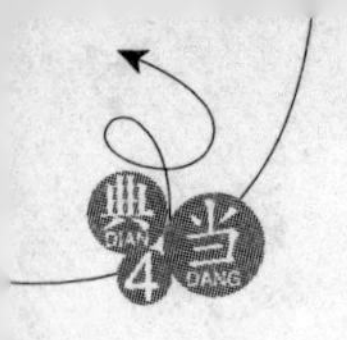

吧……"

庄睿笑着摆了摆手，今儿他最大的收获其实并不是赢了钱，而是搞到这几件古玩，这四件官窑瓷器和那幅郎世宁的妃子图，可是有钱都买不到的好东西啊，自己北京城那套宅子的地下藏宝室，也能充盈一下了。

"慢着，你作弊，你肯定作弊了，不然怎么会把把都赢?"

正当庄睿搂着秦萱冰站起身来，准备出去的时候，牛宏突然从椅子上跳了起来，大声喊道。此时的牛宏脸上满是冷汗，头发湿漉漉地搭在额前，全无一丝富家子弟的样子，和那些在赌厅里赌得输儿赔女的赌棍，也是相差无几了。

"把把都赢?"

赌厅内的人听到牛宏的话后，都感觉好笑，庄睿并不是把把都赢，而是赢的次数比他多上那么一些而已，再加上平局多输少，自然能成为最后的赢家了，牛宏这话没有一点信服力。

要说作弊，众人就更加不相信了，摇色子作弊的方法，主要就是靠听色子，但是庄睿在摇色子的时候，经常都是在说话，根本就没可能去听点数的，除非他能看穿色盅，知道里面的点数，当然，这样的眼睛是所有人都梦寐以求的，嗯，只是在做梦的时候才能想想而已。

"牛少，您有什么证据证明庄先生作弊吗?"

计奕的话让牛宏愣住了，空口白话是不顶事的，说别人出千，是要拿出证据来的。

"我不管，那是你们的事情，反正他就是出千了，这个侍应也是和他一伙的。"

牛宏拿不出证据，干脆耍起青皮无赖来了，要说以十多亿身家的人能说出这话的，港岛也就是牛大少独一份了。

"够了，你还没闹够?"

突然，赌厅的大门被人从外面推开了，四五个人从外面走了进来。

让人惊讶的是，原本无比嚣张的牛公子，在听到这句话之后，脖子竟然缩了缩，悻悻地坐回椅子上。

庄睿是背对着赌厅大门的，他也没听懂刚才的话是什么意思，不过看牛宏的样子，应该是训斥他的，当下扭过头向后看去。

"老外?"

走在前面的那个人，居然是个高鼻梁蓝眼睛的老外，一头银发，穿着一身笔挺的天蓝色西装，虽然这老外脸色红润，但也看得出来，这人的年龄应该是在六十开外了。

"这位就是庄先生吧? 对不起，内侄不懂事，让庄先生见笑了……"

此时那个被四五个人拥簇着的老外已经走到了庄睿的面前，一口流利的普通话说得庄睿有些发呆；并且从这声音庄睿也听出来了，刚才呵斥牛宏的，正是面前这个洋鬼子。

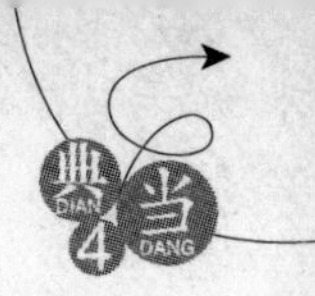

而郑华等人，在见到这人到来之后，都松了一口气，要是让牛宏这样闹下去，今天还真不知道如何收场呢。

“您是？”

庄睿伸出手和那老外握了一下，心里正犯迷糊呢，内侄？这关系是怎么算的啊？这牛宏虽然不成器，但是那长相却是地道的中国人，不会有个老外大爷吧？

“庄睿，这是舒博士，老船王的女婿……”

庄睿不认识这老外，秦萱冰却是熟识的，在旁边小声地给庄睿介绍了一下。

“嘿，莫非是打了小的，大的出来找场子了？”

庄睿的眼睛微微眯了起来，这位舒博士他是知道的，不过他始终都以为这位以外人身份，继承了老船王产业的人，是个中国人呢，没想到居然是个老外。

庄睿并不知道，舒文其实是奥地利人，毕业于维也纳大学法律系，又在芝加哥大学攻读比较法学、国际法和公司法，获博士学位，执业律师。曾受聘加拿大皇家银行法律顾问。

舒文于1970年与老船王的长女相识并结婚，随后老船王不断地唠叨，终于让舒文加入了公司。在1986年老船王退休之后，舒文就接管了船运业务，当时正值航运业最不景气时期。

在舒文接手之后，将一个作为老船王私人领地来经营的老式公司，改造为一个主攻液化天然气运输，同时经营原油船队、干散货船和石油钻井平台的现代化企业集团。经过改组之后，近几年船运业务已经开始复苏了。

可以这么说，如果没有舒文的努力，老船王所创下的基业，早就分崩离析了，所以牛宏在家里天不怕地不怕，唯独就怕这位老外姑父，他近年来经常躲到赌船上，也是有离这位严厉的家长远一点的意思。

“姑丈，他赌钱出老千作弊，赢了我将近一个亿了，咱们不能饶了他啊……”

牛宏坐在椅子上眼珠子滴溜溜地转了一圈，伸手在眼睛上一抹，装出一副可怜兮兮的模样，干脆恶人先告状。

他是想把输出去的钱给要回来一点，否则的话，就要过上一段没钱的日子了，没钱就等于没女人，那些女明星可不会因为你牛大少长得英俊而陪你上床的，这才是牛宏最难以忍受的。

“闭嘴，你丢人还没丢够？马上给我到直升机上等着去，你姑姑在家里等你……”

舒文用字正腔圆的普通话，打断了牛宏的哭诉，他是在接到郑华的电话之后，推掉了一个很重要的会议，乘坐直升机赶来的。在电话中，早就已经了解清楚了事情的起因了，对这个恶习难改的侄子所说的话，他是一句都不相信的。

而对于庄睿连赢一个亿的事实，舒文倒是没怎么在意，在他看来，一个人想要成功，固然需要努力，但是运气更加重要，就像他的岳丈，那位老船王，如果不是赶上海运业兴

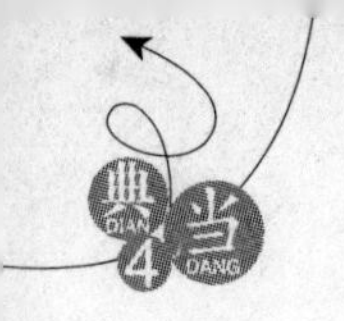

盛的那个年代，入市时机好，也不可能赤手空拳闯出船王的名头。

牛宏虽然狂妄，但是也不敢不听这位家族掌权人的话，狠狠地瞪了庄睿一眼之后，怒气冲冲地走出了赌厅，而舒文身后马上有两个人跟了出去。

“晚辈不成器，让庄先生见笑了，不过庄先生的手气，还真是不错啊……”

舒文虽然训斥了侄子，但是对面前的庄睿也没什么好印象。要知道，这可是一亿港币的输赢，用麻袋装起来，一个人都扛不动。

“呵呵，我在西藏拜过活佛，就连活佛也说我这人运气不错，逢赌必赢。不过我这人不太喜欢赌博，今儿要不是牛少爷感兴趣，或许也没这一出……”

庄睿笑了笑，用手轻轻地摸了下手腕上的天珠，言语间却是丝毫不让，点明了就是你侄子不懂事，庄睿这人虽然不喜欢惹事，但是有了事却是从来不怕事的。

舒文听到庄睿的话后，不禁愣了一下，重新打量起面前的这个年轻人来。

虽然身为外国人，但是舒文从二十世纪七十年代就一直待在香港，对于中国的传统文化研究得很透彻，整个就是一中国通。

舒文知道中国人内敛，讲究客套，凡事谦虚。舒文在香港富豪圈子里也算是老一辈了，那些二三代的富商子弟见到他无不是恭恭敬敬的，现在被庄睿夹枪带棒地讽刺了一句，还是从来没有过的事情。

只不过以舒文的身份，即使对庄睿这年轻人不怎么满意，也不会和他斗嘴的，当下笑了笑，看向庄睿身边的那几个纸箱子，说道：“我听说牛宏输了几件老爷子以前留下来的物件，那些东西是我送给岳父大人的，也是我家传的，很有纪念意义，还希望庄先生能割爱，让我再买回来，不知可否？”

“是舒博士家传的？不对吧，这几个物件都是我们老祖宗传下来的，不知道和舒博士家里有什么关系？”庄睿听到舒文的话后，皱了下眉头。

他是不可能将这些东西还回去的，而且在听到舒文的话后，庄睿也算是知晓了这些物件最终的来历，当下冷笑着说道：“我是不是可以这样理解舒博士的话，就是一些强盗跑进别人家里，抢走了属于别人的东西，然后就可以称之为是自己家传的了？”

舒文是奥地利人，而一百多年前北京所经历的那场浩劫，也正有奥地利人的参与，圆明园被毁于一旦，北京城所有王公大臣的家里被洗劫一空，数百万件中华民族的瑰宝被运到国外，这让所有国内古玩行里的人都痛心疾首，庄睿自然也不例外。

“这……”

舒文顿时被庄睿说得哑口无言，他的祖父的确参加过八国联军，在二十世纪初期来到过中国，而这几件东西，也都是舒文祖父从圆明园内抢去的。后来舒文知道老船王喜欢这些古董，才从家里拿出来送给船王，他对那段历史极为了解，所以根本就找不出什么反驳的话来。

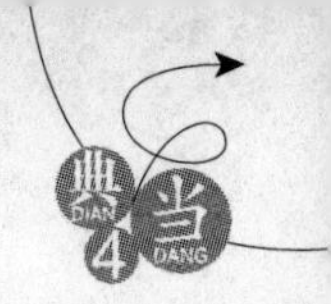

不过奥地利人和德国人一样，都能正视自己过去的历史，做错了就是做错了，所以舒文对庄睿所说的话，并没有生气，而是说道："对不起，庄先生，是我失言了。"

见到这外国老头很干脆承认了自己的错误，庄睿心里倒是对他产生了一些好感，笑着摆了摆手，道："那些过去的事情，和舒博士您本人是没有什么关系的。不过这些东西，我觉得还是由我带回国内比较好。"

香港是个自由港，虽然已经回归了中国，但它还是有着自己的法律法规，并没有所谓的文物走私罪，内地的那些禁止出境的文物，在香港是不受任何限制的，庄睿并不想让这些珍贵的国宝，从自己手中再次流向国外。

"这个……"

舒文没想到庄睿会如此说。要知道，舒文先前并不知道牛宏把这些东西拿到赌船上来了，而他本人对老船王感情很深，老船王的遗物他自然不想落入别人的手里，只是白纸黑字已经签署了协议，从法律上已经归属庄睿所有，这让舒文颇为头疼。

"这样吧，庄先生，您是用一千万买的这些东西，我用两千万再买回来，总可以了吧?"无可奈何之下，舒文提出了一个连自己都不怎么相信庄睿会答应的建议。

"呵呵，对不起，舒博士，这些东西是我们国家的瑰宝，在我有能力的情况下，我是一定要将它们带回国内的，这不是钱的问题，希望您能理解我的心情。"

果然，庄睿义正词严地拒绝了舒文的建议，别说是两千万，就是五千万，庄睿也不会卖掉的，一亿？呃，或许会考虑下吧，不过那鬼佬也没可能出那么高的价钱。

"小郑，你看……"舒文把目光转向郑华，想让他出言劝解几句。

"舒叔叔，这事，都怪牛宏太冲动了点……"

郑华不是不想帮舒文，只是他这几天专门打听了一下庄睿的来历，知道他在国内曾经参加过一期民间鉴定文物的活动，也算是古玩行的人，想让他放弃这些东西，郑华估计自己还没那么大的面子。

舒文闻言皱起了眉头，从他执掌环球航运以来，还是第一次如此出言求人，没想到却被屡屡拒绝，对庄睿的印象不由又坏了几分，想了一下，道："我记得中国有这样一个规矩吧，就是赌账赌还，赌桌上输出去的东西，是不是也能赌桌上赢回来呢?"

"奶奶的，说来说去不还是想找回场子?"

庄睿心里暗骂了一句，眼中闪过一丝寒芒，这种白送的钱，他是不嫌多的，当下点了点头，说道："没错，舒博士莫非也像牛公子一样，精通赌术?"

"不，不，不，我除了给澳门赌场剪彩去过一次，这辈子也没进过几次赌场。

"我是这样想的，既然这几件古董都是在赌场里输掉的，那么我出一个代表和庄先生对赌，如果我赢了的话，庄先生把这些古董交还给我，如果我输了，这事情也就不用再提了，当然，我会拿出和这些古玩对等的金钱。"

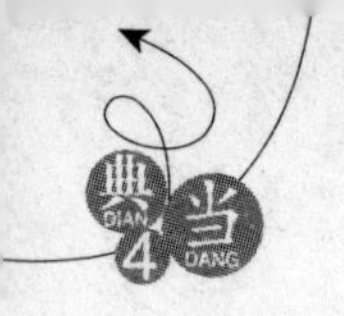

舒文和澳门赌王的关系极好，他知道赌王那里有位赌术十分高明的人，眼下就想把那人借来与庄睿对赌。在他看来，庄睿虽然运气不错，但是真正遇到高手，输赢就不是运气可以决定的了。

庄睿颇玩味地看了舒文一眼，说道："哦？不知道舒博士以为多少钱能和这些古玩价值对等？"

"三千万港币！"

舒文早从郑华那里得知这几个是什么古玩之后，马上就打电话让人评估了它们的市场价值，刚才出两千万不过是想省点钱收回来，但是现在再说出两千万的话来，就显得自己小家子气了。

"舒博士，我个人不缺钱，如果您用钱来做赌注，那还是算了吧……"

庄睿微微撇了下嘴，单是那幅郎世宁的画，估计就能拍到两千五百万左右了，而那两对瓷器的价格，也不会低于一千五百万，舒文这价出的不怎么地道，而且他也实在不想再赌下去了，钱多也烧手啊，尤其是用这种方式赚的钱，更是让庄睿心里不落实。

"那这样吧，我再拿出三件瓷器和两幅古画，来与庄先生对赌，你看怎么样？"

舒文的目的不仅仅是要拿回那几件古玩，也有为牛家挽回一些声誉的意思在里面，所以才决定用自己的藏品来和庄睿对赌。

"哦？那倒是可以，不过您拿来的东西我要先看过，如果价值相等，您刚才提出的赌约就可以进行。"

庄睿眼睛一亮，看来这洋鬼子手上的好东西不少啊。他猜得没错，舒文的爷爷当年就是奥地利侵华军队的指挥官，抢回国的东西，那都是用车拉的，虽然在这近一个世纪流失掉不少，但是舒文手里，还是保留下来了一些。

"对不起，我先打个电话。"舒文见庄睿同意之后，拿起电话走出包厢打了起来。

"庄睿，这事就算了吧，我看你都要成赌鬼了。"

秦萱冰刚才为了维护庄睿，一直都没说话，现在见到舒文出去，连忙把庄睿拉到了一边，她可是很了解舒文这个人，做生意就是从来不打没有把握的仗，眼下和庄睿赌，秦萱冰并不怎么看好庄睿能赢。

"萱冰，这些钱我可以不要，但是这些东西，我是一定要带回去的，它们可都是咱们中华民族的瑰宝啊，落在洋鬼子手上算什么事。没事的，你老公我运气好得很。"

庄睿前面几句话说得是大气凛然，他当然不会把充盈自己藏宝室的心思讲出来了，不过即使是放在自己的地下室里，那也比放在老外的收藏室里要好吧。

"好吧，随你了，反正这些东西都是赢来的。"

秦萱冰想了一下之后，也没再继续劝说下去了，她现在脑子还有点迷糊呢，这一下午的时间，庄睿的身家居然就暴增了近一个亿，如果不是看着赌桌上那一摞摞的筹码，秦萱

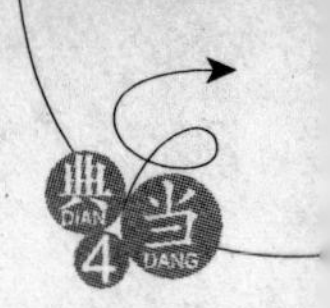

冰还不敢相信呢。

“庄先生，赌局明天上午开始，两人对赌梭哈，不知道你有没有什么意见？”

这时舒文也打好了电话，重新走进了赌厅，他刚才联系了赌王，赌梭哈是赌王给的建议。

“梭哈？”

庄睿听到这名字皱了下眉头，不过马上就舒展开了，他那些香港赌片不是白看的，对于扑克牌的玩法，除了斗地主、打升级之外，庄睿最熟悉的，应该就是梭哈了。

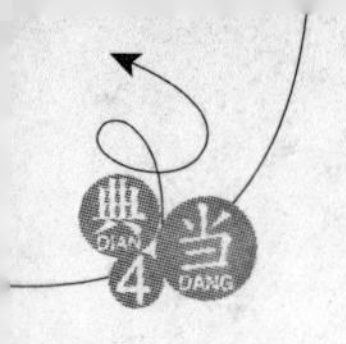

第三十二章 集体围观

“好，那就赌梭哈，希望舒博士所带来的古董，不会让我失望，如果我看不上眼的话，对不起，赌局将不会进行。”

赌了半天没有任何技巧的摇色子，说老实话，庄睿早就厌倦了，不过在听到舒文要赌梭哈的时候，他眼睛亮了一下，虽然庄睿从来没有赌过梭哈，但是当年他看了那部《赌神》的电影之后，特意去查了下梭哈的赌法以及规则，所以对赌梭哈并不陌生。

梭哈又称沙蟹，是扑克游戏的一种。以五张牌的排列、组合决定胜负。游戏开始时，每名玩家会获发一张底牌（此牌只能在最后才翻开），当派发第二张牌后，便由牌面较佳者决定下注额，其他人有权选择跟、加注、放弃或清底，当五张牌派发完毕后，各玩家翻开所有底牌来比较。

在发牌前，每个玩家必须支付强制性的底注，然后发给每个玩家两张面朝下的底牌和一张面朝上的明牌，拿到最小明牌的玩家必须支付最初的下注，它通常是小注的一半，或是一整个小注，如果两个玩家有同样大小的门牌，那么花色按照向上的次序决定谁来支付，其顺序是梅花、方片、红心、黑桃。

五张牌梭哈游戏，在国内和港台地区流传得最为广泛，因为这种赌法上手容易、对抗性强，既有技巧也有一定的运气成分，梭哈高手必须具备良好的记忆力、综合的判断力、冷静的分析能力再加上些许运气。

而真正的梭哈赢家，不用阴人打法的是很少的，毕竟靠运气没有常胜的将军。当然，庄睿例外，不过他对那些阴人技巧还是非常感兴趣的。

庄睿现在已经在想象，如果到时候舒文请来的所谓赌术高明的人，用小牌来诈自己，那会是一种什么样的局面，反正自己能看清对方的底牌，只要不是手气背到把把都输底注的话，明儿的赌局自己赢定了。

“好，庄先生，我明天带来的东西，一定不会让你失望的，那现在我就先告辞了。”

舒文看到事情说定了，站起身来，向郑华打了个招呼，就起身告辞了。他是乘坐直升机赶来的，现在还要返回香港开会，至于赌局的事情，他已经拜托给了澳门赌王，人手自

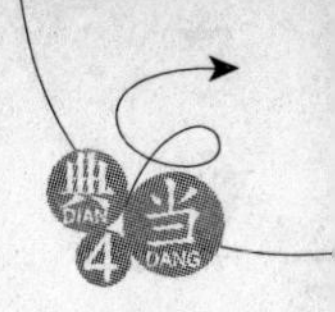

然是不用他操心的。

不过具体要拿出什么样的古玩庄睿才会满意，舒文心里有些没底，走出赌厅之后，舒文对身旁的一个人说道："去查一查这个叫庄睿的来历，看看他是否精通古玩。"

老船王在世的时候，和内地的来往还是比较多的，即使是现在，也有一定的关系网，舒文一行人刚走到赌船的停机坪，就接到了内地反馈过来的信息。

"嗯？欧阳罡的外孙，精通赌石，现任玉石协会理事，精通陶瓷青铜类古玩，曾任电视鉴宝特邀专家……"

舒文看着手机上的短信，有点不敢相信庄睿年纪轻轻的，居然精通这么多，不过先前打算找几个赝品凑数的心思倒是打消掉了，万一被庄睿认出来，那人可就丢大了。

"姑父，咱们就这样走了？不能饶了那小子啊！"

直升机里的牛宏见到舒文上来，一脸不情愿地说道。在他看来，这事很有可能就这么算了。

"你闯的祸还不够啊？走吧，明天再来，我请了澳门赌王的人明天和他赌一局，不过不管输赢，你一个月都要待在你姑姑身边，不准乱跑，听到没有！"

舒文看了牛宏一眼，心里也满是无奈，老岳丈的嫡亲孙子，自己怎么着都要看顾一点。只是这小子实在是不争气，对家族产业一窍不通，整天就知道赌博玩女人，偏偏自己老婆还最宠着他。

舒文虽然有心将老船王的生意交到牛宏手上，奈何这小子根本就是个扶不起来的阿斗，他只能把自己儿子女儿培养起来，接自己的班了。

"好，只要能出了这口气，怎么着都行。"

牛宏听到姑父请到澳门赌王的人出马，心中大喜，要知道，那位赌王身边可是有几个人，都曾经参加过在拉斯维加斯举办的赌王大赛，并且其中一人还曾经获得过赌王称号的，用他来对付庄睿，牛宏仿佛已经可以看到庄睿输得鸟蛋精光的模样了。

留在赌厅包厢里的庄睿，对自己明天的对手是什么人，丝毫的兴趣都没有，从舒文提出对赌，就已经注定了结果。庄睿现在关心的，是舒文到底能拿出什么样的赌注来，要是真与这几件古玩相差无几的物件，那庄睿此次可是赚大发了。

在拿到赌场开具的瑞士银行不记名的本票之后，庄睿带着秦萱冰去赌船上的法国餐厅里，享受了一顿烛光大餐，好好地慰劳了一下自己的肚子，之后又陪着秦萱冰在赌船上看了一场歌舞剧，这才回到了房间里。

"庄睿，你怎么对明天的赌局一点都不担心啊？"

秦萱冰拉着庄睿看歌舞剧，就是想让他放松一下，不要太紧张，可是现在看来，紧张的反而是自己，庄睿就跟个没事人一样。

"有什么好紧张的？大不了将那几件古玩输回去嘛。老婆，你还不知道，我可是受过活佛赐福的，谁的运气能有我好啊。"

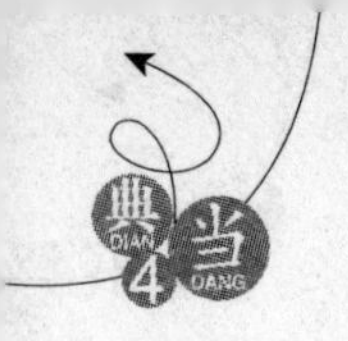

庄睿拉着秦萱冰坐到了沙发上，将脸庞埋入对方胸前，搞得秦萱冰浑身一阵颤抖，想要推开庄睿，却感觉到身上瘫软无力。

“亲爱的，还没洗澡呢。”秦萱冰近乎呻吟的声音响了起来。

“我抱你去洗。”庄睿对洗鸳鸯浴可是乐此不疲，当下双手横着将秦萱冰抱了起来，向浴室走去。

“来电话啦，来电话啦……”

只是还没走上两步，庄睿裤兜里的电话就响了起来，随之秦萱冰的那个坤包里，也响起了手机的铃声。

“得，接电话吧……”

庄睿哭笑不得地将秦萱冰放了下来，幸亏这还没进浴室，否则要是箭在弦上的时候来这么一出，没准就会让自己小弟弟雄风不再了。

“喂，我说五儿啊，你去香港这趟，动静可是不小啊，居然要和牛家那些人对赌，连爷爷都知道了。对了，爷爷现在住在你的四合院里呢，你要不要和他说话？”

来香港几天，满耳朵听的都是鸟语，乍一听欧阳军的话，还挺亲切的，只是这话中的内容让庄睿吓了一跳，这事怎么就惊动外公了啊？

庄睿并不知道，今儿的事情已经在香港富豪圈子里掀起了轩然大波，而老爷子知道这件事，是港澳办的王主任报上去的，一来老船王当年和内地高层关系不错，二来庄睿又是将军的外孙，所以这事有人直接就通报给了老爷子。

“四哥，我就不和外公说话了。我给你说啊，我之所以答应那老外的赌局，是因为他手里有不少以前八国联军的时候，从中国抢走的珍贵文物，咱们作为中华儿女，怎么着也不能看着这些物件流落到外国人手里吧？四哥，你说我讲的对不对啊？”

庄睿不知道老爷子对这事是个什么态度，他知道老爷子对外国佬不怎么感冒，当下在电话里是尽挑好听的说，就差没把自己说成是为国为民的大英雄了。

“哦，原来是这么回事，放心地赌吧，回头我打个招呼，他们不敢耍什么花样的……”

电话里沉默了一会儿，突然响起了欧阳罡的声音，吓得庄睿差点没把手机给丢出去。还好老爷子居然没生气，还给他鼓起劲来，这让庄睿惊喜莫名，有了老爷子这句话，电影里所演的那些出千技巧，明儿应该是不会出现了。

“外公，您放心，我明儿一准让那些老外输得找不到北，咱这也算是为国争光了吧？”听到老爷子心情不错，庄睿在电话里贫了起来。

“嗯，你外公我晚生了十几年，要不然八国联军那会儿，外公就和他们拼命了。小子，赌输了就别回来了，你外公我丢不起这人……”

老爷子说的这话，让庄睿直想笑，您老就是早生上十多年，那会儿恐怕也正穿着开裆裤呢，拿什么去和别人拼命啊，不过庄睿嘴上还是连声答应着，又听了老爷子一会儿“想当年”之类的豪言壮语，才把电话给挂上了。

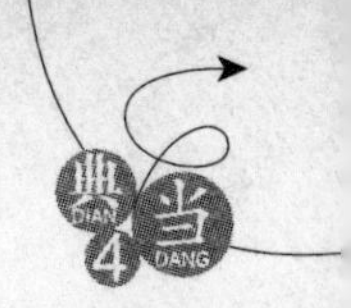

“萱冰，你干吗这样看着我啊？刚才谁给你打的电话？”

挂断电话之后，庄睿回过头来，见到秦萱冰站在自己身后，脸上的表情很是古怪。

“我爹地打来的，庄睿，明天的事情闹大了……”

庄睿一听是这事，当下笑着说道：“怕什么啊，我外公也知道了，刚才给我打了电话。放心，对方不敢出阴招的。”

“不是这个，是明天我爹地妈咪，还有许多人都要来现场观看你们的赌局。”

秦萱冰着急了起来，现在港岛都已经沸腾了，但凡是有点身份的人，都在想办法进入赌船观看明天的这场对赌。

按秦浩然的说法，明天这场赌局，几乎所有的港岛顶级富豪，都会前来观战，另外那位澳门赌王也会亲自前来，也就是说，这场本来只是意气之争的对赌，上升了一个高度，变成了港岛大亨级的人物舒文和内地新贵庄睿的较量。

这已经不是单纯的几千万和几件古玩的事情了，无论是对于掌控着百亿财团的舒文，还是对于庄睿，在这场赌局中，钱和古玩都已经不是最重要的了，更重要的是脸面，舒文自然是代表了牛氏家族和自己的环球航运。

而庄睿此时还没有意识到，他如果要是输了，那么输的就是欧阳家族的脸面，虽然庄睿认为自己只代表了自己本人，但是别人是不会这么看的。

“我什么时候成了内地新贵啊？内地也没几个人认识我呀！”

听完秦萱冰的话后，庄睿有些哭笑不得，自己半年前不过是个穷小子，从哪看也和“贵”字不沾边啊。虽然最近认了外公一家人，但庄睿也从来没有想过要去沾他们什么光，在庄睿心里，亲人就是亲人，他不会将亲情与利益结合在一起的。

秦萱冰见庄睿有些苦恼的样子，上前搂住了庄睿，把头靠在庄睿胸前，小声说道：“你是这样想的，可是别人不会这么看，不管你有多么的出色，别人始终会给你背后加上欧阳家族的光环。不过，庄睿，我知道，你的一切都是自己努力得来的，你是最棒的！”

庄睿认识外公一家人的时间还太短，他根本就不知道自己初见的那个卧床不起的老头，在内地究竟拥有着什么样的权势；他也不知道，那和蔼的大舅，走上权力巅峰之后，又会给欧阳家族带来什么样的变化。

别说庄睿是欧阳老爷子的嫡亲外孙，就算是八竿子打不着的远房亲戚，那放在香港这些商人的眼里，也是权贵出身了，俗话说三代出贵族，庄睿这不正好是第三代嘛。

“我哪里最棒啊？”

庄睿听到秦萱冰的话后，心中蠢蠢欲动了起来，随手拿过自己和秦萱冰的手机，直接按了关机键，然后抱起秦萱冰向浴室走去。

不多时，浴室中水花四溅，“啪啪”的撞击声和令人血脉贲张的呻吟声传了出来，男女之间的战争从浴室一直延续到客厅，到处充斥着一种靡靡的气息。

海风从窗外吹进房间里，将白色的窗帘掀起，温柔如水，纯净如玉的月光洒落到房

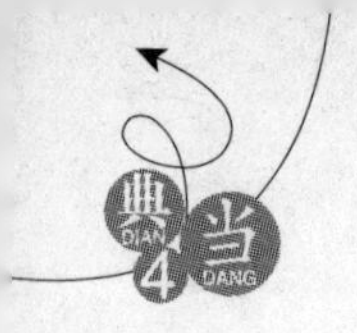

中，使得整个房间变得那样空蒙，抬眼可见的海上明月，让庄睿和秦萱冰倍感刺激，房中粗重的喘息声，久久未曾停歇。

……

“叮咚，叮咚，叮咚。”

庄睿感觉自己刚刚睡着，客厅的门铃就不断地响了起来，有心不去搭理，可是那门铃一直响个不停，强忍着困意，庄睿抬头看了下床头的表，五点半！再看看外面的天上挂的的确是月亮而不是太阳，不禁怒火中烧，谁这么没眼色，五点半来敲门啊。

“庄睿，什么人？”

秦萱冰此时也醒了，伸出玉臂搂住了庄睿，胸前那富有弹性的软肉，蹭得庄睿一阵心猿意马，只不过小兄弟不争气，奋战了半宿，早就雄风不再了。

“不知道是谁，你先睡，我起来去看看。”

庄睿拉过被单盖在秦萱冰身上，自己下床将扔了一地的睡衣找出来穿上，那身匀称的肌肉看得床上的秦萱冰一阵迷醉。

揉着眼睛走了出去之后，庄睿顺手把卧室的房门给带上了，而客厅的门铃声依然响个不停，刺耳无比。

“四哥，怎么是你们?!”

打开房门之后，正想冲着来人发火的庄睿愣住了，门外站了四个人，除了郑华之外，却是欧阳军和徐晴，另外还有一个四十多岁的中年男人，让庄睿冲到喉间的恶语又硬生生地咽进了肚子里。

“废话，我说五儿，你犯什么毛病啊，手机一直都不开机，白瞎了哥哥大老远连夜转机来给你助威。行了，在门口站了半天了，进去说话吧。”

欧阳军一脸不爽地看着庄睿，那通电话打完之后这小子就关了机，搞得自己要不是联系上郑华，压根就找不到这艘赌船，哥们深更半夜租个直升机马不停蹄地飞过来，容易吗？

“好，哎，等等，等一会儿……”

庄睿下意识地答应了一句，不过马上意识到不对，一把将房门给关上了，然后跑回卧室，交代秦萱冰先睡，自己等会儿就回来。

“哎，我说你小子怎么回事啊？”

欧阳军被庄睿的举动搞得愣住了，看到是自己来了，还给个闭门羹吃，他哪里知道，这套房客厅里的地上到处都丢着庄睿和秦萱冰的内衣，要是放他们进来了，庄睿这脸就丢大发了。

“你这人，嚷嚷什么啊，小睿不是来香港看女朋友的吗？别这么没眼力见儿，咱们还是先休息一下，早上起来再说吧。”

大明星倒是猜出了几分，推了欧阳军一把，让他别再说下去了。他们可是连夜从北

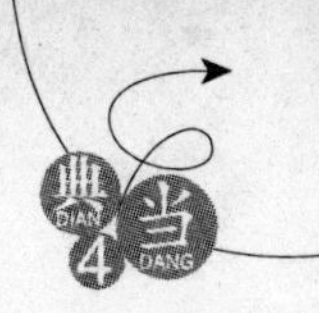

京乘飞机赶到的广州，然后问清了赌船的坐标之后，又乘直升机飞来的，大明星这会儿也感觉到很疲惫了。

“还是嫂子通情达理，四哥，你也太会扰人清梦了吧？”

徐晴话音未落，房门又从里面打开了，庄睿走出来之后，随手将身后的房门给带上，接着说道：“郑兄想必给你们安排了房间，咱们去你房间谈吧。”

“你……你，你小子整个就是一找了媳妇忘了娘的家伙，亏得小姑还让我带话给你呢……”

欧阳军哭笑不得地指着庄睿，他此时以为庄睿的这番举动，是怕惊扰了里面睡觉的人，只是欧阳军不会想到，这一对初尝了禁果的男女，昨儿在客厅里就嘿咻了起来，自然不能接待他们了。

“我妈让你带什么话啊？”庄睿闻言是有点汗颜，这几天玩得是开心了，不过没给老妈打过一个电话。

“小姑让你这次把女朋友带回去，正好爷爷现在住在你那四合院里的，让大家都见见。行了，去房间再聊吧。”欧阳军折腾了大半夜，也累得不轻了，懒得在这儿和庄睿磨嘴皮子。

郑华在接到欧阳军电话之后，就给他留了房间，同样是在这一层，将几人带到房间里，约了早上一起吃早点后，郑华就告辞了。他知道欧阳军此来肯定是和今天的赌局有关，他也不想多听，毕竟两边都是朋友，郑华都不想得罪。

“四哥，您要来怎么不在电话里先说声啊？对了，这位先生是谁？你还没给介绍呢。”

到房间客厅坐下之后，庄睿熟门熟路地拉开冰箱，拿出几罐啤酒和饮料，放到了茶几上。

“我倒是想说啊，你小子一个电话接完就关机了，我去哪找你？这位是陆文鹏陆先生，是玩牌的高手，曾经上过央视演示过赌博的一些出千技巧，我是想让他代你赌。”

欧阳军昨儿这一夜可是忙活了不少事情，先是找人打听有没有赌牌高手，然后连夜将这位陆文鹏请出来，随后才赶过来的。

庄睿闻言打量了这个叫陆文鹏的人一眼，长相很普通，看不出有什么出彩的地方，当下摇了摇头，说道：“四哥，好意心领了，不过我还是想自己去赌，输赢也能玩个心跳不是。陆先生既然来了，明天帮我看着点，只要对方不出千就行了。赌运气，我不会比谁差的。”

“庄先生，梭哈不止是运气那么简单，这里面有许多技巧可言的，要防止对方偷鸡诈牌阴人，稍有不慎，一局就有可能将筹码输光。”

陆文鹏看庄睿不以为意的模样，出言提醒了一句。

“没事，我到时候不看牌就行了，管他是大是小，大家凭运气来，我自己都不知道自己是什么牌，他怎么阴我啊？”

庄睿早就在心里打定了主意，等赌局开始之后，自己就装一外行，绝对不掀自己的底

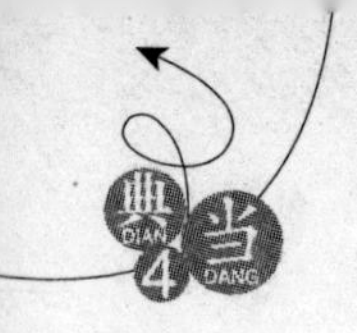

牌看,让对方心里没底。当然,偷偷地用灵气看一下,还是很有必要的。

“这……这样也行?”陆文鹏被庄睿说傻眼了,目光随之看向欧阳军。

欧阳军皱了下眉头,说道:“五儿,你这样是不是太草率了?现在知道这个赌局的人可是不少,输了的话,咱们脸面也不好看的。”

庄睿没回答欧阳军的话,而是看向了陆文鹏,说道:“陆先生,我听说对方请的人,是参加过拉斯维加斯赌王大赛的赌王,不知道你有几分把握能赢他?”

陆文鹏闻言了愣了一下,想了半天才说道:“最多三分把握,还要看到时候的运气如何了……”

“对啊,说到底还是要看运气的,而我是受过活佛赐福的人,运气总要比你好一点吧?”庄睿得意地笑了起来。

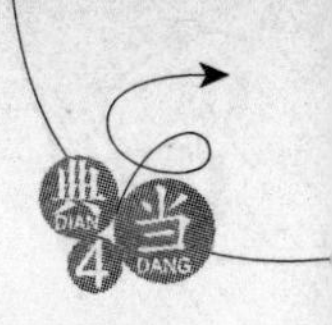

第三十三章　赌王出马

“这个……是要靠运气的，不过……”

“没有什么不过的，既然是靠运气，那还是我自己上好了。陆先生，听说你曾经在央视揭露过赌术中的千术，到时候只要帮我看着对方有没有出千就可以了。”

庄睿打断了陆文鹏的话，开什么玩笑啊，才有三分赢面，就想代表哥们去赌？那不是变成上赶着给别人送钱了嘛，这种吃亏的事情，庄睿是不会答应的。

“五儿，我估计你连我都赌不过，凑什么热闹啊，别人能请人代赌，咱们一样可以啊，到时候就让文鹏上，他赢面总归要比你大一点的。”欧阳军也是很不看好庄睿，在一旁出言劝道。

庄睿被欧阳军给说乐了，笑着道：“得了吧您，我和人开的赌局，你们这才是凑热闹呢。行了，折腾一夜也该睡觉了，不知道扰人清梦是不道德的吗？你们两口子就当是来旅游的，明儿给我摇旗呐喊就行了……”

庄睿打了个哈欠，这会儿实在是困得不行，站起身来摆摆手，就往门外走去，趁着时间还早，庄睿准备补个觉，否则回头一副纵欲过度的模样，看在老丈人和丈母娘眼里，那可是够丢人的。

“算了，文鹏去睡觉吧，小姑说得没错，我这小弟拿定了主意，谁都改不了，咱们这趟就算是来度假了……”庄睿走后，欧阳军三人大眼瞪小眼地看了半天，只能如此了。庄睿不同意，陆文鹏即使赌术再高明，那也上不了场。

“庄睿，这么晚是谁来了？”

秦萱冰在卧室里等得早就没有了睡意，穿着睡衣站在阳台上看日出，见到庄睿回来，连忙迎了上去。

“我小表哥，回头天亮了带你去认识下。睡觉，睡觉，不然一会儿要没精神了……”庄睿随口答了一句，搂着秦萱冰躺回到床上。

“还说呢，不是你穷折腾，现在都该起床了……”秦萱冰没好气地回了一句，却发现庄

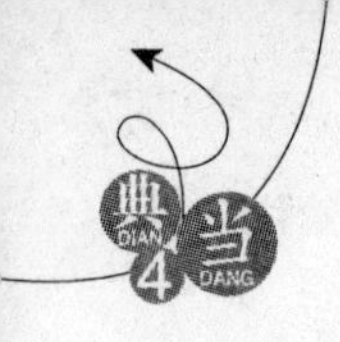

睿已经睡着了，还轻轻地打着鼾。

不过庄睿也没睡上多久，到了八点多钟，一阵直升机发出的轰鸣声，将他从睡梦中惊醒了。

“这什么破船啊，隔音设施一点都不好……”

庄睿嘴里嘟囔了一句，翻个身子正准备再睡，可是那轰鸣声如在耳朵边一般，实在是太吵了，即使关上了阳台的推拉门都不行。

“靠！没那么夸张吧？”

庄睿走到阳台上往外一看，顿时惊呆了，这天上不是一架直升机，而是十多架直升机盘旋在天上，正在船上引航员的指引下，一架架地停靠在船上的停机坪上。

只是这赌船的停机坪最多只能停放五六架直升机，所以船上的工作人员又在后甲板上隔出一大块地方，临时用于直升机的停靠。

而在郑华的那艘私人游艇旁边，庄睿看到，也有十多艘游艇停靠在那里，蚂蚁般大小的人正乘坐升降机进入赌船。庄睿返回房间拿出望远镜看了一下，里面颇有几个熟识的身影，都是在那次慈善拍卖会上见过的。

漫天飞舞的直升机，乘风破浪的豪华游艇，让庄睿疑似在梦中一般，这不是好莱坞在拍大片吧？这直升机什么时候像大白菜一样不值钱了？

“庄睿，香港好多人都有直升机的，不奇怪，我们家里也有一架，喏，就是刚刚停到甲板上的那个。你看，我妈咪和爹地都来了，咦？爷爷也来了啊，快点，庄睿，咱们快点去洗漱。”

房间里有专门的望远镜给住客看海景用的，秦萱冰也拿了一个走了出来，在指给庄睿看到自己家的直升机之后，却发现父母爷爷都来了，不禁着急起来，拉着庄睿就要往洗手间跑。

“急什么啊，反正电话都关机了，他们也找不到咱们，先来个晨运再说……”

庄睿的话把秦萱冰吓了一跳，折腾了一晚上还没够啊，正要躲避的时候，腰肢却是被庄睿搂住了，紧接着一个富有侵略性的大嘴印在了自己的嘴唇上面。

“呃，舒畅啊！”

在热吻了足足有三分钟之后，庄睿才松开了满面绯红的秦萱冰，深深地吸了口充满了海水味道的空气。

“还是直升机好啊，真方便。萱冰，你们家的直升机多少钱买的？”

庄睿看到此时天上的直升机基本上都已经降落了，不由想到北京城那拥挤的交通来，似乎自己家那大宅子改造个停机坪问题不大吧？

秦萱冰没好气地白了庄睿一眼，说道：“直升机的价格倒是不贵，几百万都买得到。不过，庄睿，内地允许直升机飞吗？”

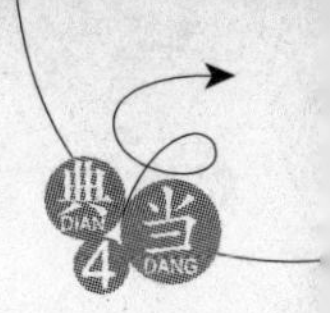

秦萱冰的话顿时给庄睿浇了一头的冷水，是啊，买了也开不了，国内的航空管制是很严格的，就北京那地界，恐怕还没飞出个二十米，就被打下来了。

等到庄睿和秦萱冰洗漱完毕打开手机之后，十几条短信提示音响了起来，而秦浩然的电话也随之打了进来。

“爸爸喊我们去吃早餐……”秦萱冰接了电话之后，对庄睿说道。

“那就去吧，我看看表哥他们起来没有，正好介绍给秦叔叔认识……”

庄睿和秦萱冰刚走出房门，迎面就看到欧阳军搂着大明星走了过来，估计是来敲门的，四人正好迎在了一起，而欧阳军和徐晴都没见过秦萱冰，眼前顿时一亮。

秦萱冰今天穿的是很正式的黑色礼裙，高高挽起的头发凸显得脖子上的那串项链尤其醒目，带有蕾丝边的透明布料，让秦萱冰那傲人的胸前双峰若隐若现，盈盈一握的小蛮腰，此时正被庄睿的一双大手搂着，一米七多的身高再配上高跟鞋，和一米八的庄睿更是相得益彰，郎才女貌。

“哎哟，掐我干吗啊？庄睿，这就是弟妹吧？”

秦萱冰的容貌气质，让欧阳军两口子都看呆了，不过徐晴反应得快，一把掐在欧阳军的腰上，才使得欧阳公子反应了过来，和秦萱冰打起了招呼。

“萱冰，这是我表哥欧阳军，那是准嫂子徐晴，她可是大明星，在内地知名度高着呢，四哥，这是我女朋友秦萱冰。对了，礼物呢？”

庄睿给双方介绍了一下，随之就伸出手去讨礼物了，当弟弟的可是给你们送了不少好物件，现在有机会了，肯定是要讨回来的。

“咳咳，那啥，来得太匆忙了。小秦，回北京，等回北京之后，四哥一定送你份大礼。”

庄睿的话让欧阳军差点没咳岔气，哥哥连夜赶过来给你捧场，哪有工夫和心思去准备礼物，他哪里会想到庄睿来这么一出啊，当下苦笑着给秦萱冰解释了一番。

“四哥太客气了。对了，徐姐姐，我在香港都看过好多你拍的电影的……”

秦萱冰那清冷的性子在遇到庄睿之后，改变了许多，她知道男人们有事情要谈，当下拉住了徐晴的手，两人跟在庄睿和欧阳军后面窃窃私语起来。

“我说老弟，你真不厚道啊，哥哥大老远地来给你加油鼓劲，你还给四哥难看啊。”

欧阳军满脸不爽地低声说道，不过话风一转，又向庄睿跷起了大拇指，道：“还别说，你小子真的挺有眼光，怪不得那几个嫂子要给你介绍对象，你都不搭理，就小秦这相貌气质，在内地还真是找不出几个来。”

“得了吧，远的不说，嫂子就不比萱冰差……”庄睿随口谦虚了几句，却是一脸得意的样子，这也是男人的通病，找了个漂亮老婆，没哪个男人不想显摆一下的。

郑华这会儿正忙着招待那些身份无比尊贵的主呢，此时也没工夫来招呼庄睿了，不过还是派了个小弟守在那一层，此时看到庄睿等人出来，带着众人坐电梯下到三层餐厅。

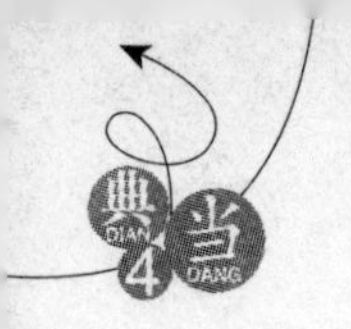

庄睿几人步入餐厅之后才发现，敢情没吃早餐就赶来的人，着实不少，以往没几个人的餐厅，现在几乎快坐满了。

当然，庄睿等人的到来，引来了无数道注目礼，他们都知道面前的这个小伙子，居然不知死活的要和世界赌王去对赌。虽然这些人纷纷放下了手中的生意来观战，但是并没有一个人认为今天的赌局庄睿会赢。

庄睿可没心思去猜度这些人在想什么，看到秦浩然在向他招手，带着欧阳军两口子走了过去，给秦家老少做了个介绍。欧阳军也很给庄睿面子，以晚辈的身份拜见了秦老爷子，这才坐下用餐。

事情的经过秦家都很了解，虽然他们对庄睿的运气是否一直能好下去，也是持着怀疑的态度，不过现在已经是箭在弦上，不得不发了，也就没多说什么。

简单地吃完早点，庄睿等人在侍应的带领下，来到了位于赌船二层的包间里，今天这个包厢赌厅，要比昨天的大出了许多，并且里面只有一张赌台，在距离赌台七八米远的地方，摆放了十多张椅子。

看到这阵势，庄睿心中有些无奈，哥们儿这是招谁惹谁了啊，不过就是来赌船玩玩，被人逼得非要对赌，然后赢了小的引出了老的。庄睿不知道今天赌完了这场，是不是能清净一点了。

庄睿昨儿也和秦萱冰商量了，赌完这场之后，马上就返回内地，这香港的是非未免太多了，有时候你不去招惹别人，但是别人会来招惹你啊。

虽然此次香港之行收获不菲，庄睿心里还是有点遗憾，哥们要低调啊，但是他知道，今儿这场赌局完了后，恐怕香港富豪圈子里的人，都认识他了。

庄睿不知道的是，这些富豪们集体出行，可是急坏了香港的那些狗仔队，只是这些人不是乘坐私人游艇，就是乘坐直升机，让那些狗仔队根本就无机可乘，否则的话，恐怕庄睿的照片，明天就能登上香港娱乐报纸的头条。

“欧阳先生，请这边坐，家祖马上就过来了。”

正在赌厅里指挥人摆放椅子的郑华，见到欧阳军等人进来之后，连忙过来打了个招呼。

“哦？郑老爷子也来啦？爷爷还让我向老爷子问好呢。”

欧阳军话刚说完，从赌厅门口走进来一群老头，没错，就是一群，足足有十来位头发花白的老人，在别人的搀扶下走了进来，而秦萱冰的爷爷，也在这群人之中。

庄睿是最怕这些交际的，在看到这些人进门之初，就拉着秦萱冰躲到了角落里，而欧阳军带着徐晴则是迎了上去，和一些与欧阳老爷子关系不错的老人们交谈了起来。当然，以他的身份和辈分，也只有到处点头问好的份，如果换成欧阳磊来，那这些老人也不敢托大了。

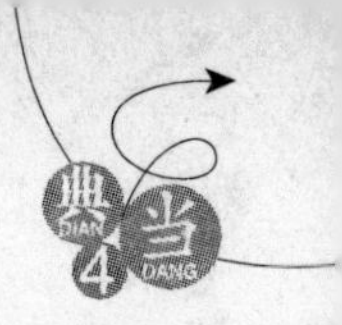

老人们走到赌桌一边最前面一排的椅子上，依次坐了下来，而像秦浩然这一辈的人，则是坐到了后排，至于郑华这一辈的，只能是站在旁边观战了。不过欧阳军是客人，又是代表欧阳老爷子来的，在前面倒是有他两个座位。

众人刚坐下，从赌厅外面又走进来一群人，为首的是个身材高大的老人，额头宽大，鼻梁高挺，一双眼睛犹如鹰隼般咄咄逼人，这位老人身上似乎有种难言的魅力，刚一进入赌厅，就将众人的目光吸引了过去，庄睿看其外表，应该是个混血儿，而且看着有些眼熟。

"他就是澳门赌王……"

秦萱冰小声地在庄睿耳边说道。

庄睿的眼神在这位老赌王身上看了一会儿，就转移到了他身后，紧跟在赌王身后的，就是船王舒文了。

而在赌王身体的另外一侧，也是个老外，大约四十多岁的年龄，身材不高，但是一双眼睛炯炯有神，在庄睿向他看去的时候，他似乎有所感应，偏过头向庄睿所在的方向看了一眼。

赌王等人进入到赌厅之后，马上和先来的那群人走在了一起，看这热闹的场面，有点不像是马上要进行一场赌局，而是老朋友们的聚会了。不过舒文在赌厅里四处张望了一下之后，马上向庄睿走了过来。

"庄先生，我的赌注带来了，你要不要先看一下？"

舒文在昨天也没想到这场赌局的影响会如此之大，不过他也是骑虎难下了，遂把自己岳父别墅中剩下的几件珍品古玩都给拿了过来，万一庄睿要是借口他的物件不行，取消这次赌局，那舒文的脸面可就丢大了。

"当然，希望舒博士不会让我失望……"

庄睿点了点头，他才不会打肿脸充胖子呢，物件要是不等值，凭什么让自己去赌？

舒文摆了摆手，身后跟着的几个人，纷纷把手中或捧或抱着的物件放在了赌厅中唯一的那张赌台上，随后将外面的包装打开，将里面的物件展示了出来。

"庄先生请慢慢看。"舒文做了个请的手势，但是人却挡在了庄睿面前。

庄睿愣了一下，继而恍然大悟，招招手让那几个侍应把自己昨儿赢的几件瓷器和郎世宁的宫廷妃子画，同样摆在了赌台上。

舒文笑了笑，这才让开了道路，并且让自己身后的一位老头前去检验庄睿拿出来的东西。虽然说庄睿昨天并没有离开赌船，不可能玩那偷梁换柱的把戏，但是舒文为了以防万一，还是带了位港岛著名拍卖行的鉴定师前来。

庄睿没有去管舒文等人，径直走到赌桌前，观看起舒文带来的物件来，一共是两件瓷器和两幅卷轴，数量上要比昨天的少一个，但是古玩这东西，不是数量多就值钱的，像景德镇现在每年还烧制那么多陶瓷玩意呢，全加起来也未必有这桌上的一个东西值钱。

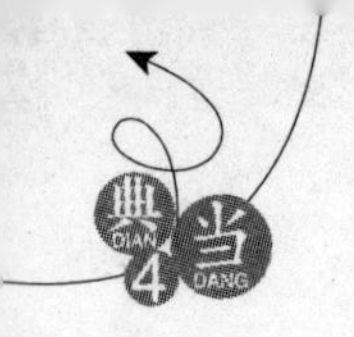

那两件瓷器是一对康熙款的青花玉壶春，胎质细腻，釉面光滑，青花发色纯正，色彩也很艳丽，整个器物层次多、画面满，主次分明，浑然一体，并不给人以琐碎和堆砌的感觉，庄睿在用灵气看过之后，确认是康熙青花中的精品，价值不菲。

“妈的，在国内一件都很难找出来的玩意儿，这老外一拿就是一对……”

庄睿心中有些愤愤不平，由此可见，当年的那些强盗们，不知道从国内抢走了多少祖宗传下来的宝贝，现在居然堂而皇之地拿出来，可谓是恬不知耻至极了。

只是这一对瓷器的市场价值，和那一对明永乐的白瓷相差不多，很显然另外两幅画的价格肯定要高上一些了，不然按自己的说法，这些物件的价值不对等，赌局可是不成立的。

庄睿有些迫不及待地将一幅画轴摊开在桌子上，顿时愣住了，先不提画卷本身，就是在画面那些角落处的题跋，就让庄睿震惊不已，其中最明显的一个是“体元主人”字样的印章，庄睿知道，那可是康熙皇帝的一方私印，这就足矣证明这幅画绝对是宫廷内流出的了。

这幅画是沈周的《庐山高图》立轴纸本画，上面用几种简单的颜色，将庐山的险峻秀美、长川瀑布、青松黄石勾勒于纸上，磅礴大气，呼之欲出，像庄睿这般对古画所知不多的人，也是看得如痴如醉。

整幅画纵约两米，横大概也有一米左右，如此尺幅，在古画中也是极不多见的，沈周早年多作小幅，四十岁以后始拓大幅，中年画法严谨细秀，用笔沉着劲练，以骨力胜，晚岁笔墨粗简豪放，气势雄强。

其人学识渊博，富于收藏，交游甚广，极受后世名家的推崇，文征明就曾经称他为飘然世外的“神仙中人”。

而沈周的作品更是受到清朝几位皇帝的青睐，在这幅画上就有康熙、雍正和乾隆三位皇帝的钤印以及题跋。庄睿估计，这幅画的价值，要比郎世宁的妃子图的市场价格还要高出不少。

只是庄睿以前曾经听闻这幅画藏于台北“故宫博物院”的，今日一见，才知道传闻多是虚假的，别的不说，就冲那画轴中浓郁近乎紫色的灵气，庄睿就敢断定这幅画绝对是真的。

另外一幅画居然也是沈周的作品，这是个小幅的书法作品《山水书法》，一共是十六开册页，书法笔力苍劲，气势雄强，并且保存极为完好，基本上没有任何损毁之处，历经六百多年，实为不易。

这一对瓷器和两幅沈周的作品，价格是不低于昨天庄睿赢来的几个物件了。看完这些东西之后，庄睿点了点头，对一直注视着自己的舒文说道：“舒博士也是位收藏家啊，这几个东西不错，咱们之间的赌局，可以成立了。”

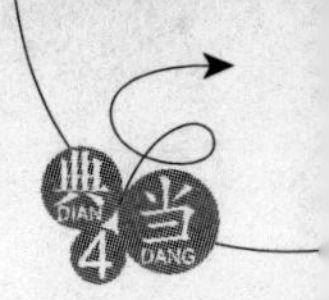

舒文没有急着回话，而是等到己方的鉴定师鉴定完毕之后，才看向了庄睿，说道：“好，我请来自澳门的斯蒂文森先生帮我赌这一场，不知道庄先生是自己下场，还是请代表来赌呢？”

“我自己赌！”

庄睿的话让众人都吃了一惊，他们都是消息灵通的人士，刚才就知道了昨天从国内赶来了几个人，其中有位赌术高手。

只是场内众人都没想到，高手居然不下场，而是庄睿亲自与曾经获得过拉斯维加斯赌术大赛赌王称号的斯蒂文森对赌，这不是老虎头上拍苍蝇，找死嘛！

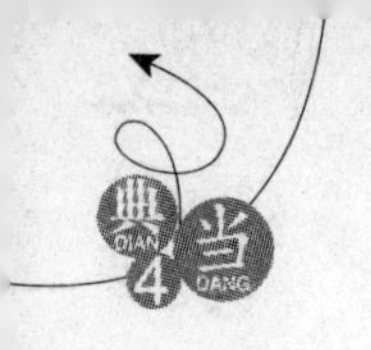

第三十四章 福尔豪斯

庄睿带着秦萱冰，一脸平静地走到赌桌前坐了下来，这张赌桌很宽大，两头之间的距离达到了五米，还没有超出庄睿眼中灵气透视的距离，所以庄睿丝毫都不担心会看不穿对方的底牌。

而那位叫斯蒂文森的白人男子，也快步走到赌桌的另外一端坐了下来，庄睿则是一脸轻松地和身边的秦萱冰开着玩笑，这赌王出场怎么不整点灯光音乐啥的，太没气氛了吧？

“大家好，我是计奕，今天这个赌局由我来主持，下面我说一下双方需要注意的规则……”

赌船上的技术总监计奕今儿不仅负责监督，还要客串一把主持人，对于他而言，还是有些紧张的，在座的不单有港岛的百亿富豪，更是赌坛前辈云集，论起来，他还真的只能算是小字辈。

梭哈的规则很简单，拥有五张连续性同花色的顺子，以 A 为首的同花顺最大，如果双方都是 A 为首的同花顺，则看 A 的花色，大小排序为黑桃 > 红桃 > 梅花 > 方块。

接下来就是四条——四张相同数字的牌，外加一单张，比数字大小，四条中以 A 最大，然后就是葫芦——由“三条”加一个“对子”所组成的牌，若别家也有此牌型，则比三条数字大小。

依次拍下去就是同花——不构成顺子的五张同花色的牌，顺子——五张连续数字的牌组，三条——牌型由三张相同的牌组成，以 A 为首的三条最大，二对——牌型中五张牌由两组两张同数字的牌所组成。

此外就是单对——牌型由两张相同的牌加上三张单张所组成，还有散牌了。

在介绍完赌法规则之后，计奕接着说道：“鉴于今天对局的双方是以实物作为赌注，所以根据实物的估价，双方还需要各自兑换三千万港币的筹码，每局底注为十万元，筹码输光为输，三千万港币以及这些古玩，都归属胜者一方。不知道庄先生和舒先生有没有什么不同意见？”

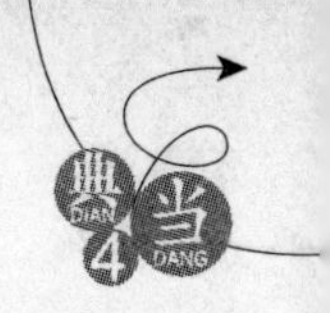

庄睿闻言愣了一下，先前不是说好只赌那些古玩吗？怎么还需要花三千万？不过想了一下之后，庄睿也就点头认可了。有人送钱，不要白不要。当下掏出昨天赢得的银行本票，交给了赌船的工作人员。

在观众席上的舒文也没有异议，两堆面值为十万元的筹码，摆到了庄睿和斯蒂文森的面前，整整三百枚筹码，整整齐齐地排列在两人身前。

“两位需不需要验牌？”

计奕今儿可是还兼任荷官，从牌箱里拿出一副没有开封的扑克牌后，向庄睿二人问道。

“不用，NO……”

两个声音同时响了起来，在这种场合里，根本就没有人敢串通赌船出千作弊，而计奕是郑老先生的人，他和欧阳家族与舒文都关系不浅，正好不偏不倚，两边也都信得过他。

计奕拿出扑克牌，把大小王挑出来之后，并没有展现多么高超的洗牌技巧，而是反复地将两副牌重叠对洗，只是动作非常快，庄睿盯着看了一会儿，居然有眼花缭乱的感觉，收回目光看向对面的斯蒂文森的时候，庄睿发现他也在死死地盯着计奕手中的扑克牌。

“难道这传说中的记牌还真的存在？”

庄睿被斯蒂文森搞得有些没底了，要知道，在电影中所演的那些赌技，可是神乎其神的，赌术高手们在荷官洗牌的时候，都能强行记住每张牌的位置，如果这斯蒂文森有这种本事的话，今儿的这场对赌可就有点悬了。

“斯蒂文森先生，听说您在拉斯维加斯获得过赌王称号，不知道是否也是赌的梭哈啊？”庄睿很突然地用英语向桌子对面的斯蒂文森问道。

“啊？是，是梭哈！”

斯蒂文森没想到庄睿会和他说话，不由愣了一下，礼貌性地回答了一句，只是等回答完之后，却发现计奕的牌已经洗好了，斯蒂文森脸上虽然没有任何表情，但是心里却把庄睿给恨透了。

一个人想要在别人洗牌的时候，全部记住五十二张牌的位置，那是绝对不可能的，但是有些人经过长期的锻炼，记住其中三五张牌的位置，倒是可以的。

不要小看这三五张牌，要知道，或许里面就有一张是对方的底牌，那么是否能记住，就是赌局胜负的关键了。在这个地球上，能在荷官洗牌时记住三五张的人，绝对不超过一个巴掌之多，而斯蒂文森就是其中之一。

斯蒂文森之所以答应今天这场赌局，也是舒文下了大本钱的，如果他获胜的话，不仅桌面上的筹码全部归他个人所有，舒文另外还会拿出两千万港币来作为佣金。

所以说，只要斯蒂文森赢下这场赌局，他就可以进账八千万港币，所以一上来斯蒂文森就准备全力以赴的，没想到却被庄睿给打扰了思路，刚才那副牌中，他一张都没记住。

当然，斯蒂文森能获得拉斯维加斯的赌王称号，并不单单是靠记牌，他本人还是一位

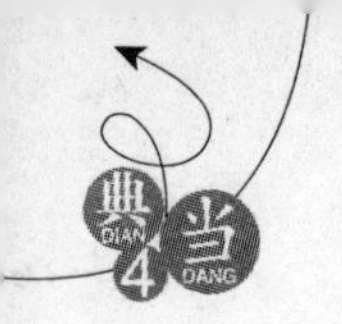

心理学博士，判断力也是相当出色的，从对方看牌之后的表情当中，往往就能分辨出对方是真有大牌还是在偷鸡，所以虽然没有记住牌，心中有点气愤，但是也没有多少懊恼，这才是第一局嘛。

在斯蒂文森和庄睿分别扔出一枚十万的筹码之后，计奕给每人发了一张暗牌，然后紧接着又发出一张明牌，庄睿的牌面是红桃三，而斯蒂文森的明牌是黑桃J，斯蒂文森牌面大，由他决定是否加注。

伸手看了一下自己的底牌，斯蒂文森发现底牌同样是一张J，也就是说他拿到了对J，而庄睿即使底牌也是三的话，那也不过就是一对小三。斯蒂文森漫不经心地拿起两枚十万的筹码，扔到了桌子上，不是他不想下重注，而是怕把庄睿给吓跑了。

“庄先生，斯蒂文森先生下注二十万，请问您是否跟注?”计奕出言问道，必须庄睿跟注，这局牌才能继续下去，否则他就要重新拆一副新牌继续洗牌了。

“跟，反正是赌运气，二十万就二十万!”

众人发现，庄睿连底牌都没看，就扔出去二十万，不由都暗自摇头，两人之间的对赌，不像三四个人赌梭哈，出现大牌的几率还是相当高的，你牌面只是一张三，后面无论是出顺子还是对子，在牌面上就已经输给对方了。

“庄睿，梭哈不是这么玩的。”

秦萱冰也有点看不过眼了，在庄睿身旁轻声说道。

“嘿，赌运气嘛，说不定我这副就是同花顺呢。”

庄睿满不在乎地摇摇头，示意计奕继续发牌，他早就看清了自己的底牌，是一张黑桃二，而斯蒂文森的底牌他也看到了，不过他并不担心，因为摆在计奕面前的那副牌，也被他看穿了，如果是每人拿到五张牌的话，庄睿将是三条三带一对二的福尔豪斯，而斯蒂文森最终的底牌只有三条J，自己稳吃他的。

第三张牌发出之后，斯蒂文森是一张黑桃A，而庄睿是一张红桃二，依然是斯蒂文森说话，两人的牌面都是同花顺，不过斯蒂文森的要大过庄睿。

“五十万!”

斯蒂文森话声一落，身旁的一个荷官从筹码堆里拿出五十万，放在了投注区内。

“红桃二三，同花顺的牌面啊，没有理由不跟的，五十万，跟了。”

庄睿没用荷官动手，而是自己拿着五枚筹码，扔了过去，而此时的庄睿在众人眼里，依然没有动那一张底牌的意思，众人看得直摇头，难得起了个大早赶来，这场对赌一局就结束了?

当第四张牌发下来之后，斯蒂文森拿到的是一张梅花J，而庄睿拿到了一张方片三，依然是斯蒂文森的牌面为大，他这次推出去了两百万的筹码。

“庄睿，看看底牌吧……”秦萱冰有些着急了。

“不看，我又没啥赌技，就是赌运气而已，运气不在我这边，输了也是活该!”

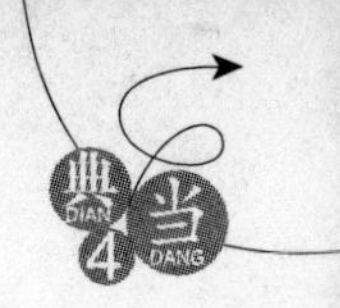

庄睿跟了两百万之后，脸色一变，说道："大家都是一对，说不定我就是张三条呢，我再大你两百万！"

"疯了，这人真是疯了……"

观众席上的众人纷纷摇头，你连底牌都不看就敢大别人两百万，就算你底牌是三，那别人的底牌也有可能是J啊，三条你不同样是输？

斯蒂文森却是心中大喜，他正发愁自己牌面大，喊多了庄睿不跟了，谁知道那人根本就不按规矩出牌，连底牌都没看，居然还敢大自己，当然是跟了。

但是最后一张牌发出之后，整个赌厅里响起一片吸气声，庄睿最后拿到的牌依然是一张三，而斯蒂文森却是一张K，在牌面上已经是比庄睿要小了。

要知道，庄睿的牌面是三张三带一张二，最后的牌很有可能是四条或者是福尔豪斯，而斯蒂文森现在只是两张J带一张A和K，最多就是三条或者两对了，赢面远不如庄睿。

"嘿嘿，终于轮到我说话啦，五百万！"

庄睿还是没有看那张底牌，他不是不想全梭，只是怕那样一来，将对方给吓跑了。

风水轮流转，这下轮到斯蒂文森纠结了，他没想到对面的那小子，居然不看底牌就扔上来五百万，从现在的牌面看，自己是不占任何优势的，如果对方的底牌是三或者二的话，那自己就是完败了。

斯蒂文森皱起了眉头，想从庄睿脸上看出点什么，只是他失望了，庄睿连底牌都没看，能表现出什么啊，对手明明白白地告诉他了，我就是和你赌运气的，你爱跟不跟。

梭哈是允许逃跑的，只是先前的那些赌注，就要变成对方的了。

"跟你五百万！我是三条J，我要看你的底牌！"

斯蒂文森咬了咬牙，推出去五百万的筹码，如果庄睿的底牌不是二或者三，那他就等于是被偷鸡了，这人他可是丢不起，宁愿拿出五百万来赌一把。更何况庄睿自己都没看过底牌，斯蒂文森的赢面还是很大的。

在推出筹码之后，斯蒂文森就掀开了自己的底牌，身体也随之站了起来。

见到斯蒂文森跟了这五百万，场内所有人的呼吸都加重了，眼睛死死地盯着庄睿那张自从发出来之后，就一直没有动过的底牌，所有人都想知道，庄睿的运气难道真的是如此之好？

"斯蒂文森先生，不要激动嘛，这一把我即使输了，还有两千多万的筹码，赌局又没有结束，不用站起来吧。"

庄睿依然是那副慢条斯理的模样，看得众人牙根直发痒，恨不得上去咬他一口：别人都已经开牌了，你小子还在那里废什么话啊。

"庄先生，请你开底牌吧。"

计奕作为这场赌局的监督，是有权利让庄睿开牌的。

"萱冰，你来开……"

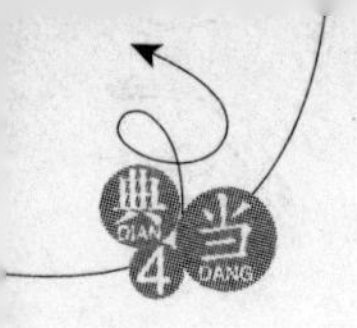

庄睿抓起秦萱冰的右手,很搞笑地往上面吹了口气,看得众人哭笑不得,这小子的心脏还真是大啊,自己等人都看得紧张无比,他居然还有闲心开玩笑。

秦萱冰被庄睿的举动搞得俏脸绯红,不过心里却是甜滋滋的,庄睿肯在众人面前和自己亲热,说明他在乎自己啊。

出于这个心理,秦萱冰倒是不怎么紧张,伸出右手将面前桌子上的底牌翻了过来。

“啊? 是张二!”

“三条三带一对二!”

“是福尔豪斯!!!”

“靠,这小子运气忒他娘的好啊!”这句地道的普通话,除了欧阳军,别人是喊不出来的。

一时间,赌厅里沸腾了,虽然之前庄睿的牌面有四条或者是福尔豪斯的可能性,但是底牌没开,谁也不敢肯定啊,现在开出来之后,顿时让众人在目瞪口呆之余,爆发出巨大的议论声,原本安静无比的赌厅里,变得人声鼎沸。

“斯蒂文森先生三条J,庄睿先生三条三带一对二,这一局庄先生赢……”

随着计总监的话声,原本属于斯蒂文森的那九百八十万的筹码,被划到了庄睿一方,桌边的一位荷官麻利地将筹码排列得整整齐齐。

“这小伙子的运气真不错啊! 刘先生,你家小女儿还没嫁人吧?”香港人是很迷信的,看到庄睿运气如此之好,有八卦的人开始寻摸着谁家的女儿没嫁出去了。

“吴老哥,没看到我女儿坐在那边吗? 这是我家女婿,别开这玩笑啊……”

秦浩然自然是不甘示弱,到手的女婿要是被人给抢走,那秦家可是脸面丢大了。

不说观众席上的议论纷纷,此时斯蒂文森心里也有点小郁闷,他没想到对手的运气如此之好,在没看底牌的情况下,居然能拿到一手福尔豪斯的牌,吃掉了自己的三条。不过他随之就调整好了心态,梭哈,并不是全靠运气的。

旁边的荷官将废牌收走之后,计奕重新拿出了一副扑克,打开之后熟练地洗起了牌,他这次洗牌的手法和刚才不同,变得极为花俏,庄睿在电影中所看到那些洗牌手法,全都在计奕手中展现了出来,看得庄睿目不暇接。

而这次斯蒂文森终于抓住了机会,最上面的三张牌,被他看在了眼里,也就是说,庄睿的底牌,他现在已经是知晓了。

“斯蒂文森先生的黑桃十大,请下注!”

“一百万!”

牌发出之后,庄睿拿到手的底牌是方片九,明牌是黑桃二,而斯蒂文森手里则是一对十,斯蒂文森当即加了一百万的筹码。

“一百万,跟了……”

庄睿和上把一样,还是没有当众看底牌,直接扔出了一百万,他已经看过下面的牌

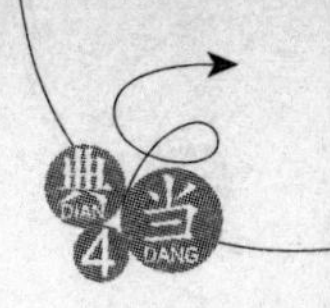

面，到最后他会拿到三条九的牌，而斯蒂文森则是两对，自己还是稳吃他。

“二百万……”

“跟二百万！”

“斯蒂文森先生一对J大，请下注……”

很快就发到了第五张牌，庄睿现在的牌面是一对九，外加一张黑桃二和黑桃三，最后的牌面是三条；斯蒂文森则是一对J，一张方片十和一张梅花九，底牌则是一张黑桃十，最终的牌面是两对，如果开牌的话，还是会输给庄睿。

“庄先生，您还不看底牌吗？”斯蒂文森没有下注，而是突然用英语对庄睿说起了话。

庄睿的英语自然是丝毫没有问题，当下笑了笑，回道：“我不会赌钱，今天只赌运气，斯蒂文森先生这一把如果是全梭的话，我也跟了……”

“哦，庄先生，我这把牌有可能是三条J，而你即使是三条九，也不会比我大的，如果我全梭，你真的敢跟？”

这局牌在前面已经下了三百一十万的注了，斯蒂文森这是在给庄睿施加压力，让庄睿弃牌，然后他好吃下桌面的筹码。

“呵呵，斯蒂文森先生不妨试试……”

庄睿巴不得他梭哈呢，那么这场赌局也就可以结束了。

“庄先生今天的手气很好，我弃牌了……”

斯蒂文森耸了耸肩膀，果断地将牌给盖上了，他不是不想偷鸡，但是万一梭哈之后，庄睿跟注的话，那他就全军覆没，连回本的机会都没有了。要知道，斯蒂文森可是知道庄睿的底牌的。

“斯蒂文森先生弃牌，庄先生赢……”随着计奕的话声，三百一十万的筹码，又被推到了庄睿一方。

“斯蒂文森怎么回事？连牌都不敢看？”

“这赌王是不是徒有虚名啊？这样的牌面居然就弃牌了？”

“嗯，我看那小伙子倒是有几分赌王的风度，真的很威风啊，不看牌就敢跟注，还连赢了两把……”

今天的这场赌局，让围观的众人有些看不懂了，第一局的时候赌王信心满满地开牌，却是输掉了，而到了第二局，斯蒂文森竟然连对方的底牌都没敢看，直接弃牌了，这个实在让观众们想不明白。

“这鬼佬，牌面明明占优势，怎么直接弃牌了？难道他知道我的底牌？”

庄睿没有在意身旁的那些议论声，心中有些疑惑，他还想着这一局就结束战斗呢，没想到斯蒂文森居然逃跑弃牌了，庄睿心中不由冒出了这么个念头。刚才在餐厅和陆文鹏一起吃饭的时候，他听陆文鹏说起过，有些高手是能在荷官洗牌的时候，强行记住几张的。

在计奕又拿出一副新牌开始洗牌的时候，庄睿的眼睛死死地盯着斯蒂文森，他发现

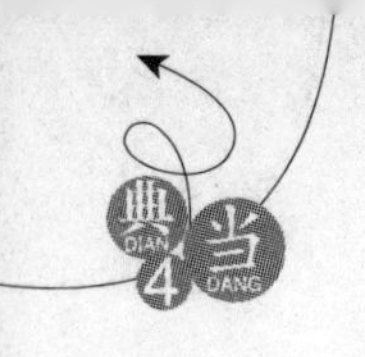

斯蒂文森的瞳孔，居然随着计奕的双手在转动着，当下心中明白了，原来传说中的记牌并不是不存在，面前的这位赌王，还真是有一手。

“请二位下注……”

“慢着，我要切下牌，切掉上面五张牌……”

当计奕让二人下注的时候，庄睿突然抬起了右手，示意自己要切牌，这是为了防止有人出千作弊，规则所允许的。

斯蒂文森听到庄睿的话后，猛地抬起了头，吃惊地看向庄睿，他没想到对方居然会如此做，要知道，以他的本事，最多只能记住上面几张牌，如果切掉的话，他又是两眼一抹黑，和对方处于同一起跑线了。

而更让斯蒂文森郁闷的是，庄睿根本就是不走寻常路，压根就不按规则来，次次都不看牌，逼得自己和他拼运气，让斯蒂文森找不到偷鸡诈牌的机会，而自己的运气还偏偏没有对方好，这让斯蒂文森难过得想吐血。

斯蒂文森现在已经收起了最初轻视庄睿的心思，两局牌过后，眼前的庄睿，竟然带给他一种无形的压力，这是斯蒂文森在赌王大赛中都没有遇到过的，看着赌台对面笑眯眯一脸无辜的庄睿，斯蒂文森分不清楚对手究竟是只绵羊，还是只藏在羊群里的狼了。

“呵呵，终于轮到我大一把了，我押五百万！”

这局牌面庄睿的明牌是张黑桃A，当下一把推了五百万出去，他记得电影里赌神就经常有这动作，那叫一个潇洒啊。只是庄睿不知道，他这动作看在别人眼里，就俩字的评价：傻帽。

斯蒂文森很郁闷地把牌给盖上了，这几局庄睿手气正旺，他才不跟呢，赌梭哈不仅是赌技术，有时候赌得更是耐心，就像是草原上游荡的猎豹一般，为了猎物可以很耐心地蹲守半宿，在猎物思想麻痹的那一瞬间，将之捕杀。

“庄睿，有了大牌不是这么叫的，你要少押一点，将对方引进来之后，等到第五张牌，再根据牌面梭哈或者押重注。”秦萱冰有些看不过眼了，自己这男人真是对赌博一窍不通。

“嘿嘿，下把不会了……”

庄睿挠着头笑了起来，这个道理其实他也懂的，不过刚才就是想爽一把而已，而且那把牌他也是稳赢的。

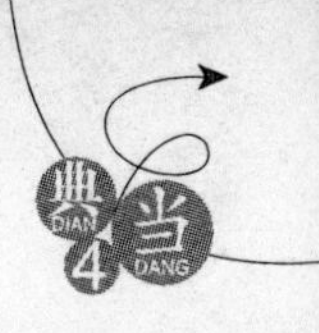

第三十五章 顺子VS三条

下一局牌洗好之后，庄睿同样叫了切牌，斯蒂文森虽然满心不爽，但也是无可奈何。

“十万……”庄睿扔了一个筹码上去。

“跟了……”斯蒂文森同样扔出了筹码，这会儿他已经是亲自动手，没有再劳烦身旁的荷官了。

“二十万……”

拿到第二张牌依然是庄睿说话，又扔了两枚筹码。

“跟了……”斯蒂文森也是想赢下来一把，虽然牌面不太好，但还是跟了上去。

“庄先生牌面是方片七，梅花K，梅花Q，黑桃A，请庄先生下注……”

发到第五张牌的时候，两人居然在牌面上都没有对子，斯蒂文森的牌面的红桃A，方片四，方片六和黑桃九，但他的底牌是黑桃四，也就是说，斯蒂文森最终的牌面是一对。

“斯蒂文森先生还有一千七百五十万吧，咱们也别这么磨叽了，我这把黑桃A吃你红桃A，干脆梭哈了吧！”

庄睿查下面前的赌注，将码得整整齐齐的一千七百万筹码，猛地推了出去，他的举动，让众人全部倒吸了一口凉气，手上一对没有，居然就敢梭哈？

不过庄睿的牌面是要好过斯蒂文森的，他只要底牌能凑成对，赢面也还是很大的。但是最关键的是，庄睿从开局到现在，一次都没有看过底牌，别说是这些观众了，就连秦萱冰都不知道底牌是什么？

“不跟……”

庄睿的举动让斯蒂文森郁闷得直想撞墙，他从来都没遇到过这样的对手，你要说对方偷鸡吧，庄睿压根就没看过底牌，他自己都不知道底牌是什么，怎么来偷鸡诈牌啊？

要说运气？似乎对方要比自己好上那么一点，而且对方即使输了这一把，还有两千多万的筹码呢，自己要是输了，就输了全局，斯蒂文森只能郁闷地将牌给盖上了，他的心已经有些乱了，不敢赌这一把。

“庄睿，底牌是什么啊？”秦萱冰有些好奇。

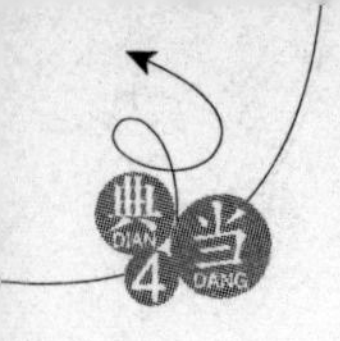

“我怎么知道，你自己看去呀……”

庄睿当然知道底牌是什么，不过是个小三而已，他这把就是在偷鸡，赌对方不敢和他梭哈，结果自然是他赢了，原因很简单：他输得起，而斯蒂文森已经输不起了。

“啊？”

秦萱冰掀起了赌桌上的那张牌后，马上吃惊地张大了嘴巴，随即用小手给捂住了，这张底牌居然是个方片三，不过想想斯蒂文森的牌面，如果他没有对子的话，方片三也稳赢了。

只是秦萱冰没有注意到，在斯蒂文森看到这张小三之后，脸上的表情可谓是丰富至极，那张白皙的脸庞此时变得像个关公脸一般，那深红的血色，似乎要透过脸上的毛孔滴落下来一般。

什么赌王风采，什么不动声色，什么大将风度，这会儿全都没有了，斯蒂文森心中又羞又怒，自己居然被对方给吓到了，自己一对稳赢的牌，居然输给了一张小三！

看到斯蒂文森脸上的表情，赌厅里的人自然明白他刚才的牌面要大过庄睿了，众人立时哗然，堂堂赌王竟然被人偷鸡诈牌成功，这要是在博彩行业传出去，绝对是个大新闻。

而赌王与船王舒文的脸色，都变得有些难看，他们知道，斯蒂文森的心已经开始乱了，这局牌继续赌下去，他们输的可能性非常的大。

“我要求休息十五分钟……”

斯蒂文森拿起面前的水杯，喝了一口水之后，脸色慢慢地恢复了正常，他知道自己已经乱了方寸，于是抬起手示意计奕，要休息之后再战。

“庄先生您的意见呢？”

计奕看向庄睿，按照规定，赌局开始两个小时之后才能休息，现在才一个小时多一点，斯蒂文森要求休息的话，就必须得到对手的同意才行。

“我无所谓，斯蒂文森先生既然要休息，那就休息一下好了。”

庄睿点了点头，这场赌局的结果是早就注定了的，舒文带来的这几件珍贵的古董，庄睿早就将之看成是囊中之物了。

斯蒂文森见庄睿同意之后，马上站起身来去洗手间了，不过身旁跟随了两位荷官，这也是赌场的规定，防止在休息期间有人做什么手脚。

那些旁观席上的观众，也感觉到不虚此行，居然见到一场别开生面的博弈，欧阳军更是带着徐晴来到庄睿身边，那架势恨不得自己代替庄睿赌上几把。

庄睿则是一脸轻松地和秦萱冰与欧阳军聊着天，他给人的感觉是对这场赌局并不是很上心，对于输赢似乎抱着一种无所谓的态度，话说连底牌都不看就敢梭哈一千七百五十万的人，场内众多在博彩业厮混了一辈子的人，还都从来没有见到过。

等到斯蒂文森从洗手间出来的时候，头发鬓角上还有未干的水迹，想必刚才是洗脸让自己清醒去了，十五分钟过得很快，赌局在计奕的主持下，又重新开始了。

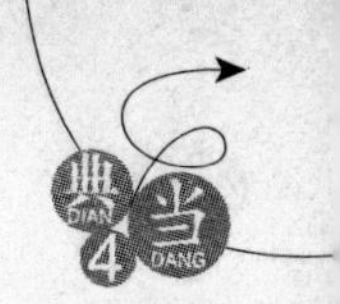

休息之后的斯蒂文森的手气似乎好了起来，连跟了庄睿几把牌，并且最后见牌的时候，居然都赢了，只是斯蒂文森前面输得太多，并没有敢押重注，几把牌不过赢回去几百万，现在他的筹码，还剩下一千九百万左右。

反观庄睿还是老样子，基本上是把把必跟，而且还是从来不看底牌，输了之后，仍然是和秦萱冰有说有笑的。虽然庄睿的赌术烂得可以，不过这种风度，还是让众人心中暗自赞许。

此时的斯蒂文森已经恢复了平静，脸上一副古井无波的模样，只是他心里却是暗暗叫苦，前面虽然赢下来几局，但是所赢的都是小注，于事无补，并且在气势上，依然被庄睿给压制着。

由于庄睿现在每把都要切牌，斯蒂文森记牌的绝技也用不上了，想偷鸡诈牌，更是不可行，因为庄睿根本就不看底牌，万一偷鸡不成反倒会蚀把米，他桌面上的筹码本就低于庄睿，行事愈发小心起来。

庄睿表面上显得很无所谓，仍然和秦萱冰谈笑风生，其实心里一点都不敢放松，前面几局输了，那也是他有意为之的，再加上那几局桌上的投注并不大，庄睿也就放水了。他现在在寻找一个机会，一个双方都起了大牌，王碰王的机会。

时间过得很快，不知不觉就要到中午十二点了。按照规矩，十二点钟会休息一个小时，然后下午一点继续开局，正在洗牌的计奕也知道，这一把牌应该就是上午的最后一局牌了。

“斯蒂文森先生红桃十点大，请下注……”

计奕给每人各发了两张牌，一明一暗，斯蒂文森的明牌是红桃十，而庄睿的是黑桃九，按照规则，是由斯蒂文森说话。

“十万……”

斯蒂文森扔出去把玩在手上的筹码，他有个不为人知的习惯，就是当他用一直在手中把玩的筹码投注时，说明他这把要下重注了，而斯蒂文森的暗牌也是一张十点，梅花十，他没有理由不趁着这一把赢回来一点筹码。

“跟了……”

庄睿同样扔出一张十万的筹码，他脸上的表情一如从前，只是心里却不平静起来，因为他知道，或许这一把就能结束战斗了。

“斯蒂文森先生梅花J说话。”

“五十万。”

第三张牌斯蒂文森拿到一张梅花J，而庄睿是个方片J，虽然同是J，但是从黑桃 > 红桃 > 梅花 > 方块的牌型上对比，依然比斯蒂文森小。

“跟你五十万！”

通过这么多局牌下来，围观的众人也都看出来了，在前面几轮牌中，庄睿是从来都没

有弃过牌，只有两局是到最后一张牌，无论底牌是什么，都大不过对方的时候，庄睿才会弃牌。众人对此也是无可非议，毕竟别人赌运气也不可能在明知道自己牌小的情况下给你送钱吧？

“斯蒂文森先生黑桃A，请下注！”

第四张牌发下来后，仍然是斯蒂文森大过庄睿，他是一张黑桃A，而庄睿拿到一张梅花七，整个就是一副烂牌，只是在理论上还存在着顺子的希望，不过中间缺了八和十两张牌，并不被众人所看好。

“两百万！”

“跟了！”

“庄睿，这种牌你还跟？”

身旁的秦萱冰有些无语，现在的牌面，不管是单张比大小，还是底牌比对子，庄睿没有一张比对方大的，这不是白白送钱给别人嘛。

“呵呵，萱冰，花个几百万看下别人的底牌，也值得嘛。”

庄睿不在乎地笑了笑，虽然前几把被斯蒂文森赢了几百万，不过他的筹码总数还有四千三百万左右。

“几百万就想看我的底牌？”

斯蒂文森在心中冷笑了一下，他前面的投注不过是想一点点把庄睿圈进来，最后一把下个重注，逼迫庄睿弃牌逃跑，再通吃桌上的筹码，以报先前被庄睿偷鸡的耻辱。眼下这局牌，只要庄睿最后一张不出J的话，自己的一对十，基本上就能锁定胜局了。

“庄先生顺子牌面大，请下注！”

最后一张牌发出来之后，全场一片哗然，原因无它，斯蒂文森最后居然又拿到了一张黑桃十，这样他的牌面就是一对十，而庄睿则是拿到了一张梅花八，牌面居然很诡异的成了七、八、九、J的顺子牌型，不过他底牌是十的希望很渺茫，因为对方手中已经有了三张十了。

“都给了两百多万了，我再拿出来二百万看你的底牌吧。”

在众人眼里，庄睿皱着眉头思考了一会儿，然后推出去两百万的筹码，看得众人纷纷摇头，年轻人还是太冲动啊，到了这种关头你还不看底牌，不是给人送钱吗？

“庄先生还不看底牌吗？”

斯蒂文森心中窃喜，他现在就怕庄睿看了底牌之后弃牌逃跑，那自己只能干吃桌面上的赌注了，却是没想到庄睿仍然不看牌，还扔出了两百万来。

“不看，说不定我底牌就是张十点呢，那么顺子稳赢你两对了。”

庄睿摇了摇头，一副听天由命的模样，他今儿是要将赌运气进行到底了。

“顺子？哼！”

斯蒂文森在心中冷笑，他手上已经拿到三张十了，外面只剩下一张方片十，从五十二

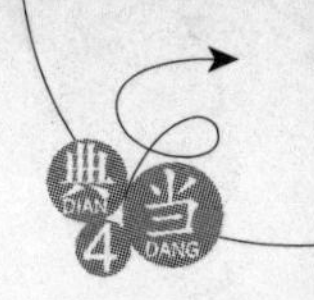

张牌来计算,庄睿拿到那张十的几率不会超过百分之三,而他的牌必须拿到那张方片十才能凑成顺子,这种概率几乎小到可以忽略不计了。

百分之三对百分之九十七的概率,斯蒂文森要是不敢赌,那也称不上赌王这个称号了,当下笑着说道:"庄先生既然如此自信,那我就跟了,不过两百万可看不到我底牌。"

"哦?"

庄睿挑了挑眉毛,没有答话,他知道斯蒂文森下面还会说点什么的。

"我还有一千二百八十万的筹码,这一把梭哈了!"

斯蒂文森猛地站起身来,用双手将面前的筹码推了出去,一千多万的筹码如同多米诺骨牌一般,发出清脆的撞击声,散落在整张赌台上,而斯蒂文森的气势,随着这梭哈推筹码的举动,也达到了顶点,这会儿才有点赌王的风采。

"啊? 斯蒂文森竟然梭哈了?"

"当然,这种牌面要是我,也梭哈了。"

"对方要是顺子呢? 外面可是还有两张十点的。"

"依我看,斯蒂文森的底牌十有八九就是十点,不然他不敢梭哈的。"这位倒是明白人,虽然在一旁观战,也猜出了十之八九。

一时间,赌厅里变得嘈杂起来,不管是懂不懂梭哈,会不会赌博的人,都发表起自己的意见来,他们本来以为这上午的赌局会平平淡淡地过去,没想到在最后一局牌,竟然掀起了整场赌局的高潮,赌王斯蒂文森梭哈了。

"庄睿,看看底牌吧,不行咱们这把就不跟了。"

秦萱冰近乎哀求地对庄睿说道,她可不愿意看到情郎输钱又输人,现在不看底牌,要是跟注输了的话,只会被别人嘲笑的。

庄睿笑着摇了摇头,朗声说道:"活佛在给我灌顶赠送天珠之后,曾经说过,我这一生福缘不断,气运鼎盛,我还就不信自己输给这老外,你要梭哈,我陪你,一千二百八十万,梭了!"

庄睿也站起身来,根本就没细数面前的筹码,直接就推了出去,他的筹码比对方可是多出了不少,当下在赌台的投注区里,全部都是散落的筹码。

"这年轻人居然是被活佛灌顶赐福过的,怪不得运气如此之好呢。"

"天珠是什么? 是那年轻人手腕上戴的东西吗?"

"活佛可是大昭寺的转世活佛啊。"

听到庄睿的话后,场内的这些富豪们的注意力,居然有一半都被吸引到庄睿曾经被活佛赐福的事情上面去了。

要知道,香港的富豪们,大多都信奉藏传佛教,也都是入世没有剃发的居士,他们尊称西藏的喇嘛为上师,很多人都从西藏著名的寺庙里请得上师在家里灌顶传经,每日豪车接送,豪宅住着,往往请来一位上师,都会供养数年之久。

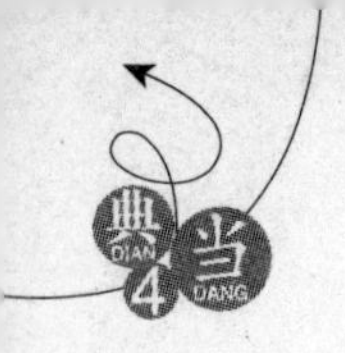

但是他们所请的，不过都是一些寺庙的传经喇嘛，身份并不是很高，就算请有活佛，那也不是转世活佛，真正有名望的转世活佛，并不是他们所能请得动的。眼下庄睿说出自己曾经被转世活佛赐福，这些人一下子就把庄睿的好运气，归功于曾经被活佛灌顶这个原因上了。

当然，在这赌厅里，还是有许多人不信佛，像斯蒂文森那可是信上帝的，他可是听不懂什么活佛灌顶，而且就算他信上帝，也不相信上帝能帮助他赢钱，否则的话，和人对赌的时候，多念叨几句上帝赐福，那还不大杀四方啊。

"我是三条十，庄先生，请你开底牌吧。"

斯蒂文森率先亮出了自己的底牌，引得众人一阵惊呼，一副牌里一共只有四张十点，斯蒂文森一人就拿到了三张，庄睿此时的输面，已经变得无限大了。

"庄先生，请出示您的底牌！"

庄睿似乎也惊呆了，看着斯蒂文森的三条十默默不语，计奕不由出言催促了一句。

庄睿闻言之后，伸出了右手，按在底牌上面，他没有直接掀开牌，而是掀开一角看了一眼，这也是今天对赌以来，庄睿第一次看底牌。

众人的眼睛，都盯在了庄睿面前的那张牌上，场中一片寂静，连旁人的呼吸声都可以听得清清楚楚。

看过底牌之后的庄睿，脸上表现出一副似笑非笑的表情，继而猛地将牌翻了过来，对着斯蒂文森说道："不好意思，我是顺子，大你三条十！"

"啊！"

"顺子！"

"怎么可能啊！"

"果然是被活佛赐福过的人，运气就是好啊……"

"明天去趟西藏，看看能不能请个转世活佛来传经？"

顿时，整个赌厅响起了炸雷一般的声音，人们在惊愕之余，纷纷议论了起来，那些七老八十的老头子们，甚至吩咐下去，让人去请西藏活佛前来赐福，自己虽然活不久了，但是也能让子孙后代好过点不是。

"庄睿，七、八、九、十、J是顺子，咱们赢了，咱们赢了啊，你可真厉害哦！"

秦萱冰也是激动莫名，居然当着众人的面，亲了庄睿一口，不知道这个举动是不是在宣示"此人有主，请勿挂念"的意思。

"我别的地方不厉害？"庄睿笑着在秦萱冰耳边低声说道，随即将秦萱冰羞得俏脸绯红。

"庄先生的牌面是顺子，斯蒂文森先生是三条，这局牌庄先生赢。由于斯蒂文森先生筹码已经输完了，今天的对赌到此结束，庄先生可以赢得您的赌注。"

计奕虽然也在暗叹庄睿的好运气，但是身为赌局监督的他，还是开口宣布了最后的

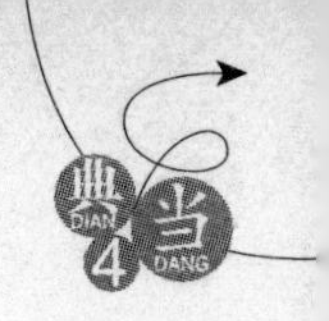

赢家为庄睿,并且桌子上的这六千万筹码,连同舒文所带来的四件文物,也全部都归庄睿了。

今天这场赌局,庄睿已然完胜斯蒂文森了。

“不可能,这怎么可能呢?不可能的,难道上帝都在帮他?”

斯蒂文森此时嘴里喃喃自语着,对计奕的话充耳不闻。他不是没输过,也不是输不起,但是今天这个牌局实在是太诡异了。

面前这个在博彩行当里连个新手都算不上的普通人,居然仅凭运气,就将自己玩弄于股掌之上,前面偷鸡诈牌不说,后面更是引得自己梭哈,输光了全局。如果不是庄睿穿着短袖体恤,斯蒂文森甚至都怀疑庄睿出千了。

此时的斯蒂文森,脸色苍白惨淡,豆粒般大小的汗珠从额头滚落,哪里还有一丝赌王的风采?整个就像是一只斗败了的公鸡,垂头丧气。

“斯蒂文森先生,这局牌你不是输给了我,而是输给了运气,我赢得很侥幸,最后一把运气恰好在我这一边……”

庄睿站起身,走到斯蒂文森身边,伸出了自己的右手。

“啊?”

斯蒂文森被庄睿的话给惊醒了,连忙站起身来,握住了庄睿的手,说道:“或许吧,运气?真的存在吗?呵呵……”

斯蒂文森自嘲地笑了几声,接着说道:“庄先生即使不靠运气,单凭这份喜怒不形于色的功夫,就已经可以十赌九赢了,以后要是还有机会的话,我想再和庄先生赌一局。”

“还赌?算了,斯蒂文森先生,人总不能一辈子靠运气的,不过您要是有这些东西……”

庄睿指着赌台旁边的那些古玩,接着说道:“那我不介意和您再来一次这样的赌局,在我的眼里,这些东西比钱更可爱。舒博士要是还有这些物件的话,咱们今天的赌局还可以继续下去的……”

“我脑子有病才会和你继续赌呢!”

舒文被庄睿说得一脸郁闷,这年轻人简直就是个妖孽,一张底牌没看过,居然就能把斯蒂文森给赢了,这在博彩行业里,还是从来没出现过的。

就是想说庄睿出千,也找不出理由,前面几把牌,庄睿根本就连一根手指头都没碰过牌。舒文想来想去,不由得长叹一声,今次真是赔了夫人又折兵啊。

“老朋友,在赌场上,什么事情都可能发生的,不用太在意了。”

倒是一旁的赌王,脸上没有什么表情,他在澳门历经风雨几十年,所经历过的人生输赢,实在是数不胜数,即使是自己麾下的赌王输给了庄睿,也很难让他的心绪有什么波动。

赌王一边说话,一边起身向赌桌的方向走去。

此时庄睿身边已经是围满了人,欧阳军两口子,还有秦浩然夫妇,就连秦老爷子也从

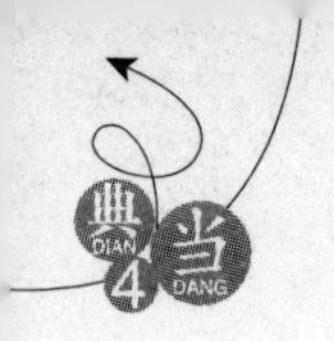

观众席走了过来，围在庄睿身边说着话。

在香港富豪的眼里，赌博并不算什么恶习。更何况庄睿也并不是为了钱而赌，他们倒不怕这女婿染上赌瘾，秦家处世的标准很简单，就是“成王败寇”四个字，庄睿今儿要是输了的话，那肯定享受不到这众人追捧的待遇，当然，或许会上来安慰一番。

“小伙子，不错，这两天要是有时间，可以来澳门玩一玩……”

赌王走到赌桌旁，先是安慰了一下斯蒂文森，然后走到庄睿面前，微笑着伸出了手，以他的年龄和身份，自然不需要去喊庄先生的，喊声小伙子，已经很给庄睿面子了。

庄睿对这位权倾澳门的大人物也是不敢有丝毫的懈怠，当下恭恭敬敬的双手迎了上去，说道：“您太客气了，不过我今天就要回内地去了，下次有机会，一定去澳门拜访您老人家。”

“庄睿，怎么这么急着就回去？我还说去澳门玩几天呢，赌王可是难得出言邀请人呀，你要是赌王邀请的客人，到了澳门之后，那受到的待遇绝对比以前的澳督还要高。”

等赌王离开之后，欧阳军有些不满地说道，他虽然也认识赌王的后人，但是与赌王本人在澳门的影响力相比，那就是天差地远了。

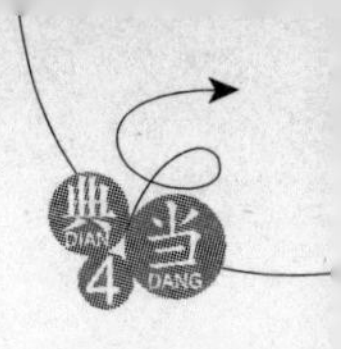

第三十六章　昂贵的机票

庄睿指了指旁边的几件古玩，说道："四哥，实话告诉你，这几件宝贝，价值就快上亿了，放别的地方我心里不落实，抓紧带回北京才是正理。

"还有啊，你以为赌王真的欢迎我去？没看到他刚才说话那语气，恨不得我从此别踏入澳门一步呢。"

"你这孩子，别在身后编排长辈……"

庄睿的话说得秦老爷子笑了起来，不过就凭庄睿这手气，还真是各大赌场都不欢迎的人。

"那好吧，咱们一起回去。你这些东西走航运比较麻烦，到时候我想办法要个运输机吧……"

听到庄睿的话后，欧阳军也没心思在这边待了，不能去澳门的话，香港实在是没什么好玩的。

"秦叔叔，方阿姨，秦爷爷，你们也去北京玩几天吧，正好和家母以及我外公认识一下……"

庄睿当着欧阳军的面，对秦家人发出了邀请，虽然之前秦浩然夫妻就已经决定要去了，但是自己出言邀请一下，对方脸上会更加有面子的。庄睿能想到这点，可见他已经不是一年前那个毛头小伙子了，为人处世，也日趋成熟了起来。

"我老啦，老不以筋骨为能，这个天气就不想动弹了，等明年开春的时候，我再去拜访欧阳老先生，这次让浩然他们去就行了。"

秦老爷子摆了摆手，这月份去北京，对于他来说，真是有点折腾不起。虽然与欧阳罡相比还算是年轻，但是老爷子也是七十多快八十的人了，见亲家让儿女们去就行了，等到订婚或者结婚的时候，秦老爷子才打算亲自去趟北京。

"小庄，我们还要等两天才能过去，你和小冰先去吧。"现在的秦氏珠宝，就是秦浩然在掌舵，他要是离开的话，必须先交代好许多事情，并不是说走就能走开的。

"好的，那我在北京等叔叔阿姨。"庄睿点了点头。让两位长辈跟着自己去坐运输机，

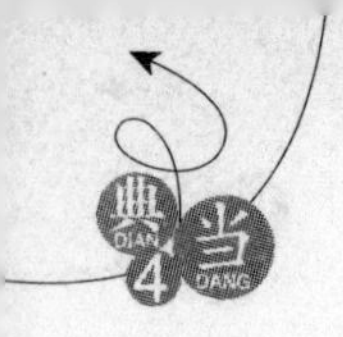

似乎也不大合适。

“庄老弟,真有你的啊,连斯蒂文森都给赢了。对了,这些筹码你准备怎么办?是要打到国内的账号上,还是开个瑞士银行的本票给你?”

郑华看到庄睿和秦家几个人说话,在一边已经等了半天了,赌船可以按照客人的要求,将港币什么的都兑换成人民币,打进庄睿指定的账户。

“都打进这个账号里吧。”

庄睿随手写了自己的银行账号给了郑华。他身上还有一张五百万欧元的瑞士银行本票呢,庄睿在考虑自己是否该在瑞士银行开个户头了,毕竟以后去国外,人民币可能就不像香港这样通用了。

中午庄睿几人留在赌船上吃了饭,下午,郑华让赌船上的直升机直接将几人送回了广州,而欧阳军早已联系好了飞机,下了直升机,几人就坐上了停在机场等候的一架运输机。

这运输机坐起来还真是没法和民航的班机相比,虽然在运输机里面摆了几张沙发,但是到了北京之后,庄睿等人也是被搞得晕头转向了。话说这飞行员是驾驶战机出身的,差点没习惯性地整出来几个飞行特技。

从飞机上下来之后,就连欧阳军都没有了说话的兴致,每人帮庄睿拿了个盛放古玩的盒子,坐进早已等候在京郊机场的汽车,匆匆向北京城驶去。

“嘿,谁给我家挂了几个大灯笼啊?”

汽车先将欧阳军送回了家,然后才拐到了庄睿的四合院,只是巷子太窄,车子停在巷子口就将庄睿和秦萱冰放了下来。

在原先的那个大门上方,现在高高地挂了两个大红灯笼,里面两只大灯泡,将大宅门前映照得是一片红光,亮堂无比。

“庄……庄睿,这就是你买的四合院,你现在的家?”

虽说秦萱冰大户出身,家族在港岛也算是富豪,但是见到了这气派的大宅门,依然是震惊不已,尤其门前那两个张牙舞爪的石狮子,更是威猛异常。

大门上那些仿古的造型,以及门上高挂的灯笼,一切都是显得那么的熟悉,如果不是跟着庄睿,秦萱冰还以为来到什么古装电视剧的拍摄现场了呢。

“嘿嘿,这是咱们的家。怎么样,萱冰,我买的这宅子不错吧。”

庄睿得意地笑了起来,他之所以刚才没让汽车走侧门,就是想让秦萱冰看一下这宅子的正门。要知道,第一次来这里的人,没有不感到震撼的,别看自己外公家的那些表兄表姐们位高权重,要说住所,谁都对庄睿这宅子羡慕不已。

“不错,这四合院让我很期待啊……”

秦萱冰看到这大宅门很兴奋,坐了几个小时飞机的疲劳也不翼而飞了,尤其是听到庄睿那句这是咱们家的话后,如果不是手上拎着庄睿的那些古玩,都想抱住庄睿亲上一

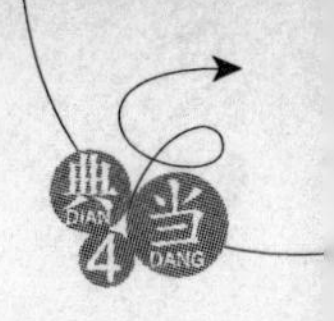

口了。

“走，咱们进去吧，听四哥说外公和外婆这几天都在这里，正好让你见见。”

欧阳军不肯和自己一起来这宅子，也有躲着老爷子的念头。庄睿一边和秦萱冰说着话，一边走到门口，将手里装着瓷器的纸盒小心地放在门前的台阶上，伸手按响了门铃。

“你们找谁?”

门开得出乎庄睿意料的快，几乎门铃声刚响，大门的侧门就从里面被打开了，一个身穿军装挂着中尉军衔的人，出现在了门口。

“我们找……”

庄睿下意识地说了一半，才反应了过来，哭笑不得地说道:“我不找谁，这里是我家。麻烦您让我先进去好不好?”

庄睿拎起放在地上的纸箱，就要往里面走，刚才差点被这军官给忽悠住了，自己可是回自个的家啊。

中尉伸手拦住庄睿，从口袋里摸出一张照片，对庄睿看了一眼，出言问道:“慢着，你是叫庄睿吧?”

“是。你们是因为我外公住这，加强了警卫吧?”

庄睿心中想了一下，也就明白过来了，外公即使退下来，那出行也是会受到多方关注的，警卫更是不可或缺的一环。

“是，首长现在住在这里，所有人员进出，必须要进行检查后才可以。庄先生，实在对不起，你手里的东西，要经过我的检查才能带进去。”

这位中尉是此次老爷子住在这里的警卫负责人，由于这里是私人住宅，在来之前他们也做了许多的工作，由于住进来的时候庄睿没在，所以庄睿的照片，他们都是人手一张，以免出现鱼目混珠的事情。

其实这些老首长们外出，每一次都会给专门负责安保工作的警卫局带来很大的麻烦。不过这里还好，周围居住的人并不是很复杂，而且这宅子够大，让警卫和保健医生们都住进来，还绰绰有余。

“检查可以，不过我打开你看就行了……”

庄睿见到那人伸手来接自己手上的物件，连忙退后一步，开什么玩笑啊，万一不小心把这几件瓷器打碎的话，自己都没地儿哭去了。

庄睿将纸箱放到地上打开之后，中尉检查得很仔细，把那些用作填充的碎纸屑和海绵都用手指一一捏过。

“这个就算了吧，这几幅都是古画，在这儿不好打开的……”

庄睿见中尉的眼睛看向自己的腋下，不由苦笑了起来。这些画摊在桌子上打开都要小心翼翼的，在这儿根本就没办法打开嘛。

“好吧，请进吧，中院是首长休息的地方，你们可以住在前院或者后院。”

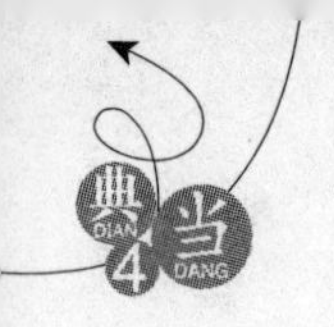

中尉并没有坚持要检查那几幅画，退后了一步，将门口让了出来，然后通过衣领上的对讲机，将庄睿到来的消息通报给了里面的警卫员。

庄睿有些郁闷地拎着东西带秦萱冰走进了大门，他让老爷子过来住，原本是想着热闹一点，增加点人气，没想到这老头居然鸠占鹊巢，自己家竟然自己都不能选择住在哪里。不过还好，后院本来就是庄睿选定的卧室，如果老爷子住在那里，庄睿要更加郁闷了。

“庄睿，以后不会每次来都这样吧?”

秦萱冰跟在庄睿身后，小声地问道。这地方是不错，不过要是搞得像个军营多过像家，那就没有什么意思了。

“不会，外公住上一段时间就会离开的……”

庄睿说这话心里有些没底，要是老爷子看上了这地方要长住，自己也不能往外赶不是? 那样老妈都不答应。

在通过前院的垂花门时，一个隐藏在黑暗中的警卫员“啪”地抬手向庄睿敬了一个礼，吓得庄睿和秦萱冰差点没把手里的瓷器当成武器砸过去，直到进入了中院，那心里还怦怦直跳，人吓人，可是吓死人啊。

古云在给庄睿装修的时候，在一些不起眼的地方，装了许多路灯，进入到中院花园之后，就变得灯火通明了。

园子里人还不少，欧阳婉正一手搀扶着一个老人在散步呢，后面跟着小囡囡和白狮，只是白狮在见到庄睿之后，马上扑了过来，庄睿连忙将手里的东西放到一边的草坪上，搂住白狮亲热了一番。

“妈，外公外婆，我带萱冰来看你们了。”

安抚了白狮之后，庄睿拉着秦萱冰的手，走向几位老人。

“嗯，好，好小子，不错，没给外公丢人，小丫头也不错……”

老爷子仔细地打量了一番秦萱冰，点了点头，而欧阳婉也是一脸微笑地看着她，虽然没有说话，但是脸上的微笑，却是让秦萱冰紧张的心情缓解了不少。除了庄睿之外，还真的鲜有人能在老爷子面前大口喘气的。

“这丫头长得好俊啊，孩子，今年多大了?”

庄睿的外婆却是看着秦萱冰满心喜欢，放开了女儿的手，拉着秦萱冰问长问短了起来。

“妈，磊哥和表姐她们呢?”庄睿记得自己走之前，这里可是还有不少人的。

“别人都要工作的，昨天就都走了，你姐夫和小敏也回彭城了，就小磊是今天吃过早饭走的，本来说是想见一见你呢，好像有什么事情要跟你说。来，你扶着外公，我去和萱冰说几句话。”

欧阳婉知道母亲想抱重外孙，怕话说得太露骨，秦萱冰脸皮薄应付不了，连忙把老父亲交给了庄睿，自己也加入到老太太和秦萱冰的对话中去了。

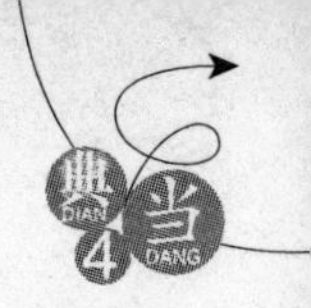

“听说你赢了个老外，还赢回来当年不少国内被抢出去的物件，是吧？”

自从庄睿时不时地给老爷子用灵气梳理身体之后，老爷子的身体变得越来越好，原本已经退化了的各项机能，都重新焕发了活力，此时他就没让庄睿扶着，而是自己拄着个拐杖，慢慢走着。

“是的，外公，我的运气还算不错，没给您丢脸吧？”庄睿可能是这个家族里，除了小囡囡和母亲之外，唯一不怕老爷子的人了。

“出去赌博，还不叫丢脸？连运输机都用上了，你们俩小子胆子不小啊，要不是你小子赢了，看我不打断你的腿……”

老爷子没好气地瞪了庄睿一眼，欧阳军找关系弄了架运输机返回的事情，早就有人传到他耳朵里了，这也是欧阳军今儿没敢过来的原因。

“嘿嘿，外公，我这不是为了挽救国家文物嘛。”庄睿嘿嘿笑道，要不是怕这几件珍贵的文物在路上有损坏，庄睿宁可不坐那运输机，这会儿还没回过劲来呢。

欧阳罡点了点头，拐杖在地上顿了顿，说道：“嗯，你赢的文物就留着自己玩好了，不过你赢的那三千万，都给我捐出去，要匿名捐，记住没有？”

“什么？”

庄睿没想到坐了次运输机，搞得腰酸背痛不说，这机票也忒贵了一点吧？整整要三千万！

“怎么着？不乐意啊？你这次可不止赢了那三千万吧？”

老爷子看到庄睿的模样之后，眉毛竖了起来，在他看来，有吃有喝有房子住，就应该满足了。要不是自己亏欠这母子甚多，他就让庄睿把那八千多万也拿出来了。

“乐意，乐意，能不乐意嘛，外公您难得开次口要钱，我捐了还不成嘛……”

庄睿此次去香港，所赢的钱折合起来差不多有一亿两千万了，而那些古董的价值，也在六千万以上的，捐出三千万还真不怎么心疼。对庄睿而言，虽然自己没有港岛的那些富豪们有钱，但是这些钱于他也不过就是一串银行数字而已。

“屁话，又不是我要你的钱。行了，少和我贫了，去陪那女娃吧，这地方虽然不错，可是还是没玉泉山清净，明儿我就搬回去了……”

老爷子这是不想给儿孙们添负担，其实庄睿这宅子还是很安静的，那高墙大院可以将各种嘈杂声都隔绝在外。

“外公，您多住几天吧，我这儿也热闹点不是？”

庄睿连忙开口劝，只要老爷子和母亲高兴，自己进出麻烦点也不算什么。

“行了，行了……”老爷子没有回话，抬起左手挥了挥，示意庄睿可以离开了。

“小睿，你陪萱冰在院子里看看，我送你外公外婆去休息了。”

欧阳婉见到儿子走过来，也就松开拉住秦萱冰的手，老母亲年龄大了，问长问短的，让秦萱冰脸红了好几次。

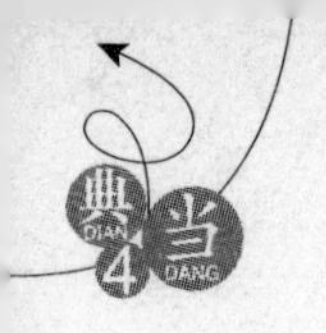

“嗯,这女娃不错,腰细屁股圆,是能生养的。”

庄睿刚拉过秦萱冰的手走出五六米远,就被外婆的话说得打了个踉跄,差点没摔倒在地。幸亏外婆说话还带了点老家的口音,秦萱冰听得不是很明白,要不然庄睿晚上可是有得受了。

庄睿先将从香港带来的那些古董,摆放到地下室的古玩架子上,五六件精美的瓷器陈列好之后,让庄睿看得很有成就感。不过这任务还是任重而道远啊,看着还空着的百来个方格,庄睿不由得有些苦恼,啥时候才能将之摆满啊。

带着秦萱冰将前后三进院子参观了一番,秦萱冰也彻底爱上了这座将现代与古代建筑相融合在一起的大宅门,如果不是英国的珠宝设计工作还没完成,秦萱冰都不愿意离开了。

后院是欧阳婉等人特意给庄睿留下来的,并没有什么人住在这边,主卧旁边的七八间房子,也都是空着的,将白狮留在后院的门口之后,这一方小天地,就彻底属于庄睿和秦萱冰了。

庄母知道儿子今天回来,把那个主卧室铺上了大红色的床单和被褥,整个房间显得非常的喜庆,在那极具现代化的浴室里冲洗完毕之后,房中自然一片旖旎风光。

……

“庄睿,起床啦……”

正在梦乡中的庄睿,突然感觉到鼻子有些发痒,睁开眼睛一看,秦萱冰正用头发在挠自己的鼻孔呢。不知道什么时候,秦萱冰已经穿戴整齐,站在床头了。

此时的秦萱冰,穿了件很有老北京味道的红色上衣,那纽扣都是用布缝制的,大红色的衣服,衬托着秦萱冰那张白皙有如美玉般的脸庞,更加美艳不可方物,将庄睿都看得呆了。

回过神来,庄睿开玩笑道:“这是哪家的小媳妇,跑到我们家里来啦?”

“行了,快起吧,伯母她们都起来很久了。对了,上午咱们去一下家里在北京的那个珠宝店,我有事情要告诉你。”

秦萱冰脸皮薄,一大早就起来了,刚才去中院和庄母说了儿会话,这才回来喊庄睿起床。在这古香古色的大宅子里生活,秦萱冰有种很奇妙的感觉,仿佛置身于古代一般。

“什么事啊?”

庄睿掀开被子,当着秦萱冰的面穿起衣服来,虽然这几日二人都是相拥而眠,秦萱冰仍然看得脸色绯红,顿了顿脚去了外屋,庄睿一人在屋里嘿嘿直笑。

清晨的四合院显得那样的美丽,路边的花草都沾满了露水,鸟儿在花园树木的枝头飞来飞去,池塘里的荷花散发出阵阵幽香,隐约从高墙外传来叫卖早点的声音,使得四合院里充满了生活气息。

“舅舅,我要跟舅妈一起玩。”

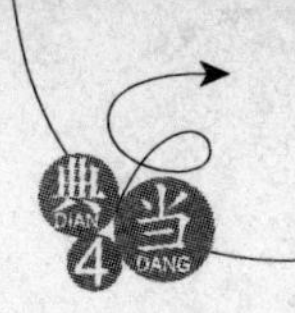

在吃过欧阳婉买来的早点之后，庄睿正准备和秦萱冰离开的时候，小囡囡凑了过来，一声舅妈喊得秦萱冰喜笑颜开。

小家伙没有跟庄敏夫妇回彭城，虽然这院子够大，也有白狮陪着，但是不能出去玩，还是让小家伙有些难受，眼下看到庄睿要出去，马上就跑了过来。

“好，带你一起去，”

庄睿将囡囡抱起来，交到秦萱冰怀里，看到白狮也挤了过来，不由苦笑起来，用手揉搓了下白狮的大脑袋，说道：“今儿可不能带你出去，晚上回来再陪你玩！”

说老实话，庄睿对白狮还是心有愧疚的，像白狮这种雪山獒王，是应该生活在雪山草原之上的，自己这个家，对它来说实在是小了一点。

白狮是越来越人性化了，听到庄睿的话后，大脑袋很不满地将庄睿顶了个大马蹲，一屁股坐在了地上，然后用爪子将庄睿身上的衣服搞得皱巴巴的之后，才昂起头得意洋洋地去巡视它的地盘去了，看得一众人直发笑。

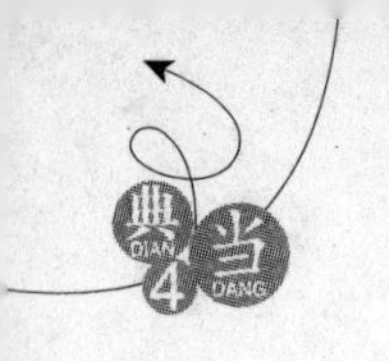

第三十七章 豪华嫁妆

“萱冰,去珠宝店干什么啊?这北京城我都没好好玩过,正好这几天带着你和囡囡去转转……”

秦氏珠宝在北京的那个店面,庄睿曾经和欧阳军去过,离他住的地方倒也不远,十来分钟之后,就将车停到了珠宝店附近,那里是步行街,只能把车停到外面走过去了。

下车后,秦萱冰牵着囡囡的小手,说道:“爷爷把这个店给我们了,今天去是有些事情要交代……”

“哦,把这店给我……们?还有我的份?”

庄睿愣了一下,那家店可是价值不菲啊,他以前听秦萱冰说过,那门面是买下来的,当时就花了三千多万。而且这店的生意也很不错,可是个招财进宝的所在,秦家说送就送出来,这手笔可是不小啊。

“这是爷爷给我的嫁妆,我的不就是你的,你说有没有你的份?”秦萱冰用眼睛狠狠地剜了庄睿一眼,拉着小囡囡快步走进了挂着秦瑞麟招牌的店里。

“先生,小姐,请问你们要买什么样的首饰?”

庄睿刚跟进门,一个穿着统一制服的女孩就迎了过来,不过当她看清楚庄睿之后,不禁“啊”了一声,说道:“您是庄先生吧?这次还是来买盒子的?”

这女孩正是店里的那个主管阿霞,她对上次庄睿拿出的那些帝王绿首饰,可是记忆犹新,在认出庄睿之后,情不自禁地问了出来。

“咳咳,不是,我陪女朋友来看看……”

庄睿被她说得有些不好意思,自己哪儿有那么多的帝王绿首饰啊。

“哦,那庄先生请随便看,需要我做介绍吗?”

阿霞闻言倒是有点失望,原本以为在庄睿手上还能见识到点好物件呢。

秦萱冰知道庄睿上次来这里买首饰盒子的事情,也没有多问,四处张望了一下之后,对阿霞说道:“麻烦你把吴卓志喊来好吗?”吴卓志正是庄睿以前见过的那个吴店长。

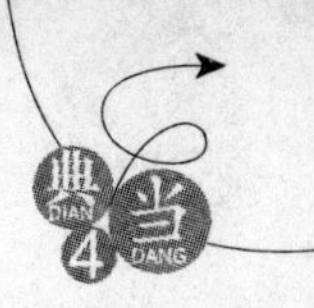

阿霞看到秦萱冰穿着一身外国人到中国最喜欢的大红衣服，但是气质高贵，又是跟着庄睿来的，当下不敢怠慢，说道："好的，麻烦二位稍等一下。"

"大小姐！"

庄睿上次见到的那个吴店长，从经理室出来之后，一眼看到了秦萱冰，用广东话喊了出来。

秦萱冰笑了笑，回道："吴叔，在北京生活还习惯吗？"

"习惯，时间长了就习惯了。大小姐，来里面坐……"

吴卓志看到秦萱冰身边的庄睿，连忙改用普通话招呼两人进了经理室，留下外面的店员都在小声议论着秦萱冰的身份，后面那一声普通话喊出来的"大小姐"，她们可都是听懂了。

"大小姐，昨天接到董事长的电话，我还以为你过几天才会来呢，账本什么的我都准备好了，随时都可以交接的。"吴店长将庄睿和秦萱冰让到里面之后，忙着去给二人端茶倒水去了。

"吴叔，你别忙了，我这次来不是要看账本交接的，你坐下来吧。"

秦萱冰的话让吴卓志愣了一下，他在秦氏珠宝干了二十多年了，以前几乎每年秦氏珠宝招待老员工的时候，都能见到秦萱冰，不过那时候的秦萱冰性子比较冷，在年会上从来不说话，现在秦萱冰一口一个吴叔，倒是让他有点儿不适应。

"大小姐……"

"吴叔，叫我萱冰吧……"

秦萱冰打断了吴卓志的话，然后接着说道："吴叔应该知道了，爷爷把这家店转到我的名下了，但是供货的渠道，还是来自秦氏珠宝，整体不会有任何的变动，而且我和庄睿都没多少时间来打理。吴叔，我希望你能留下来继续管理这家店……"

吴卓志闻言愣了一下，他昨天接到香港方面的电话之后，立即开始整理账务准备交接手续。但是说实话，秦瑞麟北京店从五年前创立伊始，就是由他负责的，甚至这里的每个柜台，都是他亲自定制的，对于这家店，吴卓志感情还是很深的。

在北京生活了这么多年，吴卓志早就买了房子，把妻子接过来了不说，就是儿子从国外留学回来，现在也是在北京工作。这一变动，对他的影响还是很大的。

不过吴卓志知道秦家大小姐性情比较冷淡，猜想她在接手这店面之后，肯定会做一些变动，他已经做好了返回香港工作的心理准备，此刻听到秦萱冰出言挽留他，不由感觉有些意外。

"吴叔，你在秦氏珠宝的内部股份依然可以保留，并且你的年薪在现在的基础上，再增加三十万，吴叔，你可以先考虑一下……"

秦萱冰见到吴卓志沉默不语，还以为他想返回香港呢，连忙给出了自己来之前就想

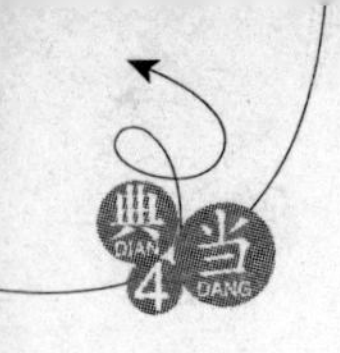

好了的条件。其实从心里来说，秦萱冰是不怎么想接受这份嫁妆的，只是秦老爷子怕孙女以后受委屈，才将北京的这份产业给了她，这是长辈的一番好意，秦萱冰只能接受下来。

但是秦萱冰知道，自己是不擅长管理的，而庄睿估计也不愿意去打理这家珠宝店，而吴卓志是秦氏珠宝的老员工，让他继续管理，秦萱冰也放心，所以这才给出了比较优厚的条件来挽留他。

香港的一些家族公司，对于工作了几十年以上的老员工，都会赠送一些股份，虽然不是很多，但是体现了一种情谊，秦萱冰刚才所说的股份，就是秦氏珠宝配发给吴卓志的。

"大小姐，那这里所有的员工都还留用吗？"吴卓志出言问道，他这句话其实是个试探。

秦萱冰笑了笑，说道："吴叔，员工的留用与否，以前就是你的职权管辖范围，现在仍然是。只是以后归属总公司管的财务，由我……不，由庄睿来管而已……"

"哎，怎么把我拉进来了啊，萱冰，我明年要上学，可没工夫管这些啊……"

庄睿正逗弄着外甥女，没想到秦萱冰突然把话题扯到他身上，连忙出言拒绝。这家店可是秦萱冰的私房钱，就像是古代小姐出嫁时的娘家陪嫁，自己虽然不贪图什么，但是伸手进来要是被秦家知道，那脸面上可不太好看。

"庄睿，我跟外公说了，这家店你有百分之五十的股份，再说我在内地就认识你和雷蕾两人，你不管谁来管啊，这可是咱们两人的店啊……"

秦萱冰做出一副楚楚可怜的模样，看得庄睿心一软，点头答应了下来，反正他只管账，对于财会出身的庄睿而言，这点工作牵扯不了他多少精力的。

"大小姐，如果真能帮到你的话，我就留下来好了……"

吴卓志听到庄睿和秦萱冰的对话之后，有些哭笑不得，这么大的一份资产，两人居然都不上心，不过由此他也放下心来，只不过是他的老板由秦氏珠宝变成了秦萱冰个人，店里的一切还是由他说了算，并且薪水也提高了，吴卓志找不出回香港的理由。

秦萱冰见吴卓志答应了下来，不由高兴地说道："太好了，吴叔，我爹地妈咪这几天也会来北京，到时候咱们一起吃顿饭吧，以后店里有什么事，你直接找庄睿处理就好了……"

"哎……"

庄睿本来想出言反驳几句的，不过想想秦萱冰没几天就要回英国，要到年后才能完成那个订单，店里如果有什么事，自己不出面还真不合适，遂把到了嘴边的话又咽了回去，从手包里拿出一张名片，递给了吴店长。

"庄先生……不，老板原来是玉石协会的理事啊，那以后很多事情就方便了……"

吴卓志没想到秦家小姐的姑爷，原来在内地的玉石行当里面，有如此身份，怪不得秦萱冰刚才说有事情让庄睿去处理呢。有了这个身份，在京城珠宝界，是有一定的话语

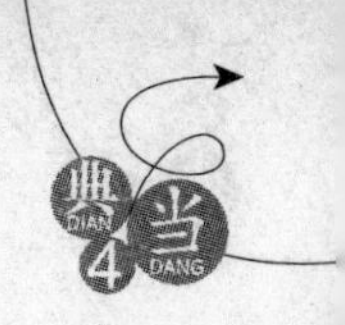

权的。

“嗯，有事找我就行。吴叔，今天要是没事，我们就先告辞了……”

庄睿此时也只能硬着头皮答应下来了，对吴卓志的称呼，也改成了吴叔，反正对方也是近五十岁的人了，叫声叔叔也不吃亏，以后自己要是想省心点，还是要指望这位吴叔呢。

秦萱冰听庄睿这么说，也站起身来，正准备告辞的时候，吴卓志却是一脸苦笑地将二人拦住了，说道：“大小姐，老板，昨天总部发来了一些传真资料，还有这家店里所剩的余货清单，并且这个月的工资支付，都是要由咱们自己开销的，这些事情可是必须尽快处理的，你们二位要是今天不来，我这几天就想找上门去呢。”

“哦，这样啊，庄睿，你就能者多劳吧，你看着处理，我带囡囡出去转转。”

秦萱冰一听是这事，把脸转向了庄睿，员工工资之类的事情，是不好拖拉的，不过她还真是不懂这些，只能交给庄睿了。

“得，你带囡囡去玩吧，我先看看再说。”

庄睿一脸郁闷地坐了回去，这店说转就转了，不过好歹多支付一个月的费用啊，难不成哥们一分钱没赚，就要往外倒贴啊？

不过当庄睿仔细查看了吴卓志拿来的资料，才知道自己大错特错了，秦老爷子将这家店转给秦萱冰私人，真可谓是大手笔啊。

现在这家秦瑞麟珠宝店，每月的销售额达到了近九百万元，去除成本、员工工资，以及其他所有的开支花销，纯利润高达百分之四十五，也就是说，这家店一年的净利润，有四千八九百万元人民币之多。

庄睿以前知道珠宝行业是暴利，但是也没有想到，利润居然会如此之高。

其实庄睿不知道，秦瑞麟是很正规的连锁珠宝店，百分之四十五的利润，在行内并不算高，有些不良珠宝商以次充好，利润达到百分之几百也不稀奇。当然，那些人的销售额，也是远远无法与秦瑞麟相比的。

秦老爷子的手笔还不仅如此，他更是将上个月的销售额，以及现在店里所有的存货，都划归到了秦萱冰的名下。

虽然快到年底了，存货不是很多，但是从现在到年底，庄睿和秦萱冰根本无须向珠宝店投入一分钱，等到年底的时候，只需用这几个月的销售额，从秦氏珠宝进货就可以了，秦老爷子留下的资金和货源，足够这家店正常运转。

庄睿粗略地算了一下，这家店的门面是五年前买下的，到现在增值了近三倍，光是店面就价值近一亿了，再加上流动资金和货物本身的价值，恐怕秦萱冰的这份嫁妆，不会低于一亿五千万人民币。

这让庄睿暗暗咂舌，怪不得电视上经常演穷小子受到富家女青睐的故事呢，要是换个普通人娶了秦萱冰，这就不是少奋斗几十年的问题了，整个就可以胡吃海喝混日子等

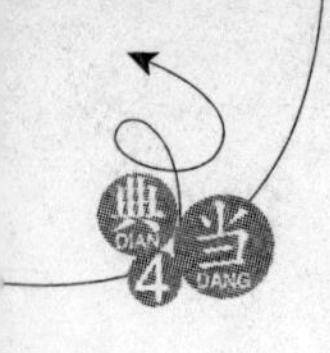

死了。

“老板,这个是店里人员的工资表,你看有没有需要调整的,另外还是给店里配备一个专业的财务比较好……”

虽然秦萱冰放权给自己了,吴卓志还是主动要求配一名财务,他以前是完全不管财务的,店里所有的人员工资,包括他的薪水,都是由总部核准后发下来的,而以后恐怕就要庄睿签字核发了,吴卓志并不想沾手这一块。

“吴叔你的年薪是两百四十万,我看提高到三百万好了。这个李霞也是拿年薪?也增加五万,二十万吧。另外,其余人的月工资增加一千元,年底双薪。吴叔,等有时间,你去宣布一下吧……”

庄睿仔细地看过工资单之后,抬头向吴卓志说道,这家店的年净利润几乎可以达到五千万之多,给吴卓志三百万的年薪,并不算很高。

庄睿自己以前也是打过工的,每月拿着两三千块钱,都不够租房子吃饭的,所以他把店里普通员工的工资也都涨了一些。这点钱对他来说不算什么,但是对这些打工的女孩而言,可是一份实实在在的惊喜。

“老板,这个还是等到了发薪水的时候,你亲自过来宣布下吧,这可是当老板应该做的……”

年薪涨到三百万,吴卓志脸上也是笑呵呵的,不过由他宣布涨薪水是不合适的。要知道,在香港,每到过完年重新开工的时候,都是由老板亲自站在门口迎接员工并且发放红包,即使是李超人这样的大老板,也不例外。

“好吧,到时候我会来的……”

庄睿想了一下,也是这个道理,这样的人情还是自己来做比较好。庄睿正要继续往下看的时候,外面突然传来一阵喧闹声,其中居然还掺杂着囡囡的哭声,庄睿顿时站起身来。

“吴经理,有人来捣乱……”

原本是虚掩着的贵宾室大门,猛地被从外面推开了,差点撞到正往外走的庄睿,一个营业员脸色焦急地闯了进来。

“捣乱?不会吧?”

吴卓志没想到会有这种事情发生,虽然说同行是冤家,但是他和京城各家大珠宝店的关系都很不错,有时候还会江湖救急,串点货给同行,在业内可是有口皆碑的。开业五年多了,还从来没有发生过有人捣乱这种事情。

庄睿听到囡囡的哭声之后,也来不及去问事情经过,一阵风似的从那营业员身边跑了出去,吴卓志见状,也连忙跟了出来。

秦瑞麟的店面很大,每种首饰都划分成一个小区域,像钻石类和玉石类的珠宝,都在

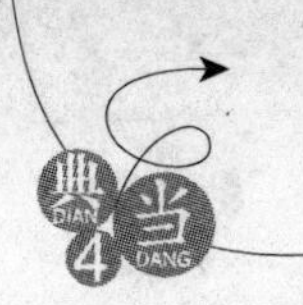

不同的地方，中间也会有装饰物将之隔开，这样不会影响到客人挑选，装修得十分人性化。庄睿从贵宾室里出来之后，一眼没看到秦萱冰等人，但是囡囡的哭声却更加清晰了。

拐过钻石首饰区，庄睿看到，秦萱冰正抱着囡囡，站在那个李霞主管的身后，与一男一女两个年轻人分辩着什么。那个长得瘦瘦的男人，还不依不饶地抬手指着囡囡，吓得囡囡眼泪汪汪的。

“舅舅，舅舅！”

小丫头一眼看到庄睿，伸着小手就要庄睿抱，半个身子都从秦萱冰怀里探了出来。

庄睿怕小丫头摔到，连忙迎了上去，将囡囡从秦萱冰怀里接了过来，拿出面巾纸给小家伙擦了擦脸，柔声问道：“怎么回事？囡囡不哭，告诉舅舅怎么回事？”

“叔叔阿姨是坏人，抢囡囡的东西……”

小家伙虽然很生气，也很害怕，但她从小跟欧阳婉长大的，很有教养，虽然指着那一男一女喊坏人，不过嘴中叫出来的还是叔叔阿姨。

“嗯，怎么回事？”

庄睿的脸色阴沉了下来，他看到囡囡原本戴在里面的那个帝王绿的佛雕挂件，现在却是在衣服外面了；而囡囡那细嫩白皙的脖子上，有一道细细的，很明显是绳子勒出来的痕迹。

“他们抢囡囡的东西，是坏人。”

小家伙说不清楚，翻来覆去的就是这几句话，胖嘟嘟的小手指着那对男女，庄睿的到来，让她胆子大了不少，刚才根本就不敢看那二人。

“小丫头，别乱说话啊……”

那个看起来不过二十出头的年轻人，猛地用手一指囡囡，恶声恶气地吓唬道，吓得小囡囡嘴一歪，泪珠子又在眼里打转了。

“你给我闭嘴，再喊我弄死你！”

庄睿大怒，要不是抱着囡囡，他早上去打得那小子满脸开花了，就对方那小身板，根本就不够庄睿看的。

那对男女似乎被庄睿的狠话给吓住了，女的在男的耳边似乎说了什么，那男人掏出电话转头就往外走。

“想走？”

庄睿把囡囡放到地上，抢上几步，一把掐住那男人的脖子，把他拉了回来，说道：“老老实实地给我在这待着，再想走，我打断你一条腿！”

庄睿从小亲戚不多，即使现在认了外公一家人，在他心里，母亲和姐姐一家才是最重要的。眼下小囡囡被人欺负，庄睿早就憋着一团火了，要不是怕吓着小家伙，刚才他就动手了。

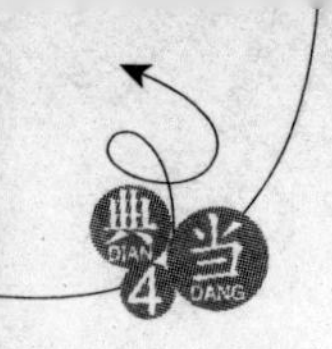

从在西藏杀狼之后，庄睿身上也有股子狠劲，此刻老实人发起火来，那小子也被庄睿吓到了，站在庄睿指的地方，一时有些傻眼了。

“萱冰，你来说，到底怎么回事？”

庄睿看到秦萱冰抱起了囡囡，出言问道。

“这事不怪我们，是他们这店里……”那男人身边的女人走上前来，似乎要出言解释。

“你闭嘴，再说话我连你一起打！”

庄睿将眼睛瞪了过去，吓得那女人连忙退到年轻人身边。庄睿看那女人似乎有点眼熟，不过也没在意，不管是谁，和个不到三岁的小女孩过不去，庄睿都不会轻饶了他的。

“睿，他们太没有教养了。囡囡，你跟这个姐姐去里面玩……”

秦萱冰抱着囡囡走了过来，以她的涵养，说出没教养三个字，可见心中已经是很愤怒了，在把囡囡交给一个营业员之后，秦萱冰把事情的经过跟庄睿说了一遍。

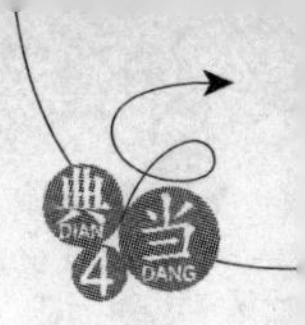

第三十八章 大水冲了龙王庙

原来这一男一女，是来秦瑞麟挑选首饰的，男人本来是想给女人买条碎钻项链的，不过那女人对翡翠更感兴趣，让营业员拿出了几款翡翠挂件来挑选，只是这女人眼界倒是挺高的，左看右选都不满意，随口抱怨了几句，说秦瑞麟名不符实。

小囡囡那会儿正好在那个柜台边玩，见到那个营业员阿姨拿出的翡翠挂件，和自己脖子上戴的差不多，小家伙有些显摆地把自己那个挂件，从衣服里面拿了出来，让那个女人看了一下。

那女人挺识货的，居然一眼就看出了囡囡戴的挂件是帝王绿的极品翡翠挂件，回过头来就要那男人给她买个同样的。那年轻人挺嚣张的，当下就让营业员拿出个一样的挂件，他要买下来。

只是这营业员看到囡囡的挂件之后，认出是庄睿上次拿来的，就告知这对男女，这挂件是别人自己带来的，价格很贵，要六七百万元人民币的。

当时那男子一听，以为营业员说他买不起，于是就伸手拉了一下囡囡脖子上的挂件，说道："有什么了不起的，小丫头你摘下来，我马上就给钱……"

而秦萱冰也没想到，这男人会突然对着小孩子要威风，等她反应过来的时候，小家伙已经被那绳子给勒痛了，哇哇大哭了起来。

"她说的是不是事实？萱冰，去把囡囡抱过来……"

庄睿的脸色很难看，这年轻人实在是没有教养，几岁大的小孩子他也吓唬。

年轻人这会儿回过劲来了，感觉自己刚才被庄睿吓住了的举动很没有面子，在悄悄拨出一个电话给自己的狐朋狗友之后，精气神又来了，言语嚣张地指着庄睿说道："你是谁啊？小子，别以为你个子大就能打，有种你别走，哥们我玩死你……"

"妈的，我让你玩，我给你玩，我看看你怎么玩死我？"

庄睿本来看到囡囡脖子上的勒痕，就心痛无比，心里边憋着邪火，见到这年轻人居然还敢叫板，当下一步跨到这人面前，伸出手就掐住了他的脖子，猛地往上一抬，当即掐得这人两脚离地，直翻白眼。

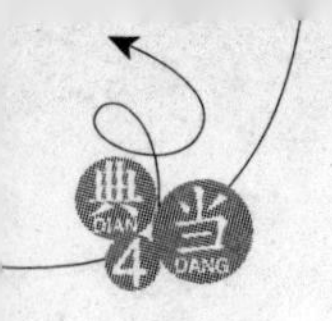

“大哥，大哥，是我们不对，这要出人命的，您放放手，我让他道歉……”

那女人见到庄睿出手这么狠，陪她一起来的范公子眼见只有出的气，没有进的气了，连忙抓住了庄睿的胳膊，让他把人放下来。

这女人很有眼光的，见到这小女孩随便佩戴的物件就价值五六百万，可见一定是出自富贵之家，恐怕自己这临时男友，招惹大麻烦了。

“庄睿，你干什么，放下他啊，别冲动。吴叔，快点帮忙让他把人放下来。”

这会儿秦萱冰也抱着囡囡出来了，见到庄睿右手青筋暴露，将那年轻人掐得口中吐出白沫了，吓了一大跳，连忙让吴卓志上去制止。

每个人的身体里，都是有着暴虐冲动的一面，只是有些人善于控制，很少将这种情绪表现在人前。庄睿的性情本来是很温和的，不过家人就是庄睿的逆鳞，不论是谁，如果伤害到自己的亲人，庄睿是绝对不会放过他的。

庄睿把手刚一松开，那年轻人就像只死狗一般地瘫软到地上，大口大口地喘着气，脸上满是紫红的充血颜色，眼睛里露出了惧怕的神情，他能感觉到，刚才的庄睿，真想把他给杀死，那只大手，差点把自己的喉咙给掐断。

“别装死，起来，道歉！”

庄睿狠狠地对着那人肚子踢了一脚，原本平躺着的身体，马上变成了煮熟的大虾一般，蜷缩了起来，只是这会儿他连气都喘不过来，只能从喉咙里粗重的呼吸中，分辨出这小子在痛呼。

“舅舅打人，外婆会骂你的……”

庄睿正想再补上几脚的时候，耳边响起囡囡怯怯的声音，不由哭笑不得地停住了脚。这小丫头片子怎么被老妈教成滥好人了啊，老舅帮你出气，倒还被你教训上了。

“庄睿，别打了，再打就要出事了……”

秦萱冰也拉住了庄睿，虽然很解气，但这人可不是草原上的狼，打死就打死了，那可是要吃官司的。再说这点事情，也没到要取人性命的地步。

“嗯，打人不对，舅舅不打了。”

庄睿伸手在囡囡的小脸蛋上扭了一把，他刚才下手很有分寸，并没有掐住那人的气管，否则这小子早就没气了。

“庄先生，那个女的，好像是个明星，还很有名气的……”

李霞这时走到庄睿身边，小声地对庄睿说道，在她们眼里，这些荧幕上的明星们，似乎都很有本事，可以呼风唤雨。

对于这些普通的女孩而言，明星都是高高在上，可见不可即的人物，她们虽然因为工作性质原因，经常能接触到一些明星贵妇，但是心里对她们还是有羡慕和畏惧的。

李霞跟庄睿说这话的意思，是想让庄睿把他上次那个朋友喊来，要知道，徐大明星在影视圈的地位，可比眼前的这位高出许多，要是徐大明星来了，想必他们也不敢再闹事

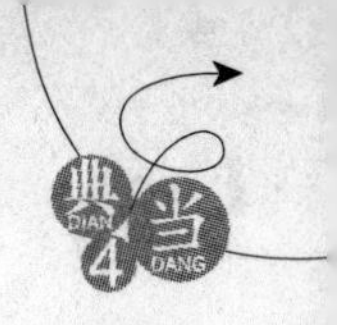

了吧。

“女明星？”

庄睿闻言仔细在那女人脸上打量了一番，还真是有些脸熟，庄睿虽然没看过她演的电视剧，但是架不住那电视剧广告铺天盖地的宣传，弄得他想不认得都难。

不过，庄睿看这女明星还算懂事，最少刚才还知道劝解那男人，他也不想对着个女人耍威风，当下用脚踢了踢地上的男人，说道：“起来道歉，然后滚蛋！”

那位姓范的年轻人，此时已经喘过气来了，看到庄睿又抬起脚，吓得连忙用双手抱住头，只是从指缝里透出的目光，充满了怨毒。

“庄睿，算了，让他们走吧……”

秦萱冰伸手拉住了庄睿，这店可是他们自己的，要是传出殴打客人的名声，可是很麻烦的，这会儿已经有不少顾客，都围了上来。

一位小营业员正口齿伶俐地给众人说刚才发生的事情，后来的人也都纷纷指责那年轻人不懂事，但是看到他脖子上那触目惊心的青紫色的掐痕后，还是出言劝解店方报警，不要私自打人。

庄睿一看，在店里闹腾下去也不是这么回事，于是对那女明星说道：“把人扶走吧，麻利地走人，别再让我看到这小子……”

“谢谢，谢谢这位先生……”

那女明星也怕这件事情传出去，影响到自己的声誉，当下扶起了范公子，两人向店外走去。那范公子有心回头说几句狠话，可是又不敢，刚才那顿打，就是因为这张臭嘴引起的。

“妈的，吃饭喝酒玩女人，都是一喊就到，现在老子吃亏了，一个来帮忙的也没有！”

范公子没敢回头，但是心里那叫一个憋屈啊，他从小到大，家里人连一根手指头都没动过他，没想到在这里差点被人掐死。

而更让范公子难受的是，自己的窝囊样，全都落入到身边这位大明星眼里了，这人可丢大了，要是找不回来这场子，今后在北京这地界上，他范某人可是直不起腰板走路了。

“嘿，我说哥们，怎么跑这来给人擦地板啦？”

“范公子，啥事催命似的，哥们正忙着呢……”

“妹妹，怎么回事啊，老范咋整得这么狼狈？”

正当范公子掏出手机，准备再打电话的时候，秦瑞麟的大门口，呼啦啦进来了十多个小青年，个个衣着鲜亮，油头粉面的，有的还带着女人，还有好几个人，手里都拿着棒球棍，气势汹汹地闯了进来。

“哥几个，现在把这店给我砸了，砸了啊，回头天上人间我把整个场子包了，妈的，出啥事我担着……”

范公子看到门口进来的人，那可是比见到老娘还亲啊，也顾不得这帮子人损他的话，

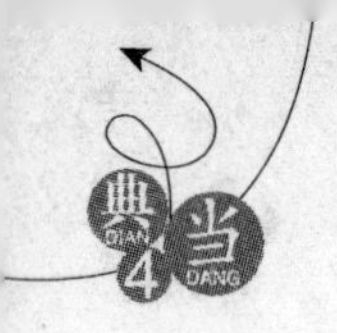

满脸狰狞地喊了起来，声音里已经是带着哭腔了。

“吴叔，你打电话报警，萱冰，你带囡囡去屋里面……”

庄睿一看呼啦啦进来十几个人，心叫不好，这些二十郎当岁的小家伙，根本就是天不怕地不怕的，出手没个轻重，他连忙让秦萱冰等人躲到经理室去。

“庄老板，你也进来，别和他们一般见识，我已经打电话报警了……”

吴卓志没想到这新老板第一次来，店里就出了这样的事情，以前也不是没人来闹过事，不过那都是对买的物件不满意，过来要求退货的，还是比较文明的，像今儿这事，还真是开业以来头一遭。

“庄睿，进来，让他们砸，咱们回头再找他们算账……”秦萱冰也喊着庄睿，她知道庄睿外公家里的背景，只要不吃眼前亏，总能找回场子的。

“嗯，我这就过来。”庄睿知道这般年纪的小孩最是麻烦，自己和他们打起来，指定要吃亏的，于是点了点头，也向经理室走去。

“要不要给欧阳军打个电话啊？”

庄睿边走边掏出了手机，不过想想还是算了，回头让警察来处理就行了，这可是他们闹事在先的。

本来围观的客人们，见到外面进来一群手里拿着棍棒的年轻人，也吓得向四周躲去，被围在中间的庄睿，顿时出现在那帮子年轻人的视野里。

“这小伙子要吃亏了……”

“是啊，能带着女明星出来的人，还能简单得了吗？”

“咱们躲远点，别被打了……”

见到十来个人向着庄睿这边冲了过来，围观的那些人，纷纷议论了起来，不过却没有散去，看热闹是中国人的天性，话说能来秦瑞麟买珠宝的人，也都是有几个钱或者有点身份，见过一些世面的，并不怕事情会殃及他们身上。

“就是他，就是那个人，哥几个，给我打，打死了算我的！”

这会儿范公子腰不酸背不疼了，居然冲在一行人的最前面，当他看到庄睿之后，眼睛里似乎都要冒出火来，指着庄睿号叫了起来，由于刚才被庄睿掐得伤了喉咙，那声音听起来就像是被阉过的公狗一般，难听刺耳。

“小子，算你运气不好，连范公子也敢招惹……”

几个人冲上来就想动手，他们这事干得多了，虽然也惹出不少麻烦，但是家里有钱啊，即使把人打残废了，最多不过是家里花点钱，来个庭外和解。更何况范公子说了，这次算他的，也就是说，打了也是白打，有啥事姓范的去摆平。

这些人都是京城的富二代们，由于年纪还小，家里的生意插不上手，整天无所事事，除了喝酒泡吧玩女人，就找不到点刺激的事情了，眼下有人要当人肉沙包，刺激得这几个人是双眼发红，嗷嗷叫着挥舞着棍子就要砸庄睿。

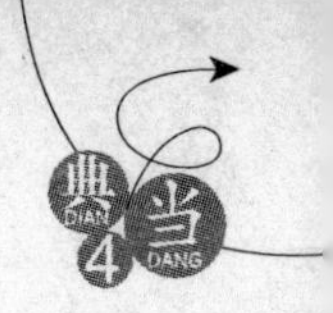

庄睿这时距离经理室还有十来米远呢，他心中也是大悔，刚才要面子，走得慢了一点，没想到居然被这些人给追上了，现在再跑也来不及了，看到冲在最前面的那人就是刚才被自己踩的范公子，庄睿一时火气，干脆也不跑了，迎着范公子就冲了上去。

“妈的，都给我住手，不然老子掐死他！”

这范公子被怒火冲昏了头脑，他忘记了自己刚才可是被庄睿吓破了胆，眼见庄睿对着自己冲过来，禁不住打了个哆嗦，手里高高举起的棍子还没来得及往下砸，只感觉到喉咙一紧，又被庄睿给掐住了。

范公子这回可真是欲哭无泪啊，这哥们怎么那么喜欢掐人脖子呀，这喘不过气的滋味，可是很不好受的。

“靠！”

那帮子小年轻，似乎并没有把庄睿手里掐着的范公子当回事，有个人仍然举着棍子砸了下来，庄睿只来得及侧了一下身子，就被那棍子重重地砸在了左肩上，痛得他骂出了声，同时掐住范公子脖子的右手，加大了力气。

“别……别动手，我他妈的要死了……”

范公子像挤牙膏似的从嘴里挤出了几句话，然后再冒出来的就是白沫了，一双眼睛死命地往上翻，全是白眼珠子，眼看就要没命了的样子，还真是把那群人给吓住了。

这一伙人虽然平时依仗家里有钱，横行霸道惯了，不过他们打架虽然是常事，但是要让他们杀人，就没这个胆子了。见到庄睿一脸狰狞地掐着范公子的脖子，就是将人往死里整的，一帮子人不由心里胆怯了，往后退了几步。

“这位大哥，有什么事先把人放下来再说，这要是出了人命，你也得吃枪子的。”

这群年轻人里面，还有明白人，一个声音从围着庄睿的人群外面传了出来。

“出了人命也吃不了枪子，你信不信？”

庄睿的手稍微松了一下，他听到刚才说话那人的声音似乎有点耳熟，不由侧脸看了过去。

“哎哟，这可是大水冲了龙王庙啊，庄哥，庄大哥，怎么是您啊！”

刚才说话的那人带了个女人，所以打架这事，他就没往前冲，加上刚才人多，他也没看清站在中间的人是谁，庄睿这一转过头，却是让他看得真真切切，心里不由叫了一声苦，连忙分开众人，挤了进来。

“杨波？这人是你朋友？”

庄睿也认出了来人，原来是那个在黑市上见过的什么京城名少，由于那天这小子刻意巴结，庄睿对他还有点印象。

“杨哥，这人是谁？”

这群少爷们虽然蛮横，但是也知道在这北京地界，有许多人是自己招惹不起的，就算自己家里大人，在一些人眼中，也只不过是一些不起眼的小角色，所以他们平时惹事，都

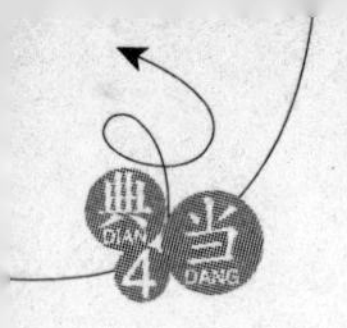

是看着人来的，而且他们打架的场合，多是在酒吧里面，有身份有来头的人，一般是很少去那种地方的。

这也怪庄睿今天出来的匆忙，随便把自己以前从彭城带来的衣服给穿上了，当然不是什么名牌货，被这群人看在眼里，以为他没什么来头，这才敢上前围攻。不过听到杨波对庄睿的称呼，他们心里都有些打鼓，难道这次是踢在铁板上了？

“庄大哥，给小弟个面子，先把他放下来吧，回头我让他摆酒认错，当众给您赔礼道歉……”

杨波心里暗自叫苦，自己和这位爷，压根就没什么交情，今儿要是不能平息对方的怒火的话，说不定这事就会把自己牵扯进去。他现在恨不得给自己一嘴巴，闲得蛋疼和女人做做运动不好吗，干吗非来凑这热闹。

这会儿杨波哪还顾得上去搭理其他人，说完这番话后，眼巴巴地看着庄睿，他心里也没底，对方就是不给他这个面子，他杨波也是一点辄没有，他知道，京城名少这称谓，在对方眼里，连个屁都不算。

“大哥，这位大哥，是我有眼无珠，您先放开我吧，我这就给小妹妹赔礼道歉还不成嘛……”

庄睿这会儿手劲早就松开了，只是抓在了范公子的领子上，范公子也能喘上大气了，他也不是傻子，见到平时都不拿正眼看外人的杨波对庄睿如此恭敬，知道自己是撞上铁板了，那姿态摆得叫一个低啊，

“这小伙子是谁啊？怎么着就不打了？”旁边这位热闹还没看够。

“肯定也是个有来头的，没见那个人都认栽啦……”

“一群怂货，这么多人还怕一个人！”说话的这位大腹便便，还带着个摩登女郎，对没热闹看表示出了严重的不满。

“庄睿，你没事吧？”

秦萱冰刚才就想跑过来，只是一直被吴卓志给拉住了，她可是亲眼看到庄睿的肩膀上狠狠地挨了一棍子的，当时她心里都抽搐了一下，此时眼中已经是噙着泪水了。

“咝……”

庄睿倒吸了一口气，把右手抓着的范公子给放开了。

这帮小子下手还真他妈的狠，左肩这一下，怕是要伤到骨头了。庄睿这会儿还没来得及用灵气治疗，被秦萱冰一碰，疼得直抽气。

“没事，萱冰，别担心，就是被碰了下……”庄睿一边说话，一边将灵气渗入到皮肤当中，随着一股清凉的气息流过，庄睿已经能抬起手了。

“杨哥，那人到底是个什么来头啊？”

范公子趁着庄睿和秦萱冰说话的工夫，做贼似的溜到了杨波身边，苦着一张脸询问道，他是想打听明白对方的来历，看能不能请出熟悉的长辈来说和。

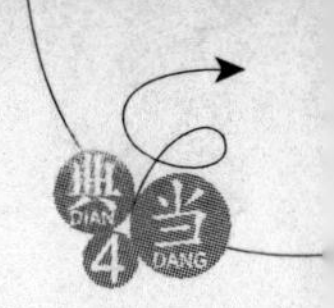

这范公子比杨波原本是要大个两三岁的，此时也顾不得了，连哥都喊上了。

杨波见庄睿给了他这面子，心中大定，也有点小得意，往庄睿那边看了一眼，见他没注意到自己这边，于是压低了嗓子，对范公子说道："你是在哪里认识那明星的啊？"

"在京郊会所呀。嘿，我说咱们那天在一起的，你问这干吗？"

范公子有点不明所以，前几天自己泡上这女明星的时候，现在这哥几个，不是都在场嘛。

"那我告诉你，京郊会所，就是面前这位家里开的！"

杨波的话让一群人全都傻了眼，他们对京郊会所可是知之甚深，而且家中长辈也曾经反复交代过，绝对不能在那里闹事，还让他们多去那里结交点人脉。

他们也都知道，那个会所是分为几个档次的，当然，他们只能在三号楼里厮混。在他们眼里，另外两栋神秘的小楼，就是个通天的所在，连他们的父辈，也是没有资格进去的。

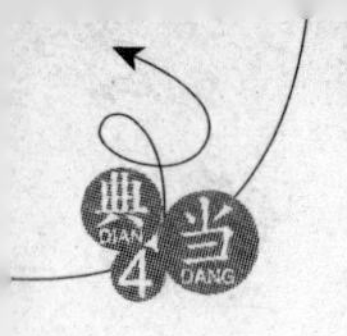

第三十九章 因祸得福

范公子额头上的冷汗，那是不住地往下滴啊，原本还想着找人去说合一下，但是他想来想去，自家长辈没谁有那么大的面子啊，要是被家里人知道自己惹的祸，恐怕自己也要去国外和那几个哥们做伴去了。

"杨兄弟，杨哥，您一定要帮我说说啊，我不是故意的，赔礼、赔钱，怎么着都行。"

范公子一眼看到杨波，像是溺水的人抓住了救命稻草，死死地抓住杨波的手，怎么都不肯放开了。

再说范公子虽然文凭不低，但那都是拿钱买来的，他现在都不知道自己读了三年大学的班主任是谁，对于外语也就是知晓二十六个英文字母的水平，出去后那也是两眼一抹黑，哪有在国内逍遥自在呀。

"我给庄哥说说，看能不能摆顿酒把这事儿给揭过去，你一会儿表现好点啊。"

见到范公子这般态度，杨波心中大爽，这姓范的仗着家里生意做得比自己家大，平时可是傲气得很，这女明星本来自己也看上了，谁知道被他抢了先，现在求到自己头上了，杨波顿时有种扬眉吐气的感觉。

"杨……杨哥，我……刚才打了他一棍子……"

刚才表现得最勇猛的那位，想起自己给了庄睿一棍子，这会儿紧张得连话都说不利索了，手中的棒球棍"咣当"一声掉在店里的大理石地面上，顿时把庄睿等人的目光吸引了过来。

"坏菜……"

他刚才离得远，并没有看清楚庄睿挨了打，听那人一说，杨波心里咯噔了一下，他也只不过和庄睿见过一面而已，对庄睿的秉性并不了解，万一对方要追究的话，自己压根就劝不住啊。

只是在被一帮哥儿们眼巴巴地瞅着，杨波只能鼓起勇气，走到庄睿旁边，说道："庄大哥，年轻人不懂事，您千万别和他们一般见识，要不，先送您到医院去看下吧？"

"没事，不要紧……"

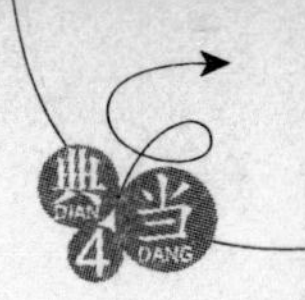

庄睿面无表情地活动了一下肩膀，不懂事？要不是这杨波认识自己，今儿的眼前亏是吃定了的，庄睿现在心里可是火大着呢。

“庄大哥，要不您说个章程出来，小哥几个绝对照办，您看成不?”

杨波见庄睿阴沉着个脸，心里也是直打鼓，硬着头皮说了上面一番话后，满脸期待地看着庄睿。

庄睿缓缓地摇了摇头，指着那位范公子，说道：“你，过来，道歉……”

“我道歉，我道歉。小妹妹，对不起，叔叔是坏蛋，叔叔对不起你，叔叔给你赔礼道歉了，小妹妹你要什么，叔叔给你买……”

范公子听到庄睿的话后，也顾不得脸面了，一路小跑来到囡囡面前，非常努力地挤出一副自认为最有亲和力的笑容，也不知道是给抱着囡囡的秦萱冰鞠躬，还是给那小人儿鞠躬，反正是弯腰九十度地鞠了下去。

囡囡哪儿懂这些啊，看到这恶人跑到面前，小嘴一瘪差点又哭了出来，看得庄睿是哭笑不得，这人脸皮如此之厚，让他也有点无可奈何，这根本就是一群被家长宠坏了的孩子嘛。

“行了，你走吧，以后别让我看到你。”

“谢谢，谢谢大哥。”

范公子也不敢提摆酒的事情了，自己根本就没那面子，他现在正想着回头就去外省躲一段时间去，要不然万一哪天在京又被这人看到，说不定再把这事给记起来了。

庄睿可以放过这家伙，但是对那砸了自己一棍子的人，就没什么好气了，指着那个梳着小分头，正躲闪在后面的人说道：“你，出来，刚才打得挺爽吧?”

那家伙倒也是个青皮，挺有种的，看自己躲不过去了，弯腰把自己掉在地上的棍子捡了起来，走到庄睿面前说道：“大哥，是我不对，是我手贱，我自个来，您看着要是舒心了，就放过小弟这一次吧。”

那人说着话，蹲下了身体，将右手放到了大理石地面上，左手拿着棒球棍，狠狠地对着右手砸了下去。

“哎哟!”右手传来的剧痛，让这人忍不住惨呼了出来，十指连心，他没有自己想象的那般坚强。

“你这是?”

庄睿在一旁看傻眼了，这年轻人的举动，让他差点把眼珠子都瞪出来了。他本来是想好好教育一下这人，让他以后做事情长点脑子，然后滚蛋了事，没想到这人上来就自残了，难道是香港电影看多了不成?

“庄……庄老大，刚才小弟对不住您，您看这样行了不?”

那年轻人头上冒出豆粒般大小的汗珠，左手的棒球棍早就掉在地上，嘴里抽着冷气，抬起头来，看向庄睿，那副表情，就好像是黑社会成员上了二嫂，刚受过三刀六洞的会规

一般。

“看不出，这小伙子混黑社会的啊……”

“是啊，看这年龄也不大，居然就是老大了……”

“长相也不像啊，没看电影里那些混黑道的，都长得像大傻似的……”

“你电影看多了啊，谁还在自己脑门上贴个‘我是坏人’的字啊，咱们还是躲远点，省得被牵扯进去了……”

围观的众人本来以为庄睿是要吃大亏的，却没想到来了个峰回路转，刚才那个欺负小女孩的人上前道歉不说，这又上演一出自残赔罪的戏来，只是那句“庄老大”的称呼，让众人认准了庄睿肯定是混黑道的。

“吴叔，把那些资料拿来，我回去看，这边你来处理吧……”

庄睿被那些人的话说得是哭笑不得。这年头，人们被香港电影误导得太深了，哪儿有那么多的黑社会，真以为国家公安机关是吃闲饭的不成？

不过在庄睿心里也是有这样的想法的，这报警都十几分钟了，也没见个穿制服的人过来，和电影里演的也差不多。

“好的，老板，您稍等……”

吴卓志也被刚才这一幕搞得有点不知所措，不过他从中也明白了一件事情，那就是秦家的这位姑爷，远不止仅仅担任着玉石协会理事那么简单，看来还有着他所不知道的背景，再和庄睿说话的时候，吴卓志不自觉地用上了敬语。

“杨波，以后不许来这家店捣乱，否则我可是要找你的……”

庄睿接过吴卓志递来的资料袋，转身向杨波说道。他没说让这些人走，一群人都呆呆地站在那里，等候庄睿发落呢，他们可没胆子跑，平时在外面玩，要是给家里惹了祸，那以后可就别想从家里拿钱出来潇洒了。

“庄哥，您放心，一定不会，一定不会的，改天我摆酒谢谢庄哥，您可一定要赏脸啊……”

杨波也没想到，这事居然就如此结束了，心里不禁暗赞庄睿度量大，这要是换了他们，像这种占了理的事情，非要把事主折腾个半死不活不可。

“再说吧……”

庄睿摆了摆手，一手抱着囡囡，一手拉着秦萱冰，向店外走去，他懒得和这帮子半大孩子计较，虽然自己比他们也大不了几岁，但是以庄睿现在的经历与见识，和他们已经不是一个层面上的人了。

看到庄睿真没把这事放在心上，杨波一直提在嗓子眼的那颗心，总算是放了回去。今儿这事对他而言，并不算是坏事，最起码也让庄睿加深了一点对他的印象，至于范公子，那倒霉蛋就算是个媒介吧。

不过刚才心里一直太紧张了，临到庄睿出门的时候，杨波才发现庄睿身边的那个女

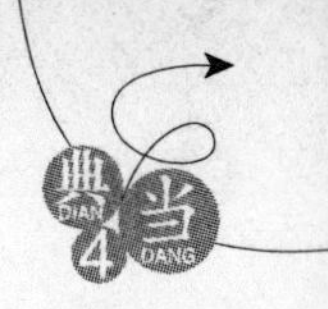

人，虽然穿了件很土气的大红衣服，但是那身材、相貌和气质，居然比上次见过的徐大明星还要出色，再看看自己刚换的明星女朋友，怎么看怎么感觉不顺眼了，这人和人的差距，咋就那么大啊。

"庄睿，你肩膀没事吧？"

走出秦瑞麟之后，秦萱冰担心地问道，她刚才可是看得真切，那棍子是实实在在打上去了，她是怕庄睿要面子，死撑着不说。

"没事，我皮厚，你看……"

庄睿嘿嘿笑了声，把抱在怀里的小囡囡举高放到了肩膀上，引得小家伙"咯咯"笑起来，小孩子忘性大，很快就将刚才所发生的事情给忘掉了。

庄睿还没走出步行街，看到七八个警察急匆匆地从街道一头，向秦瑞麟赶去，不禁摇了摇头，这效率可真够高的，要是换成有匪徒抢劫，恐怕这会儿早就跑得连影子都找不到了。

"走吧，带你们俩去吃大餐……"

今儿起的有点晚，现在也是吃饭的时间了，庄睿开着车将两人带到了全聚德，秦萱冰这可是第一次来北京，对这脆皮喷香的烤鸭，吃得是赞不绝口，居然童心大发地和小囡囡抢起吃的来了。

"喂，哪位？"

庄睿吃东西一向很快，这会儿拿着牙签剔着牙，正看着这一大一小两个美女打闹的时候，手机忽然响了起来。

"老板，我是吴卓志啊，有些事情要向您汇报一下。"电话里传来吴店长那略带广东口味的普通话。

"哦，吴叔啊，什么事？你说，是警察找麻烦了，还是那几个小子又找事了？"庄睿站起身来，往门口走去，这来自天南海北的人操着不同地方的方言，使得全聚德的大厅里有点吵。

"不是，都不是。老板，咱们今天做了笔大买卖啊……"吴卓志电话里的声音有点兴奋。

"大买卖？"

庄睿不解地问道，他离开秦瑞麟不过刚一个小时，估计也就是警察刚刚处理完事情，吴卓志也算是见多识广的人了，什么买卖值得他那么兴奋？

"是啊，刚才足足销售出去一千三百万的珠宝首饰。老板，就是过年的时候，也没这么高的销售额啊。"

吴卓志笑得很开心，他除了年薪之外，在年底还有分红的，按照一年的销售总额，他也能拿个一百多万，也就是说，东西卖得越多，他赚得也越多，当然会高兴了。

"嗯？怎么回事？"

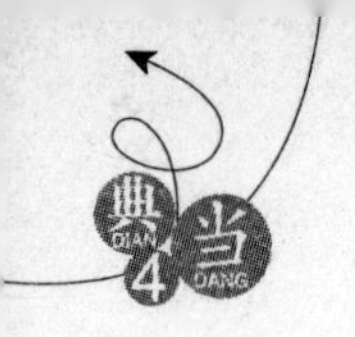

庄睿也吃了一惊，他刚才在店里看过报表，正常情况下，秦瑞麟一个月的销售额才九百万左右，今儿一天就卖了一千多万，还真算是个大买卖。

“老板，那还多亏了您的面子啊，刚才打发完几个阿 Sir 和 madan 之后，那几个年轻人就开始买起东西来了，店里最值钱的一些首饰珠宝，都被他们给买去了，还说以后会经常来，让咱们上一些高档的物件呢……”

吴卓志在社会上混了那么多年，当然很清楚这些年轻人买东西的用意，不外乎就是想巴结下庄睿，他也乐得传这个话。

就现在，那个带头和老板说话的年轻人还留在外面呢，刚才就数他出手最大方，一口气买了将近六百万的珠宝，吴卓志在说到这里的时候，有意加大了嗓门，故意讲给外面的人听。

杨波虽然年龄不大，但是为人很机警，在看到庄睿和这家店经理说话的态度，还有最后经理交给庄睿资料时，嘴中所喊的一声老板，心里就猜了个八九不离十，这家店十有八九是庄睿的。

杨波家里的公司做得也不小，但是他现在对庄睿，那可是高山仰止，别人不显山不露水的就有这么大的产业，比起自己这帮子整天四处招摇的人，那还真是强出不止一星半点。

不过知道这家店是庄睿的产业之后，杨波也动了心思，在应付完警察之后，马上动员几个哥们在店里买起了东西。他心里明白着呢，庄睿就认识他一人，以后知道了这事情，肯定会念着他几分好的。

要不然怎么说龙生龙凤生凤，老鼠的儿子会打洞，杨波这也是继承了他那会做生意的老妈的优良基因。

“哦，我知道了，开门做买卖，有人买你就卖啊……”

庄睿笑了笑，他没想到发生的冲突，居然还变相地给秦瑞麟带来一笔大生意。

不过细想一下，庄睿脸上的笑容就有些发苦，这些生意人的子女也都不简单啊，现在流行优雅行贿，如果真的认真起来，这些行为，勉强应该也能算得上了，他们给的不是自己面子，给的是自己外公那一族势力的面子。

“老板，还有一件事要请示下您……”庄睿正想挂电话，对面又响起吴卓志的声音。

“咱们店里的高档饰品，基本上都被这几人买光了，只是到年底还有一个销售旺季，您看咱们是从总部补货，还是您……”

庄睿听明白了，敢情这吴店长现在就开始利用起自己这关系来了，不过身为这家店的半个老板，多关心点也是无可厚非的。

想了一下之后，庄睿说道：“先从总部进一个月的货吧，钻石之类的珠宝多进一点，翡翠和软玉饰品少进一点，年底的时候我来想办法。”

庄睿这倒不是在说大话，他上次在平洲翡翠公盘上的时候，还花了三十八万拍了一

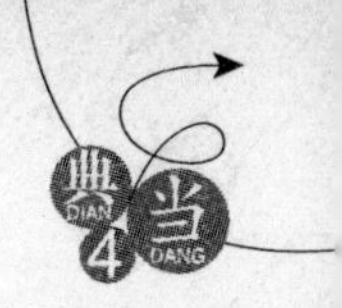

块玻璃种高绿的料子，只是一直没有时间给解出来，现在还扔在彭城别墅的地下室里呢。

那块料子虽然没有帝王绿那么值钱，但是打出来的饰品，比现在秦瑞麟里最好的翡翠饰品，档次都要高出一些。并且那块料子也不算小，打制出三五十件挂件和吊坠之类的物件，还是没有问题的。

实在不行的话，庄睿就准备把那些冰种的红翡首饰拿出来卖，该送的人都已经送了，庄睿那里还剩下了三十多个镯子、挂件和耳坠之类的小东西，价值也在千万以上，并且红翡首饰比较稀少，北京城其余的珠宝店估计都没有，也能成为秦瑞麟的一个特色产品。

不过这些都只能暂时救救急，要想让京城秦瑞麟这家店持续平稳地发展下去，就必须要有自己的供货渠道，如果一直都依靠秦氏珠宝来供货，那等于是把命脉掐在了别人手中。

虽然以两家结亲的关系，不可能出现故意断货的情况，但是万一秦氏珠宝日后本身也面临原料匮乏等窘境的话，那么京城店想必也会受到牵连。

“是不是要请个琢玉师傅坐镇，然后自己去赌翡翠，来供应店里的货源呢？”

庄睿挂上电话后，若有所思地站在全聚德大门口想了起来，如果是仅供这一家店的玉石翡翠饰品，罗江一人似乎就能胜任这份工作，这样就会少了两道中间环节，虽然要加上琢玉师傅的工资，但是节省下来的钱，绝对要比从秦氏珠宝拿货划算得多。

要知道，秦氏珠宝供货给庄睿，是要计算玉石翡翠的成本价格，还有设计加工这些环节所花费的开销。而庄睿通过赌石得来的翡翠，其成本价绝对要远低于秦氏珠宝的成本，另外像软玉，他也可以要玉王爷供货，毕竟一家店实在是用不了多少，庄睿相信玉王爷不会驳他这个面子的。

“庄睿，刚才谁打的电话，干吗一个人站这里发呆啊？”

秦萱冰的话打断了沉思中的庄睿，回过神来之后，庄睿说道：“是吴叔打来的，说了些店里的事情。萱冰，刚才有个想法，就是像钻石和祖母绿之类的珠宝，由你们家族总店来供货，但是软玉以及翡翠，我想自己去赌石，然后请琢玉师傅来打制，创出属于咱们自己的品牌……”

“你决定吧，要是感觉这店名不好，再换个也行，反正我也不会管理，更不懂财务，这些事情你拿主意就行了，不用和我商量的。咱们自己雕琢翡翠饰品也好，到时候我可以亲手设计……”

秦萱冰一脸温柔地看着庄睿，女人总是喜欢有事业心的男人，庄睿对自己这家店如此上心，秦萱冰心里还是很高兴的。

“对了，你们吃好了吧？我去买单，你看，把这事都给忘了……”请琢玉师傅这事，也是急不来的，再说这么大件事情，一定要先和秦浩然商量，否则刚接手这家店，就要求自己供货，难免让人有些想法。

“行了，我早就买过单了。咱们现在去哪？”

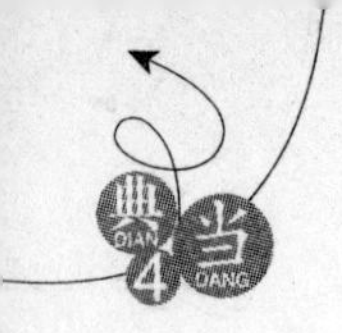

秦萱冰白了庄睿一眼，常听人说，男女吃饭，如果买单的是男人，那一定是恋爱关系，如果买单的是女人，那肯定就已经是夫妻了，自己可还没嫁给庄睿呢。

庄睿还未答话，小囡囡就跳了起来，嘴里嚷嚷道："我要去动物园，我要看大熊猫。"

"好，就带你去动物园看大熊猫……"

庄睿弯腰抱起了小家伙，对他和秦萱冰来说，只要两人在一起，去哪里都一样。

整个下午，三人都是在动物园度过的。小家伙来北京这么久，从来就没出来玩过，这下可玩疯了，等到坐上车回家的时候，已经躺在秦萱冰怀里睡着了。

"庄睿，听说回北京了？上次你让我找的保姆，我找好了，晚上有空吗？我把人带过去给你看看……"

庄睿还没到家，就接到了古云的电话，要是古云不说，他都差点忘了这事了，这几天外公住在这里，都是由警卫局配备的保姆和工作人员做饭，他们要是一走的话，庄睿还真得抓瞎。

"行，古哥，我马上到家，把人带来吧，还真得好好谢谢你，正好你弟妹也来了，晚上咱们喝一杯。"庄睿这四合院光是餐厅就有三四个，前面老爷子住着，自己用后院的餐厅招待客人就行。

"咦？人呢？"

庄睿从车库进入到四合院之后，上前迎接他的除了白狮之外，就没别人了，庄睿把秦萱冰怀里的小家伙送到床上之后，跑到前面的中院和门房一看，外公已经不在了，那些警卫也撤得干干净净，偌大的宅子里，就剩下他们三个人了。

"嘿，这说走还真走了啊……"

庄睿拿出电话打给母亲之后，才知道，外公他们已经搬回玉泉山了，欧阳婉也在那边住几天，明天她会让人把囡囡接过去，给庄睿和秦萱冰留个二人世界。

庄睿摇头苦笑，二人世界虽然不错，但是要自己动手做饭打扫卫生，就不怎么舒服了。不过还好古云等一会儿就要送保姆过来了。

"庄睿，我到了，来开门……"

过了大概半个多小时，古云也到了，庄睿打开大门，见他后面站着两个女人，年龄都不小了。

第四十章 一家人

“庄睿，给你介绍一下，这位是张妈，做得一手好饭菜；这位是李嫂，收拾起家务来，很勤快的。”

将几人让到前院之后，古云给庄睿做了介绍。那两位应该是做久了保姆的，对庄睿这大宅子虽然感到很惊奇，但是没有表现出什么不适当的举动来。

庄睿仔细打量了一下二人，张妈的年龄应该在五十岁上下，穿着很朴素，但是非常干净，整个人显得很利索。而李嫂的年龄也应该有四十了，两人长得都很面善，不像是难缠的主。

从面相上看，庄睿还是很满意的，想了一下，说道：“张妈，李嫂，我这院子虽然大，不过住的人不是很多。喏，古哥，那是我女朋友，你们喊她小秦就可以了。”

庄睿见秦萱冰也走了过来，连忙给古云介绍了一下，然后接着说道：“张妈每天做中午和晚上两顿饭就可以了，早点不用做，出去买点包子豆浆就成。李嫂的活也不多，就是收拾下屋子，上午去买点菜就可以了。至于院子的清洁工作，每个星期都会有固定的清洁公司来打扫的。你们看行不行？”

这年头，好保姆是非常紧俏的，不光是主家选保姆，保姆同样也要挑选主家的。张妈和李嫂进来之后，本来是感觉这院子太大，就两人恐怕伺候不过来，现在听庄睿这么一说，心就放下来了，如果真像庄睿说的那样，那还是比较轻松的。

“另外就是这里不允许带外人进来，如果两位同意的话，那今天就可以工作了。”庄睿想了一下，又补充了一条。他记得以前看那个《我爱我家》的情景喜剧时，里面的小保姆可是乱带人回家，给主家找了不少麻烦。

“这个我们知道的，不会带人来这里。可是，我们这被褥、换洗的衣服什么的，都还没带来呢。”张妈和李嫂虽然对庄睿所说的话没有异议，只是现在就上班，她们还没有思想准备，毕竟生活用品什么的，都没有带来。

“呵呵，那些没事，我先带你们看看住的地方吧。”

庄睿笑了笑，把她们带到了前院，推开一间房门，说道：“这里有独立的洗手间和淋浴

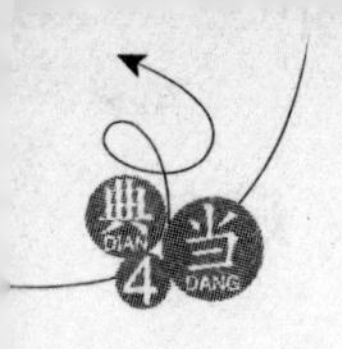

间,电视冰箱什么的也都有,被褥都是新的,你们不用从家里带了。”

张妈和李嫂一看这房间,哪里是保姆住的地方啊,宽敞的大三间,还有个客厅,里面沙发电视一应俱全,比起她们以前给人做保姆,住的一个小单间,不知道要强出多少倍了,连忙点头答应了下来。

“对了,工资是每人每月三千块钱,吃住全包,以后每年还会涨五百块钱,你们要是同意的话,我带你们去院子里熟悉一下。”庄睿在她们来之前,就和古云在电话里沟通过了,现在北京保姆的一般工资是一千至两千元之间,月嫂的价格要贵一点,自己开出三千的工资,应该是不算低了。

“同意,同意……”

张妈和李嫂听到庄睿的话后,都是满脸喜色,这工资可真是不算低了,并且以后每年都能涨,这样大方的主家,可是不多的。

“中院是客人住的地方,我和萱冰住在后院。对了,我母亲过几天会回来,到时候她也住在后院。这里是中院的餐厅,那是厨房,以后在这里做饭就可以了,今天咱们出去吃吧……”

庄睿带着几人把三个院子都看了一下,走到厨房的时候,他发现里面放了不少蔬菜,再拉开冰箱,里面居然塞得满满的,想必是外公住着的时候买的。

“老板,就不用出去吃了,晚上我做饭吧,很快的……”

张妈一看到这厨房就喜欢上了,又干净面积又大,她也是想露一手,让主家看看自己的手艺。

“张妈,今儿就不用了吧?咱们还是出去吃吧……”

庄睿今天将她们留下来,可没有让张妈现在就做饭的意思,只是觉得家里东西都齐全,这会儿天色也晚了,没必要往回赶。

“老板,没事,您喜欢吃什么口味的菜,快得很,一会儿就能做出来。”张妈已经开始洗手摘菜了,李嫂人也挺勤快的,上前帮起忙来。

“张妈,以后都在一起生活,别叫老板,喊我名字就行了……”庄睿听着老板这词,感觉有些刺耳,张妈比母亲也小不了几岁,他可当不起这称呼。

“那行,以后我们叫你庄先生吧……”

张妈干活的确挺麻利的,一边把冰箱里的鱼肉拿出来化冻,一边已经洗起青菜来了。

“老弟,今天我也留下来尝尝张妈的手艺,就让张妈做吧……”古云在一旁说道。

庄睿见状,只能作罢,道:“张妈,青菜做得淡一点,其他的菜稍微辣一点吧……”

秦萱冰不怎么吃肉的,南方人口味比较淡,而庄睿和古云特别能吃辣,所以庄睿特别交代了一下。

“行嘞,庄先生,您几位出去聊会儿天,一会儿就好了……”

庄睿看到这两人的动作和谈吐,也放下心来,以后母亲住在这里,一个人也不无聊,

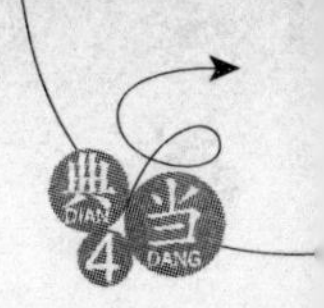

这张妈李嫂的年龄和她相差不多，平时正好能聊聊天。在距离院子不远的地方，有个小公园，早上也能结伴去跳个舞什么的，就算没有彭城的那帮老姐妹，母亲也不至于孤单了。

“古哥，这事真要谢谢您了，这要是让我自己去找，保证两眼一抹黑……”

回到中院的客厅坐下之后，庄睿拿出一包从欧阳军那里顺来的大熊猫，递给了古云。这宅子从里到外，可全靠了这位哥哥了。

“哎哟，这烟是好东西，行，算古哥没白帮你……”

古云没舍得抽，笑着把烟收了起来，说道：“张妈是老北京人，男人去世得早，她就靠着给人当保姆做饭，供儿子上大学的。做了快二十年了，中间只换过三个主家，要不是现在干的这一家出国了，那她也来不了，人很好相处的。

“这样的保姆可是最难找的，社会关系简单，人也本分，又是北京人，知根知底的，要不是那个家政公司的老板是我发小，张妈早就被人请去了。

“李嫂是河北人，距离北京也不远，也是守寡的，家里女儿已经嫁出去了，没什么负担，人很勤快，这俩人你用着，保准放心。”

古云把张妈和李嫂的情况大致和庄睿介绍了一下，然后从包里拿出两份合同，交给了庄睿，道：“按照家政公司的要求，你这钱是要付给家政公司，并且还要买家庭保险的，不过这俩人的关系，我从家政公司要出来了，你直接给她们开工资就行了。这里有她们的身份证复印件和在北京的担保人，不怕出事的。”

“古哥，这真是太谢谢您了。”

这请保姆，其实是件很头疼的事情，有的保姆好吃懒做，有的手脚不干净，一个不慎，就会给家里造成损失。这也是庄睿装修好房子之后，一直没请保姆的原因，看到古云想得那么周到，庄睿这心里真是感激得很。

“没事，啥时候和弟妹结婚，摆酒的时候，记着招呼声古哥就行了。”

古云笑着拍了拍庄睿的肩膀。看到秦萱冰之后，他也不禁暗叹这小子有艳福，整个一大美人啊，最难得的是话还不多，跟在庄睿身后，很是给他长面子，比起一些恨不得能当老公整个家的北京老娘们来，那可是强多了。

“那是一定的，古哥。不好意思，我接个电话。”正说话间，庄睿口袋里的手机忽然响了起来，连忙向古云告了个罪，拿起手机走到门外接了起来。

“小睿，我听小姑说，你在四合院了？我马上过去，晚上咱们一起出去吃饭。”电话里传来欧阳磊的声音。

“是磊哥吧，不用出去吃饭了，您过来吧，今儿刚好请了保姆，正在做饭呢。对了，嫂子也来吗?”庄睿一听欧阳磊要来，正好把他介绍给古云，别人帮了自己这么多忙，介绍下家人给他认识，也是应该的。

“你嫂子没来，我带了个人过去，等会儿见面再说吧。”欧阳磊似乎正在车上，没多说就把电话挂断了。

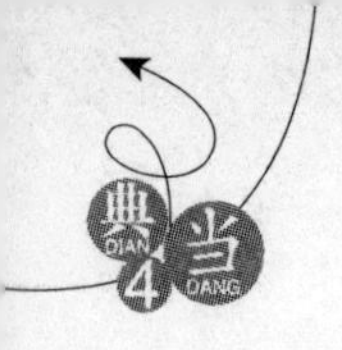

庄睿连忙跑到厨房,让张妈多煮一点饭,这当兵的可都是大肚汉啊。

“庄先生,秦小姐,来吃饭啦。”

过了半个多小时,李嫂从厨房里走出来,招呼庄睿等人去吃饭,在餐厅的那张长形餐桌上,已经摆满了菜,庄睿看了一下,好家伙,这一会儿的工夫,张妈就整出了十来道菜,鸡鸭鱼肉样样俱全,一股香味扑鼻而来。

“咱们再等下,我表哥马上过来。对了,萱冰,喊囡囡起床吧,一起来吃饭。”

庄睿话声刚落,外面就响起了门铃声,他知道应该是欧阳磊来了,就让古云先坐下,他去开门。

“我今儿是来看弟妹的,听小军说,弟妹长得那叫一个漂亮啊。”

刚进大门,欧阳磊就嚷嚷了起来,手里居然还拎着两瓶茅台酒,在他身后,跟着一个穿着军装,但是没有领衔的年轻人。

这人的年龄和庄睿差不多,身材要比庄睿稍矮一点,但是看起来很精干,这九月份的天,只穿了件夏常服,站在欧阳磊身后也不说话,腰杆挺得笔直。

“对了,我给你介绍下,这是郝龙,是我以前的兵,以后就跟你混了,可不能亏待他啊。”欧阳磊把酒交到庄睿手上,这才回身给庄睿介绍了身后的那个人。

“首长好!”

郝龙“啪”的一个立正,给庄睿敬了个标准的军礼,让没有准备的庄睿吓了一跳,条件反射地就想举着酒瓶子回个礼,看得欧阳磊哈哈大笑了起来。

欧阳磊摇了摇头,示意郝龙将手放下,说道:“行了,小郝,你已经不是军人了,以后好好跟着庄睿,也能混个出人头地。记住,咱们特种师出来的兵,没有一个孬种!”

“是,老师长,我一定不会丢特种师的人。”

郝龙说话的时候,声音有些低沉,欧阳磊的话让他有点伤感,他从十七岁就进入部队,到今天整整在部队里待了十一年,现在要脱下这身军装,心中极为不舍。

“行了,磊哥,到家里就别摆师长的架子了,饭菜都准备好了,就等着你的酒呢。”庄睿看到气氛有些沉重,连忙扬了扬酒瓶子,把话题给岔开了。

“先不急,小郝,你来门房看下,这些设备你都会用吧?”

欧阳磊摆了摆手,他不知道庄睿另外还有客人,就想让郝龙熟悉下环境,一边说话一边把门房的门给推开了。

“这……这些东西是从哪里来的啊?”

庄睿发现,在自己家的门房里,居然放着四台显示器,上面所显示的,是自己那四面高高的围墙,庄睿有点莫名其妙,自己这院子,似乎没有装这些东西啊。

“老爷子住着,警卫局给装的,他们走的时候,老爷子没让拆,算是便宜你小子了。小郝,这个是红外线报警灯,如果有人翻越墙头,这盏灯在闪亮的同时,就会报警。”欧阳磊笑着给庄睿解答了一下,紧接着给郝龙介绍了起来。

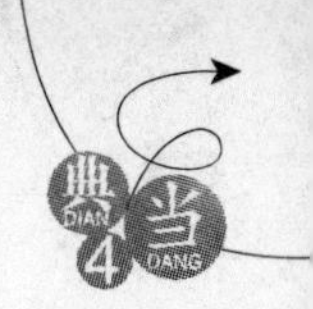

要说庄睿这次还真是沾了不少便宜，这些警卫装置，都是极其先进的，只要待在门口这个房间，就可以掌握整个四合院外围的情况。原本这些设备都是要回收的，不过老爷子发话，就便宜庄睿了。

"磊哥，我今儿还有客人的，别让人久等了，咱们先去吃饭吧。"

庄睿看这些仪器挺复杂的，怕郝龙一时半会儿搞不明白，那边古云还在等着，怠慢了也是不好。

"哦？那咱们先去吃饭，反正小郝你也有过这方面的培训，回头自己摸索吧。"欧阳磊一听有客人，也就停住了话头。

郝龙以前给欧阳磊做警卫的时候，哪儿和领导一起吃过饭啊，心里有些紧张，连忙说道："师长，庄老板，我就不去了，我和司机一起去吃点就行了。"

"不用，小王已经把车开走吃饭去了，晚点才会来接我。你小子怎么就这么大点胆啊？敢去边境……就不敢和我吃顿饭吗？"

欧阳磊话说了一半的时候，看了眼庄睿，没有继续说下去，伸手在郝龙胸口锤了一拳，带头向中院走去。

庄睿看到郝龙有些拘谨，说道："郝哥，来吧，别客气，到这就和到家里一样的。"

"庄老板，这……"

"别叫老板，叫我名字吧……"

庄睿拉了一把郝龙，让他走在自己前面。

等在餐厅里的秦萱冰等人，一见进来了个将军，纷纷站起身来，庄睿给大家做了介绍之后，就开始入席了。

只是张妈和李嫂，说什么都不愿意与主家在一张桌子上吃饭，搞得郝龙也站起身来，说是要去厨房吃。

"张妈，李嫂，还有郝哥，听我说几句话，然后你们再作决定好不好？"

庄睿看到这般情形，站起身来，将几人拦住，说道："虽然咱们之间，是雇佣关系，但是咱们都是一样的人。

"张妈的年龄，和我母亲差不了几岁，也是长辈，值得我们尊重的。同样，我也希望李嫂和郝哥，都能在这里长期干下去，大家像一家人一般相处，所以，以后吃饭，大家都在一起。张妈，你们都坐下吧……"

庄睿本身就是草根出身，能有现在的成就，全凭借着眼中的异能，他并没有一般家族中主人和佣人的观念，即使是自己花钱请来的人，庄睿也不希望看到张妈等人躲到厨房里去吃饭，那样庄睿会心中不安的。

"张奶奶，坐下吃饭吧，囡囡都饿了……"

小家伙被秦萱冰抱来之后，一口一个奶奶叫得很亲热，这会儿她幼稚的话语，却是如同一阵暖流，让张妈和李嫂感觉到一阵温暖，她们知道，自己找了个好主家，原本一直有

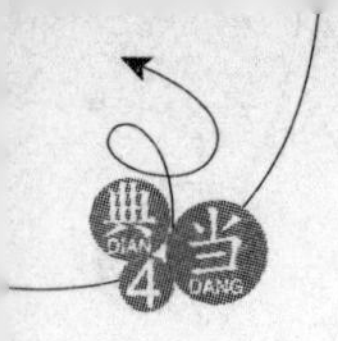

些忐忑的心，也彻底放了下来。

"小郝，坐下，吃饭！"

欧阳磊更干脆，从嘴里迸出了三个词，就让郝龙老老实实地坐下了。

"来，咱们尝尝张妈和李嫂的手艺。古哥，咱们就不用客气了，这是磊哥拿来的特供茅台，今天你多喝点……"

庄睿见到张妈和李嫂都坐下之后，率先拿起了筷子，招呼众人开始吃饭。

还别说，张妈的手艺真是不差，这短短不到一个小时时间做出来的菜，色香味俱佳，尤其是那辣子鸡，就是不怎么吃辣的秦萱冰，都吃得津津有味，小囡囡更是吃得一边喊辣，一边还让庄睿给她夹菜。

张妈和李嫂吃饭比较快，吃完之后就去收拾自己和郝龙今天住的房间去了。而郝龙是滴酒不沾，扒了两碗米饭之后，也回门房去摆弄那些防盗报警设备了。留下庄睿三人喝着酒闲聊，旁边还有个小家伙时不时地来捣蛋，秦萱冰看不过眼，最后将囡囡抱到后院去看动画片了。

古云本身是大学老师，现在又混迹在生意场中，谈吐能雅能俗，和欧阳磊也挺聊得来的，没多大工夫，一瓶茅台已经是见底了。

"小睿，郝龙这小子身手不错，曾经立过一次二等功，而且去边境执行过任务，你可别亏待了他啊……"

欧阳磊端起酒杯，和古云碰了一下之后，回头交代了庄睿一句。

"磊哥，把心放肚子里吧，你带来的人，我肯定放心，待遇也差不了。这样吧，开始先五千块钱一个月，等以后再加，你看成吗？"

这安保人员，首先就是要信得过，因为自己这一家子，可是全交到安保手上了。要是遇到个心术不正的，带一帮子人把这宅子给洗劫了，就这深宅大院的，恐怕三五天的外面都不会知道。

"成，回头这事你和他去谈吧……"

欧阳磊点了点头。郝龙是农村户口，退伍回家的话，连工作都不见得能分配，庄睿给出的工资不算低，虽然并不能使郝龙在北京买得起房子，但是干个几年回到家乡之后，手上还是能有一笔钱的。

三人把两瓶茅台都喝完之后，欧阳磊就回去了，古云喝得有点多，让庄睿留在客房里睡了。张妈和李嫂麻利地将餐厅收拾了一下，然后回前院去了，她们的房间里都有有线电视和空调，很容易打发时间的。

"郝哥，张妈在前院给你收拾了间屋子，今天你刚到，别忙活了，先去洗个澡睡下吧……"

庄睿走到门房，见到郝龙坐在监控器旁，正看着围墙的几个死角，神情很专注。其实这些监控器的作用并不是很大，并不需要时时盯着，重要是那个红外线报警装置，一旦有

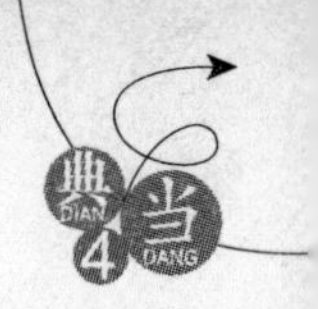

外物从围墙上面翻过，那东西就会自动报警的。

“庄老板，没事，这里有床，我晚上就在这里睡吧……”

郝龙见到庄睿进来，连忙站了起来，从部队到地方，他心里还是有些不适应。

庄睿摆摆手，说道：“别叫老板，叫我名字吧。这里一般没什么事，郝哥你回去睡……”

“那我还是叫你庄先生吧。真的没事，这里有空调，又不冷，我在这里挺好的，老板你去休息吧……”

郝龙文化程度比较低，只上到初中毕业，虽然军事素质过硬，并且执行过好几次边境缉毒行动，但是现在国家要求建设现代化军队，他到了二级士官以后，就没能继续签合同。

郝龙原本以为要回农村老家种地的，没想到当年的老领导把他给召到了北京，安排了这份工作，在郝龙心里，对这份工作是异常珍惜，也格外上心。

“那也要先洗个澡再过来啊，明天我让人在这里装个电视，没事你就看看电视，你要会用电脑的话，我也让人送一个过来……”

庄睿顿了一下，接着说道：“磊哥可能没给你说这里的待遇，前面三个月，你的工资是五千块钱一个月，吃住全包，后面咱们再说。只要你愿意在这儿干，以后就是找个北京媳妇买套房子，也不是什么大事。你看这样行吗？要是嫌钱少，你就提出来，没有关系的……”

想要别人真心实意地给你干活，不下点本钱是不行的，虽然郝龙是欧阳磊介绍来的，但是你待遇给的不高，别人未必就真的愿意留下来。

“行，行，不少了，真的不少了，谢谢，谢谢庄先生……”

郝龙听到这份工资待遇之后，神情微微有些激动，他是家里的长子，下面还有个弟弟，已经成家了，由于他在外面当兵，弟弟要奉养父母，就没有出去打工，靠着他在部队的津贴和种地的收入生活，很是清贫，家里一年的收入不过万把块钱，眼下听到自己一个月就有五千，心中着实吃了一惊。

要知道，在他们村子里的那些年轻人，出去打工一个月才赚千把块钱，还累得要死，自己这里包吃包住，等于是每月都能存下来五千块，一年那可就是六万啊。

此时郝龙心里，是打定了主意，只要庄睿不让自己杀人放火，他就把这条命卖给庄睿了。他文化程度虽然不高，但是“士为知己者死”这句话，还是知道的。

要不然怎么说财帛动人心啊，从古到今，一分钱难倒英雄汉的事例数不胜数啊。

和郝龙谈过话后，庄睿也算是放下了心，保姆有了，安保也有了，并且从这几个小时的接触来看，人品都很不错，这样即使自己日后外出，家里也能放下心了，这让他的心情非常的愉快。

“舅舅让开，不要和你睡，囡囡要和香香睡。”

只是回到了后院之后，庄睿的心情就变得糟糕了，没有跟在外婆身边的小囡囡，非要抱着舅妈才肯睡觉，一双小胖手，使劲把庄睿往床下面推。

“香香？香香是谁啊？”

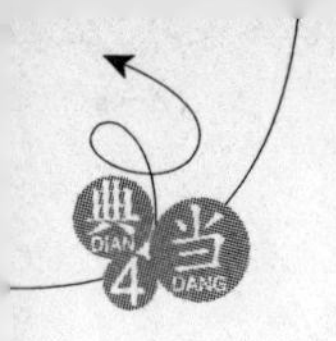

庄睿对儿童的语言表示无法理解。

“香香是就舅妈啊，舅舅就是臭臭，喝了酒难闻死了。”囡囡的话让庄睿大汗，舅舅也想抱着香香舅妈睡觉啊。

“囡囡，你都是大姑娘了，要自己睡觉才对啊，明天舅舅去给你买芭比娃娃好不好？可以换衣服的那种。”庄睿开始利诱小孩子了，听得一旁的秦萱冰直翻白眼，才三岁的小丫头，到了庄睿嘴里就变成大姑娘了，自己以前怎么没发现他这么无耻啊。

小丫头咬着手指头，想了一会儿，眼中闪过一丝狡黠的神情，说道：“好，囡囡要芭比娃娃。”

庄睿大喜，正要把小家伙抱到这间屋子的另外一个卧室的时候，忽然又听到小丫头说道：“舅舅比囡囡大，舅舅是大人，也应该一个人睡，所以囡囡还是睡在这里。”

“行了，没事和个孩子争什么，瞧你那没出息的样子。”秦萱冰实在看不过眼了，把死赖在床边不走的庄睿，给推了下去。

在和小家伙作了一番斗争之后，庄睿无奈地屈服了，去浴室洗了个澡，然后自己跑到另外一个房间孤枕难眠去了。

第四十一章　自琢自销

第二天起床之后，庄睿把小囡囡交给张妈带，自己和秦萱冰开车去接秦浩然夫妇了，他们两口子花了一天时间处理完香港的事务后，就忙着来北京见亲家了。

来接机的不仅是庄睿与秦萱冰，吴卓志也开了个车赶到机场，他昨天接到电话，说是要让他协助总部来的律师和财务人员，办理下秦瑞麟北京分店的过户转让手续。

“秦叔叔，方阿姨……”

临近中午的时候，庄睿看到秦浩然夫妇从出口处走了出来，连忙迎了上去，接过二人手中的箱子。在他们身后，还站着两个人，庄睿向二人点了点头。

“呵呵，小庄来了，北京还真是有点冷啊……”

秦浩然夫妇在下飞机的时候，就加了衣服，这会儿还是感觉到一丝寒意。

“秦董，是先去店里，还是先找酒店住下?”吴卓志也迎了上来。

“不用，你带他们两人去办理北京店的手续吧，我们和小庄走就行了……”秦浩然两口子也是想见识下庄睿的四合院，当下就作出了安排。

离开机场之后，庄睿并没有带秦浩然夫妇去四合院，而是直接驶往玉泉山，母亲住在那里，要是不在第一时间接待，那也是有些失礼的。

秦浩然夫妻对这安排当然是没有异议了，要知道，欧阳老爷子现在是深居简出，就是香港的一些老朋友来北京，都很难见得到他。

到了玉泉山之后，庄母已经是安排了一桌酒菜来招待秦浩然夫妻，老爷子虽然只出现了一会儿，问了几句香港的一些老朋友的情况就离开了，但是这已经让秦浩然夫妇非常满意了。在玉泉山吃过午饭之后，包括欧阳婉在内，一行人随同庄睿回到了四合院。

对于这栋完全依照清康熙年间图纸建造的建筑物，秦浩然和方怡看得赞不绝口，尤其这里地处北京城的中心地段，更是难能可贵。再看到院子里那荷叶满塘的花园，两口子要不是事务繁忙，都想在这里长住一段时间了。

“秦叔叔，我可没别的意思啊，就是感觉现在翡翠和软玉的原料市场比较紧张，我这边自己供货，也能减轻一些总部的压力，并且黄金和钻石类的饰品，还是要依仗总部供货的，您千万别多想……”

在参观了一番四合院之后，欧阳婉与方怡还有秦萱冰几个女人，去房间里聊天了，而庄睿则是端了一套用炭火烧煮的茶具，坐在花园池塘上的凉亭里，和秦浩然谈起了珠宝店的事情。

“嗯，你的意思我知道，咱们现在都是一家人，客气的话就不用多说了，秦氏珠宝软玉原料的问题能解决，这还要多谢谢你呢。不过翡翠原料一直都是很紧缺的，你如果自己就能供给京城秦瑞麟的货源，那对我们而言也是一件好事。

“但是你手上的翡翠原料，应该不足以让秦瑞麟支撑几个月吧？后面原料用完了，你打算怎么办呢？”

虽然说现在做生意，是讲究渠道为王，国内的珠宝市场都掌握在几家大的珠宝公司手上，但是如果面临原料货物匮乏的局面，那么即使你渠道做得再好，无货可卖，还是会被别的公司抢走市场份额的。

秦浩然也是怕庄睿年轻气盛，不想依仗秦氏珠宝，但是万一面临这种局面，那么京城秦瑞麟店五六年打下的基础，说不定就会一朝付之东流，这是他绝对不希望见到的事情。

庄睿沉吟了一会儿，看到水烧开了，连忙给秦浩然冲泡了一杯茶，说道：“我看了下秦瑞麟的资料，高端极品的翡翠饰品，销量只占到翡翠饰品总量的百分之八左右，虽然这百分之八的销售额，比另外百分之九十二还要高出许多，但是所损耗的翡翠原料，并不是很多。

“我手上还有一块玻璃种高绿的翡翠料子，另外还有一批冰种红翡成品饰品，都算得上是极品翡翠了，这批高端饰品应该可以撑到明年六七月份，就目前而言，倒是那些适于大众消费者的翡翠饰品有缺口……”

其实一家珠宝店，赖以生存和赚取利润最大的，虽然都是那些极品珠宝，但是几百块上千元的小物件，也是不可忽视的，那是一家珠宝店的基础。

“哦，那你准备怎么解决这个问题？”

秦浩然没想到自己的这位准女婿，手上还有好货。他知道，庄睿在平洲赌涨了的那块翡翠，可是一块没留全部都卖了出去。

“明年一月，缅甸仰光翡翠公盘！”庄睿给出了自己的答案。

“罗师傅，你看这个地方怎么样？还有需要改造的地方，你提出来，我让人尽快改好……”

在彭城市312国道4S奥迪汽车专卖店旁的汽车美容中心，庄睿带着扬州雕工罗江，正在一个被隔成四十多平方米的工作间里，原本放在庄睿车库里的那些机器，现在都搬到这里来了。

距离秦浩然夫妻离开北京，已经过去了近两个月的时间，秦萱冰也早已返回英国，继

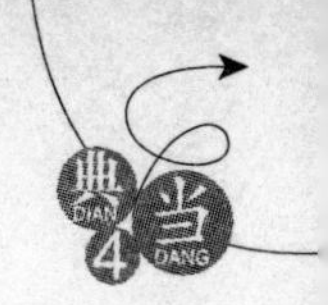

续她没有完成的订单，平时通过电脑的聊天工具和庄睿倾吐相思之苦。

庄睿这段时间也没闲着，除了复习功课准备一月份研究生的初考之外，他把精力都投入到了秦瑞麟京城店里，家里的那些红翡饰品，都被他拿到秦瑞麟去销售了。

只是庄睿没想到的是，这批翡翠饰品上市之后，反响出乎意料的好，原本以为能撑到年底的，没想到这才短短两个月，就几乎销售告罄，尤其是红翡手镯，虽然一只的售价高达百万元，但还是备受追捧，现在店里只剩下了最后三副，要不是吴卓志果断地将其下架，恐怕是一副都留不下来了。

红翡的大卖，也带动了店里其他高档翡翠的热卖，两个月的营业额居然突破了五千万，但是由此带来的弊端是，价值在三十万以上的高端饰品，几乎都快要断货了，这也逼得庄睿又返回彭城，将那块玻璃种高绿的料子，给解了出来。

但是让庄睿尴尬的是，有了原料，他却没有雕工师傅，他和罗江联系了多次，开始的时候，罗江一直不愿意放弃现在任职的那家珠宝公司的工作，直到庄睿将年薪开到两百万之后，罗江才松口答应了下来。

不过这一来一去，加上罗江辞职的时间，就耽误了将近半个月，庄睿在此之前，就把罗江的工作地点给安排好了，他们的琢玉加工厂，并非是在北京，而是放在了彭城。

庄睿是有着自己的考虑的，北京那地方，想在市区租个厂房，那完全是不可能的，如果在住宅楼里雕琢物件，肯定会影响到别人的休息。

当然，四合院倒是可以，只是庄睿不愿意把工作上的事情放到家里，而且老爷子也时不时地会去住几天。想来想去，庄睿还是决定让罗江就在彭城琢玉。

赵国栋谈的4S奥迪专卖店，已经开始营业了，全部用钢结构建造的店面，外面是一溜落地玻璃窗，高达十多米的专卖店，矗立在国道与高速路口，颇为显眼。

由于欧阳军的关系，奥迪方面给了赵国栋很大的优惠，前期就铺了一百多辆车的现货，总价值近三千万。

虽然庄睿现在有钱，但是能铺货自然是好的，没理由不要啊，现在做生意，没几个从自己腰包往外掏钱的，摊子铺的越大，银行里欠的钱越多，这叫虱子多了不痒。庄睿自然是懂得这个道理的。

专卖店开业不过十多天，生意很是不错，已经卖出去五十多辆现车，营业额突破了千万，有好几款车型已经断货了。奥迪中国公司也没想到彭城的消费力如此之强，第二批车正发往彭城，当然，这一批就不属于铺货范围内的了，车款要按照正常手续来结算了。

在4S专卖店的旁边，还留下一个厂房，赵国栋干脆就将其改为汽车美容中心了，庄睿从里面要了一块四十多平方米的空间，作为了罗江的琢玉车间。

“地方不错，透光性也强，可以了，就这里吧……”

罗江在这工作室里转了一圈，查看了下从庄睿住处搬来的机器，心中很满意。他本身就是彭城人，在外面也待了十多年了，现在庄睿愿意出高薪请他回来工作，罗江也是愿

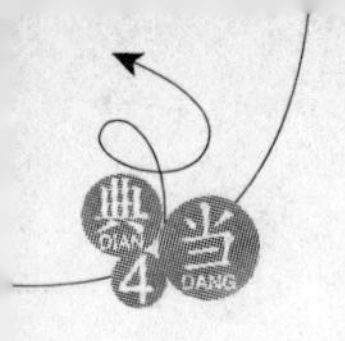

意回到家乡的。

这次罗江回来，还带了两个徒弟，当然，徒弟的工资也是算在他两百万年薪里面的，至于给他们多少，就是罗江自己说了算。

“行，那这里的事情就拜托罗师傅了，最近急需一批高档饰品，你们几位就多受点累了……”

本来庄睿是想让罗江住到自己的别墅去，每天和赵国栋一起上下班的，只是罗江在彭城有房子，自己也有车，也就算了。不过每天他需要雕琢的玉料，都会由赵国栋从保险箱里取出来交给他，然后晚上再将雕出的成品收回到保险箱里。

这个流程也是罗江提出来的，庄睿给的待遇很丰厚，他自然也要让庄睿安心才是。

“成，庄老板您就放心吧，最多一个星期，我保证能出三十件成品。”

带了两个徒弟，罗江拍着胸脯说道。虽然这俩徒弟雕工还不行，但是像抛光上蜡这些事情，交给他们还是可以的，这样罗江就能完全投入进去，效率自然会大大提高了。

“有罗师傅这话，我就放心了。”

庄睿见都安排好了，告辞了罗江师徒后，走到赵国栋在奥迪专卖店的办公室。

“我说姐夫，你现在大小也是个老板了，怎么还亲自往车底下钻啊？”

庄睿在4S店坐了足足有半个小时，才看到赵国栋满身油污地走了进来。不用问，刚才接电话的时候，肯定是待在汽修厂了，两个厂子距离不远，开车也就十几分钟，赵国栋现在是两边跑。

“嘿嘿，看到有个车的毛病，他们都检查不出来，我这一手痒，就上去了……”

赵国栋憨厚地笑了笑，去到洗手间洗了一下，然后把工作服换掉，这才走了出来。

这也是庄睿最欣赏赵国栋的一点，不管有钱没钱，他始终都是那么质朴，也不会因为当了老板，就和徒弟们拿架子，所以现在汽修厂发展得极好。而专卖店这边，则是请了个职业经理人，赵国栋挂名任副董事长罢了。

董事长？自然是庄睿了，所有的钱都是他出的，即使他不愿意要这头衔，赵国栋也不答应不是。

“小睿，你这次回来，怎么也不把囡囡带来，我都快两个月没见女儿了。”

赵国栋一边拿着毛巾擦着手，一边对庄睿抱怨道。庄敏倒是时不时地去趟北京看看女儿，而他这段时间忙着4S汽车专卖店的事情，压根就没有时间，心里对女儿也是想得慌。

“过两天咱们一起去北京吧，你这边的事情处理得也差不多了。对了，你找个信得过的人，每天把那些翡翠原料交给罗江他们，这事儿可是不能耽误。”

欧阳军下个星期就要结婚了，还有四五天的时间，到时候赵国栋肯定要去的，只是每天登记翡翠原料和成品的事情，必须要找自己人才行。

“这事……要不，让大川过来帮几天忙，你看成不？”赵国栋想了一下，手头还真没这

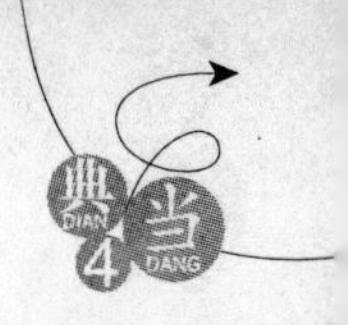

样的人。

自己家里人倒是都能信得过，但是赵国栋从来没让他们参与到汽修厂和4S店里来。他虽然不懂得什么叫做家族企业，不过赵国栋知道，一个公司里面家里人多了，是很难管理的，所以尽管他给了家里不少钱，但是却没有放一个家里人进来工作。

“大川？他肯定不行，这小子最近在香港呢，他月底就要结婚办酒，忙得都不知道姓啥了……”

庄睿想了一下，掏出手机，说道：“这样吧，我叫周哥过来帮忙，每天来回多跑几趟吧……”

要说能让庄睿信得过的人，周瑞绝对算是一个，而且现在已经是十一月份了，藏獒马上就要开始进入交配期，这獒园大半年的努力，就在此一举了。仁青措姆前几天也从西藏赶了过来，有他在，周瑞也能轻松不少。

果然，庄睿在电话里把这事一说，周瑞就满口答应了下来，并且马上从獒园驱车赶来，赵国栋现场开启保险箱给周瑞演示了一遍，然后把保险箱的钥匙以及密码都交给了他。

很久没见仁青措姆大哥了，庄睿干脆买了两只活羊，拉到了獒园，当天晚上在獒园搞了个篝火晚宴，在被周瑞送回别墅的时候，庄睿已经是喝高了，这藏民的酒量，还真不是吹出来的。

十一月份的彭城，已经是寒风萧索，马路两旁的树木，也变得光秃秃的了，只是在庄睿所住的云龙山庄里，那些人工种植的防寒草坪，使得山庄内依然是春色如故。

庄睿找了专业公司，给园中所种植的热带乔木都穿上了衣服，在树干上缠绕了一层层的东西，以保证在冬天依然可以活得很好，并且绿意盎然。

冬天这季节，人比较容易困乏，庄睿这会儿即使嘴唇干得都要裂开，也想多睡一会儿，只是不知道在哪里响起的手机铃声，将他的美梦给搅和了，找了半天，才在地上的裤兜里，把手机翻了出来。

屋里有中央空调，一直是二十七度的恒温，庄睿穿着条短裤，跑到冰箱里拿了瓶饮料，然后又钻进被窝，这才按下了接听键。

“我说你小子在干吗啊？是不是弟妹走了，你在外面乱来了呀？”

欧阳军不满的声音从电话里传来，这一早上打了庄睿好几次电话，直到现在才接，他哪知道，庄睿要不是口干舌燥得睡不着，指定连这个电话铃声都听不到。

“四哥，扰人清梦是不好的，现在才几点啊，你这么早打电话，嫂子没意见吗？”

庄睿一边说话，一边拿起床头的遥控器，将屋顶可以自动控制的挡板给打开了，顿时一缕阳光照到脸上，让庄睿的眼睛稍稍眯了起来，敢情这时间似乎不早了啊。

果然，庄睿话声刚落，欧阳军就喊了起来：“几点？快中午十二点了，你小子昨儿肯定是去鬼混了……”

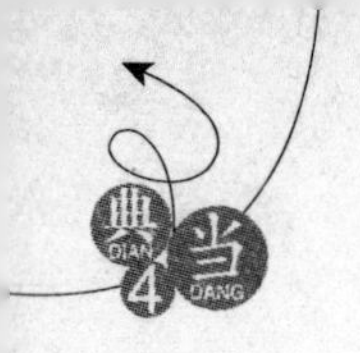

“四哥,有事说事,咱现在还是未婚的大好青年,想干吗就干吗,不比那些领了证的准新郎,出去喝个小酒还要老婆批准……”

庄睿喝了口饮料,缓解了下快要冒烟的喉咙,在电话里和欧阳军贫了起来。其实欧阳军并没有他说的那么不堪,大明星虽然魅力不小,但是要拴住欧阳军,那还是力有不逮,她也是放羊式管理,爱去哪去哪,只要晚上回家睡觉就行了。

“滚一边去,成心气我是吧?你四哥是那样的人吗?话说我让你嫂子往东,她不敢西,我让她……”

“得,得,打住啊,四哥,有什么事您直接说,我还想睡会儿呢,昨天陪着西藏的客人喝多了……”

被这冬日的太阳一晒,庄睿的困意还真是上来了,大冬天的还有什么事比在暖烘烘的被窝里面睡觉舒服啊。

还有一点就是,欧阳军这响应国家晚婚晚育号召的大龄青年,最近似乎患上点结婚综合症,逮住个人那话就磨叽个没完。庄睿前段时间在北京的时候,没少被他烦,这都跑到彭城了,电话居然还能追过来。

“你小子不是想淘弄点古玩吗?最近西城那边拆迁,听说掏出来不少好东西,你要是能赶回来,就去看看吧,晚了可就没你什么事了……”

欧阳军悻悻地说,他也知道自己这段时间话有点多,可这也是分人的啊,欧阳四哥要不是看得起你,那还懒得和你说话呢。这四九城里想听自己啰唆的人,都能排出个几百米的长队来。

“真的?四哥,不是想把我骗回去请你喝酒吧?”

庄睿一听是这事,马上来了精神,他嫌自己那收藏室太空旷,一直都想淘弄点好物件充实进去。另外他也想整几件真的老黄花梨或者是红木的家具,那样才配得上他那老宅子,也能使那宅子显得更有底蕴一些。

只是去了几次潘家园和琉璃厂,运气都不怎么样,虽然有几件不错的东西,但那都是摊主或者店铺里钓鱼用的,让庄睿碰了一鼻子的灰。黄花梨和老红木的家具倒是不少,但是别人一张嘴就是三五百万,庄睿再有钱,也不会做这冤大头啊。

他以前在欧阳军会所见过那个屏风,后来在京城的那次黑市上也碰到了欧阳军,知道欧阳军也认识这方面的人,于是就给他打了个招呼,让他帮自己留心一点。当然,像上次那样的黑市,就不用再通知自己了,那整个就是一新兵训练营,去的全是交学费的。

“滚犊子,四哥我想喝酒,请客的人能从前门大街排到玉泉山,还用得着你小子啊?话我给你说了,来不来就随你了……”

欧阳军笑骂了一句之后,挂上了电话。还别说,他真想找庄睿喝酒,像他现在在外面,看着是挺风光的,不过活得也累,见人只能说个三分话,喝酒也要留个心眼,生怕喝多了。哪有和自家兄弟坐一起打个边炉喝着小酒开心啊。

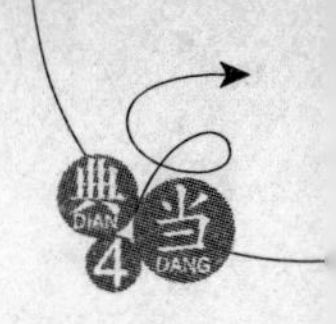

挂断电话之后，庄睿躺在床上想了想，彭城这边的事情基本上都已经处理好了，4S奥迪专卖店，有姐夫请来的职业经理人，汽修厂那边也有小四等人盯着，赵国栋应该也能走开了。

“喂，姐夫，收拾下，咱们今儿就去北京……”

至于自己的玉器加工车间，交给罗江打理他也很放心，更何况有周瑞把关，想必不会出什么岔子的，于是拨通了赵国栋的电话。

“今天就走？你不是说要等两天的吗？”昨儿还说得好好的，庄睿打算在彭城待两天，等刘川回来之后见一面再走，赵国栋不明白庄睿怎么今天就变卦了。

“我想外甥女了，不行啊？你走不走，你要是不走，我自个坐动车组去。”庄睿当然不肯说自己回北京是淘弄物件去的，他知道，只要扯上小囡囡，赵国栋指定放下手头的活跟他走。

“行，行，这就走，我没啥收拾的，你姐已经去北京好几天了，回头咱们火车站见吧……”

一听庄睿提到女儿，赵国栋实在是想得慌，只是自己太忙，没有时间带，加上丈母娘又心疼外孙女，就一直扔在北京放羊了。这会儿听庄睿一说，他比庄睿还着急了，喊了徒弟开车就直奔火车站。

庄睿却是没有那么快，起床洗漱了之后，拿出一个不怎么起眼的背包，来到地下室里。原本放满了首饰盒的那个架子，现在已经变得空荡荡了，上面只有三个稍大一点的盒子，另外还有十多个小的首饰盒。

除了已经交到母亲手上，准备送给外婆的血玉镯子，还有送给秦萱冰的那只镯子之外，这是那块红翡料子仅剩下来的几个饰品了，当然，也是最值钱的，这三副镯子与挂件耳环之类的物件，价值最少在五千万人民币以上。

庄睿想着以后几年，都在北京上学和生活，就打算将这些东西都带到北京去，这样可遇而不可求的血玉手镯，庄睿可是舍不得卖的，留着等外甥女长大了，给她当嫁妆也不错啊，话说自己有了儿子，也能留给媳妇当传家宝啊。

庄睿一边胡思乱想傻笑着，一边将这些宝贝收到了背包里，关上别墅的门窗之后，出门打了个车，直奔火车站而去。

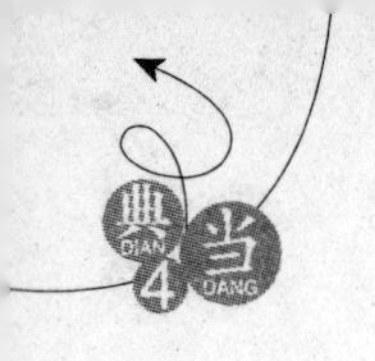

第四十二章 收藏大鳄

自从增加了动车组之后，从彭城到北京，也就是短短四五个小时。

到了北京西站，不过是下午五点多钟，庄睿和赵国栋打了个车来到四合院，正好赶上吃饭。只是欧阳军也不请自来，大咧咧地坐在那里等着庄睿。

看着欧阳军脸上已经带了醉意，还拉着自己要干杯的样子，庄睿无奈地说道："四哥，马上要结婚的人了，你就不能多陪陪嫂子啊？"

这会儿别人早就吃完散开了，赵国栋拿着刚在路上买的礼物去哄女儿了，要不然小囡囡真的会把老爸给忘掉的。

"小军，少喝点啊。"欧阳婉闻不惯酒味，皱了皱眉头也离开了，餐厅里只剩下这哥俩。

"你嫂子和小敏去逛街了。给你说个事，嘿嘿，四哥我也整了个四合院，回头把你那师兄介绍给我，我也按你这宅子的模样装修。"

见小姑走了之后，欧阳军得意地笑了起来，他可是眼热庄睿这宅子很久了，这寻摸了好几个月，前几天才找到了一家。

"行啊，我那朋友你也见过，回头我就给他打电话，明儿就能看现场。对了，四哥，你那宅子有多大面积啊？"

庄睿一听是这事，立马应承下来，这能帮古云拉点生意，而且自己也该往古老爷子那里跑跑了，还有一块杂色软玉放在老爷子那里，也不知道雕琢出物件来没有，那可是自己给外公九十大寿准备的礼物啊。

"才一千多平方米，前后有两进院子，比你这可是要小多了。嗯，明天看也行，我正好把小白叫上，让他陪你去西城的老宅子掏物件去……"

这人啊，有时候就是犯贱，欧阳军就是如此，领证之前吧，想着结婚，而且因为这事，还与自家老子欧阳振武闹了不少年的别扭。如今终于得偿心愿了，却又变得患得患失，小酒是一杯接一杯，不多时人差点突溜到桌子底下去了。

"嗨，嫂子，你们回来的正好，来帮我把四哥扶房里去吧，你们今儿也别走了。对了，姐，姐夫也来了，在陪囡囡呢……"

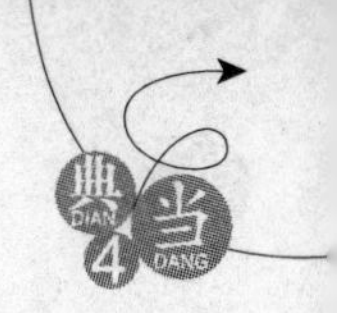

庄睿架着嘴里还含糊不清念叨什么的欧阳军，刚走出餐厅，就看到老姐和徐晴有说有笑地回来了。

这女人临近结婚和男人不同，看徐晴那容光焕发的模样，整个就一幸福的小媳妇，在这点上，大明星和寻常人，也没什么区别。

“怎么又喝这么多？这段时间老是这样……”

大明星皱起了眉头，和庄睿一起把欧阳军扶到了客房里，至于后面会发生点什么，庄睿就不知道了。他一人下到地下室里，把从彭城带来的那些物件，都摆在了古董架上。

回彭城好几天了，这忙活完了，庄睿马上就钻到后院自己的房间里，和远在英国的秦萱冰，通过电脑倾吐了一番相思之苦，逗得大美人俏脸绯红之后，庄睿才安安稳稳地上床睡觉。

“我说哥哥，这都几点啦，我约好的人都等了半天了，得了，你也别吃了，走路上再吃吧。”

庄睿昨儿喝酒的时候，听欧阳军说了，那片要拆迁的老宅子里面，可是有不少明清古董家具，这让他颇为动心，自己这中院客厅里，可就是缺这么一套古董家具。说老实话，古云买的那些究竟是仿的，用了一段时间，有些地方竟然就掉漆了。

金胖子曾经说了几次，要来看看庄睿的收藏，这让庄睿很不好意思，地下室的物件太少不说，就是这厅里摆的仿明清家具，就有点拿不出手，让别人看了笑话。

庄睿一大早就爬了起来，只是没好意思去掀欧阳军的被窝，直到快十点了，这哥哥才算起床，居然还晃晃悠悠地准备去吃早点，被庄睿拉着就往门外走。

“你着的哪门子急啊，喊上你嫂子啊……”

欧阳军不满地对着手哈了口气，今年这天气真够冷的，有好多年屋檐下面没冻出冰溜子了，现在冻上了一溜，庄睿还想着回头都给打下来呢，不然化冻的时候，很容易砸到人的。

回头叫上徐晴之后，三人从侧门上了车，欧阳军给他昨天说的那个小白打了电话，庄睿早上性急，一个多小时前就给了古云电话，让他直接去欧阳军那四合院了。

还别说，欧阳军这四合院距离庄睿的倒不是很远，只是两家中间隔了琉璃厂，这开车还没走路快呢，光是堵车就堵了二十分钟，要走路的话，横穿过琉璃厂，早就到了。

“嘿，四哥，这院子也不错啊，不过……是破旧了点，说不定也要推倒重建……”

来到欧阳军买的这四合院，庄睿眼前一亮，同样是大青砖垒砌的围墙，只是这院子大有院子大的景致，院子小也有小院子的味道，前后两进院子中间，有一个小花园，垂花门、回廊一应俱全，看模样在古时候，也是官宦人家住的。

只是这大门，就显得有点小气了，而且破旧得不成样子，那落马石也断成了几段，大门上还有烟熏火烤的痕迹，整个就像是古时候一破落户住的地方。

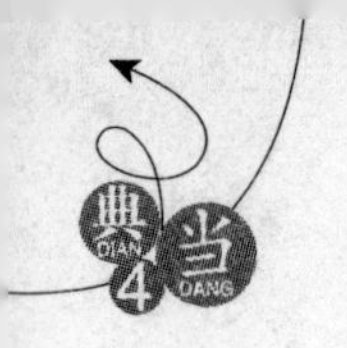

“你小子是运气好，占了那宅子。你知道这院子花了我多少工夫吗？光是让里面那些没有产权的人搬走，整整劝了一个多月，就这破烂模样，还花了我将近一千五百万呢。”

欧阳军嘴上叫着苦，那些劝人搬家的事情，他可是没动一次嘴皮子，这四合院也是归政府所有的，说不得又劳烦郑主任跑前跑后费了不少劲，才将几乎不愿意搬走的钉子户给请了出去。

而且他这宅子看着是两进院子，其实加上门房旁边的三间屋子，也算是三进院子了，面积虽然小了一点，但是架不住它便宜啊。

庄睿那宅子接近三千平方米，花了整整六千五百多万，欧阳军这个只花了一千多万，算是占了大便宜了。当然，这与郑主任看人下菜碟也不无关系，毕竟这巴结人也要分个主次的。

“哎，四哥，这院子你要是不满意，两千万卖给我得了，这转手就赚五百万，你也不亏，怎么样啊？”

庄睿撇了撇嘴，这位是典型的得了便宜还卖乖。从政府允许四合院交易以来，这还没有半年的时间，四九城里的大小四合院，价钱整整翻了三倍还要打个滚，刚开始一两百万就能买的小型四合院，现在都要一千万朝上了。

就欧阳军这院子，转手出去买个三四千万，根本就不需要打广告的，随便找家房产中介挂上去就行了。

而庄睿那宅子，别看花了将近一亿，他现在要是放出风声想卖，就是三亿，那也有人抢着要。俗话说物以稀为贵，越是得不到的物件，那才是好的，现在这四九城里的贵人们，也都以住四合院为荣了，谁要是再显摆自己在某某地有多大的庄园别墅，那指定会被人看不起的。

“欧阳先生，您来怎么也不打个招呼呢？呦，庄先生也来了。这院子我都找人收拾了，只是这大门有点破旧，要不我找人给换一个？”

庄睿要等的人还没到，这区里的郑主任那胖乎乎的身影倒是出现了。庄睿有些奇怪，郑主任好歹也是位正处级的领导干部，没事往这巷子里钻个什么劲啊。

庄睿哪知道，他们进入这块四合院保护区的时候，就被有心人看到了，这年头想进步的人多啊，马上有人就通知了郑主任，他这不巴巴地赶来了嘛。

“不用，这院子要找人重建，老郑，到时候手续上你跑一跑，别的就没啥事了，你先去忙吧，回头我让人去找你……”

欧阳军摆了摆手，这次面对郑主任，他态度和蔼了许多。没错，看在庄睿眼里，与上次相比，只能用和蔼俩字来比喻，虽然欧阳军看起来比郑主任要小上不少。

“成，您到时候给我个电话就行，手续什么的马上就能办出来……”

郑主任听到这一声老郑，那骨头都酥软了半边，这世上有人好钱，有人喜权，郑主任还不到四十，攀上欧阳家这棵大树，不愁日后没发展。

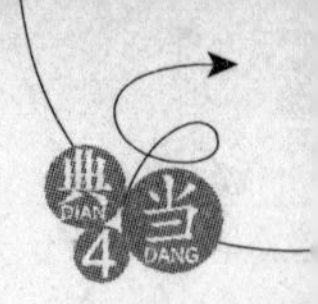

话说前几天区委书记还找他谈了话，说是这次换届，会空出一个副书记的位置，让他好好表现。虽然这郑副书记叫着有点拗口，但这可是正处到副厅的一个飞跃啊，很多人一辈子都迈不过去这道槛的。郑主任知道区委书记是亲欧阳家族的人，心中明白，前段时间的站队，没有站错。

见到自己心意表达到了，郑主任就出言告辞了，官场上的事情，心里明白就行，那可是没办法付诸于口的。

“古哥，这边……”

郑主任前脚刚走，后脚古云就从巷子另外一边搓着手走了过来。庄睿早上只给他说了大概的方位，他刚刚转悠了都小半个小时了，大冷的天可是把他给冻得不轻。

“古老弟，你可不能厚此薄彼啊，我这宅子，不能建得比庄睿的差……”

欧阳军早前通过庄睿也是认识古云的，这会儿他的态度和刚才对待郑主任完本不同，居然从手包里拿出烟来，给古云递过去一根。

“四哥，我先看看院子再说，您放心，一准差不了……”

古云接过烟连忙掏出火机用手捂住，给欧阳军点着了火。

古云围着两进院子转悠了几圈之后，回到门前，说道：“四哥，这院子还真不错，不过这里以前是六部以下员外郎的居所，这图纸估计是没有保存下来，您要是也想着推倒重建，可能会和现在有点小差别，不过绝对不会影响整体的建筑风格。”

在清朝的时候，什么官住什么样的宅子，多大面积多少平方，这都是有讲究的，超出了就是违例，那可是要被治罪的。当然，自己有钱买了外宅，朝廷也是睁只眼闭只眼，只要没得罪人，谁闲得蛋疼去管这些。

而古云所说的员外郎，是六部下面的一个官职，相当于现在的副厅级干部，和那位郑主任现在正追求的目标，是一样的。

“这事我不懂，你先做出图纸，然后再说吧。”欧阳军心里有些不忿，庄睿那小子买的宅子是六部主官住的，比哥们这宅子可是高出了好几个档次啊。

“四哥，你们找个暖和点的地去谈吧。你那朋友呢？怎么还不来？”

这天寒地冻的，又不是自己买房子，庄睿可是等着欧阳军那朋友来了之后，带自己去掏老宅子呢。

“我再给他打个电话……”

欧阳军也冻得直打哆嗦，这大冷的天站在外面，那寒风吹在脸上，像刀子刮过一般，还是大明星有先见之明，出门之前把自己包裹得严严实实的，只露出一双眼睛在外面。

“哎，白老二，看哪呢，这里，快点过来……”

欧阳军刚掏出电话，就看见从巷子头走过来一个人，伸头缩脑的，连忙扬起手招呼了一声。

“嘿，军哥，不错啊，把宅子置办在这里，咱们这圈里，可是没几个人啊……”

这人看来和欧阳军关系很熟络，虽然嘴里也喊着哥，但是脸上并没有像郑主任那般毕恭毕敬的，从他说话来看，似乎也是在这四九城里混得不错的。

“得了吧，白老二，别以为我不知道，你手上也有两套院子，买了有不少年头了吧？我说你小子不地道，哥哥这都寻摸了几个月了，你都不吱声，看我笑话不是？”

欧阳军不满地看了一眼来人，接着指了指庄睿，说道：“那是我表弟庄睿，他也置办了个院子，想要收点老古董家具，你不是说有地方拆迁，出了不少的好物件吗？你带他去看看吧……”

“他叫白枫，是我发小，你回头跟着他去就行了。得了，古老弟，咱们找个地方去谈，这天气忒他娘的邪乎，还没到十二月，就这么冷了……”

欧阳军回头给庄睿介绍了一下，在地上跺了跺脚，然后招呼徐晴和古云向巷子外面走去。

“庄老弟是吧，走吧，以前怎么没听军儿提起过你啊？”

白枫搓了搓手，招呼了庄睿一声。他和欧阳军是发小没错，而且从小学到初中，没少扎堆凑一起打架，但是他家里败落得早，那个打过仗的老爷子，在“文革”初期就去世了，白枫那会儿还不记事呢，要不是部队上照顾他家，说不定连部队大院都住不了呢。

只是这时间长了，再好的情分那也淡了，在白枫上初中之后，就搬离了部队大院，以前那些从战争中过来的人，都是认为工人农民最光荣，所以白枫的父亲虽然不至于回老家种地，但也就是个普普通通的工厂工人。

而白枫这人比较好强，初中毕业就没再上学，进入了社会，街道上念着他爷爷也是个老革命，就给他安排了个工作，去废品收购站上班，二十世纪八十年代初期，十五六岁的白枫就开始拿工资了。

那会儿是计划经济的年代，废品收购站还都是公家的，里面最多的都是些古旧书籍和破铜烂铁。白枫年龄小，别人照顾他，活倒是不多，每天就是过过秤，闲下来的时间，就去看那些老书，时间长了，增长了不少知识。

加上白枫这人眼皮子活，有点文化，从小在部队大院长大的，也不缺见识，干了大概两年多，白枫不过十七八岁的年纪，居然就混成了废品收购站的站长。

按说他这一辈子也就这样了，年龄再大点娶个媳妇过日子，爷爷的荣耀与他是没啥关系了，只是在一次偶然的机会，白枫参加了初中同学的一次聚会，这次聚会彻底改变了他的人生。

老北京以前的学校，出名的就那么几个，而白枫所在的学校，基本上都是部队或者地方干部的子女，这次聚会也是如此，来的同学虽然大多都还在上学，但是穿着打扮，却是要比白枫洋气多了。

白枫为人心气高，他知道自己不属于这圈子了，在聚会时只带耳朵没带嘴巴，光听不说，其中一位同学在显摆的时候，说的话吸引住了他。

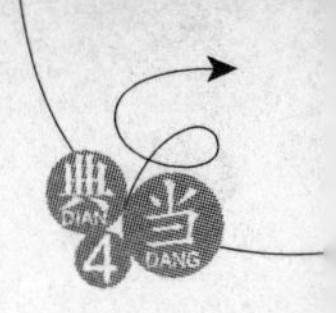

那位同学有位亲戚在香港，今年回大陆来探亲，带来不少在北京都见不到的电器，并且还说在香港那地，从大陆流过去的一本什么破书，居然就能卖几万块钱，在那位同学嘴里，香港似乎是遍地黄金。

说者无心，听者有意，大家都只当是个笑话，听过就算了，不过白枫这心里，可是起了波澜，破书？自己那收购站里，就是破书多，这些年他可是看了不少，并且他还曾经从里面翻捡出一张乾隆皇帝时的圣旨呢，这些东西，会不会值钱呢？

心中存了疑问并且上了心的白枫，有意无意地就开始吹捧起那位同学来，他在社会上混了几年了，想吹捧这么个还在上学的半大孩子，那还不简单，几句话下来，那同学就乐得找不到北，视白枫为知己了，而白枫也从他口中听到个名词:古董！

只是那位同学也说不清楚什么叫古董，反正就是年代久远的物件就值钱。不过这个可难不倒白枫，同学聚会结束之后，他就四处打听了起来，最后找到琉璃厂，一看之下，才知道，敢情自己以前经手过的那些物件，还都是宝贝啊。

认识到那些破烂货的价值之后，白枫可就上了心了，给那些拾破烂的也交代了，多收些旧书古画，他这收购站高价回收，所谓高价，其实不过是一本书毛把钱，一张画几毛钱而已。但是在那个年代，这些东西都是论斤称着卖的，一斤不过几分钱，一听白枫单个论本着收，这远近收破烂的都往这边送了起来。

当然，白枫也不是乱收，从得到这个信息之后，他就是白天上班，晚上往琉璃厂里的各个店铺里面钻，那会儿还没有潘家园呢，北京古玩市场就是琉璃厂。

由于白枫年龄小嘴皮子甜，人又勤快，经常帮着打扫下卫生泼个水啥的，一来二去，琉璃厂那些坐堂的老师傅，都挺喜欢他的，没事也就指点几句，这让白枫的古玩鉴赏知识，那是蹭蹭地往上涨。

不过是短短的两个月时间，白枫干了两年赚的工资钱，就换成了一堆破书烂画，还有一些陶瓷瓦罐，而且把他老子十几年的积蓄，也偷偷地给折腾光了。只是这光出不进，也不是办法啊，白枫无奈之下，拿了个清康熙的瓷器，卖给了琉璃厂的一家古董店，换回来千把块钱。

要知道，那会儿一个人的月工资不过才几十块，一千块钱已经算得上是笔巨款了，只是白枫并不满意。他心里始终记着那位同学所说的话，这些东西拿到香港，就能值几万块钱！

思来想去，白枫一咬牙，最后还是找到了那个同学，告诉他自己手上有个宝贝，让他联系自家亲戚，帮着给卖掉，然后自己和他二一添作五，平分。

那同学的亲戚是位商人，一听这事还真来了，把白枫交给他的一幅黄公望的画，拿去了香港，拍出了三十多万的高价来，白枫分到了十二万，也算是淘到了人生的第一桶金。

尝到了甜头之后，白枫除了私下里花了万把块钱，买了套不错的四合院之外，把其他的钱都投入到了收古董里面去了。几年下来，他买的那宅子，里面堆满了各色古玩，后来

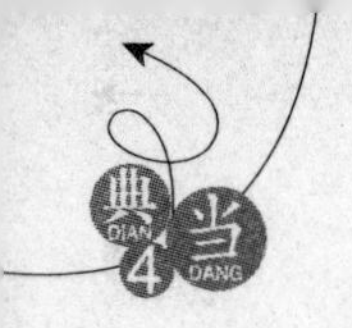

废品收购站要承包给私人,白枫就辞去了公职,把那收购站给承包了下来。

说老实话,白枫所收的那些古董里面,假的也不少,但即使是假的,也是老物件,都是民国或者明清古人们做的旧,价值也是很高的。二十世纪八十年代那会儿,古玩热还没兴起,内地造假的极少,所以白枫囤积了一笔巨大的财富。

等到了二十世纪九十年代之后,去香港等地也比较方便了,那时携带古董出境的限定还没那么严,他又出手了一点物件,腰包彻底鼓了起来,到了二十世纪九十年代末期,国内收藏品市场大热之后,白枫立刻成为国内一收藏大鳄,手中的物件,连一些规模不小的博物馆,都无法与其相比。

手上有了钱之后,白枫也和旧时的朋友们联系上了,并且办了个文化传播公司,去年他有事找欧阳军帮忙,就挑拣了个屏风送给了欧阳军,就是庄睿在欧阳军办公室里见到的那扇。

像这样的物件,白枫手头有不少的,要知道,二十世纪八十年代那会儿,纯正黄花梨老红木的桌椅,五块钱一张可是任选的。

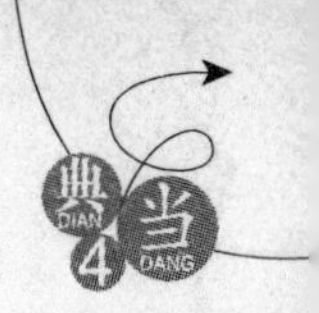

第四十三章 掏老宅子

“白哥，我们家以前没在北京，来了没多久，四哥可能没和您提过吧。对了，咱们今儿去的是什么地？”

此时的庄睿可不知道白枫的往事，不过看其外表，还真有点儒雅的味道，穿着件对开的中山装，戴着副眼镜，只是人到中年，微微有些发福了。

“离这不远，有片老宅子要被拆掉，前几天有个冒儿爷找到我，说是有点好东西，我一直没抽出时间去看，正好军儿提到你要寻摸这些物件，今儿我就带你看看去……”

白枫这几年的精力，都放到那影视文化公司上去了，对古董玩得少了，但是名声在外，还是有不少人主动找上门的。他所说的冒儿爷，用北京话解释，就是人挺憨厚的意思。

“行，那麻烦白哥了……”庄睿点了点头，若非是老北京，一般人都得不到这些消息。

“你不找个行里人给掌掌眼啊？我今儿还有事，带你去到地方，待不大会儿可就要走的呀……”

白枫倒不是不给欧阳军面子，只是他的确比较忙，再者像掏老宅子这些事情，他早就没了兴趣。他和庄睿不同，他玩古董，就是为了赚钱，虽然现在还囤了几间屋子的玩意没卖，但那也是为了增值，并不是想留给后人的。

“呵呵，白哥，我也稍微懂点这些东西，先去看看吧……”

庄睿不置可否地笑了笑，看得白枫直摇头，这年头，是人看过几本书，就敢去古玩市场扑腾的，可不在少数，此时在白枫眼里，庄睿就被划归成这一类人了。

“这……那我再叫个人陪你吧……”

微微皱了皱眉头，白枫拿出电话拨打了出去，他是怕庄睿万一买了假物件，回头欧阳军脸上也没面子，话说他现在那文化公司，可是有不少事要求着欧阳军的。

白枫这是还没搞明白庄睿和欧阳军的关系，以为只不过是个远房亲戚呢，所以以他现在的身份，还是端着点儿架子的。他要是知道欧阳振武是庄睿小舅，那今儿就算有天大的事情，都会推掉陪着庄睿的。

两人边说话边走出了巷子，可巧，他们俩的车并排停在了一起，白枫开的是辆国内很

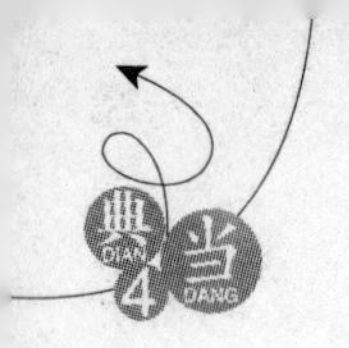

少见的奔驰越野车,比庄睿那辆大切诺基稍矮一些。看了眼庄睿的车牌,白枫更是肯定了庄睿那远房亲戚的身份。

这外面天冷得邪乎,两人干脆各自上了自己的车,打开暖气将车窗开了一半,抽烟聊起天来。

"庄老弟,这老宅子里面的物件,并不一定就是好东西,去了多看看,别听那些人讲得虚头巴脑的故事。回头我让小方给你掌掌眼,有啥不明白的,多听听他的意见……"

白枫说着话,那嘴里吐出来的热气,将半开的车窗蒙上了一层雾气,现在古玩行作假,是无所不用其极,他这些年之所以不怎么收古董了,原因就在于此,在前年的时候,可是栽了个不小的跟头,从那之后,玩的就少了。

"谢谢白哥指点,我知道了……"

庄睿点了点头,白枫说的话,他可是深有体会,连这黑市拍卖,都整出假古玩来蒙骗人,难保这老宅子里,不会是一屋子假货。

"嗯,我给你找的这人,年龄不大,不过人挺机灵的,在潘家园混了好几年了,一般的假物件也瞒不过他。对了,要是小方也看不准,对方价格出得又高的话,你可千万别急着买,回头给我打个招呼。"

"成,白哥您放心吧。"别人认定自己是个新手了,庄睿也没多解释,点头答应了下来。

"小方,这边,过来……"

庄睿话声刚落,白枫就推开车门走下了车,对着后面过来的一人喊道。他是从倒车镜里发现来人的。

"白老板,您看物件,哪用我跟着啊,您这不是腦应人嘛……"

那个小方年龄不大,看起来比庄睿还要小一点,听到白枫的喊声,跑过来之后,一脸讨好的笑容。

准确地说,小方应该是个古玩掮客,这年头,大到飞机导弹军火枪支,小到针鼻一次性打火机,只要是买卖,就会出现中间人。小方这人整天混迹在古玩市场里,虽说没捡过什么惊天大漏,但是小道消息还是很灵通的,冒儿爷的事情就是他说给白枫听的。

"行了,今儿我有事,就不去看了,那是你庄哥,你带他去吧,给好好掌掌眼,要是买到假玩意儿,回头我可是要找你算账的……"

白枫一看人来了,干脆自己连去都不想去了,大冷的天,他也懒得穷折腾。

"白老板,您不去可不成,这……"

小方听到白枫的话后,脸上现出一丝为难的神色来,他是吃掮客这行饭的,带人过去后,要是成交了物件,双方可都是要给他点好处的。眼下白枫不去,这跟去的人也不知道懂不懂规矩,万一不懂规矩的话,自己这大冷天的不是瞎忙活了嘛。

"小子,我老白什么时候让你吃过亏啦,少废话,上你庄哥的车,去吧……"

白枫听到小方的话后,脸一绷,伸出右手握成了拳头,"咚咚咚"在小方肩头捣了三

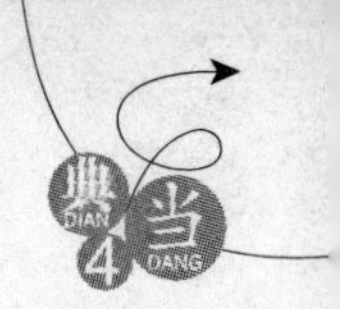

拳，看得庄睿有些莫名其妙，这白枫人挺霸道啊，别人没说什么，居然就打上了。

而更让庄睿跌破眼镜的是，这小方挨了三拳，愣是屁都没放一个，居然是喜笑颜开地拉开自己的车门坐了进来，还向白枫摆着手，示意他可以回去了。

“庄老弟，那我先走啦，有事儿电话联系……”

白枫拿出一张片子递给了庄睿，然后返身上了自己的车离去了。

“庄哥，您是自己开车我给指路，还是干脆我来开？”

小方也看到这车挂的是外地牌，上来之后就问了一句。

“你来开吧，北京的路我还真不熟。”庄睿打开车门走了下来，和小方换了个位置。

“嘿，庄哥，那您是找对人了，这四九城的大街小巷，没有我不知道的，您以后要是想买啥物件，直接给我小方打电话就行了……”

小方边将车倒出了巷子，开到马路上，边顺口给庄睿介绍着他的业务。能开得起这几十万汽车的人，想必也是个有钱的主。

“小方，刚才白哥他打你那几拳，是什么意思啊？”

庄睿心里一直都憋着这个问题，他也看出来了，那并不是打人，应该是有个说法的，心中有些好奇，现在终于逮着机会问了出来。

白枫一听庄睿这话，就知道他不经常和自己这种人打交道，笑着说道：“呵呵，庄哥，那是行里的规矩，您也知道，我吃的这行饭，全指望老板们生意做成后，高兴了给几个赏钱。刚才白老板的意思就是，这树上有枣没枣儿，先打三竿子，不管您这趟买没买东西，白老板那边，都有份赏钱的……”

“啧啧，还有这说法啊？行，小方，回头物件要是合适，我这边也有你的份子钱。”庄睿听着稀罕，笑了起来，小方一听这话，更是没口子地谢起庄睿来。

小方说的那地方虽然也在西城，不过距离这里不近，开车跑了半个多小时，才来到这地方，庄睿在车上一看，这里居然也是个四合院相对比较集中的地方。

“小方，这里要拆迁？不是说四合院都要保留下来的吗？”

庄睿有点奇怪，看着那墙上用白漆写上个大大的“拆”字，忍不住向开车的小方问道。不过这地方是忒脏乱了点，庄睿刚摇下车窗户，就闻到一股子怪味，地上更是污水横流，看到小方停下车，庄睿推开了车门，都有点无从下脚的感觉。

小方对这里倒是挺了解的，从车上下来后，小心地避开地上的脏水，说道：“要保留的四合院，都是以前那些当官们住的，像这里的四合院，都是老百姓们住的，放在古代，和贫民窟差不了多少，脏乱差不说，现在租给那些北漂们，治安更是不好，时不时地就闹出人命来，所以政府准备清理推倒重建的……”

听小方这么一解释，庄睿才知道，敢情这四九城就像是古代的皇城一样，吸引着全国各地来寻找机会的人，来了之后机会没找到，钱倒是花光了，这些人又不愿意空手离去，只能找个便宜的地方对付着，时间长了，就形成这么一个居住区。

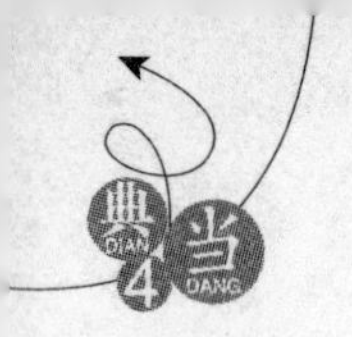

这些天南地北来的人，做什么职业的都有，更不乏诗人、画家、艺术家等浪漫的自由工作者，于是乎，出头无望的这些人，也会寻找点刺激，比如吸毒什么的，一来二去，这些地方往往也就变成了藏污纳垢的场所。

这也是接连出了几次命案，政府才决定清理的，只是这些地方产权复杂，钉子户也不少，说拆都说了小半年了，依然是房子照租，钱照收，没几个人当回事。

巷子里的排水沟，似乎被堵塞了，地上到处都流着污水，庄睿和小方像大马猴似的，一边找干净地落着脚，一边还要让着从巷子里往外走的人，不光是他俩，走在巷子里的人，都是上蹦下跳的。

“唐师傅，开门啦，我是小方……”

好容易走到一处四合院的门口，那院门居然是空的，也不知道被谁家劈了烧柴火去了。两人直接走进了院子，小方对着一间从窗户外面瞧着黑糊糊的大门敲了起来。

庄睿看着这环境，不禁摇了摇头，这穷人什么时候都遭罪，古代那些当官的，压根就没把这里放在心上，这些建筑都是巷子里的路，铺垫得比院子还要高，而这屋子去掉台阶，又低于院子，要是一下雨的话，恐怕就要倒灌了。

这宅子是够老的，只是庄睿实在是想不出，这家主人还能留着什么宝贝物件，要是真有的话，那还等到现在才出手?

随着小方的叫门声，这门里没啥动静，旁边倒是有一扇门打开了，一个头发乱得像鸡窝似的女孩，伸出头看了一眼，“咣当”一声，又把门给关上了。

“小方，这家里不会没人吧?”

在外面跺了跺脚，庄睿向小方问道，这地方透着邪性，庄睿站在这门前，能感觉到旁边那几家屋里，似乎有好几双眼睛，盯在自己二人身上。

“不可能啊，他家里还有个药罐子，常年都在家里的呀。”

小方对这家人很熟悉，知道他们是在这里住了几十年的老住户，儿女都没什么本事，要不然早就搬出去了，现在这片四合院的人，有点能耐的都搬出去将房子出租了。

“老唐，老唐师傅，您在没?”小方一边说话，一边又敲了下门。

“哎哟，来嘞，让您二位久等了啊……”

随着说话声，那扇刷着红漆的很俗气的大门，从里面被拉开了，只是庄睿二人还是没看到屋里的情形，因为一个厚厚的棉布帘子，挡在了眼前。

北方天冷，一般家里的门里面，都还有个厚布帘子，只是老唐家的这帘子，看起来倒像是个棉被改成的，上面有点油腻，散发着一股子难闻的味道。

开门那人倒是客气，伸手就把门帘给掀了起来，庄睿和小方一矮头走进了屋子，四下里一看，才搞明白为啥屋里这么暗。

原来那窗户上，也是挂着厚厚的一层帘子，微弱的光线从窗帘缝里射到了屋内，屋里的灯泡还是那种拉线的，一条长长的绳子，从门口的墙上拉到床头，这倒是方便，人不用

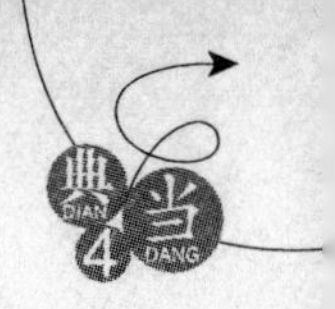

下床，一伸手就够到了。

在堂屋中间，生着个炉子，上面的烟囱从窗户里伸出去，炉子上面还放着个烧水壶，这可是一点儿都不浪费，不过这屋子捂得那么严实，倒真是不冷，就是那气味，有点儿难闻。

“二位，请坐，快请坐，你这败家娘们儿，去里面躺着去。”

那位老唐师傅忙不迭地给庄睿和小方让着座，然后伸手把灯给拉开了，这开灯和没开，区别也不是很大，因为那散发着黄色幽光的小灯泡，压根没起多大作用。

开灯之后庄睿才发现，原来正堂里那床上，还躺着个人，被老唐吆喝了一声之后，掀开被子去到里屋了。

“咳咳，咳咳……”

这被子一掀开，顿时一股子怪味充斥在整个房间里，庄睿实在是忍不住了，使劲地咳嗽了几声，站起身走到门口，掀开帘子，深深地吸了口气，这才把肚子里那股差点想呕吐出来的酸气，给平息了下去。

那味道不单单是被窝里面的臭脚丫子味，还有股子霉味、中药味和腐朽混杂在一起的味道，别说是庄睿，那小方也是一张脸憋得通红，紧跟着他后面走到门口来。

庄睿从小虽然说是家境一般，算不得好，但是欧阳婉尤其爱干净，家里不说是一尘不染，最起码也是每天打扫，冬天的时候隔个三五天摊上个好天气，就会把被子拿出去晒一下，哪里闻过这种类似于臭豆腐发酵的味道啊。

“咳咳，我说小方，这……还是改天再来吧……”

庄睿实在是不想再进那屋里去了，他不是什么娇贵的人，当年一人在上海工作的时候，也是住的出租屋，不过这味道真是要命啊，都能抵得上当年小日本那毒气弹了。

“庄哥，来了就看看吧，他祖上好像是满人，说不定留有什么好玩意儿呢。”

小方虽然也吃不消屋里这味，但这是他的工作，庄睿不买东西，他这趟可就算是白跑了。

“唐师傅，您把这窗户给支起来吧，屋里味道太重，我都受不了了。”小方回头对着屋里喊了一声。

“哎，行，透透风吧，您二位倒是进来坐啊……”

唐师傅话里似乎还有点不乐意，也不知道他这房间有多长时间没通风了，不过将窗户支起来，把门再一打开，屋里倒是亮堂了起来，唐师傅顺手又把电灯给关上了，倒不是为了响应国家节约能源的号召，恐怕是舍不得那俩电费的心思居多。

庄睿还是有些怕那味道，随手拿出一包烟来，拆开后递给了小方和唐师傅各一根。

“哎哟，是中华啊，怎么看您那烟，不是红皮带华表的呀？”

唐师傅接过烟看了一眼，放在鼻子处使劲地嗅了一下，没有往嘴里叼，而是挂到了耳朵上，那架势是要留着好好品味一下的。

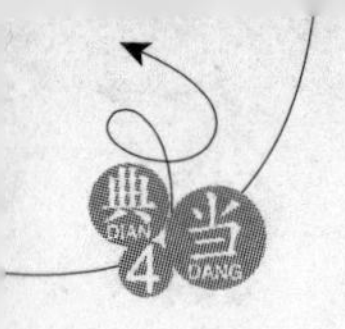

“别人给的，我也不知道为啥是这样的……”

庄睿笑了笑，这烟是欧阳磊给他拿过去的，整整搬了一箱几十条，说是让他留着慢慢抽，完了再问他要。

歪头凑到小方点的火上点着了烟之后，狠狠地抽了一口，庄睿才感觉这屋里味道淡了一些，走回到屋里坐下，说道：“你们这屋子，是要经常透透气，不然对身体也不好的。”

“嗨，都到这岁数了，过一天算一天，哪还管身体好不好……”唐师傅叹了口气，在床边盘起腿坐了下来。

打开门窗之后，屋子里亮堂多了，庄睿仔细地观察了一下这位唐师傅，他应该是六十五六岁的年龄，个头不是很高，人有点虚胖，头上的头发掉得差不多了，一个光脑壳透着亮光，回头间还能看见脖子后面的肉褶。

看这面相，如果再换身衣服，应该有些老板的气派，不像是住这地方的人啊，只是这唐师傅一笑起来，透着股子憨相，估计这也是小方背后喊他“冒儿爷”的原因吧。

“想当年我祖上，那可是自努尔哈赤从龙进关的功臣，直到我爷爷那一辈人，家里还有着四进带俩花园的大院子呢。不过新中国成立之后，就全都交公了，政府给了这个小院子，后来又住进来几户人家，赶都赶不走……”

唐师傅似乎平时也没啥人和他说话，庄睿和小方坐下之后，他自顾自地念叨了起来，说得兴起，把夹在耳朵上的那根烟也拿了下来，用火钳子从炉子里夹了块碳点上，美美地抽了一口。

听这唐师傅的话，他家里早年倒是个大族，按他的说法，他爷爷的身份，和大宅门里白老七差不多，靠着祖宗荫庇和自己的努力，创下一份不小的家产。唐师傅解放前，那都是被老妈子给伺候大的，七八岁大的时候，都不会自个儿穿衣服。

当年他爷爷没死的时候，整天就是抽着大烟，然后对他说，你小子生的命好，一辈子屁事不做，单是我留给你的这些家产，也能让你舒舒服服地活上几辈子。

这老唐的老子，也不是什么好鸟，整天就在八大胡同和戏园子里来回晃荡，虽然那会儿老唐还是小唐，八大胡同是去不了，但是戏院可以去啊，按照老唐的说法，梅兰芳、尚小云、程砚秋、荀慧生几位名角的戏，他都去捧过场，还曾经被他老爹塞了把金豆子，往戏台上扔过呢。

只是当时北平解放那年，家里的老爷子去世了，只知道吃喝嫖赌的老爹，怕被专政了，把所有的公司和一些宅子都变卖了，换成金子藏在家里，而且在人口普查的时候，连祖宗的姓都给改了，这才有了现在老唐的名字。

不过该来的总是躲不过去的，到了那又红又专的年代，老唐家的老底被揭了出来，批斗游行啥都摊上了，他那吃喝嫖赌掏空了身子的老子倒是干脆，两眼一闭见老唐爷爷去了，留下老唐可是遭了罪了，家里的金子都被搜走了不说，自己还是三天一小打，五天一大斗，亏得那会儿年轻身体好，不然这会儿早不知道在哪座孤坟里躺着了。

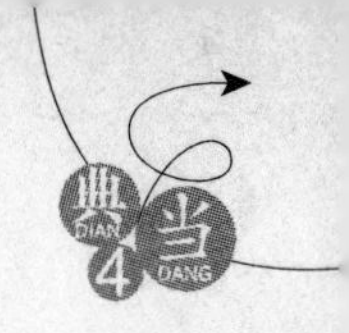

那十年结束以后，落实政策，给了老唐这套小四合院，金子啥的当然都没影了，不过瓶瓶罐罐的还有些子破旧家具，倒是还给老唐不少，都是祖宗留下来的，老唐也没舍得卖，就一直留到了现在。

不过马上这里要拆迁了，补偿的拆迁款根本就不够老唐另外买房子，这才想着把祖宗的物件给卖了。按老唐的话说，祖宗在地下也不愿意看着子孙睡大街去吧？

这老唐一边说，一边居然抹起了眼泪，不知道从哪个旮旯里摸出了个二胡，自拉自唱了起来："一日离家一日深，好似孤雁宿寒林，二挖子带路朝前进……"

这唱得居然还是程砚秋的《玉堂春》，字正腔圆不说，那调子深邃曲折，娴静凝重，唱腔颇有几分程大师的风采，二胡拉得更是见功底，没十几年功夫玩不了那么娴熟，庄睿在旁边都听傻了，自己今儿是来干吗的呀？

"嗨，嗨，我说唐师傅，行了，今儿咱们就别念叨这些事儿了，我这都快听了三遍了。"庄睿听着这京剧还有点儿新鲜，可是小方不耐烦了，出言打断了那二胡声。

第四十四章 偷梁换柱

“唱得不好？小方，我这可是正经听过程砚秋的原唱的呀，这年头，听过的也没几个人了……”老唐被小方给打断了思绪，神情有些不爽。

“嗨，你说哪去了，我说唐师傅，我们俩今儿来，不是听您忆苦思甜想当年的啊，您要是还念叨这一段，我们可就回去了……”

小方有些不耐烦了，在他们这年龄段人的耳朵里，那京剧和外国剧院里唱的歌剧差不多，眼睛看着热闹，耳朵里是一句都听不懂。

“那您二位今儿来，是干什么的啊？”

老唐这话把庄睿都给逗乐了，敢情小方这“冒儿爷”叫得不冤枉，坐下聊了半天，那老头居然以为自己哥俩就是来听他侃大山的。

小方也是有点哭笑不得，耐着性子，说道：“我说唐师傅，唐大爷，您上次给我说，要卖点老物件，我这不是带着庄哥来看了嘛，您那东西呢？”

“哎哟喂，您二位看我这记性，怎么把这茬给忘了……”

老唐那大手，在自己那光头上拍了一把，一脸恍然大悟的模样。

“唐师傅，这大冷的天，有东西抓紧拿出来吧……”

庄睿有点闹不明白，这老唐究竟是真糊涂，还是在假算计？要说这些都是安排好的，那这场景、道具、灯光还有那演员，都够得上评选奥斯卡奖去了。

唐师傅一听庄睿的话，嘿嘿地笑了，道：“嘿，我说二位，您坐着的，不就是嘛……”

庄睿闻言愣了一下，连忙站起身来，向自己刚才坐的椅子看去，果不其然，真是正宗黄花梨的椅子，而且还是张四出头的官帽椅。

所谓“四出头”，是指椅子搭脑两端出头，左右扶手前端出头，这是民间木工传统的称谓，从大俗到大雅，如今这已是此类椅具的标准称呼，也有称扶手出头，搭脑不出头的为“两出头”的，也是民间叫法。

这椅子上刚才放了个坐垫，庄睿才没注意，现在他把坐垫给拿开，仔细地观察了起来，这张黄花梨四出头官帽椅，装饰极少，在靠板浮雕花纹一朵，由朵云双螭围合而成，另

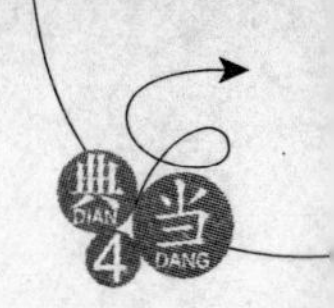

一处细微雕饰在壶门式卷口牙子上浅雕一小朵云。

这张椅子的构件细、弯度大，大家知道，弯而细的构件必须用粗大的木材才能挖缺而成，也就是说，此椅原本可做得相当粗硕，但在大型不变的基础上，当时却不惜耗费工料，把它削成纤细、柔婉的特殊效果。

这把椅子充分运用了黄花梨材质的优点，木质硬润，颜色不静不喧，纹理或隐或现，生动而多变，明式家具的这种设计构思体现了中国美学中动静相宜、刚柔并济，无胜于有的审美概念。

"不错，这椅子有点儿看头……"

庄睿观察了半天之后，给出了评价，四出头官帽椅是典型明式椅具，当年就是身份的象征。但是同样是四出头，格调情趣也有高下，价格自然也有不同。这张四出头的椅子，可谓是精品了，就算是古代，那也不是一般人能消受得了的。

现在市面上的古董家具，以清朝的居多，明朝的也有，但是极为少见，这张官帽椅，的确是明朝时期的，因为庄睿在看的时候，就往椅子里渗入了一丝灵气，发现里面木质细腻，纹路清晰，并且依附着一层淡黄色的灵气，绝对是真货无疑。

看完自己坐的这张椅子，庄睿又看向了小方刚才坐的那张，两个居然是一对儿，在古玩行里，买货成双，这可是很少有的事情，因为这些老物件都是传承了数百年的，很容易流落失散，凑成一对了，那价值可就要蹭蹭地往上涨了。

"唐师傅，您这两把椅子，它是个什么……"

"哎，我说唐师傅，都坐了半天了，您也不给倒口水喝啊……"

庄睿刚要开口问价的时候，冷不防被小方出口打断了，庄睿愕然看向小方，他正向庄睿挤着眼睛，示意等下有话要说。

"嗨，您看我这记性，这就去倒，这就去，今儿贵客来了，我帮您淘弄点好茶叶去。"唐师傅一听，连忙把盘坐在床上的腿放下来，一晃三摆地走出屋去，而院子里也响起了敲门声，估计是找邻居要茶叶了。

"小方，怎么了，有什么不对吗？"

庄睿压低了声音问到，老唐是出去了，可是内屋里还躺着个人呢。

"庄哥，您可看好了再问价啊，这些人都觉得自个儿的东西是宝贝，他要是讲了价钱，基本上就是那价了，再也还不下去了。您看是不是回头找白哥商量一下，再决定要不要买？"

小方说话的时候，眼中露出一丝狡黠，不过这屋子虽然打开了窗子，光线还是有点儿暗，庄睿并没有看清楚。

"不用商量了，我看这椅子不错，纹理清楚，包浆自然，是个大开门的物件，回头问问老唐，价钱要是合适，我现在就买下来……"

庄睿摇了摇头，他感觉这趟没白来，虽然吃不住屋里这味，不过还真有好东西，这样的四出头黄花梨椅子,近年来价格可是涨得飞快,要是到拍卖会上去买,恐怕价格不会低于一百五十万人民币。

其实黄花梨和红木家具,也就是进入2000年之后,价格才开始飞涨的,在二十世纪九十年代也不是特别值钱,由于这些老物件体格都比较大,笨重不说,还占地方,有些不懂其价值的老宅子住户们搬新家,都有直接给扔了的。

小方是做捎客的不假,但是像这种大开门的玩意儿,在老宅子里掏出去之后,转手一卖,那最少也能翻出个十几倍,这可是块肥肉啊。古玩行里有句行话,叫做卖货不卖路,小方这捎客,也是在看不准的时候,才带人看物件,收个中介费,但是他要早看到这东西,那身份立马就从捎客变成买家了。

所以在小方听到庄睿的话后,脸上就变得有些不自然,心里那叫一个后悔啊,前几次来,都没见老唐拿出这物件,怎么这次就摆在屋里了,要是早被他看到,哪里还有庄睿什么事啊。

庄睿却是没想到小方的这些心思,他站起身往烟囱边上凑了凑,看到另外一边的里屋,门紧紧地关着,心中有些好奇,下意识地释放出灵气,往里面看去。

"嗯? 还有两张椅子?"

庄睿发现,在那个黑咕隆咚的屋子里面,居然还有五六把和外屋一模一样的四出头官帽椅,这玩意找一只都难,怎么在老唐家里,都是按对来的啊,庄睿心中不禁起了疑心,当下隔着那房门,用灵气看起里屋的那几张椅子来。

"靠,莫非是要玩移花接木的勾当?"

庄睿发现,里屋的几张椅子,虽然用料和做工还算考究,但全都是假黄花梨木的,外面刷了一层烘漆,看起来倒是和这两张真的有些相似,不过坐久了,那些漆自然会脱落的。

想到这里,庄睿有些无奈,这四九城不愧是天子脚下,玩什么猫腻的都有,别的不说,就这老唐花费的这功夫,都让庄睿咋舌不已了,不是为了赚钱,正常人谁能受得了屋里这气味啊。

"您二位看得怎么样啦?"

庄睿这边刚看完里屋的椅子,老唐晃悠着身子走了回来,那面相依然是憨厚无比,只是看在庄睿眼里,却多出了那么一点老谋深算的味道来。

"椅子不错,唐师傅你出个价吧,合适的话,我现在就买下来……"

庄睿不动声色地说道,他不管老唐玩什么猫腻,只要你敢卖,我现在就掏钱给买走,别看这俩椅子挺沉的,哥们我就是扛也给扛走。

"这两张椅子,怎么着也得八万一张吧,两张十六万,您要是想要,就这价了。"

老唐用手摩挲着那光头,想了半天之后,咬了咬牙给出了价格。旁边的小方听得是一脸懊悔啊,妈的,十六万都不用还价了,拿出去随便扔到拍卖行,一百六十万溜个圈子就赚回来了,自己这次是亏大发了。

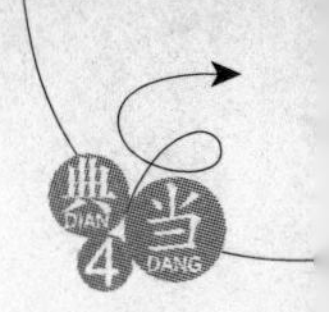

“十六万……”

庄睿装作沉思的样子，过了一会儿一拍大腿，说道：“十六万就十六万，我现在就给您开支票，小方，你搭把手，咱们一人搬一张，都给我送车上去……”

庄睿心里想着，我就不给你调换屋里椅子的机会，我看你怎么办，一边说话，庄睿一边从包里掏出了支票本，拿起笔就准备写支票。

“哎，我说这支票啥的我也不懂，您还是给现金吧，那东西拿在手里，它也瓷实不是？”

果然，就在庄睿还没下笔的时候，老唐开口说话了，庄睿心中暗自叹了口气，他是真看中那两张椅子了，老唐要是正经买卖人，庄睿就是花个几十万买下来也没什么，只是看这模样，恐怕自己前脚出去取钱，后脚这两张椅子就会搬到屋里面去了。

庄睿现在心里那叫一个膈应啊，就像是吃了苍蝇般难受，不过这古玩行里是鼠有鼠窝，蛇有蛇路，您看明白了这局，不买就是，点破了就没意思了。

“哎，我先接个电话……”

庄睿正要找个借口离开的时候，兜里的电话突然响了起来，连忙站起身，拿着手机到门外接电话去了。

“唐师傅，小方，家里来电话，有点儿急事，我这就要走，唐师傅，您这椅子可一准要给我留着，明天，最晚后天，我拿着现金来买啊……”

庄睿接过电话之后，回到了屋里，对那冒儿爷说道，现在再喊别人冒儿爷，似乎有些不合适了，这丫的整个就是一套儿爷，专门给人下套的。

不过庄睿也没揭穿，他和小方今儿是初见，也搞不明白这人是一起布局子的，还是和自己一样不知情的，干脆直接离开算了，你老唐爱糊弄别人，接着糊弄去吧，哥们不跟你们玩了还不行嘛。

老唐听到庄睿的话后，一丝失望的神色从眼中一闪而过，这要不是小方刚才还在屋里，他就把物件给换过来了，收下支票那也不是不行啊。

以老唐的专业经验来看，庄睿说这话，那十有八九是看出什么破绽来了，这明后天，指定是不会回头了。

“嗯，行，那我就留着了。说老实话，这东西都是祖宗留下来的，要不是没办法了，我说什么都不会卖啊，哎……”虽然心中失望，戏还是要继续演下去的，老唐拍着胸口给庄睿打了包票，一定会留着东西的。

庄睿感觉这老唐不去演戏真是白瞎了，嘴里的词那是一套一套的，估计那满人的身份也是扯淡的，您都能帮祖宗改名字，还在乎这个？

“小方，你去哪？要不要我送你？”

走到巷子外面，庄睿长舒了一口气，这他娘的掏老宅子，咋感觉这么憋屈啊，全民收藏也不见得就是什么好事，搞得造假专业化了不说，连售假也是花样百出，让人防不胜防，自己要是没有眼中灵气，估计今儿就要栽个大跟头。

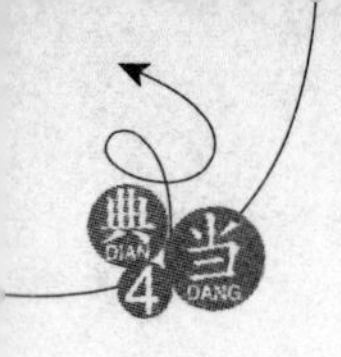

"庄哥,我住的离这不远,就不麻烦您了,您先忙去吧……"

小方脸色平静地对庄睿说道,其实这会儿他心里早就乐开了花,庄睿此刻在他眼里,那就是二十世纪五六十年代最可爱的人啊,这白花花的银子,注定是要落在自己腰包里了,明后天再来?对不起,弟弟我截胡了。

有的朋友可能会说,小方你这样做事不地道啊,做掮客,信誉第一啊,你要是这样做了,日后谁还找你看物件去?

可话不是这么说的,要是放在做大生意的老板身上,的确干不出这事,但是小方是什么人啊,整天混迹在古玩市场里的小杂虫,说不好听点,就是社会最底层的那类人,信誉?玩儿去吧,这一倒手就能赚个一百多万,还要个屁的信誉,爷们有了一百多万,还干这行?

见到小方不和自己一路,庄睿摇了摇头,开车离开了。刚才是母亲打来的电话,就是问他回家吃饭不,今儿这事搞得庄睿挺膈应的,干脆开车直接回四合院了。

且不说庄睿这边,再回头看小方,见到庄睿车走远之后,那是一蹦三丈高,像个猴子似的又窜了回去。

"哎,小方,咋又回来啦?"

这演戏也挺累人的,老唐这会儿正盘腿坐在床头,反思自己刚才哪里露出破绽来呢了,也好下次改正啊。

正百思不得其解的时候,又听到敲门声,老唐这心马上就提了起来,他是怕庄睿取了钱赶回来了,这物件可是还没有倒腾过来呢。

看到小方空着双手,老唐这心才放了下来,反正不拿现金,东西是别想拿走,话再说回来,拿了现金,拿走的物件那也指定是假的,这俩真玩意儿,就是钓鱼用的。

小方一进门,也没废话,直接指着两把椅子说道:"唐师傅,这俩椅子我要了,这就给您取钱去,您可要给我留好啊……"

"哎,这不合适吧,刚才那位不是说要我给留着吗?"

老唐一听小方的话,这心里乐上了,正主儿没上钩,这来了个替死鬼,不过他做这买卖,可不是看人下菜碟,有人给他钱就卖,糊弄谁不是糊弄呀,这可是东边不亮西边亮啊。

这又不是在店铺里卖东西,像掏老宅子这种行为,古玩行的规矩是,自己看走了眼,可不准找后账的,话说老唐也不怕面前这小子找后账,这已经是第三批上钩的了,再卖两把椅子,就换地,反正不在北京城待了。

"老唐师傅,您这话说得可就不对了,东西是您的,您只管卖东西,谁买不是买啊?话说我前几次来,你可没把这物件拿出来啊,怎么着,是看我出不起钱?瞧不起我小方?"

小方脸上一红,自己这事做的是有点不大地道,不过这到手的鸭子也不能让它飞了呀,要不是今儿那位主有事,这便宜哪儿轮得到自己来捡?

"不行,不行,我答应了那位先生的,我老头子都一把年纪了,不能言而无信啊……"老唐那大脑袋摇得像拨浪鼓一般,要是耳朵再大点,都能抽到脸上去了,他这是又进入状

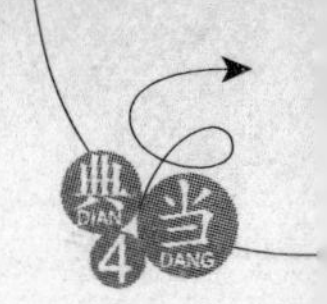

态了，既然有人上赶着要买，那就不能卖那么便宜了不是？

“老唐，我出十八万，这样总行了吧？”

要说小方还是年龄小，嫩了一点，他就没看出来，刚才庄睿神色有异，还怕庄睿转回头取了钱真来买呢。

“这不太好吧？”老唐的脸色变了变，似乎有点动心了。

“我说唐师傅，就您这两把破椅子，能卖十八万就不错啦。这年头，下岗工人一个月赚千儿八百的，都笑得屁颠屁颠了，您还有啥好考虑的？”

小方边说话，边掏出包中华烟来，这次是红皮带华表的，他这是装在身上充门面的，自己平时抽的，是在另外一个口袋里的中南海。小方递给老唐一根之后，干脆把整包中华烟都放到了桌子上。

“成，那我也就豁出这老脸皮去了，不过你要快点啊，那小伙子再来，我还是要卖给他的……”老唐脸上的肥肉一阵颤动，狠狠地咬了咬牙，下了决心。

“最多俩小时，您可要等我回来啊……”

小方一听老唐松口了，出了巷子打了个车就往家里奔，这两年他也存了五六万块钱，加上父母的积蓄，小二十万还是有的。回到家之后，把几张存折翻出来，紧接着又往银行赶。

取了钱赶到老唐家之后，天色已经麻麻黑了，老唐门口的那门帘子和窗帘子又都放了下来，只留下屋里那个萤火虫般的小灯泡，向外散发着微弱的黄色光芒。

“老唐师傅，钱都在这了，一共十八万，您可查好喽……”

小方把装满了钱的提包，放到老唐那张床上，十八刀捆扎得整整齐齐的人民币，在床上垒得老高。

“哎，不用查，我老头子信得过你……”

老唐嘴里这么说着，那双手却是熟练地拆开了银行的封条，一张张地数了起来，他自己就是个套儿爷，这要是再被别人下了套子，笑话可就大了。

“没错，小方，椅子在那，你搬走吧。哎，快点搬走，我这看着心里不落忍，对不起祖宗啊，对不起先人啊……”

老唐把床上的人民币收起来之后，指了指没动地的两张椅子，又开始表演上了。都说演员要哭的时候，手里拿着辣椒面儿，趁人不注意的时候往眼睛边上一抹，马上就能掉眼泪，但是这老唐啥都不用，说哭就哭，眼瞅着眼泪就顺着两颊流了下来。

“嗯，那唐师傅，我就先走啦，您多保重身体，拿了钱也去给老婶子看看病，整天喝中药也不是个办法。”

小方把钱倒床上之后，就爱不释手地在那两张椅子上来回抚摸着，那动作比摸女人身体还要陶醉一百倍，这哪是木头做的啊，整个就是黄金打造的。

一看这老唐说话带着哭腔了，小方干脆一个肩膀扛了一个，把这两张分量不轻的椅

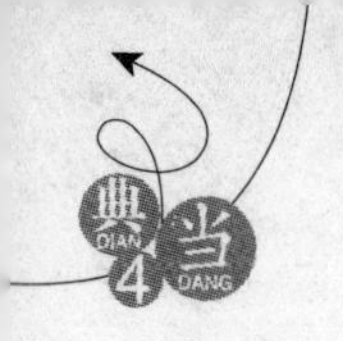

子给扛了起来，拔腿就往外走，刚才叫的出租车还在巷子口等着自己呢。

小方也顾不得巷子里那污泥脏水了，一溜烟地窜了出去，到了巷子口，小心地把椅子放到后车厢里，边沿处都是拿车厢那红毯子给垫上了，生怕磕着碰着了。

“起来了，麻利点，咱们也要走了……”

小方这前脚刚走，老唐就在屋里子忙活起来了，一边拿着手机拨着电话，一边往内屋喊道。

“你这死鬼，花了八百块钱租了间屋子，足足赚了三四十万了吧？”

屋里响起了女人的说话声，等人走出来时，原本披散在面前的头发，已经是捋到脑后去了。这哪里是老太婆啊，分明就是个三十多岁的小媳妇，边说话边厌恶地把身上那土不拉叽的衣服给换下来。

这人整天守在这里也是无聊嘛，庄睿他们第一次来敲门的时候，老唐可正和这小娘们儿做运动呢。

小方出门十分钟后，巷子门口停了辆双排座的小货车，下来俩小伙子，把老唐屋里头的真假官帽椅都给搬上了车，一溜烟就没影了。

第四十五章　国宝出世

东西搬走后，刚才那头发乱的像鸡窝似的女孩，也拎着个箱子从门里走了出来，和另外一间屋里出来的文艺小青年，还有穿戴已经是焕然一新的老唐二人一起，离开了这四合院。

要是小方看到这一幕，保准会气得吐血，因为他曾经向旁边两户都打听过，这老唐是这里的老户，住了几十年，他怎么就没有想到，这纯粹就是蛇鼠一窝，早早就下好了套的。

当然，这会儿小方正喜得屁颠屁颠地把椅子往家里搬呢，几十斤重的玩意，他一人扛俩跑上五楼，都不带喘大气的，这心里美得像是吃了蜂蜜一般，思量着拿了一百多万要找个啥样的媳妇呢。

且不说鬼迷心窍的小方，庄睿东西没买成，虽然心中有些郁闷，但也算是长了见识。晚上在家里吃过饭后，他拿了两盒从外公那里顺来的茶叶，开车直奔古老爷子家，这眼瞅着距离外公大寿越来越近了，庄睿也想看看古师伯雕琢的那物件出来没有。

“你这臭小子，一来准没好事，是想着你那块杂色玉料吧？”

古老爷子住的这四合院，居然装有暖气，进到屋里之后，庄睿就把羽绒服给脱了下来，顺手将茶叶放到桌子上。

“嘿，师伯，我这不是专程给您送茶叶来了嘛，您要是不要，我就拿走了呀……”

庄睿从桌上拿起那两罐茶叶，作势就要往包里塞，在认回外公那门亲人之前，庄睿的长辈不多，刘川父母算是，另外就是古师伯和上海的德叔了。

在他们面前，庄睿总是特别放松，偶尔也会放肆一下，这种感觉，就算是在几个舅舅面前，也是很少有的，原因就在于那几位久居上位，身上有种生人勿近的气场。

“嗯，龙井，行，算你小子有良心，等着，我冲泡一杯去……”

古老的爱好，除了雕琢玉器和鉴赏玉器之外，就要数品茶了，庄睿每次来他这小院，在天气还不冷的时候，总能见到老爷子端套茶具在院中假寐，知道他好茶，庄睿才拿过来这茶叶。

古老一边用水壶里的热水，在门口处冲洗着茶具，一边向庄睿问道：“这茶是从你舅舅那拿的吧?"

"不是,拿我外公的……"

庄睿老实回答,他虽然玩收藏,也曾经搞到过一套朱可心的紫砂壶,但是对喝茶真的不是很喜欢,主要是嫌太麻烦,没有一定心境的人,是静不下心来泡茶的。

"哦?这可是明前龙井啊,不行,得换套茶具……"

古老听到庄睿的话后,打开茶叶罐放到鼻尖闻了一下,脸上顿时堆满了笑容,将手里正在清洗的紫砂茶具放到一边,回里屋拿出了两个玻璃杯来。

"你小子,没事多给师伯带点这东西来,我也沾沾那老人家的光……"

将茶具冲洗好了之后,古天风用电水壶接了一壶纯净水,插上电烧了起来。

庄睿嘿嘿笑着,道:"师伯您可劲地喝,喝完我再给您拿去……"

古天风没好气地瞪了庄睿一眼,说道:"你以为这是白菜叶子啊,菜市场都卖的。这玩意儿有钱都买不到,你外公那里,估计也是定量供应的,这可是明前龙井啊……"

听老爷子这么一介绍,庄睿才知道,敢情就这么两罐茶叶,那价值都在数万以上了。这龙井茶在清明前采制的叫"明前",谷雨前采制的叫"雨前",向有"雨前是上品,明前是珍品"的说法,并且这茶叶"早采三天是个宝,迟采三天变成草"。

龙井位于西湖之西翁家山的西北麓,是一个圆形的泉池,大旱不涸,古人以为此泉与海相通,其中有龙,因而称为龙井。真正的龙井茶其实并不多,只有龙井泉周围的数棵,产量稀少,在古代就作为贡茶的,市面上的那些,大多都是产地在狮峰、龙井、云栖、虎跑四地。

等水烧沸之后,老爷子小心地用茶叶勺挖出三四片茶叶,分别放到两个玻璃杯里,倒入了小半杯沸水后,把杯子晃了晃,将水倒出,然后才往杯中注入了三分之二的水,老爷子把杯子端到鼻尖,狠狠地嗅了嗅,有如顽童一般。

庄睿也端起了杯子,但见芽芽直立,汤色清冽,幽香四溢,整个透明的玻璃杯都被渲染成了绿色,学着老爷子闻了一下,顿时香气直入胸肺,脑中为之一明。

"小庄,你看这茶叶,是不是一芽一叶啊?这俗称'一旗一枪',为茶中极品。我那老儿子也经常孝敬我些茶叶,比你这可就差远了……"

古老爷子边说话,边端起茶杯,像是在欣赏艺术品一般,一边看一边夸着。

"师伯您爱喝,我以后经常给您淘弄点来就是了。对了,师伯,上次那块杂色的玉料,您老雕琢出来没有啊?"

庄睿今儿来的目的就是这个,看到老爷子光是和自己带来的茶叶较劲,庄睿只能出言问道。

古天风笑了笑,说道:"呵呵,我还想夸你小子变沉稳了呢,还是沉不住气吧,东西做好了,就在这屋里,你自个儿没看到罢了……"

"在这屋里?"

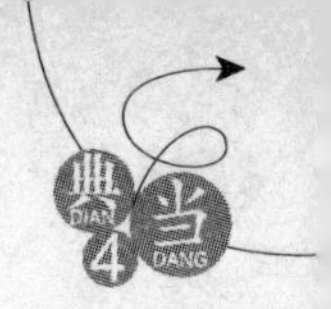

庄睿见到老爷子说完之后就不搭理自己了，由不得站起身来，仔细在屋里瞅上一圈。

古老住的是个小型四合院，他这堂屋并不是很大，中间摆放的桌子上，除了茶壶杯具之外，就是那两盒茶叶了。

“咦？不对！”

庄睿眼神从桌子上扫过，刚挪开就感觉到自己似乎遗漏了点什么，重新看过去，才发现在桌子上还摆有一个盛放水果用的托盘。

托盘里有些新鲜的水果，提子、葡萄、樱桃、香蕉、苹果，还有剥开的石榴，那一粒粒红瓤，让庄睿看得颇为心动，自己可是好几年没吃石榴了，不过托盘里最显眼的，却还是两个粉红色的寿桃，每个都有拳头大小，在灯光下粉中透白，上面的细绒毛都清晰可见。

这大冷的天，也不知道谁给老爷子整来的这些水果，不过现在都有大棚种植，冬天见到这些物件，倒也不稀奇了，庄睿也只是好奇地看上一眼，就把目光挪开了，继续在屋里搜寻着。

“师伯，您又逗我不是，这屋里哪有什么物件啊？”庄睿找了半天，都没看到他那个玉料，这堂屋摆设简单得很，除了桌椅，就是门口洗脸的水盆架子了，连个柜子都没有。

“哈哈，你小子，睁眼瞎！”

古老爷子听到庄睿的话后，高兴得哈哈大笑了起来，像是做了件很得意的事情。

“睁眼瞎？”

庄睿愣了一下，猛地明白了过来，眼睛立即看向刚才打量过的那个水果托盘。

“这……这是用那块玉料雕琢出来的？”

庄睿简直不敢相信自己的眼睛，刚才他虽然没用灵气凝视，但是也看到那粉红色的桃子上，似乎连绒毛都没洗净，并且有的水果上面，还有着水迹，这也是他当时没有多注意的原因之一。

“还真是的！”

等庄睿颤抖着双手，摸在那托盘上面的时候，这才发现，连这托盘，居然也是一块整玉雕琢而成的，而上面那些子香蕉、苹果、寿桃之类的水果，全都是假的。

庄睿细数了一下，紫、绿、黄、黑，白、红、粉数种颜色，几乎每种色彩都被利用了起来，每种颜色都是物尽其用，看似杂乱，其实却是条理分明，栩栩如生，让庄睿刚才都看走了眼，这种雕工和奇思构想，堪称是巧夺天工。

“啧啧，师伯，这真是太不可思议了，您这手艺，绝对是冠绝天下啊……”

庄睿一边看着，嘴里一边情不自禁地赞叹着，水果本来就可使人延年益寿，加上这两个寿桃，更是好兆头。庄睿可以断言，把这东西送给外公作为寿礼，肯定是独一份的物件，没人能比得上的。

古老爷子从庄睿手中接过这个果盘摆件，眼中满是不舍，语气唏嘘地说道：“好手艺也要有好料子，小庄，这东西是我的封门之作，以后，我就不再雕琢物件了……”

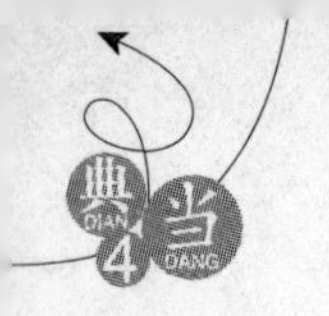

自从拿到这块料子，古天风是绞尽脑汁倾尽全力，花费了整整三个多月，才将之雕完，耗费了无数的精力，当这个摆件完工之时，他也感觉到，自己的身体大不如前了，这也是他一生中最为满意的作品，刚才庄睿的反应，也让老爷子极为满意。

“师伯，您还不老啊，再干个十年都没问题……”

庄睿听到古天风的话后，微微愣了一下，继而反应了过来，看向老爷子时，发现他脸上居然有了几块老人斑，皱纹也多了起来，比之自己在南京初见时，苍老了许多。庄睿知道老爷子为了这块玉料，恐怕是殚精竭虑，消耗了不少心神。

庄睿心中不由有些愧疚，这半年多来，连着找老爷子给雕琢了不少物件，自己是该找个机会，用灵气帮古师伯梳理下身体了。

“老了就是老了，又不是要死了，有什么不能承认的啊，以后少管点事情，还落得个清闲呢，没事还能出去看看老朋友。再干十年，想让我老头子累死啊？”

老爷子笑骂了庄睿一句，把手中的摆件放回到了桌子上，虽然心中还有些放不下自己奋斗了一辈子的行当，但是能在晚年雕出这么一个物件，古天风心里还是比较自豪的，这东西放在什么年代，那都是传世之作。

庄睿拿起这尊玉石摆件，前后观察了一阵，发现老爷子并没有在这物件上留下他的标志，于是说道：“师伯，这物件我先不拿走，您在底座这里刻个您的钤印吧，一定要留！”

“好，算我没白疼你这小子……”

老爷子听到庄睿的话后，高兴地笑了起来。没有人不愿意在自己经手的物件上留下自己的名号，尤其是这种一经问世，必然轰动的作品。

这要是一般的物件，古天风都不会问庄睿，自己就会留名，因为那样会使这东西价值倍增。但是像这尊摆件，实在是过于珍贵，所以他没有贸然动刀留下自己的标志，此时听到庄睿的话，不禁是老怀大慰。

“师伯，今儿去掏老宅子，算是长了见识了……”

庄睿陪着老爷子又说了会儿话，把今儿掏老宅子的遭遇说了，当然，他没讲自己是用灵气看出旁边屋里有假物件的，而是说不小心推开门看到的，古老爷子一听，就哈哈大笑了起来。

“六十多岁的年纪？嘿，那说不好是解放前传下来的门道……”古天风是老北京，对这些骗术颇为了解，当下给庄睿讲解了一番。

在解放以前的江湖上，有蜂、麻、燕、雀四大门，另外还有金、皮、彩、挂、平、团、调、柳八小门，“门”指的就是江湖行业。

所谓蜂，也作风，指的是一群人蜂拥而至，协同行骗；作风讲，大概是形容速战速决，如大风席卷吧。而麻，也作马，指的是单枪匹马的个人行骗。燕，也作颜，指的是以女色为诱饵进行行骗。雀，也作缺，指的是一帮人花钱买官缺，然后大捞一笔。

至于八小门，就多为一些跑江湖吃手艺饭的了，比如金门，又称为“巾门”，是从事算

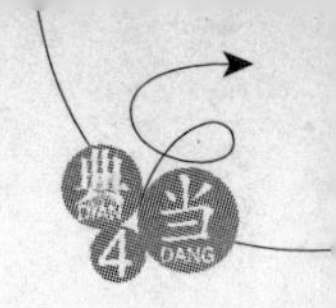

卦相面等生意的江湖术士的总称。评门,就是说评书的行当。杂技艺人的行当江湖上称为“彩门”。走马卖解、要武艺之类被称为“卦门”。

总的来说,四大门纯粹就是捞偏门的骗术门道,而八小门则是靠手艺吃饭。在二十世纪八十年代的时候,八小门还很盛行,马路边上那些耍猴把戏的,都是其中“卦门”所为。

“你小子运气算是不错,要不然你肯定要栽个大跟头,这是风门的做派,估计旁边几户人家,都是下套子的,等你买了物件,那院子估计也就空了……”

这事还真是让古老爷子给说准了,那个四合院,现在早就连个人影都没有了。

庄睿本来还想着明后天再去看看呢,听老爷子这么一说,也打消了这心思。这俗话说买的没有卖的精,别人就是吃这口饭的,自己想占便宜,估计没那么容易。

“师伯,这天忒冷了,晚上不走了,在您这过夜,有地方睡没啊?”

庄睿看到老爷子这会儿脸上已经现出倦容了,他想等老爷子睡着了,帮他梳理下身体,从帮外公治疗的效果看,这灵气虽然不能彻底治愈一些疾病,但是可以有效地缓解人体机能老化,对于老年人,效果也相当好。

古老没有多想,指着堂屋旁边的房间说道:“房子多的是,喏,我睡那边,你去偏房睡吧,小云他们来了都是住在那里的,东西都是现成的……”

第二天回到四合院的庄睿,已经把那个果盘玉雕摆件带了回来,因为经过他灵气梳理的古老爷子,第二天一起床,就感觉神清气爽,状态十分好,于是用了半个小时的时间,就在摆件底部留了自己的款,交给庄睿带走了。

后面几天庄睿就比较清闲了,欧阳军忙着自己的婚事,也没空再来骚扰庄睿,接连几天,庄睿都是在自己的宅子里看书复习,偶尔陪着白狮在园子里散散步。

天气变得越来越冷了,这几天居然下起了大雪,整个四合院里面白雪皑皑,亭子假山还有池塘边,都像是穿上了白衣,池塘里的荷叶也枯萎了,要等到明年开春,才能重新生长。

走出门,院子里的积雪,都有齐膝深,郝龙正拿着铁锹在铲雪,小囡囡看到雪,那是和白狮一样的兴奋,穿得像个小棉球似的,拉着父母和庄睿在院子里堆起了雪人。

冬天对人而言,是有些难过,但是白狮却是愈发的精神,它本来就是雪山之王,身上那层厚厚的毛发,可以在零下几度的雪地里安然入睡,足以抵挡住严寒。站在院子里雪地上的白狮,如果不动弹的话,就像是与这天地融合在了一起。

不过看着体型越来越大的白狮,庄睿也有些挠头,白狮现在虽然还不到一岁,可这再过两年,就要给它找媳妇了呀,只是看这情形,能配上白狮的母獒,那还真是不好找,说不定到时候还要带它去趟西藏,看看能不能找到合适的母獒。

悠闲了几天之后,庄睿又开始忙了起来,先是欧阳军的婚礼,把他拉壮丁去做了伴郎,这可是把庄睿折腾的不轻。

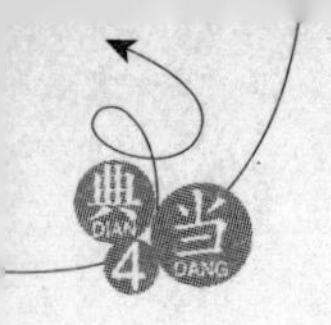

因为欧阳军竟然请了美容师，自己打扮完了不说，又在庄睿脸上扑腾了半天，也不知道是搽粉还是抹什么，看起来居然有点小白脸的潜质了，搞得庄睿很是郁闷，对那不男不女的美容师更是不满，放着新郎官不好好伺候着，和自己这伴郎较个什么劲啊。

婚礼是在钓鱼台国宾馆举办的，虽然去的人不是很多，但是规格相当高，庄睿在电视上经常看到的一些身影，今儿都算是见到真人了。

虽然有些老头儿都已经退下去了，但是这些人在位的时候，手里头不知道握着多少人的前途命运，一举一动都带着威严，这婚礼的气氛由此也稍显有些凝重。

另外还有新娘的一些朋友，都是影视圈里的大腕，这要是换做一年前的庄睿，指不定就会拿个本子挨个去要签名呢。不过现在的庄睿对这些都习以为常了，随着身家的不断上长，和白捡了个欧阳罡外孙的身份，庄睿也变得愈加沉稳了起来。

只是庄睿虽然对这些人没兴趣，架不住有不少女客对他这伴郎感兴趣，尤其是那些娱乐圈和商界的名媛，少不得要打听下伴郎的身份，是否有女朋友之类的问题，搞得庄睿烦不胜烦。

“好吧，就算我十几岁的时候看电影对你蛮感兴趣的，可是大姐你今年都过了四十了啊，脸上的皮肤都快松弛了，还来问哥们要名片……”庄睿在摆脱一位老牌女星之后，躲在角落里是直擦冷汗。当然，那些话也只能是在心里想想，说出去就忒打击人了。

不过这些女明星们还真是身体好，大冷的天居然都穿的裙子，那开胸是一个比一个低，更有位穿旗袍的，分叉都到了腰间了，黑色的小底裤，颇是诱人遐思。

庄睿看得心头火热，倒也不着急，明儿回彭城参加完刘川的婚礼后，马上就要去香港，因为雷蕾外公家里在香港摆酒，秦萱冰是要回去的，虽然只有一天的时间，但那也总比庄睿每天晚上对着电脑视频倾诉完，心火难耐的时候摆弄五姑娘强吧。

今儿来的人，都是大有身份的，不至于灌酒闹场，欧阳军找了个跟班倒酒，庄睿这伴郎倒是清静了下来，摆脱了几位明星名媛之后，躲在一个不起眼的桌上自顾自地吃喝了起来。

“我说老弟，你在北京定居了，也不知道给老哥打个招呼啊……”

庄睿吃饱喝足之后，正思量着是喊着姐姐、姐夫一起走，还是自己先开溜的时候，猛地感觉到，肩膀被人从后面拍了一下。

“嘿，是宋哥啊，您看我这段时间忙的，都糊涂了。宋哥，明儿去家里……明儿还不成，大川那小子结婚，我还要赶回彭城。过几天我给您电话，去家里坐坐……”

庄睿回头一看，原来是宋军，这可是老熟人了，连忙从口袋里掏出烟来，给宋军敬上了一根。他这段时间在北京没找宋军，做的是有点不对，早先还说要去看宋老爷子的收藏呢。

“嗯，刘川那小子前段时间来北京的时候，也给我送帖子了，不过我是没时间回去了，一到冬天，家里老爷子的身体就有点反复，我要留这边看着点，回头我给你个红包，帮我

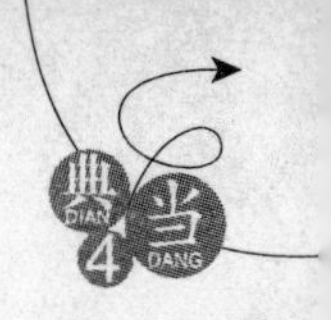

带给刘川吧……”

宋军说话的时候，脸色有点黯淡，家里老爷子的身体不好，对他们而言，那影响是非常大的，这些老家伙们，别管人是清醒还是迷糊，只要是还在这世上，那就有着一定的震慑力。

“行，您走不开就算了，我帮您把话带到，等我回来，也去看看老爷子……”

庄睿虽然不大关心政治，但是经常会从外公嘴里听到宋老爷子的名字，知道两家关系很不错，他是想找机会也帮那老爷子一把，只是这事要费点儿心思，否则自己见一个，这身体就好起来一个，难免会引起别人的遐想。

“老爷子这身体要是不能好转，明年的缅甸翡翠公盘，我可就去不了了。对了，老弟你决定了没有，去还是不去？马胖子前几天还给我打电话说起这事呢……”

宋军一趟平洲之行，倒是和马胖子交成朋友，当然，这里面也有马胖子刻意结交的原因，从平洲回来之后，两人经常联系。

“去。不瞒您说，我在北京接手了一家珠宝店，现在正愁翡翠原料呢，这缅甸说什么都要跑一趟了，正想着这几天问问您去不去呢……”

庄睿已经打听清楚了，此次缅甸翡翠公盘的时间是从明年的1月1号到1月7号，总共一个星期的时间，而庄睿研究生的初考，在一月下旬，两者之间的时间并不冲突，再加上秦瑞麟京城店原料紧缺的压力，他已经决定要去缅甸一行了。

宋军苦笑着摇了摇头，说道：“我到时候要看看老爷子的情况，能不能走开，现在说不定，到那会我再给你电话吧……”

宋老爷子就是宋家的擎天柱，要是老爷子不在了的话，宋家虽说不至于马上落败，但是影响力肯定会大不如前的。

参加完欧阳军的婚礼，庄睿马不停蹄地赶场到彭城，参加刘川的婚礼，借着刘川结婚，和一帮子老同学聚了一次，这场合就不像是在北京了，庄睿被一群同学灌得是找不到东南西北了，以至于登上去香港的飞机时，人还有点晕乎乎的。

这次到香港的庄睿十分低调，除了在雷蕾婚礼上露了下头，跑到教堂里见识了一下西式婚礼，听了一番什么你呵护我、我照顾你一辈子之类的套话之外，就和秦萱冰一直都待在酒店里，宣泄着自己的热情。

登上回北京的航班时，倒是没有醉酒，只是走路的时候，那两腿有点发软而已。

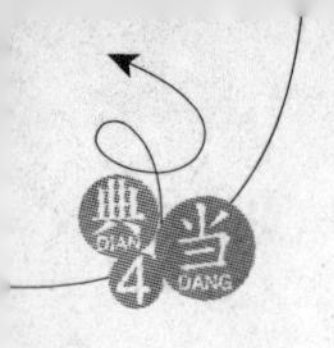

第四十六章 再创奇迹

“小睿，把那灯笼再挂高一点，对，对，再往上一点，偏了，你扶正点呀……”

在玉泉山欧阳老爷子住的小院里，此时充满了喜庆的气氛，庄睿站在梯子上，正在老妈的指挥下，在院门口挂着红灯笼，灯笼上都写了个大大的寿字。

明儿就是老爷子的九十大寿，这几天庄睿都在这边忙活着，今儿一大早欧阳婉感觉几个灯笼挂得低了，把儿子拉起来又重新给挂上。

虽然老爷子身边工作人员不少，但这事，做儿孙的自然要尽一份力才对，不单是庄睿，就连欧阳磊也是抽点时间就跑过来，这院子里到处挂了红灯笼，张贴了寿字，比欧阳军结婚还要喜庆好多。

“哎，哎，囡囡一边去，去找鹏鹏哥哥玩，别在这捣乱……”

庄睿挂好灯笼，正要下来，却发现下面有个胖乎乎的小家伙，正顺着梯子边，准备往上爬呢。庄睿口中的鹏鹏，是欧阳磊的儿子，今年十九岁，去年出国读书了，不过现在也赶了回来，他可是玄长孙啊。

在囡囡这一辈里，就数她最小了，另外欧阳龙和欧阳路的儿子女儿，也都十来岁了，老爷子的身子骨要是能再撑几年的话，五世同堂那也不是不可能的。

原本欧阳罡身体各项机能退化的厉害，本来这个年都很难撑得过去，谁知道认回女儿之后，老两口的身体奇迹般地发生了转变，不但身体机能得到了恢复，一些旧疾也莫名其妙地在好转。

正应了那句老话，心情好，胃口就好，这老爷子每天都能出去遛弯半个小时，看得欧阳罡那些只能坐在轮椅上的老伙计们，是眼红不已啊。当然，背后肯定也是有骂老不死的，这年头，有人的地方就有斗争嘛。

欧阳家族的重新崛起，已经是不可阻挡的了，随着老大欧阳振华在刚结束的那场权利分配中进入了中枢，似乎也不需要像以前那般低调了，所以几兄弟商议了一下，决定给老爷子好好操办下九十大寿，这也无不有点显示肌肉的意思。

这一个多星期来，几乎每天都有人来玉泉山看望老爷子，这些人都是没有资格进入

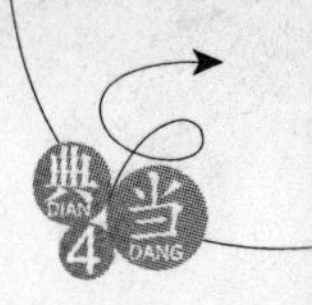

老爷子的寿宴中的，或者有些是老爷子家乡现在的父母官，这不是代表家乡人民给老爷子祝寿嘛。

总之是稍微有点关系，八大姨九大姑能打到一竿子的人，都一窝蜂地涌上来了。庄睿这些天算是长了不少见识。

甚至有天庄睿带白狮在外面散步的时候，都被人给堵上了，那人一作自我介绍，居然还是位副省长，二十年前在某军工单位做技术员，老爷子视察那单位的时候，曾经夸奖过他，这也巴巴地赶来给老爷子祝寿了，让庄睿听的是哭笑不得。

把调皮捣蛋的小公主，交给欧阳磊的儿子之后，庄睿擦了把汗，这一大早就爬上爬下的，居然给折腾出汗了。

“庄睿，过来，过来……”

“谁喊我？”

庄睿愣了一下，回头看去，欧阳军站在院子门口，一个劲地冲他摆手呢，嘴里还小声说着：“别嚷嚷，过来啊。”

庄睿看着好笑，走过去，道：“四哥，这是咱们家啊，您这演的是哪一出？像做贼似的？”

前段时间欧阳军借口新婚，带着大明星满世界转悠去了，不过临近老爷子大寿，他胆子再肥，也不敢不回来，只是这小时候的阴影太深，每天都是趁着老爷子午休或者是睡了觉才来帮忙，今儿一大早就跑来，倒是有点儿稀奇。

“什么做贼，我至于嘛，这不是怕打扰了爷爷啊……”

欧阳军一把拉着庄睿出了院子，嗓门也变得高了起来，话说这世上除了老爷子，还真没他怕的人了。

“什么事？您说，不帮忙可别添乱啊……”其实也没什么要忙活的，主要是大家都忙起来，有个喜庆的感觉罢了。

欧阳军四周看了一眼，小声地说道：“晚上有个应酬，你陪我去下……”

“应酬？四哥，您那些朋友我都不认识，有应酬拉我去干吗啊？”

庄睿有些不解地问道，他从买了四合院之后，连欧阳军的会所都没去过了。

对于那些地方，庄睿不是很适应，或者说是不习惯吧，庄睿总感觉，去那里的人，脸上似乎都带着几层面具，对着你的时候可能趾高气扬，转眼看到别人，那就变得奴颜婢膝，满面谄媚了。

“这……问那么多干吗，反正你跟我去就是了。对了，你嫂子一会儿就过来，要是问你这事，就说晚上咱们哥俩去谈四合院的事情……”

欧阳军被庄睿问得一愣，继而开始不讲理了，他也是被逼得没办法了，大明星在旅游的途中发现怀孕了，这段时间情绪很是不稳定，整天都要欧阳军陪着，搞得这浪子有点吃不消，今儿想去放松一下，于是就想到拉庄睿做挡箭牌。

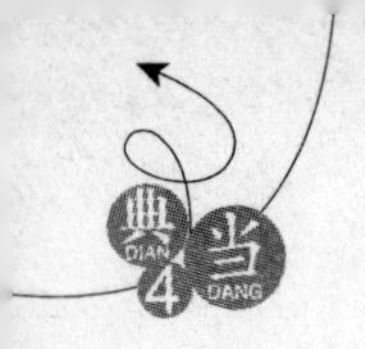

不是他不想找别人，只是徐晴对他的那些朋友都不太放心，怀孕的女人比较敏感，欧阳军也不想搞得夫妻不和，而庄睿在众人眼里一向都是老实孩子，所以就成了欧阳军的不二人选。

庄睿看到欧阳军还要纠缠，连忙举起手，道："行，行，我答应了还不行啊，您忙去吧……"

中午吃饭的时候，欧阳军果然带着徐晴来到玉泉山，刚怀孕的大明星身段还看不出来，只是比以前丰满了一些。吃完饭后，欧阳军没话找话地将话题引到了他买的四合院上，然后又对徐晴说下午要去看看进展，晚上请别人吃顿饭。

"小睿，那院子可要建得精致点，安全上也要多注意些，那人是你朋友，你就多操心一点啊……"

大明星果然不疑有他，交代了庄睿几句，她本身就是个公众人物，每天不知道有多少狗仔队的人等着拍她的照片呢，所以对住所的安全隐私方面，极为看重。

"行，嫂子你放心吧，我那朋友干的活，一准错不了……"

庄睿趁大明星没注意，没好气地瞪了欧阳军一眼。他算是知道了，这好人都是这样被拉下水的，不过他刚才的话回得也很顺溜，没一点儿磕绊的。

被欧阳军拉出了院子之后，庄睿上了自己的车，对欧阳军说道："四哥，下午您自个儿忙去吧，我还有事呢……"

"行了，晚上我给你电话，咱们一起吃饭，省得你嫂子不放心……"

欧阳军说完之后，开着自己的车一溜烟地跑掉了，庄睿哭笑不得地发动了车子，这都什么人啊，怕别人不放心，您别出去鬼混不就完事了。

庄睿下午还真是有事，他和宋军约好了，要去看望下宋家老爷子。那老爷子原本也住在玉泉山的，只是这两个月病重，一直都待在医院里，庄睿昨儿和宋军联系了，今天说好了要去看看的。

"宋哥，这地儿还真是够难找的，宋爷爷这会儿醒着呢吧？"

庄睿驱车赶到解放军301医院，只是宋老爷子住的并非是普通病房，而是医院后面一排别墅式的建筑，清一色的红色小楼，在他车子进入这里的时候，经过了好几道盘查，一点都不比玉泉山的警卫松，最后还是给宋军打了电话，才得以进去。

"没有，早上醒过来一会儿，其余时间都在昏迷着，恐怕爷爷是躲不过去这一关了……"

宋军双眼有些发红，他是老爷子亲手带大的，感情极深，这些年被老人家连抢带拿的搞走他手里不少好物件，宋军虽然嘴上喊得凶，其实心里看到爷爷高兴，根本就不在乎那些玩意儿。

庄睿拍了拍宋军的肩膀，问道："我能看看宋爷爷吗？"

"站在门外从玻璃那看下吧，老爷子的身体很虚弱了，你要是想进去，恐怕还要消毒什么的，别麻烦了……"

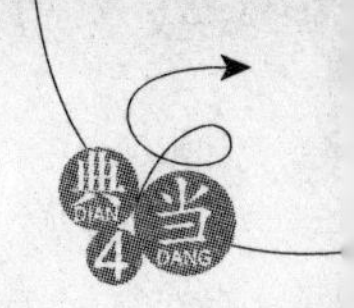

宋老爷子的这个病房，外面是个客厅，除了宋军之外，还有一位值班医生，而在病房里面，同样有一个值班的护士，老爷子但凡出现一点情况，马上就能得到救治。

走到病房门前，庄睿透过那个玻璃向里看去，当下松了一口气，还好，这病床距离房门没有超出十米，否则的话，庄睿就要想办法进入里面去了。

病房里摆放了不少的医疗仪器，在床头更是放着一个氧气罐，两条白色的管子插在病床上老人的鼻子里，那位护士坐在距离老爷子三米多远的椅子上，眼睛盯着床头的心电监护机，并且不时地做着记录。

看着病床上仅露出一张脸孔的宋老爷子，庄睿也是感到心有戚戚，这老爷子可是一位出名的儒将，在战争年代就曾经写出过不少脍炙人口的诗文，解放后更是对军队文化建设工作，作出过很大的贡献。

只是如今宋老爷子也逃避不了岁月的侵蚀，以往那张杀伐决断的脸上，现在已经是瘦得两边颧骨清晰可见了。

看着病床上的老人，庄睿心里不禁有些感慨，这人无论年轻的时候多么风光，到老终归还是要归于黄土。那八宝山上不知道埋葬了多少生前武功赫赫的大将军，如今只能领受后人的鲜花香火。

庄睿用眼睛的余光看了一下，宋军这会儿正与房间里的医生低声交谈着，应该是在讨论老爷子的病情，没有注意到他，连忙侧了下脸，对着病床上的老人，释放出眼中的灵气。

由于庄睿不知道老人是什么毛病，所以并没有什么针对性，只是一股脑地将灵气从老爷子的胸腹间传了进去，而且用量十分多，这老爷子的身体，简直就像是个无底洞一般，庄睿的灵气刚渗入到他的皮肤内，就消失无踪了。

"庄老弟，你有这份心，哥哥心领了，这生老病死，也是人之常情……"

等庄睿回过头来的时候，还没来得及擦拭脸上的泪水，就被宋军看到了。见到庄睿悲伤的样子，宋军眼中也噙着泪水，拿出一张纸巾递给了庄睿，不过庄睿这哥们的表现，让宋军大为满意，这才是能交的朋友呢。

"奶奶滴，哥们为啥每次做好事，总是做得泪流满面啊，而且还真像雷锋叔叔一样，做了好事还不能留名……"

听到宋军的话后，庄睿不光是眼中流泪了，心里那也是委屈得想哭啊，这老爷子病得太重，庄睿几乎将眼中灵气耗尽了，就是恢复起来，也要好几天的时间。要不是看宋军的面子，和宋家与欧阳家族交好的份上，爱谁谁去，庄睿才不管这闲事呢。

"宋哥，我这也是想到了自家老爷子，说不定哪天也是这样了。唉，我就见不得老人受罪，宋哥，我先告辞了，我外公说了，这几天会来看宋爷爷的……"庄睿给自己找了个理由，这宋爷爷又不是他亲人，干吗哭的那么伤心啊。

庄睿不知道这灵气什么时候会发挥作用，自己还是先溜为妙，之后就算宋老爷子身

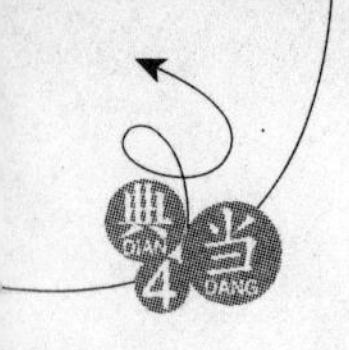

体好转,也没人会怀疑到他的头上,毕竟他只是隔着玻璃看了一分钟,就算是那些写小说的,想象力也不会如此丰富的。

在庄睿离开五个多小时之后,外面的天色已经黑了下来,今儿是轮到宋军看护老爷子,所以吃了份医院送来的饭后,有一句没一句地和医生聊着天。

而此时,那沉睡中的宋老爷子,忽然梦到半个世纪之前,那金戈铁马的战争场面,那爬雪山过草地时的艰辛,那一张张熟悉的战友面容,还有在他将刺刀扎入到小鬼子身体时,那清晰可见的狰狞面孔,这一幕幕,如同放电影一般,从眼前划过。

“杀! 杀!! 杀!!!”

病床上的宋老爷子,忽然抬起了双手,做着劈刺的动作,动作之大,将插入鼻孔内的氧气管都给拨开了,吓得坐在一旁的小护士,连忙站起身来,走到床前。

“爷爷!”

守在外面的宋军听到老爷子的声音,也顾不得什么消毒不消毒了,推开房门就冲了进去,他这是怕老爷子在弥留之际的回光返照,在冲到老爷子床头的时候,用手按下了摆放在床头的录音机按钮。话说老爷子一年前口述回忆录的时候,靠的就是这玩意。

“小军,你这孩子,哭什么啊,爷爷纵横沙场一辈子,许多老伙计早都不在了,爷爷现在死了也值了,宋家男儿流血不流泪,别哭……”

宋老爷子这一生,见过的生死离别实在是太多了,光是他亲手合上的战友的眼睛,都数不胜数,他也怀疑自己刚才梦到的情形,是回光返照的表现,不过老人家还是很镇定,往日的威严,又重新出现在脸上。

“爷爷!”

宋军早已是呜咽得说不出话来,双腿跪在老爷子床头,埋头大哭,那样子就像是受了委屈找大人告状的孩子一样,谁说是男儿有泪不轻弹,那只是因为未到伤心处。

“爷爷,您还有什么要交代的没有?”

宋军把录音机往老爷子床头推了推,这段时间老爷子是一会儿清醒一会儿昏迷,说话也是断断续续的,宋军是想趁着老爷子清醒,把该说的都说了,免得留下什么遗憾。

“没有了,你爷爷我这一辈子值了,死了之后,能给我盖一面党旗,能埋在我那些老伙计旁边就行了……”

老人家没有发现,自己说话的中气越来越足了,而且在以往,没有吸氧的情况下,根本就说不出如此完整的话来。

不过就算是发现了,宋老爷子也不会在意的,传说中的回光返照,那也能撑个几分钟的。他曾经就在战场上见过一人,身体齐腰被炸断了,愣是说了五分钟话,把老娘托付给战友,这才死去的。

正在这爷俩生死相别的时候,旁边的那个小护士,突然吃惊地指着那心电监护机,对跟着进来的医生说道:“吴医生,您看……您看,这……这不像是有事啊!”

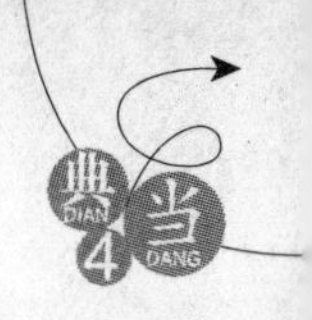

“别说话，忘了纪律了吗？”

吴医生不满地瞪了一眼小护士，他们是医护人员不假，但同样也是军人，在老人弥留之际，他们所能做到的，也就是多留下一点老人的音像了。呃，头顶上是有摄像机的，每隔一段时间，监控室里就会有人换卡带的。

“不是，您看首长的心脏，跳动得很稳健啊……”

虽然不是医生，但是小护士也见过不少心脏停止跳动，那仪器“嘟”的响过之后，画成一条线的，就是在弥留之际的人，心电监护机上那心电的波动，也会紊乱无比。

“嗯？”

吴医生看了一眼那仪器，脸上满是惊愕的神情，他原本也以为老爷子弥留在即了，并没有做出什么举动，想让他安静地交代完后事，不过看仪器上的反应，这事情和自己想象的不一样啊。

“宋先生，麻烦您先让一下，我要给首长做个检查！”

吴医生从后面抱开了跪在床头抽泣的宋军，让老爷子平躺之后，又在其手腕动脉处连接上一个磁片，发现老爷子的脉象也很平稳，虽然不说体健如牛，但也完全没有生命危险。

“去，通知院长，准备进行专家会诊……”

吴医生不知道老爷子身上发生了什么事情，居然能从病危的状态下，恢复得如此之好，但是他知道，这会儿不是研究医学奇迹的时候，连忙转头交代了小护士一声。

前后不过几分钟的时间，里面穿着军装，外面套着白大褂的医生，纷纷进入到房间里，对老爷子进行了全方位的检查，而宋军则是被请到了外面，一脸茫然，在听到小护士的解释之后，他才知道，敢情刚才白哭啦。

反应过来之后的宋军，马上拿起了手机，不停地拨打了起来。虽然还不知道老爷子身体的具体情况，但总归是往好的方向发展的，这事儿可是要第一时间通知到家人。过了半个多小时，病房外面的客厅里，已经是站满了满脸焦急，等待检查结果的宋氏族人。

“张院长，老爷子怎么样？”

在那病房大门打开之后，宋军的父亲大步迎了上去，此次专家会诊是由医院副院长领衔的，他也是国内著名的心电专家。

“首长的情况很好，但是情绪有点不稳定，我们给他打了一针，首长已经睡下了。你们放心，首长的身体正在康复之中，绝对不会有什么危险的……”

张院长皱着眉头向等待的众人汇报了一个好消息，但是看他脸上那神色，却是像老爷子马上不行了一样，这让等在外面的众人心里有些不高兴，这院长当得忒没水平了，如此大的喜事，说话连个笑容都不带。

“我们还要做出进一步的诊断，请大家不要喧哗，让首长好好休息……”

张院长交代了一句之后，带着众位专家匆匆离开了。这老爷子恢复得实在是诡异，

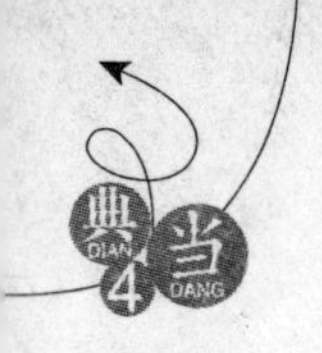

他要思考下，这报告究竟要怎么写，这可关系到许多老干部的身体情况，像宋首长这样的老同志，医院里还住了好几位呢。

"难道真像宋首长所说，在梦中遇到的那些老战友，赋予了他生命力？"

坐在会议室的张院长，脑中冒出了这么一个念头，虽然当时听宋老爷子说他那个梦的时候，张院长以为老首长在说胡话，但是现在想想，似乎也有可能啊，要不然怎么解释这位老人从病危中突然好转起来呢？

与会的专家们此时也是议论纷纷，但是说到最后，谁都拿不出有力的医学证据，最后只能归纳成俩字：奇迹！

"四哥，您这是要去哪啊？这都快要到廊坊了吧？还往前开？"

此时奇迹的缔造者，庄睿同学，正坐在欧阳军的汽车上，一脸无聊地看着窗外的白雪，这哥哥拉着自己吃了顿饭之后，就直接将车驶出了北京城，去哪里也不说，只是那脸上的笑容，有点儿蔫坏。

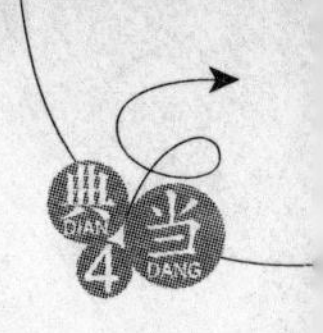

第四十七章 搂草打兔子

“哥哥还能把你卖了不成？今儿白枫那小子请客，说是要给你赔罪，顺便安排点节目，我这不就把你带上了嘛……”

欧阳军心里还有点纳闷呢，他不知道白枫向庄睿赔哪门子的罪，不过他也不是很关心这个，下面的节目才是最重要的。从大明星检查出身孕之后，欧阳大少可是有快半个月没过那啥生活了，着实憋的不轻。

“白枫？我和他没什么交情啊，向我赔什么罪？”

庄睿闻言也有些莫名其妙，“难道上次那个老宅子的套，是他安排的？”不过想想也不可能啊，自己和白枫又没有什么过节，不至于花费那么大的心思，安排个圈套给自己钻吧？

“说是上次介绍你掏老宅子的事情吧，我也不清楚，回头就知道了……”

说话间，欧阳军把车拐到一个岔道上，这地方倒是与他的会所有点相似，都是在乡间，并且路边都有着高高的白桦树，如果是在春季出来踏青倒是不错，只是现在这天气，大地都被皑皑白雪笼罩住了，没有什么景色可看。

白枫这处庄园，比欧阳军的那个会所要小了很多，门外那个穿着棉大衣的保安，应该认识欧阳军，见到他的车，马上打开了门，并且用对讲机通知了里面的人。

“军哥，庄老弟，欢迎啊……”

白枫从那栋三层的小楼里迎了出来，这次他对庄睿客气很多。在那天之后，他打听了下庄睿的来历，知道这是欧阳老爷子的小外孙，在老爷子面前的影响力，比欧阳军要大多了，不由很是后悔自己那天的态度，这才想着约了欧阳军和庄睿，加深下感情。

白枫的这套小楼装饰的有点欧洲风格，在大厅里搞了个壁炉，里面正烧着粗大的木头，不时可以听得木头烧裂的噼啪声。

白枫这壁炉搞得有点像北方的老炕，烧出的热气沿着墙壁内部环绕一圈，然后才将燃烧引起的浓烟，通过烟囱全部引了上去，屋里并无一丝烟味，反倒是异常的暖和。

在大厅的中间，还摆有一个两米多高的圣诞树，看到这东西，庄睿才想起来，没几天

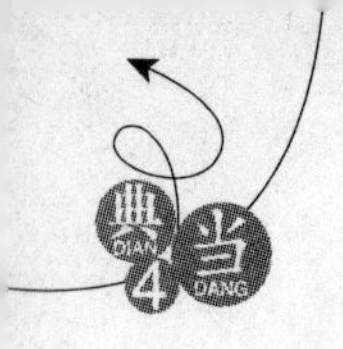

就是圣诞节了。这些年来，国内过圣诞和情人节的越来越多，对于年轻人而言，那俩节日比春节都快要重要了。

“来，这操蛋天气，打个边炉喝点小酒，是最舒服的了……”

进到厅里之后，白枫招呼庄睿和欧阳军坐到了壁炉旁边，那里摆了一张不大的餐桌，上面是个烧炭的铜制火锅，是那种上下两层可以拆开的，看这造型，估计也是个老物件，桌子上摆满了切好的牛羊肉生盘，还有两瓶五十六度的红星二锅头。

“嘿，别笑话老哥，我就好二锅头这一口，带劲，别的酒喝着没味道。老弟，你要是想喝别的，自己去那边酒柜拿，除了清道光年间的那原浆贡酒没有，其余的我都有收藏。嗯，红酒也有，不过都在酒窖里了，你要喝什么牌子的，我叫人去拿。”

庄睿顺着白枫手指的方向看去，那里是一排酒柜，的确如白枫所言，庄睿见过的那些名酒，酒柜里面都有，不过外公明儿就过大寿了，庄睿可不想带着一身酒气回家，当下摇了摇头，说道：“我也喝点二锅头好了，不过就二两，多了就不行了。”

“成，喝多少随意，咱们不劝酒。军哥，你也随意啊，我这地方你不是第一次来了……”

白枫听到庄睿的话后，高兴地启开一瓶二锅头，在几人面前的一个青花小碗里，都倒满了酒，说道：“不多不少，这一碗正好二两！”

庄睿本来没注意面前的这小碗，听白枫这么一说，将碗端了起来，一打量，不由吃了一惊，敢情这还是个老物件啊，从那青花色釉，到触手感觉到的包浆，应该是有年头的玩意儿，庄睿都恨不得将酒倒掉，看看底款，到底是啥年间的。

“白哥，这物件您也舍得拿出来用？我要是没看错的话，这应该是清三朝的东西，并且看这烧制工艺，十有八九是官窑的，这一只碗那可就是几十万，您就不怕我一不小心，给它‘脆’了，那可是只能听个响了……”

庄睿所说的清三朝，指的就是康熙、雍正、乾隆这三个朝代，也有人称之为清三代。在这一百多年的时间里，是清朝国力最强，艺术品最为繁盛的时间段，再往后，在国人记忆里，就大多都是屈辱了。

拿着这玩意儿喝酒，庄睿也是头一次，打碎了倒是赔得起，不过这些祖宗留下来的物件，可是没一件就少一件，忒可惜了。

“东西做出来，就是用的，以前的皇帝老子能用，咱们就用不得啦？”

白枫摆了摆手，满不在乎地说道，他这倒不是在充大头，只是这些物件，他真的是有不少。不说这青花小碗，就是那铜炉火锅，也是有传承的，都是宫里流出来的玩意儿，说不定老佛爷以前就拿这东西打过边炉吃过火锅呢。

“庄老弟，你才是真人不露相啊，前几天老宅子那局，被你看穿了吧？没想到你不但这物件看得准，居然连这些江湖门道也清楚得很啊……”

白枫端起自己面前的酒碗，和庄睿碰了一下，一饮而尽之后，抹了抹嘴巴，对庄睿跷

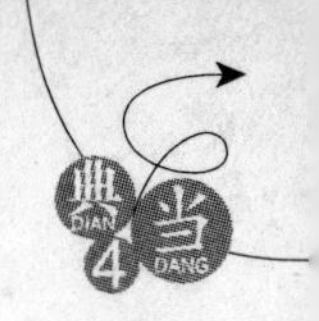

起了大拇指，二两五六十度的二锅头下肚，白枫脸上一点儿都没变色。

“老白，怎么回事啊？你们俩说话我听着咋这么费劲啊，这玩意儿能值几十万？”欧阳军听着这二人的对话，有些莫名其妙，拿起面前的青花瓷碗打量了起来，不过以他的水平，怎么都看不出个花来的。

“老宅子的局？什么局？前几天太忙，又去了趟香港，我还说这几天取了钱去看下呢，那两张黄花梨的官帽椅，还真是不错，正想着淘弄回来呢……”

庄睿这会儿正夹了几片嫩羊肉，放到火锅沸水里烫呢，听到白枫的话后，都没顾得上把羊肉片往嘴里送，就装出一副莫名其妙的样子来。

“老弟你不知道？”白枫看庄睿的样子，不像作假，他反而是吃了一惊。

“我知道什么啊？白哥，有话您直说，这都哪跟哪呀？”

庄睿看破那局的办法，实在是无法解释，干脆把迷糊一装到底，来个死不承认。不过他心里也很好奇，似乎事情起了什么变化，难不成是有人把局给拆穿了？

“嘿，这事儿巧了，庄老弟你这运气也是不错啊，我给你说……”

“老板，人带过来了，让他进来吗？”

白枫正说得带劲的时候，客厅的大门被推开了，掀开那防寒的棉布帘，一个年轻人走进来打断了白枫的话。

白枫闻言摆了摆手，说道：“让他进来吧，这小子算是帮庄老弟顶缸了，我也不难为他了……”

“白老板，白哥，白大爷啊，求求您帮帮忙，把那些下套的人给抓回来吧，整整十八万呀，我可是没有了活路了啊……”

年轻人出去没多大会儿，门帘又被掀开了，一个人连滚带爬地跑进了客厅，一眼看到白枫，扑上前就把白枫的大腿抱去，庄睿细看之下，居然是那个掮客小方。

只是这小方和前几天见时的模样，变得有些不同了，倒不是说突然之间苍老了几岁，那纯粹是扯淡，不过那脸色却是极其难看，尤其是一双眼睛，里面都是血丝，看这模样，像是有几天没睡过个囫囵觉了。

“滚一边去！”

别看白枫年近四十了，这腿脚还真是麻利，一脚将小方踹倒在地上，说道：“你小子坏了掮客的行规，我都没找你麻烦，还想让我给你出头？门儿都没有。起来，给庄老弟说说那事……”

“庄大哥，您也在啊，您可要救救小弟啊，我这可是……”

小方一回头看见了庄睿，那话却是没能继续说下去，他脸皮再厚，也不好意思说是帮庄睿顶的缸，这事谁都不怨，就怪他自己个财迷心窍，眼睛钻进钱眼里去了。

“怎么回事？小方你说说……”

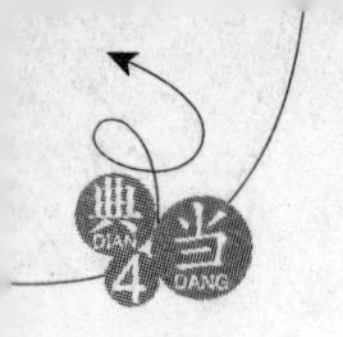

见到这般情形，再听到白枫刚才的话，庄睿也猜出了几分，这事八成是这小方当时也看中了那官帽椅，等自己走后，他去给买了下来。也就是说，那套儿爷没套住自己这正主，却是搂草打兔子，把贪心的小方圈了进去。

"唉，这事都怪我啊……"

正如庄睿所想的，小方把那两张官帽椅搬回家之后，那叫一兴奋啊，第二天就满北京城转悠开了，干吗？找买家啊，要说现在古董家具的确走俏，没费多大心思，小方就联系上了三四家著名的拍卖行，准备到他家里来看货。

两张官帽椅就是小二百万啊，小方见是见过这么多钱，但那都不是自己的，把官帽椅搬回了家，他说话都粗了几分。

自家老爹辛苦了一辈子，不过攒了十几万，而自己一倒手，就能躺在床上数钱了。到时候去全聚德，那烤鸭都要买三，全家一人抱着一个啃。

为了让自己利益最大化，小方约的那几家拍卖行，都是同一时间到自个儿家，他这是想压低拍卖行抽水的钱，这年头，拍卖行满大街都是，但是值得拍卖的东西，那可是不多的，这叫物以稀为贵。

只是小方的这美梦，也就是做了一天的工夫。

第二天几家拍卖行的鉴定师，倒是同时上门了，有两位老师傅，还有位年轻点的鉴定师，在仔细看过这官帽椅之后，老师傅比较讲究，摇了摇头说看不准，人就离开了。

那年轻鉴定师的嘴里存不住话，加上大冷天的跑了这么一趟，心里也不爽，直接就说了："这从里到外，假到骨子里的玩意，还想拿去拍卖？哥们您没吃错药吧？"

从买来这两张官帽椅，小方就把它们当宝贝似的锁在家里的储藏间了，压根儿就没再去看，这已经到手并且吃进肚子里的鸭子，总不会再飞掉吧？这两天他心里琢磨的，是如何把那两张木头椅子，换成那一沓沓粉红色的老人头。

这会儿小方在见到老师傅摇头的时候，就有点儿傻眼了，再一听这年轻鉴定师的话，整个人就呆住了，扑到这官帽椅上来来回回地看过几次之后，直接就瘫倒在了椅子上，还好这椅子够大，不然那可是要摔出个好歹来了。

等拍卖行的几位鉴定师走后，不单是小方在那里哭天喊地，就连他那老爹老娘都差点抹脖子上吊了。家里一辈子的积蓄，就这样给败光了，小方自然是不甘心，回头叫上几个街面上混的，手比较黑的人，直奔那小院就去了。

只是这江湖风门的做派，讲究的就是个来去如风，得手后哪里还会留下来等事主找后账啊，小方一行人将那四合院翻了个底朝天，除了挖出来几窝耗子之外，就剩下床上那些由于摩擦运动而脱落的弯弯曲曲的体毛了。

这事儿还没法报警，古玩这行当，考究的就是个眼力，您也没证据说别人开始拿的官帽椅就是真的，这事情愿打愿挨，警察即使找到那帮子人，也没辙。

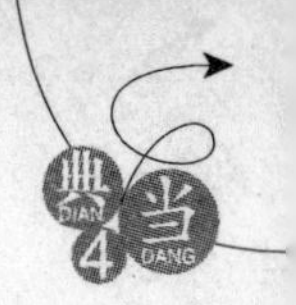

小方明白这道理，只能求助那些混社会所谓黑道的人，接下来的几天，那是连觉都没睡，带着人跑遍了整个四九城，也没找到那位“冒儿爷”老唐师傅。

这事警察不好使，但是不代表就没了办法，别人不说，这白枫如果愿意出头，事情还是有回旋的余地的。

要说白枫这人，从废品收购站起家，在承包那废品收购站后，没少和社会闲杂人员来往，加上他为人大气，身后也有些背景，所以在四九城黑白两道，都很吃得开。小方知道，如果白枫愿意帮他的话，那他这钱，应该还能拿回来点儿。

按照江湖上的规矩，“唐师傅”一伙人属于过江龙，过江龙能说地道的老北京话？那有啥稀罕的，骗子这行里，人才多的是，只要有钱赚，老唐师傅马上就能给您来一段地道的伦敦腔。

不过这种事儿如果能找到事主，并且有人出面说和，而那人又有一定身份的话，“唐师傅”那群过江龙，还是要给几分面子的，虽说不可能将钱都退回，但是三分之一是少不了的，这也算是在四九城没拜山门就做生意给的补偿。

有朋友会问，为什么不能全要回来？那不是废话嘛，做这生意也需要本钱的，租房子买家具，连着小方搬走的物件，也都是成本啊。

小方是明白这规矩的，所以本来都已经绝望了，忽然听到白枫找他，心里又冒出了一丝希望，巴巴地赶来了，不为别的，就是想挽回点损失，他家里那钱可不是大风吹来的，都是爹娘老子一分分地积攒下来的。

小方之前也想到了找白枫帮忙，只是自己也知道，他没那面子，而且这事他吃相太难看，也忒着急了一点，不好意思找到白枫头上。

“白哥，这事儿您一定要帮帮我啊，我眼皮子浅，坏了行规还害了自个儿，您就当可怜可怜我家里的老爹老娘，帮我一把吧……”

小方讲述完事情的经过之后，这人都瘫在了地上，他这事做的虽然有点儿不靠谱，但是小方还是很有孝心的，为了拿回父母的钱，几天都没合眼了，现在整个人都到了崩溃的边缘。

白枫把头转向庄睿，问道：“庄老弟，你不怪这小子吧？”

他今儿约庄睿来的目的，主要就是要把这事情经过给讲清楚，否则以后从别的地方传到庄睿耳朵里，恐怕他会怪自己介绍的人不落实，信不过，这可是会影响到他在庄睿心里的印象的。

再一个就是，白枫和小方的父母，还真有点交情，二十多年前的时候，两家还是街坊，所以这事，他也想拉这小子一把，所以才让人将他叫了来，因为这事要当着庄睿的面说，省得让庄睿认为自己偏袒小方。

“说哪儿话啊，小方这是代我受过了，白哥您能帮，就帮一把吧……”

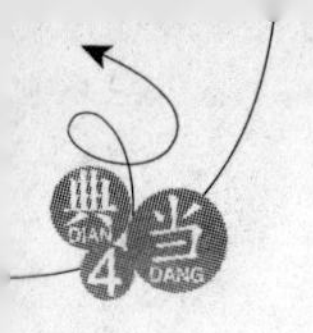

庄睿看这一米八多的大小伙子，鼻涕一把眼泪一把的，也起了恻隐之心，而且当时自己要是点小方那么一句，或许也没这事了。

听到庄睿的话后，白枫对着地上的小方说道："得，你小子运道好，庄老弟开口帮你说话了，行了，回家等着去吧。十八万估计能拿回来六七万，以后做事稳当点，这天上不会掉馅饼的……"

小方前几天风风火火地满北京城转悠，白枫早就知道了这事情，而且通过一些关系，也摸清了"唐师傅"等人的底细，已经找圈里人递过话了，这几天就会给回复，拿个七八万回来，应该问题不是很大。

白枫之所以少说了一点，并不是想贪这点儿钱，只是到了他这年龄，做事相对稳妥一点，否则要是拿回来少了，难不成还要自己倒贴钱？

"白老二，事情办完了吧？这酒也喝得差不多了，你安排的节目呢？"

欧阳军刚才一直没有开口说话，开始时还听得津津有味，后来就感觉到无趣了，自己涮着羊肉喝着小酒，等到小方千恩万谢地离开之后，这才看向白枫，他今儿来的目的可不是看戏的啊。

"你这娶了媳妇才几天啊？就憋成这样了？"

白枫和欧阳军是发小，近年来生意上的来往也多，说起话来没什么顾忌，看到欧阳军开始瞪眼了，才笑了笑，"啪啪"拍了两下巴掌。

原本客厅里的灯光比较暗，就餐桌这边亮着灯，在白枫巴掌响起之后，整个客厅的灯光骤然亮了起来，庄睿有些不习惯，微微眯上了眼睛，睁开再看时，发现上面的二层走廊栏杆处，多出了三个人来。

"白哥，这……这是怎么回事？"

庄睿此时的表情有些发呆，他可以清楚地看到，三个穿着西欧古典宫廷式丝质睡袍的女人，正顺着二楼的楼梯往下走来，那几双纤长雪白笔挺的大腿，随着脚步的移动，时隐时现。

庄睿不知道是酒喝多了，还是眼睛花了，总之他看到了一条传说中的丁字裤，那可是他多次想让秦萱冰穿上而未果的。

"先生，你好！"

正当庄睿迷糊的时候，几位女子从二楼走了下来，有两人坐到欧阳军的身边，而另外一个，却是用手拧起睡袍，乖巧地依偎到庄睿的身旁。

"老外？"

刚才因为视线的原因，庄睿是从下往上看的，最先看到的景象，由于吸引力过于巨大，所以就紧盯着那地方了，一直没再往上看。直到这女人坐到了身边，庄睿才猛然发现，三个女人，应该说是女孩，因为从面貌上看，年龄都不是很大，全部都是外国人。

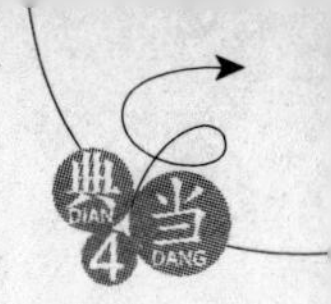

在庄睿身边的这个外国女孩，长着一头金黄色的秀发，顺着耳际披散在肩膀上，那双犹如蓝宝石一般的眼睛，正略带紧张地看着庄睿，完全没有意识到，自己那睡袍超低的开领，丝毫无法掩饰胸前那对坚挺浑圆白皙的双峰。

“白哥，您……您这是什么意思？”

庄睿此时只感觉到浑身血脉贲张，头脑一阵晕眩，下身不由自主起了反应，他第一次感觉到，穿三角裤原来是那样的难受。原始人只在腰间围片树叶的习惯，或许就是为了进行某项运动比较方便而养成的。

不过庄睿现在终究不是没经过人事的初哥了，强忍着心中的欲火，艰难地将一直停留在那深V乳沟中间的目光，转移到了白枫身上。

现在庄睿算是明白了，为什么在来这里的路上，欧阳军的表情那样奇怪，敢情他早就知道会发生什么事情了。

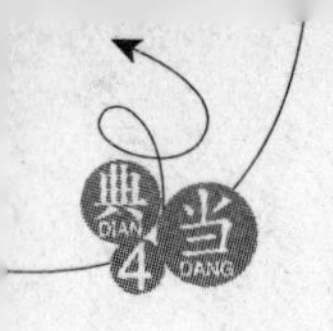

第四十八章　飞来艳遇

"军哥,咱们这小老弟还不习惯啊?"

白枫听到庄睿的话后,笑了起来,在他们这圈子里,安排点这样的活动,实在是稀松平常的,当下笑着说道:"这几个女孩都是从俄罗斯找来的,从小都是学芭蕾的,我帮她们办理在华留学的手续,并负责她们今后几年的生活,她们当然也要为中俄友谊作出点贡献嘛……"

白枫虽然说得简单,不过这几个女孩,可是花费了他不少的气力。

"先生,你好。"

偎依在庄睿身边的女孩,又生硬地吐出这四个字,似乎只会说这么几个字,长长的睫毛抖动着,脸上还带有一点儿羞涩,看得庄睿刚刚平静下去的欲火,又被点燃了起来。

相比庄睿那局促的神色,欧阳军却是面不改色,喝一口左边女孩递到嘴边的酒,吃一口右边女孩夹到嘴边的菜,那是忙得不亦乐乎。

这种场合对于欧阳军而言,经历得太多了。

"喝酒,喝酒,不能干别的事!"

庄睿不断在心中告诫着自己,由于从小受到的教育,和近年来接触古玩行较多的原因,庄睿的思想相对也很传统。自从和秦萱冰发生关系之后,他连苗菲菲都刻意疏远了,连着推了几次苗警官的邀约,就是怕自己定力不够,干出荒唐事来。

白枫见到庄睿面色有些紧张,出言说道:"哈哈,庄老弟,这男人在外面,逢场作戏也是难免的,只要家里红旗不倒,外面偶尔放松下,也不算什么……"

他今天安排这节目,主要还是为了欧阳军,最近他接了一个大业务。那是家以制造电子产品出名,位于广东的上市公司,在明年二月份的时候,正好是创立十周年,于是就想搞个庆典,把最近很红火的同一首歌给请过去。

但是像央视同一首歌这栏目组,节目的时间安排,都已经排到半年之后了,在那个公司老板出面邀请之后,得到的答复就是没有空挡,要半年之后才能安排,这也不算是拒绝。话说排队请栏目组的公司多了去了,总要分个先来后到不是?

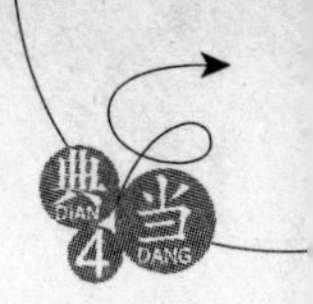

只是那位上市公司的老板得到这个答复后，有点抹不下来面子，他和白枫也是朋友，知道白枫有些这方面的门路，于是就找到了白枫的文化传播公司，拍出了八千万元人民币来，明言只要能在他们公司十周年庆典的时候，让同一首歌走进企业，这八千万就是白枫的了。

当然，这八千万还包括了搭建场地舞台，邀请明星出场，还有一些杂七杂八的费用，总之就是将这业务交给白枫的公司去做了。

白枫计算了一下，组织这次活动，去除所有的开销，大概能赚到四五千万左右的纯利润，这可是一笔不菲的数字，所以他这才找到了欧阳军，想通过他的关系，让同一首歌栏目组改变下计划。

相比那数以千万计的金钱，眼前这几个女孩的开销，就不算什么了。当然，白枫也没指望安排个这样的节目，就能打发了欧阳军，到时候那笔费用里，自然还要分出一块给欧阳公子的。

“庄睿，怎么啦？出来玩就开心点，吃饱喝足了上楼去休息，你年轻火力旺，要不要我再分一个给你呀？”

欧阳军是铁了心要把庄睿给拉下水，这样以后就有人给他打掩护了。徐大明星虽然不错，但是俗话说家花没有野花香，想让欧阳军这浪子不吃腥，大明星的魅力还是不够。

此时的庄睿也是备受煎熬。尤其是这坐的距离自己越来越近的女孩，胸口开叉处，那雪白的肌肤和坚挺的双峰，让庄睿的眼神一不留神，就情不自禁地瞄了上去。

这会儿庄睿算是了解什么叫做秀色可餐了，因为他那本来有些饥饿的肚子，这会儿面对满桌子的食物，似乎也没有什么进食欲望了。

“有什么不合适的，你小子……”

“四哥，等会儿再说，我接个电话……”

庄睿兜里的电话突然响了起来，拿出来一看，是秦萱冰打来的，庄睿脑子猛然清醒了过来，推开身边的女孩，快步走出了大厅。

从暖和的房间里走到雪花纷飞的院子里，刺骨的寒风让庄睿打了个寒战，而心里那骚动的欲火，终于完全熄灭了。

“庄睿，怎么没上网啊？我都等了半个多小时了。”

远在英国的秦萱冰有些幽怨，她原本想和庄睿一起过圣诞节的，可惜要赶制英皇室迎接新年的珠宝，还有那位老女王明年的一个庆典，所以在这个西方人最为看重的节日里，她还要带着一帮子人工作。

“咳咳，咳咳咳……”

庄睿吸了一口冷气到肺中，呛得剧烈地咳嗽起来，过了好一会儿才说出话来：“萱冰，明儿就是外公大寿了，今天比较忙，恐怕没时间了……”

“哦，那你注意点身体啊，别太操劳了……”

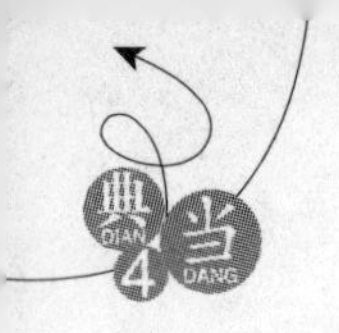

秦萱冰倒是没有多想,早在一个月前她就知道庄睿外公过寿的事情,只是自己走不开,不能参加,心里还有点遗憾呢。当下在手机里交代了庄睿几句之后,就挂断了电话。

“这地,他娘的不能再待了!”

庄睿弯下腰,用双手在地上捧起一把雪,使劲地往脸上擦去,那种冰凉刺骨的感觉,让他下定了决心,转头推开门走进了小楼。

“四哥,嫂子来电话了,说是身体不大舒服,你看……”庄睿进到屋里,似笑非笑地看向欧阳军。

“什么?咳咳……”

欧阳军被庄睿说得呛了一口酒,推开身边的那俩人,紧张地问道:“真的假的?你小子别蒙哥哥啊……”

虽然欧阳军玩性大,但是对徐晴还是很在乎的,并且现在牵挂又多了一个,就是那肚子里的小生命,欧阳军也是年近四十的人了,对于子嗣,看得还是很重的。

“你给嫂子打个电话不就知道了?这事我能骗你吗?我说了等会儿就回,你看着办吧……”

庄睿一本正经地回答道,手里也没闲着,把桌前的牛羊肉都倒进了火锅里,稍微涮了一下之后,大口地吃了起来,刚才只顾看女人了,这会儿才感觉到肚子饿的咕咕直叫。

“回,别吃了,走,走,抓紧时间回去……”

欧阳军没有打电话,而是脸色阴晴不定地坐了一会儿,站起身把挂在椅子后面的大衣披上,穿好衣服后,颇有点恋恋不舍地看眼那俩女孩,对着白枫说道:“白老二,改天再来,你那事我记着了,等老爷子过完大寿就给你办……”

“成,你先回吧,小庄没事就晚点回去吧?”

白枫脸色有些古怪地看了庄睿一眼,刚才他距离庄睿近,眼睛无意地扫了一下,看那电话上显示的名字,似乎是个叫秦什么的人啊。

“算了,四哥刚才喝了不少酒,一会儿我来开车吧……”

庄睿随口找了个借口,白枫虽然看穿了,但是也不好多说什么,起身将兄弟俩送了出去。他又不是拉皮条的,这事只不过是找个乐子而已,别人既然不好这口,他也不愿意勉强。

庄睿开车驶出了白枫的庄园,见到欧阳军摸出电话,故作无意地问道:“四哥,你留在那里,就不怕白枫给你使什么绊子吗?”

“使绊子?就凭他?哼,借他个胆子,他也不敢……”

欧阳军虽然嘴里冷哼了一声,其实心里明白,这白枫倒不是不敢,而是这样做根本就没有意义,自己虽然是欧阳家族的嫡系子孙,但是不受老爷子待见啊,走的也不是仕途,拍小电影那样的勾当,用在他身上,不好使。

欧阳军可不是璩美凤,老爷们那事被拍成小电影,对他而言根本就没什么影响的,最

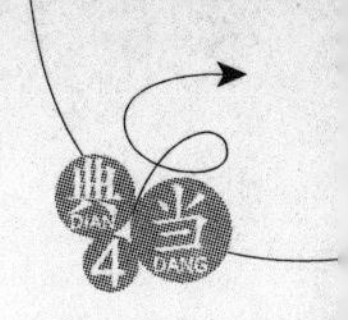

多是让他花花公子的名声再响亮一点罢了，再加上内地的新闻管制，即使被拍了，有没有机会流传出去，那还是两说呢。

“哎，我说不对啊，庄小五，刚才你接的那电话，不是我媳妇儿打过来的吧？”

欧阳军回答完庄睿的话后，猛地反应了过来，自己媳妇打电话，怎么着也是要先打给自己啊，没理由打到庄睿手机上。而且庄睿是看了手机号码才出去的，这要是徐晴打来的，在接之前应该就会告诉自己的。

“四哥，你和白哥的关系怎么样，我是不清楚，但我觉得这些事情吧，能免则免，万一留下什么把柄给别人，就算是影响不到舅舅们，那让嫂子知道了，也是不好啊，嫂子可是怀着孩子呢……”

庄睿见欧阳军猜了出来，也就承认了。哥们这是在挽救失足青年啊，呃，欧阳军勉强还能算是青年。

“男人嘛，偶尔出来放松一下，也没什么的，就你小子死脑筋，自己要走就走吧，还编个瞎话连我都给拉出来，以后别想再让四哥带你出来玩了……”

按照欧阳军的思维，自己不在外面养几个二奶三奶的，那已经算是相当本分了，这说着说着，又生起气来，埋怨庄睿搅和了他的好事。

“拉倒吧，您以后也别喊我出来玩，那些老外太开放，说不准就患有后天性免疫缺陷症呢，您还是悠着点吧……”

车窗外还在飘着雪，虽然比前几天小了很多，但是这条路车不多，有些积雪被压实在了，变成了冻冰，庄睿将车开得很慢，此时听到欧阳军的话后，不由撇了撇嘴，一边说话一边将踩油门的脚，又往上抬了几分。

“后天性免疫缺陷症？那是什么病啊？”欧阳军愣了一下，这名词他没听过啊。

“哈哈，缩写成英文就是AIDS，咱们国家俗称艾滋病，知道了没，别，别四哥，我这正开车呢……”

庄睿闻言哈哈大笑了起来，气得欧阳军大耳巴子就向庄睿脑后扇去。

开进北京城之后，庄睿取了自己的车，也没再去玉泉山，直接回了四合院。

到家之后庄睿才发现，中院居然又住满了人，外省的欧阳龙，还有几位堂姐，都老实不客气地占了房间，还都是拖家带口的，一时间，堆雪人打雪仗，一帮半大孩子玩得是不亦乐乎。

庄睿和欧阳龙聊了会儿天后，就带着白狮，围着院子转了一圈，走到前院的时候，发现张妈李嫂还有郝龙，都在前院的小餐厅吃饭呢，看看表都快八点了，庄睿不由说道：“张妈，怎么这时候才吃饭？”

经过这段时间的磨合，庄睿对张妈李嫂郝龙几人，十分满意，张妈饭菜烧得很好吃，各种口味的饭菜都做得来；而李嫂也十分勤快，一人将偌大的三进院子，几十间屋子，收拾得妥妥当当干干净净的。

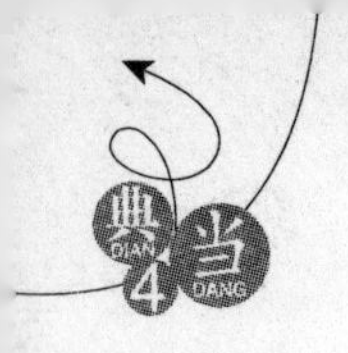

郝龙就不用说了,除了吃饭和定时在院中巡逻之外,几乎二十四小时都在监控室里,保卫着这宅子的安全。庄睿上次和郝龙提过,要是郝龙有合适的战友,就再介绍一个过来,毕竟郝龙都二十七八岁了,也要给别人点私人时间找个女朋友不是。

只是这几人都不愿意在中院吃饭,庄睿说了几次之后,也就由着他们了,不过也交代了,在前院开伙,吃的东西必须和他们都一样,不用省这点钱的。

“庄先生,没事的,中院孩子多,就让他们先吃了,饭菜都是一样的,晚吃一会儿不打紧的……”张妈等人看到庄睿进来,连忙都站了起来,她们和主家一起吃饭,心里总感觉有些别扭,不如在前院吃得舒心。

庄睿一看自己打扰了别人吃饭,有些不好意思地说道:“张妈,你们吃,别管我。对了,我妈让我带了点鳖精营养口服液来,给你们喝的,回头我给拿过来……”

老爷子那边送礼的人多,那些人可是不敢送钱,贵重点的物件都不敢拿出来,那不是摆明了说自己贪污受贿往枪口上撞嘛,所以送的无非都是些营养品,都堆了快一屋子了,老爷子老太太根本就不喝那些玩意,欧阳婉中午拿了不少放在庄睿的车上,让他带给张妈李嫂等人。

“那谢谢欧阳大姐了,等她回来住,我再烧几个她爱吃的菜……”

张妈和李嫂听到庄睿的话后,心里很高兴,虽然自己干的是保姆的活,但是主家都没拿自己当外人,这段时间光是衣服都送了好几套了,营养品更是没断过,虽然她们不是占小便宜的人,但是这心里舒坦啊。

“对了,郝哥,上次给你说的那事,有眉目了没有?”

庄睿跑去装了碗饭,也坐下吃了起来,晚上那会儿工夫,就吃了点涮羊肉,根本就没吃饱,这会儿正好填补点。

“老板,正想给您说这事呢……”

“坐下,一边吃一边说……”

郝龙听到庄睿的话后,习惯性地站起了身子,被庄睿拉着衣服坐回到椅子上。

“人选倒是有一个,是我的一个战友,比你还小一岁,只是,老板,咱们出去说吧……”郝龙话说到一半,有些迟疑地看了下张妈和李嫂,停住了嘴。

“那先吃饭,回头再说。”庄睿将一盘剩的不多的小炒腊肉扒到了碗里,吃得很香,已经吃好了的张妈还说要再去炒个菜,被庄睿制止了。

“你那战友是什么情况?说说吧……”

吃完饭后,庄睿和郝龙坐在了门房监控室里。

“那小子叫彭飞,不是特种师的人,是我在边境执行任务时认识的战友,军事素质相当出色,比我强多了,要是放在战争时代,绝对是个兵王。只是他在一次执行任务的时候,出了点岔子,老板您别误会,唉,我都给您说了吧。”

郝龙说到这里的时候,犹豫了一下,不过想想庄睿和老师长的关系,那些所谓的军事

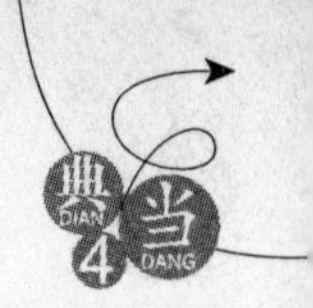

机密，似乎也没什么。

像是在回忆过往的经历，郝龙低头沉思了好一会儿，才接着说道："我们有次在泰缅边境追捕一个贩毒团伙的时候，一位战友不幸牺牲了，后来抓到那伙人之后，彭飞直接将六个人全给毙了，因为这事，差点没上军事法庭，不过还是强制让其退伍了，他当时可是中尉军衔了啊，可是连转业都没给算……"

"现在你和他有联系吗？还有，这人的人品怎么样？"

庄睿对郝龙嘴里的彭飞，起了点兴趣，但是他可不想在身边安个炸药桶，听郝龙的讲述，那彭飞脾气似乎很火爆。

"老板，彭飞并不是一个嗜杀的人，你不知道，我们牺牲的那个战友，是被虐杀的啊，当时身上就没有一块完整的肉。就是彭飞不动手，我们也要动手的……"

想起了牺牲的战友，郝龙的情绪有些激动，双眼泛红，眼睛里已经是蒙上了一层雾水。

郝龙的情绪也影响到了庄睿，拍了拍郝龙的肩膀，庄睿沉声道："彭飞现在在做什么呢？"

郝龙低下了头，用衣袖擦了下眼泪，说道："他就是北京人，不过好像是大兴的，回来之后干了一段时间的保安，看不惯那些事情，辞职不干了，现在在货场当装卸工呢。"

说到这里，郝龙抬起了头，用通红的眼睛看着庄睿，道："老板，我可以用人格担保，彭飞绝对是好样的，以他的身手，想赚钱太容易了，可是他并没有走歪路，您要是真想请人，就给他个机会吧……"

前几天，郝龙曾经向庄睿请了半天的假，去看了彭飞，大冷的天，彭飞居然就穿了件单衣在货场干活。郝龙看到，彭飞肩膀上，满是被货物挤压的红印与血痕，心中很是为老战友不值。

第四十九章 兵 王

郝龙和彭飞接触的时间只有短短一个多月，但是他知道，彭飞在几年之中所缴获的毒品以及军火武器，总价值要超出好几个亿，这其中也不乏被抓的毒贩向他许诺，放过他们一马的话，给彭飞多少多少钱，但是无一例外都被彭飞给拒绝了。

可以说，以彭飞对边境的熟悉情况，要是想赚钱的话，只要去边境晃悠一圈，根本都不需要自己贩毒，只要黑吃黑，百八十万的钱唾手可得，根本就不需要在这里卖苦力的。

“老板，您要是答应让彭飞来，我的工资就是再降一点，都没关系的……”

郝龙满脸期盼地看着庄睿，他虽然比彭飞大了几岁，但是军事素质却是要比彭飞差了很多，初到边境的时候，有几次遇险，都是彭飞救了他，可以说二人是过命的交情。

“他家里的情况你了解吗？”

庄睿没有松口答应下来，对于他来说，这安保人员必须要能信得过的，如果是心术不正的人，那就是能力越强，自己反受其罪越厉害。郝龙要不是欧阳磊介绍来的，庄睿也不会这么轻易地就将其录用了。

“听他说好像只有一个妹妹，兄妹俩相依为命。他不大愿意多说家里的事情，上次我和他吃了个饭就回来了，也没多问……”

郝龙前几天只是向庄睿请了几个小时的假，也惦记着宅子这边，见了彭飞一面，吃了个饭就急急忙忙地赶回来了，并没有多聊。而在以往的接触中，彭飞也是个比较寡言的人，对自己家里的事情从来没说过。

“你知道他家吧？有时间咱们去看看再定……”

通过郝龙的讲述，庄睿对彭飞有了个大概的印象，对这人的遭遇也感觉蛮惋惜的。特种部队的中尉军官，可谓是前途无量，却因为杀了几个毒贩，混到了这般田地，很是有些不值。

“知道，我知道他家，咱们现在就去？”郝龙听到庄睿的话后，大喜，连忙站起身来，那架势是准备马上就走的。

“现在？”

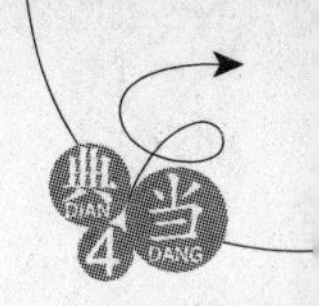

庄睿苦笑了一下，他说的可是有时间去看看的，现在都已经八点多了，他没想到郝龙如此性急。

郝龙挠了挠头，有点不好意思地说道："哦，老板，对不起，是我太着急了，明天去也行的……"

庄睿还真是很欣赏郝龙的这种性格，直率没有心机，想到什么就说什么，刚从部队回来的人，大多都是这样的。

"明儿可不行，我外公大寿，走不开的。他家离这有多远？不行就现在去吧，明后天可能都没有时间了……"庄睿想了一下，反正晚上没事，跑就跑一趟吧，如果彭飞那人真的不错的话，也值得自己亲自去看看。

"好勒，彭飞和他妹妹租住在丰台区，那里距离火车站货场不远，最多四十分钟就能到……"听到庄睿同意现在去，郝龙刚坐下的身体又站了起来，脸上满是兴奋的神色。

"喏，我今天喝了点酒，你开车吧，车上有自动导航……"

庄睿到中院和欧阳龙等人打了个招呼后，就带着郝龙进入到车库，随手把钥匙扔了过去。虽然今天酒喝的不多，但是在某个时间段里，精神过于亢奋了，这会儿感觉有点疲惫。

"老板，到了，他说是住在这里，我下去找人问问……"

过了大约半个小时，穿过一条火车轨道之后，郝龙把车停了下来。

"咱们一起下去吧……"

庄睿往窗外看了一眼，这里一溜全都是平房，应该是小村子，距离火车轨道还不到一公里远，耳朵里时而可以听到火车经过时的轰鸣声音。

这里也没什么路灯，借着白雪反光的微弱亮光还有不远处一些平房内的灯光，庄睿和郝龙深一脚浅一脚地踩着积雪，向那村子走去。

庄睿看到，这里的房子应该是村子专门建造出来往外出租的，房子都很低矮，而且地面也不是水泥地，要是这积雪一化，恐怕就要变得泥泞一片了。

"老板，您在这儿等一下吧，我先去问下，这儿我也没来过……"

郝龙有些不好意思，将庄睿拉来了，自己却不知道彭飞的具体住所，而且那家伙也没个手机，今天要是找不到人，自己这事做得就太性急了。

"咚咚，咚咚咚……"郝龙敲响了村头一户亮着灯光人家的门。

"谁啊，这大冷的天敲个什么呀……"

随着一个男人的粗嗓门，大门从里面拉开了，一个满脸胡须，身材魁梧的男人站到门前，嘴里满是酒味，一脸警惕地看着郝龙，还有不远处站着的庄睿。

随着大门打开，屋子里乱哄哄的声音传了出来，里面的人似乎不少，正在喝酒呢。

"对不起，这位大哥，向您打听个人，您认识彭飞吗？"郝龙回到地方几个月，也知道见人要先敬烟，摸出一包庄睿给他的中华烟，抽出一根递了过去。

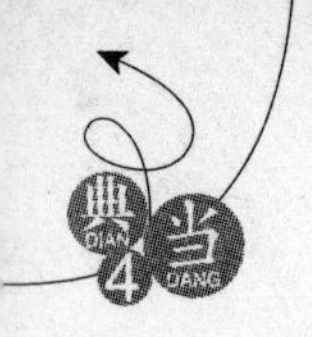

“彭飞？没听说过这人，长什么样？有多大啊？”那汉子看了一眼手里的中华，脸色缓和了下来。

“个头不高，一米七二的样子，看上去有些瘦，今年二十五岁，平时话不多，就在火车西站货场做搬运的……”郝龙给那男人仔细地描述了一下彭飞的长相。

“这位兄弟，住在这里的，都是在货场工作的，有七八十口子人呢，你看我这屋里，就有好几个和你说得差不多，还真不好找……”

那男人听到郝龙的话，脸上露出一丝为难的神色，在货场干搬运的，都是大小伙子，而且多是喊外号，郝龙说的那人又没什么特征，他一时也想不起来。

“对了，他还有个妹妹，大概七八岁吧，兄妹俩是住一起的，大哥您再想想……”郝龙想到这事，连忙说了出来，顺手把那一包刚拆开的烟，塞到了胡须汉子的手里。

“他说的是那块硬石头吧？整天埋头干活不说话的那个？他不就是和妹妹住一起的吗，从来都不出来玩的。”屋里有人听到郝龙的话，喊了出来。

“哦，一说还真有这个人，你往里面走，拐角第一间屋子就是。”

“好嘞，谢谢大哥了啊。”

问清了彭飞住的地方，郝龙带着庄睿往里面走去，天气有点冷，十户人家倒有八户都关了灯睡觉了。

两人走到那汉子所指的屋子前停住了脚，里面的人似乎还没有睡觉，从那窗户的缝隙处，可以看到里面微弱的灯光。

“彭飞，彭飞老弟，在里面吗？我是郝龙！”

房门“吱呀”一声打开来，一个身影挡住了屋里的灯光，让站在外面的庄睿看得不是很真切，只是感觉这人个头不是很高。

“郝龙？你怎么摸到我这里来的啊？快，快进来……”

那人见到郝龙，脸上也露出一丝惊喜的神色，拉着郝龙就往屋里让。

“等等，我和老板一起来的。庄老板，您先进吧。”郝龙回头招呼了庄睿一声。

“哦，那一起进来吧……”

彭飞松开了郝龙，先走回到屋里，对坐在桌子前，一个很瘦弱的女孩说道：“丫丫，等会儿哥再教你写作业，来，你坐床上去，给郝龙哥哥让个位置……”

“两位哥哥好……”

桌子前面的小女孩站起身，很有礼貌地对庄睿和郝龙打了个招呼，然后走到门后面，吃力地用双手拿着一个暖瓶走了过来，想给二人倒水。

“你叫丫丫吧？去床上坐着去，哥哥自己来……”

庄睿看着这懂事的小女孩，鼻子没来由地酸了一下，上前接过小丫头几乎是抱过来的暖壶。

“谢谢大哥哥，我能行的……”小丫头那双大眼睛看向庄睿，没有松手。

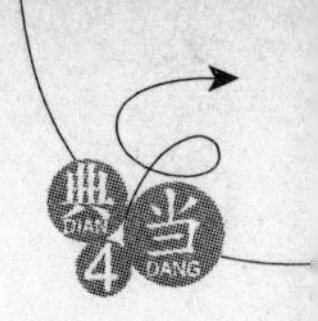

“哥哥知道丫丫能行，不过哥哥嘴不渴，丫丫松手好不好？”让这么大一个孩子给自己倒水，庄睿怕是嘴再渴，也喝不下去。

“老师说家里要是来客人了，就要给客人倒水的，丫丫家里从来没有来过客人，大哥哥让丫丫倒一次水，好不好？”小丫头见庄睿拦着不让她倒水，眼里居然有一丝雾气了。

“好，好，好孩子……”

庄睿见到桌子上有个水杯，连忙拿在手里，放到了暖壶的瓶口处，让小丫头给自己倒了半杯水，捧着热乎乎的玻璃水杯，庄睿心里却感觉不是滋味，自己这般大的时候，哪里会想到家里来客人，要去给客人倒水啊。

小丫头又给郝龙倒上水之后，这才笑眯眯的很满足地坐到床边上，一脸好奇地看着两位客人，在这个过程中，彭飞始终是一言不发，直到妹妹坐回到床上，才招呼庄睿和郝龙坐了下来。

庄睿坐下后，看向小女孩，听郝龙说她是七八岁，但是看身体只有五六岁的样子，才刚刚一米高，很是瘦弱，脸上带有一丝病色，但是那双大眼睛非常明亮，充满了灵气。

庄睿坐下之后，第一时间向彭飞看去，只是彭飞从进屋后，就始终站在背光的地方，加上屋里光线比较暗，庄睿有些看不清他的面貌，只是看到，这人个头不高，身材有些消瘦。

看不清楚彭飞，庄睿的眼神就在这屋里打量了起来，在屋子的墙面上，贴的都是报纸，最里面摆着一张上下两层的双人床，占去了这房间大约五分之一的空间，下面那张床上铺着条军用被和军用大衣，而上面只有一张很单薄的被子，想必是彭飞睡的。

屋子正中，就是庄睿和郝龙现在坐在的地方，有一张桌子，椅子只有两把，让给了客人后，彭飞现在是站着的。

而在靠门的地方，生着一个炉子，上面套着一个像是自制的烟囱，歪歪扭扭地从炉子上延伸到门外，使得这房间多了一点热乎气，但是庄睿坐下后，还是感觉到了一丝清冷。

屋里除了还有一个简易的衣柜和门口堆放在一张面板上的锅碗瓢勺之外，就再也没有别的东西了。

这是一间将卧室、厨房、客厅，全部集中在了一起的房间，简单说来，就是这十多平方米大小的空间，就是彭飞和他妹妹生活的地方。

桌子上放着小学课本，小丫头刚才应该是在做作业，庄睿和郝龙的到来，似乎打扰到了兄妹二人的生活。

“大龙，难得你过来，我这还有点酒，喝口暖和下身子……”

彭飞走到门边，拿出一瓶没开口的二锅头来，居然和白枫拿出来的是一样的，三块两毛钱一瓶的红星二锅头，看来这酒是深受北京人民的喜爱，不论贫富，都好这一口。

彭飞左手还拿着三个小碗，将碗放到桌子上后，拿酒的右手大拇指在酒瓶盖下一顶，“啪”的一声轻响，那酒瓶盖就被启开了，彭飞右手一歪，“咕咚……咕咚……”地将酒倒在了碗里。

倒满酒后，彭飞抬起头看向庄睿，说道："庄老板，我这儿只有这酒，您要是喝不惯的话，就喝茶水吧……"

彭飞说话的声音不大，说完之后，就将嘴唇抿紧了，他长着一张瓜子脸，脸上的皮肤很白皙，说话的时候，似乎还有点羞涩，看上去就像是个初入社会的大学生一般。

但是彭飞的那双眼睛，非常奇特，明明在看着庄睿，却没有一丝表情，空洞无物，就像他面前是空气一般。

这也是庄睿进屋后，第一次正面看清楚彭飞的相貌，和他想象中的完全不同，在听郝龙讲述彭飞的故事时，庄睿以为彭飞是个相貌粗犷的彪形大汉呢，却是没想到彭飞长的这么清秀。

庄睿真的想象不出，面前的这个年轻人，是如何连毙数名毒贩的。其实庄睿不知道的事情有很多，彭飞不仅和毒贩打过交道，和泰缅的许多势力以及正规军，都起过冲突，手上远远不止六条人命的，而这些事情，就是郝龙也不甚了解。

"天气冷，就喝酒吧！"

庄睿没有废话，端起那小碗，一扬脖子就灌了下去，这一碗大约有三两多的五十六度二锅头入肚之后，庄睿只感觉从喉咙到肚子里，都是一阵火辣辣的，身上也随之暖和了起来。

喝干碗里的酒后，庄睿放下碗站起身来，说道："有酒没菜，郝龙，你们先喝着，车上还有点吃的，我去拿过来……"

"老板，我去拿吧……"郝龙连忙站了起来。

"不用，你们战友先聊着吧……"庄睿摆了摆手，推开门走了出去，有些话，郝龙说，要比自己说更合适一些。

虽然庄睿只是见了彭飞一面，对他的为人还是不了解，但是庄睿相信，能守着妹妹过这样清贫生活的年轻人，一定经历过许多不为人知的事情，他们这类人，如果做出选择的话，就永远都不会背叛，如同彭飞离开了部队，也没有去作恶一样。

庄睿的车上有一些别人送给外公的土产，像是德州扒鸡之类的真空包装的熟食，这些可不是大街上卖的那种，而是正宗秘方腌制出来的，只是老爷子牙口不好，欧阳婉就让庄睿带回去准备给张妈和郝龙他们吃的。

拿了几袋德州扒鸡，庄睿看到有一袋苹果，也拿到了手上，只是他没有急着回去，而是将车打着了火，坐在里面点上一根烟，他是想留给那俩人多一点说话的时间。

把烟抽完后，庄睿又坐了一会儿，感觉差不多有个二十分钟的样子，这才推门下车，跺了跺脚，往村子里走去。

进到彭飞家里之后，庄睿看到，原本坐在床上的小丫丫，此时眼睛红红的，似乎刚才哭过了，不知道彭飞和郝龙聊了什么，勾起了小丫头的伤心事。

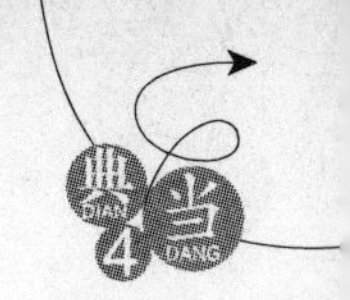

“就这几袋熟食了，拆开吃吧。丫丫，给你只鸡大腿……”

庄睿把袋子放到桌子上，打开一袋德州扒鸡，然后用包装袋撕下一条鸡大腿，递给了趴在床头，睁着大眼睛看着自己的小丫头。

“哥哥……哥哥说，不能随便拿别人的东西……”

丫丫看着那鸡大腿，下意识地伸出了手，只是在看了彭飞一眼之后，迟疑了一下，还是把伸出去的手缩了回去，但是说话的时候，庄睿看到她喉咙上下动了一下，似乎咽下一口口水。

从庄睿进屋后，就停止了交谈的彭飞，此时突然开口说道。“丫丫，吃吧，庄大哥不是外人……”

“哎，谢谢大哥哥……”

听到自己哥哥的话后，小丫丫眼睛笑得眯成了月牙状，伸出小手接过了庄睿递过来的鸡大腿，却是没有下口去咬，而是在嘴边舔了舔，然后从床上跳了下来，走到彭飞身边，说道：“哥哥，你先吃，吃完了明天就有力气干活了……”

“哥哥还有，丫丫自己吃，哥哥和庄大哥有话说……”

彭飞没有接丫丫递过来的鸡腿，而是宠溺地揉了揉她的小脑袋，将她抱回到了床上，然后转过身来，看向庄睿。

“庄大哥，我家里的事情，都给大龙说了，回头他会告诉您的。想让我跟您干，没问题，我只有一点要求，就是能让丫丫有个稳定的学习环境，能吃饱穿暖就行了。至于工资什么的，您看着给，多少都没关系，您只要答应能照顾好丫丫，我彭飞的这条命，就卖给您了！”

彭飞语速不快，几乎是一字一顿地说出上面那番话，那双原本空洞无神的眼睛，此时像是利剑出鞘一般，紧紧地盯着庄睿，似乎想从庄睿眼睛里，看出他的回答是否真诚。

彭飞自问自己不是坏人，但是同样也不是圣人，他坚守着自己心中的那根底线，就是不为非作歹，但是现在有机会让自己和妹妹生活得更好一点，他同样也不会拒绝。

“哥哥，你是不是又要走啦，我不要你走，我要和你在一起，大哥哥，我不要你的鸡腿了……”

小丫丫本来正开心地吃着鸡腿，在听到彭飞的话后，马上从床上跳了下来，把吃了一半的鸡腿，向庄睿手中塞去。

庄睿将鸡腿又拿给了小丫头，笑着说道：“丫丫乖，放心吧，你哥哥会和你住在一起的，而且还会住很大很大的房子……”

“真的？”丫丫歪着头，很认真地看着庄睿。

“当然是真的，今天你们就能搬进新房子里去住，你和哥哥还是住在一起……”

七八岁的年龄，已经可以分辨大人说话是真是假了，小丫头盯着庄睿看了一会儿之后，点了点头，没有再说什么。

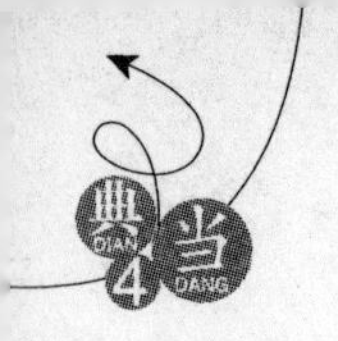

摆平了小家伙，庄睿这才扭过头来，看着彭飞，道："给我工作的性质，郝龙可能都和你说了。这里是北京，不是战场，安保工作也很简单，没你想得那么紧张的，也不用说什么卖命之类的话，我请的是安保，又不是请杀手的。

你们要是东西不多的话，今天就可以搬过去。对了，丫丫现在上几年级？明天我让人帮他办理下转学手续吧……"

彭飞还没回话，小丫头就抢着问道："大哥哥，我可以上学了吗？"

"怎么，丫丫没上学吗？"庄睿愣了一下，转头看向彭飞。

"老板，出来一下，我给您说吧……"

郝龙这时站起身来，向庄睿使了个眼色，推开门走了出去，这房间实在是太小，郝龙不想当着彭飞的面，再揭别人一次伤疤。

"老板，我也是刚才才知道的，是这么回事……"走出门后，郝龙把自己刚刚知道的事情，都给庄睿说了出来。

原来就在去年的这个时候，郝龙乡下的父母，由于冬天烧炉子的时候没有使用烟囱，在一个特别寒冷的下午，郝龙的父母把家里封得严严实实的，却没想到一氧化碳中毒了，等丫丫放学回家的时候，父母已经停止了呼吸。

彭飞得到这个消息的时候，正在追捕毒贩的行动中，看到战友被虐杀，再想起刚刚过世的双亲，彭飞才情绪失控，枪杀了那几个毒贩的。

彭飞是个性格好强的人，在被强制退伍回到家之后，用那一万多块钱的退伍费，安置了父母身后事，然后从亲戚家里接回了受到惊吓，一直都没有再去上学的妹妹。

第五十章　寿宴献宝

由于丫丫一回到家，就会想起那天放学后看到父母躺在床上的情形，精神很不稳定，无奈之下，彭飞就带着妹妹离开了家，先是找了一份歌舞厅保安的工作。

但是歌舞厅里那些乱七八糟的事情，让彭飞很是看不惯，见到那些贩毒吸毒的人，彭飞有几次都差点没忍住，想扭断对方的脖子。后来干脆就辞职了，来到这里租了间房子，干起了搬运工。

彭飞干搬运工的收入并不高，一天只能赚到五六十块钱，而租这破房子，一个月还要四五百块钱，加上彭飞又想存点钱，等明年让丫丫上学，所以兄妹两人，日子过得一直十分清苦，但凡买点好吃的，彭飞也都让给了妹妹，并且怕丫丫以后学习跟不上，郝龙就抽晚上的时间，帮妹妹补习下小学的功课。

庄睿听郝龙讲完这事之后，心里也是唏嘘不已，这人真是很脆弱，生命对于存在了亿万年的地球而言，实在是太短暂了，这也让庄睿暗下决心，要珍惜现在的生活，珍惜身边的每一个亲人。

庄睿和郝龙回到屋子里之后，彭飞放下手里正给妹妹削的苹果，从桌旁站起身来，说道："庄老板，我还是明天再过去吧，货场的工作要去辞掉，这房子也要退掉，今天也晚了，大龙回头把地址给我，等明天我自己找过去……"

"嗯？狼牙？"

庄睿没注意彭飞的话，他一进屋就被彭飞手上削苹果的小刀给吸引住了，那把刀他太熟悉了，以前经常见到周瑞在手里把玩，自己到现在都没搞清楚，周瑞究竟是把刀藏在身上什么地方的？

彭飞听到庄睿的话后，脸色稍微动了一下，手腕一翻，刚才还在手指间把玩的小刀，变魔术般消失了，一双眼睛看向了庄睿，说道："庄老板是怎么知道我出身狼牙部队的？"

彭飞部队的保密等级很高，就是郝龙，也只是知道一点大概。而庄睿只是见到自己

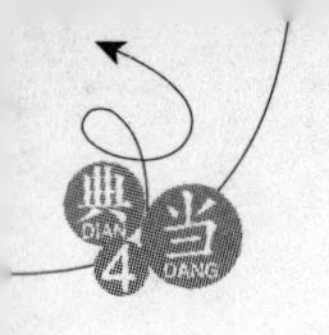

的小刀，居然就能猜出自己的来历，让彭飞不禁吃了一惊，看向庄睿的眼神，也变得严肃了起来。

“我有个朋友，手上有把刀，和你的一模一样，你们应该是出自一个地方的吧？”庄睿顿了一下，接着说道，“我那朋友叫周瑞……”

“老班长？庄老板，您有周班长的电话吗？能不能给我啊？”

彭飞听到庄睿的话后，一直显得古井无波的脸上，终于露出了惊喜的神色。庄睿也是听得一愣，这中国十几亿人口，居然会这么巧，彭飞和周瑞居然认识？还是出自一个部队的。

“有，有，我给你写下来……”

庄睿在丫丫的作业本上，给彭飞留下了周瑞的手机号，然后对郝龙说道：“郝哥，你把手机先拿给彭飞吧，明天你开我的车来接他们，忙完这段时间，我再给彭飞配个手机……”

上个月，庄睿就给郝龙买了个移动电话，对于现在的庄睿而言，这东西不值几个钱，联系起来也方便，因为他那宅子实在是太大，打到中院再去喊人，恐怕都要等上好几分钟。

“老板，明天我租个车过来就行了，您不是还有事啊……”郝龙从口袋里掏出手机，给彭飞递了过去。

“没事，明儿有车去。”

欧阳龙他们谁没车啊，搭个顺风车就好了。庄睿看到事情都办得差不多了，就对彭飞说道：“那先这样吧，我们回去了，明天你带丫丫过去就行了。”

“谢谢，谢谢庄老板……”

彭飞这句话说得是真心实意，在庄睿刚来的时候，他心里就是把庄睿看成是个有钱的老板而已，只要妹妹能安稳下来，彭飞即使自己受点委屈都没什么，心里对庄睿没有多少敬意。

但是庄睿来到这屋里之后，对待自己妹妹的态度，和一口饮尽那碗二锅头酒的豪爽举动，就让彭飞有些刮目相看了。按照郝龙的说法，这可是亿万身家的大老板，给彭飞的感觉，却没有一丁点儿架子，让人不自觉地就产生好感。

而当庄睿说出和周瑞是朋友之后，彭飞心中更是生出三分敬意来，他知道，自己那老班长可是眼里容不得沙子的人，庄睿如果是偷奸耍滑的人，和老班长绝对交不上朋友的。

彭飞让庄睿写下周瑞的手机号，准备一会儿去借个电话偷打个电话呢，没想到庄睿直接让郝龙把手机留下来，这说明庄睿心底坦荡，并不怕他和周瑞联系。

庄睿和郝龙驱车再回到四合院的时候，已经是晚上十点多了，庄睿去李嫂那里，交代

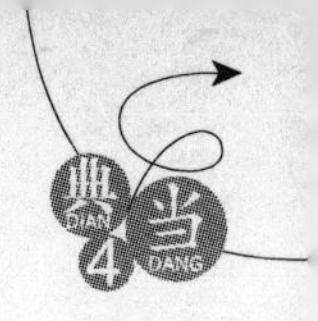

了一声，让她明天收拾一间屋子出来，前院的正房一直都没人住，里面有两间卧室，还有独立的洗手间和浴室，正好就给彭飞兄妹俩住了。

忙活完这些事，庄睿洗了个澡后就上床了，明儿老爷子大寿，可是要精精神神地去才行，只是这刚睡下，电话又响了起来。

“周哥？呵呵，是彭飞给你打了电话吧？”

庄睿一看来电显示，心里就明白了，他本来是想打给周瑞的，只是时间有点晚，就没打过去，没想到周瑞反而打过来了。

“是，庄睿，真是谢谢你呀，那小子是个好兵，入伍第三年就直接提干的，军事素质比我都强出很多，没想到出了这种事情，唉，可惜了……”

周瑞在电话里的声音有些低沉，以前生死相交的战友，家里出了这种事情，他心里也很不好受，沉默了一会儿，接着说道：“庄睿，我虽然不太会说话，不过心里知道，今天能过上这日子，多亏了你和大川，本来是没有什么资格向你提要求的，就当是周哥求你了，帮帮我那战友，你那里要是安置不下，让他来找我也行。”

“周哥，没那说法啊，我好不容易找到个能信得过的人，你可别打主意。放心吧，我庄睿是什么人，你也清楚，亏待不了彭飞的，至少以后他不会混得比你差……”

庄睿一听周瑞的话，不乐意了，要是送你那去，我费那么多功夫干吗啊。

周瑞知道庄睿的为人，刚才情急之下说出上面那番话，现在也知道自己失言了，当下就没再提这事，和庄睿聊了几句罗江琢玉的事情，就挂断了电话。

“你们这几个孩子，怎么现在才来啊。小路，小军，你们跟着你大哥，去外面迎客人。小睿，你进来，看着点外公外婆。徐晴，你怀孕了，就别跟着忙活了，去，带几个孩子到旁边房间去吧……”

庄睿等人第二天一赶到玉泉山，就被欧阳婉指派着忙活了起来，欧阳磊带着几个孙子辈的，站在大门口迎接客人；欧阳振华老哥仨，则是在侧房里坐着，看到身份相近的人来，才会出去迎接。他们年龄也不小了，在外面身子骨受不住的。

从上午十点多钟的时候，就开始来客人了，今天能上门的人，那最少都是省部级以上的高官，像厅级干部，早在几天之前就拜访过了，关系近点的，属于欧阳家势力范围内的，或许能见上老爷子一面，关系稍远的，只能送上帖子和礼物，连进门见老爷子的资格都没有。

接待这些人，大多都是欧阳振武出面相陪，在屋里坐的时间也会稍久一些。这些人大多都是老爷子曾经的老部下，或者是提携过的人，从某种程度上来说，也是欧阳家族的

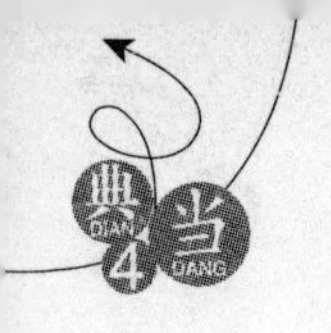

根基所在。

欧阳罡今天的精神头非常好，穿了一身没有肩章领衔的老式军装，端坐在堂屋里，腰杆挺得笔直。先前见了几个老部下，让他有种回到了几十年前，指挥着千军万马时的感觉。

客人们进来之后，大多都是向老爷子问好，然后说上一些祝福的话后，就被工作人员领了出去。在玉泉山原本有个小礼堂，今天就摆宴席了，那里早已摆上瓜果拼盘。

从老爷子这里出去的人，都到小礼堂坐下了，这些人本来相互之间都很熟悉，倒也是心平气和地聊着天，等着中午老爷子过来之后寿宴开始。

刚才欧阳军跑那边转悠了一圈，回来说这儿要是落下个炸弹，全国立马要有数个省份瘫痪掉，这话被他老子听到了，气得欧阳振武拧着欧阳军的耳朵拉房间里教训去了。

庄睿今天最清闲，他的任务就是陪着老头老太太在里面聊天，看着那几个表哥们带着客人进进出出的，很有优越感。

只是在屋里就一点不好，但凡是有人进来，在给老爷子老太太拜完寿之后，那眼神总是要在庄睿身上打量个半天，好像庄睿脸上长了花一般，搞得他很不自在。

不过庄睿今儿也算是长了见识了，在今儿能进来的人，无一不是地方大员，或者是手握重权的军方将领。这次来的人可比八月十五多多了，一个个看在庄睿眼里，无不是面带威严，久居上位之人。

庄睿刚才看了一下，仅将军就数不胜数，职位稍低一点的，大多都是三五个人一起进来给老爷子祝寿。

那位驻港将军也在，不过庄睿看他的军衔，已经提升了，在进屋的时候，向庄睿点了点头，却是没有时间交谈，后面排队的人忒多了点啊。

到了中午十一点半，庄睿扶着外公，欧阳婉扶着外婆，来到寿宴厅里，礼堂里摆了十几桌，在正中间的位置上，有个大大的寿字，欧阳罡一走进礼堂，掌声就响了起来。

在那位央视著名的主持人，声情并茂地介绍了老爷子的生平事迹之后，一位和欧阳振华平级的大人物，代表党和人民祝愿老爷子身体健康，说了一些吉祥的话语，然后就是欧阳家的小辈们，向老爷子祝寿，并且献上礼物了。

这顺序自然要从老大欧阳振华开始，其实礼物并没有什么特别的，无非是一些万年青，寿匾之类的物件，老爷子老太太主要是看到儿孙满堂，心里就满足了。

"妈，爸，外公，外婆，祝您二老身体健康，事事如意……"

待得欧阳振华几兄弟拜完寿后，欧阳婉带着儿子女儿，还有女婿外孙，走上前来，规规矩矩地给坐在椅子上的二老鞠了几个躬。

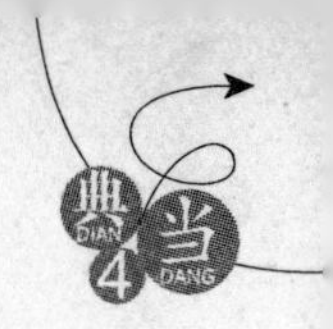

“哎？那小伙子是老爷子的外孙吧？怎么就拿了个果篮上去了，这也太寒酸了吧？”

“是啊，现在的年轻人啊，做什么都敷衍了事，首长寿诞这么重要的事情，做晚辈的还如此不上心，真是不应该……”

前面几位拿上去的寿礼，虽然不是特别贵重，但是都有其寓意所在，相比之下，庄睿手里拎着的，那种在医院门口三五十块钱就能买到的果篮，就显得有点不怎么庄重了。

虽然场内的这些人，对于礼物之类的身外之物，看的并不是很重要，但是对庄睿所拿的东西，还是有点嗤之以鼻。其实他们还真没猜错，庄睿放着那个玉雕摆件的竹篮，还真是花了一百块钱从路边买的，只是把原本的鲜花给拿出来了而已。

更让众人有些生气的是，庄睿居然还把那个果盘给拿出来，摆在了老爷子和老太太座位中间的一个六角木茶几上，看那样子，似乎还想劝二老吃上一口呢。

“我说老五，你搞什么名堂啊？咱们兄弟几个，就你身家最厚，怎么拿出来的东西那么寒酸？”等庄睿退入到主家席之后，欧阳军低声挖苦了庄睿一句。

庄睿正要回话的时候，刚刚去送那位大佬的欧阳磊，突然从礼堂外面快步走了进来，在老爷子耳朵边说了句什么，一直稳坐在椅子上的欧阳罡，居然站起身来。

见到老爷子听了欧阳磊一句话后，就颤颤巍巍地站起了身子，并且在欧阳磊的搀扶下，迎向小礼堂的门口，在座的客人们面面相觑，他们有些想不通，以欧阳老爷子的身份地位，究竟还有谁值得他亲自去迎接的。

谜团很快就揭晓了，因为从礼堂大门处，一位坐在轮椅上的老人，被人推了进来。庄睿眼尖，一眼看到，坐着的那人居然是宋老爷子，而推轮椅的人，自然就是宋军了，在轮椅后面，还跟了四五个里面穿着军装，外面套着白大褂的医生。

“欧阳老哥，九十寿诞，和老嫂子七十年风雨同舟，可喜可贺啊……”

坐在轮椅上的宋老爷子，没等欧阳罡走近，就拱起了双手，向今天的寿星公拜寿了。

“宋老弟，你……你这是，好啦？”

欧阳罡走到近前，一脸不敢相信地看着他的这位老战友。

“咱们这把岁数了，有什么好不好的，老哥你没看到，这后面还跟了一群人嘛……”

宋老说话的时候有些无奈，自从昨天打了针睡了一觉之后，他感觉精神很好，在和宋军聊天的时候，无意中听到今天是欧阳罡的九十大寿，就起了要来拜寿的心思，主要也是在床上躺久了，想出来活动一下。

只是他这一活动不要紧，将整个医院都给惊动了，要知道，宋老当年不比欧阳罡在军队的影响力差。

“好！好！！这些年来，就今天最舒畅了……”

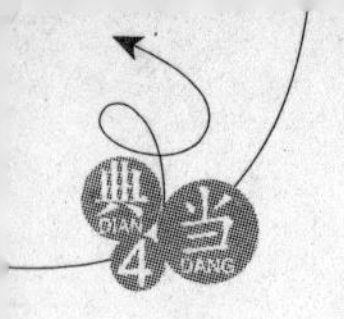

欧阳罡发自内心地哈哈大笑了起来，见到这相交了半个多世纪的老伙计，居然能走下病床了，看这面色恢复的还不错，欧阳罡是打心眼里高兴。什么大寿，什么结婚七十周年，都没有他见到老战友身体康复更高兴。

且不说两位老人手拉着手在那里畅谈，坐在这寿宴厅里的那些各方诸侯们，此时已经是看直了眼，几乎不相信自己的眼睛了。

这些地方大员，虽然多是欧阳家族派系的，但是欧阳罡与宋老爷子关系十分好，两家在许多领域都可以互补，所以这些人借着此次进京拜寿的机会，前几天也大多都去看望了躺在病床上的宋老爷子。

只是那会儿的宋老，一直都是在昏迷中，一天不过清醒小半个时辰，任谁都能看得出来，宋老爷子离辞世不久了，谁能想到这不过一天的工夫，那老爷子居然就能出院来参加欧阳罡的九十大寿。

虽然现在科技日新月异，医学昌明，但似乎还达不到让病危的人康复的如此之快吧？有些认识那医院院长的人，已经是摸出手机，低下头小声地打起了电话来。

只是这些人的探询，注定是没有结果的，那位大校军衔的副院长，在报上去宋老的病情恢复情况后，很是被人训斥了一通，大抵意思说的是，我们作为唯物主义共产党人，是不能相信那些鬼神之说的，还是要从科学上去理解，去找寻原因。

院长同志这会儿正发愁呢，他要是能用科学解释得清楚，就不至于递交上去那份宋老爷子做梦的报告了。

此时宋军已经推着宋老爷子，走到了寿宴厅欧阳罡刚才坐的地方，有人又搬来一张椅子，放到了欧阳罡的身边，宋老爷子在孙子的搀扶下，坐到了椅子上面，看这情形，再过上一段时间，宋老说不定就能下地行走了。

一时间，寿宴厅里热闹了起来，原本的客人们，也排着队上前恭贺宋老爷子身体康复，却是让寿宴开席的时间往后推迟了一些，不过也没人在乎这个，除了那些不懂事的小孩子之外，没谁来这里是为了吃喝的。

“咦？欧阳老哥，这天气还有这么新鲜的水果啊？”

宋老在应付了一圈人之后，无意间看到了庄睿送上来的寿礼，不禁眼睛一亮。久病在床的人，最喜欢看的，就是那些充满生命力的色彩，这也是去医院看病人的时候，多喜欢送花的原因之一。眼前这一盘子花花绿绿的新鲜水果，让宋老居然有点胃口大开的感觉。

“我小外孙送的，怎么着，你那牙口还能咬得动？我拿个葡萄给你吧。”

刚才拜寿的人太多，加上紧接着宋老又来了，欧阳罡对于这份寿礼，也没细看，直到

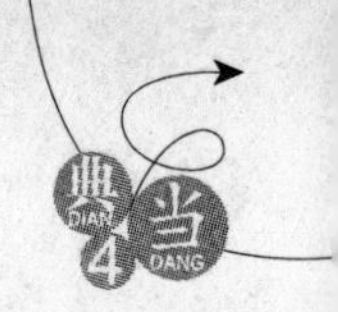

扭过身子，去拿那串葡萄的时候，才感觉出了不对，嘴里“咦”了一声，右手又向中间的那个寿桃抓去。

宋老见到欧阳罡的面色有些不对，出言问道：“欧阳老哥，怎么了？”

“这……这东西……是假的啊！”

欧阳罡心里吃惊，说话的声音大了一点，引得众人纷纷看向他所说的假东西，心里都有些不明白，这吃的玩意儿，最多只能说品种不好，哪儿还有什么真假啊，上面又没有贴商标。

“假的？”

宋老爷子也坐在茶几旁边，当下伸手摸上了那个玉雕摆件，眼中顿时现出惊愕的神色，到了他这种岁数，几乎可以说是山崩于眼前而色不变的，但是这个小玩意儿，却是让宋老一脸惊容。

“这是玉雕摆件啊，欧阳老哥，你这外孙子，没少下工夫，这东西上面有寿桃，这几种颜色代表着福禄喜，咦？还是小古的手艺，不错，不错，难得，很难得啊！”

宋老爷子将那摆件抱着放在腿上，很仔细地打量了一会儿，连底款都翻过来看了，脸上不由露出羡慕的神色，自己怎么就没遇到过这物件呢，要知道，宋老不仅爱好古董书画，对于金石玉器，那也是造诣颇深的。

“这东西好？”

欧阳罡对老伙计的话，有些不以为然，他知道自己这老战友向来痴迷古玩之类的玩意儿，以前没解放的时候，自己拿地主家的那啥唐宋古画擦屁股，这几十年来可是没少受他的挤兑。

“和你说不通，这样给你说吧，这东西比当年慈禧的翡翠白菜也是不遑多让的，就凭这天生地养的玉料，还有这巧夺天工的构思和工艺，称之为‘国宝’，那也不为过……”

宋老有些激动，话说的快了一些，脸上涌起一片红潮，吓得站在一旁的宋军，连忙说道：“爷爷，您别激动啊，回头我也给您淘弄一个去……”

说话的时候宋军还瞪了站在不远处的庄睿一眼：你小子好物件多那不是你的错，但是拿出来显摆就不对了啊，自家老爷子要是真想要的话，自己去哪儿给他找去？

“你懂什么，一边去。我敢说，这玩意儿世上就不可能再有第二件了，无价，无价之宝啊……”宋老爷子训斥了孙子一句，那眼神始终没离开过这玉雕摆件。

听到宋老的话后，坐在寿宴厅里的人，有些感觉和两位老爷子比较亲近的，都纷纷走过来看了一下这摆件，能被宋老称之为国宝的物件，那即使不是国宝，从现在开始也变成国宝了。

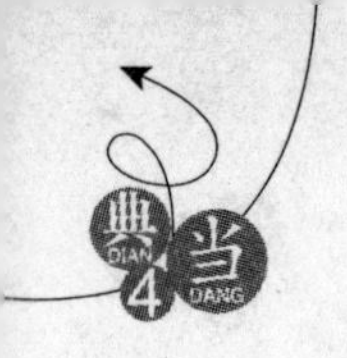

当然，这些人只是感觉稀奇而已，对于这东西本身，倒是没什么兴趣，再好看它也不过是块玉石，不能吃不能喝的有什么用啊，只是原本感觉庄睿小气的人，现在却是转变了印象，敢情别人不是小气，是大方得没边了。

“老弟，你喜欢就拿去玩好了……”欧阳罡看到庄睿送的物件这么珍贵，脸上也是很有面子，不过他对这东西没什么兴趣，当下就大方地准备送出去。

“算了，这物件可是值几个亿啊，你外孙子能送，我亲孙子也能送，等我明年过九十的时候，你也来看看……”

宋老这话却是让先前那些看过这东西的人吃了一惊，虽然他们在外面也算是地位显赫，主政一方，随便一个政策落实下去，那牵动的各方利益也都是以千万计算的，但是这么小的一个玩意儿，居然就能值好几个亿，那可是要比一个贫困县的年财政收入都要高出很多了。

于是有些人就开始琢磨了，是不是要在管辖地进行一些考古发掘？以前从来没有重视过的这些东西，也能创造经济价值嘛。这些人的想法要是被那些考古部门得知了，肯定会上门给庄睿送感谢信的，自己这清水衙门终于有领导关注了啊。

只是这会儿宋军可就纠结了，明年他去哪里淘弄这玩意啊？再看向庄睿的时候，那眼里就快冒出火来了。

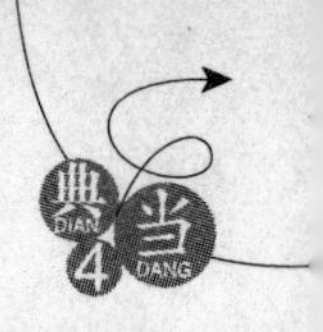

第五十一章　缅甸联邦

经过这个小插曲之后，寿宴继续进行了下去，老爷子和老太太象征性地喝了众人敬的酒之后，就退席回小院了，欧阳罡倒是想多喝一点，架不住身边的保健医生不让啊。

宋老爷子自然也跟过去了，两个老战友今天可是要好好地唠唠嗑。

"庄睿，你小子别跑……"

宴席散了之后，庄睿心里想着彭飞的事情，和大舅等人打过招呼，正准备驾车离开玉泉山的时候，就被宋军给堵住了。

"宋哥，恭喜啊，宋爷爷身体好了，您也能轻松一点了。"

庄睿嘴上是这么说的，心里却是在暗叹，哥们这做好事不留名的日子，啥时候才是个头啊。不过庄睿也知道，那名最好还是别留，否则就算是外公保得住自己，那自己以后也别想轻松了，国家绝对会花费照顾大熊猫一百倍的心思来照顾自己的。

"你小子少和我扯那些没用的，我是来找你算账的……"

宋军一看到庄睿，立马就鼻子不是鼻子脸不是脸了，你小子显摆完了，哥们就要满世界给老爷子淘弄宝贝去了，像那样的物件，都是不可复制的玩意儿，自己去哪找啊。

庄睿可不知道宋军心里的怨气，当下奇怪地问道："宋哥，我可没得罪您啊，昨儿看老爷子的时候，要不是我……带去的好运气，宋爷爷能好的那么快吗?"

庄睿嘴一顺溜，差点把给老爷子治病的事情说了出来，还好他反应快，及时收住了嘴。

"那是我爷爷老战友托梦给他的，关你小子屁事。我说你淘弄个宝贝自己偷着乐不就行啦，非要拿出来显摆，好了，我们家老爷子刚才发话了，让我也去找一个，你让我去哪找啊?"

庄睿一听这话才知道，敢情这位哥哥心里不忿，真是来找自己算账的，不过宋军有点不讲理啊，自己送外公礼物，关你什么事呀，想到这里，庄睿笑了起来，道："老爷子忘性大，说不定明儿就忘了这事呢，你当什么真啊……"

"你忘性才大呢，他可是不糊涂，昨天把我小时候偷他的红星勋章拿出去换东西的事都给翻出来了呢。别废话，这事你招惹出来的，回头你给我找块好玉去，多少钱随你开，

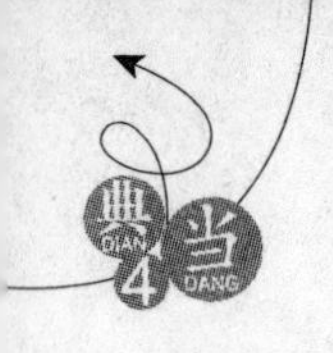

只要老爷子高兴就行……”

宋军和爷爷感情极深，他也知道老爷子就是那么随口一说的，不过听到他耳朵里，就记在心上了。明年给老爷子过寿，说什么也要倒腾件好东西，这倒不是为了面子，而是尽尽自己的孝心。

他和庄睿也是惯熟了，这才毫无顾忌地赖上了他。主要是宋军知道，面前的这小子运气忒好了点，说不准就能碰到什么好玩意儿，他说这话也是提前给庄睿提个醒，遇到好东西想着他点。

“您这不是土匪行径嘛……”庄睿苦笑了起来，这东西都是可遇而不可求的，自己也没办法啊。

“呸！你们家老爷子当年才……反正我不管，你看着办吧……”

宋军话说到一半停住了嘴，这话可不是他这当小辈应该说的，他怕庄睿抓他的话柄，紧接着说道：“明天马胖子来北京，咱们哥几个一起吃个饭，过两天直接飞仰光，你做好准备啊。”

宋老爷子身体好了，宋军也算是解放了，他现在对于赌石可是痴迷得很，倒不是说那事赚钱快，主要是看到自己赌的石头大涨的时候，那种能让荷尔蒙加速的刺激，才是他所追求的。

“要做什么准备？宋哥您给我说说……”

庄睿早就决定了要前往缅甸赌石，只是他对仰光公盘两眼一抹黑，这几天正想着自己该以什么身份前往呢，他前几天问了古老爷子，参加缅甸公盘主要是有三种途径。

第一种是那些毛料商人们，这类人要是想参加缅甸翡翠公盘，可以提前和缅甸组织方联系，申领邀请函。第二种就是那些知名的珠宝公司了，他们每年都可以接到缅甸方面发放的邀请函，这些人才是翡翠公盘的主要消费者。

还有一种就是所谓的半官方机构，是由国内玉石协会主办的，只要是会员，都可以报名参加，当然，费用自理，这玩意儿没得报销的，要不然怎么说是半官方啊。

庄睿考虑的就是跟随玉石协会一起前往，最起码里面很多人都去过，虽然观光的性质大过赌石，不过也有经验不是，总比自己单个跑去抓瞎强吧。

宋军沉吟了一会儿，才说道：“其实我也没去过缅甸公盘……”

“得了，算我没问，明儿问马哥吧……”庄睿被宋军说得差点吐血，您没去过还装什么大尾巴狼啊，整得一本正经的。

“哎，你小子，哥哥没去过缅甸，知道的也比你多啊，那里可以用人民币，不过美金更好使，兑换的价格也高，你最好先换点。另外……另外就没啥了……”

“美刀？不是出国携带外汇，都有限制的吗？”庄睿有些不解地问道，他上次去香港，都是提前办理的银行汇票，要不然还带不出去呢。

“就你小子还是学金融的啊？你国外没账号？你要是没有，回头我给你个账户，你把

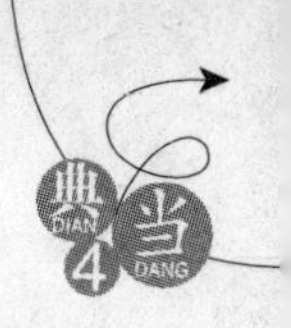

钱打过去。行了，明儿马胖子来再说吧……”大冷的天宋军也懒得磨叽了，摆摆手算是放行了。

“老板，您回来了？”

庄睿回到家之后，就直奔前院，推开门房监控室的门，就看到郝龙正给彭飞讲解着那些监控仪器，见到庄睿进来后，两人都站了起来。

“都说了别叫老板了。彭飞，你比我还小几个月，以后叫我庄哥吧。”

庄睿摆了摆手，示意二人坐下来，接着说道：“住的地方都安排好了吧？丫丫呢？回头我帮他办下上学的事情，过几天我要出远门，就没时间了……”

“安排好了，谢谢老板……庄哥……”

听到庄睿的话后，彭飞眼中闪过一丝感激的神色，吃住的好坏他其实并不在意，能让妹妹有个好的学习生活环境，那才是最重要的，而且庄睿交代了张妈把小囡囡的玩具都拿到了丫丫的房间里，可是把那丫头乐坏了，这会儿正在房间里给芭比娃娃换衣服玩呢。

彭飞以前干保安的时候，每月开那千儿八百块的工资，还经常被那歌舞厅的老板吆来喝去的，根本就不把他当人看，说话也是骂骂咧咧的，但是庄睿给他的感觉却是完全不一样，对自己很尊重，完全是平等相处。

这让彭飞在心底也是暗暗感激，他是个嘴拙的人，不怎么喜欢说漂亮话，但是此时在心里，存下了要好好干，以报答庄睿对自己和妹妹所做的这些事情。

庄睿在北京城，自然是除了家人谁都不认识的，虽说办理个孩子入学的事情，只是一件很小的事，小的他都不好意思去找欧阳军。

但是想了半天之后，庄睿还真是不知道从何下手，在电话本里翻找了半天之后，庄睿看到了一个人名，不禁眼前一亮，这事找郑主任……不对，应该是郑副书记来办比较合适，前几天庄睿碰到他的时候，接了一张新名片，上面的办公室主任的头衔，已经改成了区委副书记。

对，就是郑副书记，虽然这称呼读起来有些拗口，但是郑副书记这会儿感觉可是良好，正处到副厅这个很多人一辈子没有迈过去的门槛，他在四十岁的时候就完成了，按照这个趋势，以后就是升个省部级，似乎也没多大问题。

当然，站对队伍是最关键的，郑副书记前几天跟着区委书记，去了一趟玉泉山老爷子的住处，眼里看到的全都是让自己仰望的人，虽然没能见到老爷子领受教诲，郑副书记也在心里打定了主意，日后一定要和欧阳家的几兄弟多来往，那可是一条通天捷径啊。

所以在接到庄睿的电话后，郑副书记高兴得差点没笑出来，在去过玉泉山之后，他也知道了庄睿的身份，那可是老爷子唯一的外孙啊。

什么？没有亲孙子亲？话可不是这么说的，老爷子可是有四个亲孙子，外孙可就庄睿一个，并且还是年龄最小的，不用问，肯定是最受宠的。

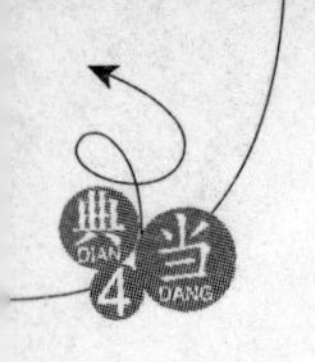

在知道了庄睿的身份之后，郑副书记这几天都在后悔，当初庄睿买那房子的时候，自己没多花点力气帮他再压低点价格，反正卖贵卖便宜，自己都捞不到一分，但是这人情就白瞎了，送的不够大。

办理个学生入校的事情，对郑副书记来说，那再简单不过了，而且那学生还是北京户口，当下郑副书记就拨打电话联系了起来，他这新任副书记可是挂着区常委头衔的，一个电话拨打出去，事情就办成了。

想着这事要是通过电话告诉庄睿，那有点没诚意，郑副书记干脆直接去了庄睿的四合院，他也是想看看庄睿给什么人办的这事，俗话说做大事要先从小事入手嘛。

“这么快？郑书记，这事可是要谢谢你啦。我过几天要去趟缅甸，到时候你带着丫丫跑一趟吧。”

庄睿也没想到，这电话打了不过一个多小时，事情就办好了，看着大冷天跑得脸上带汗的这位郑书记，他有点不知道说什么好了。权力，还真他娘的是个好东西！

“成，庄先生您放心吧，这事一准给您办好……”

郑副书记弄明白庄睿和丫丫的关系后，心里反倒有些惊喜，身边请的一个小保安，庄睿都如此维护、事事关心，日后自己和他关系处好了，想不飞黄腾达都难啊。

“庄先生，您请回吧，不用送了，我的车就在路口……”

在和庄睿说好，明天自己带着丫丫去办理入学手续之后，郑副书记就心满意足地告辞了。今儿的收获不小，这大冷天的没白跑一趟。

这要是被熟悉他的人看到，肯定会认为自己看花了眼，堂堂一位副厅级干部，怎么会对一个体制外的人态度如此恭敬，这就是当官的不二法诀了，要想当领导，首先就得学会装孙子。

“大哥哥，我真的能上学了吗？”等郑副书记走后，丫丫的小脸上充满了期待，向庄睿问道。

“当然了，明天那位伯伯就带你去，丫丫以后要好好学习啊……”

庄睿笑着揉了揉丫丫的脑袋，郑副书记很会办事，选的学校距离四合院不远，以后早晚先让李嫂接送一下，等丫丫和学校里的同学熟悉之后，完全可以和同学结伴去上学了。

“丫丫会好好学习的，谢谢大哥哥……”

小丫头认真地点了点头，小孩子都是很敏感的，她能感受到庄睿对她的爱护之心，所以也很愿意和庄睿亲近。现在在丫丫的心里，除了哥哥之外，庄睿就是最亲最好的人了。

“好了，去和白狮玩吧……”

说来也奇怪，丫丫一来这院子，就和白狮特别投缘，一向是生人勿近的白狮，竟然允许丫丫摸它的脑袋，当时可是把彭飞吓得不轻，差点上演一场人獒大战，要不是被郝龙给拉住，这彭飞和白狮之间，还真说不准谁胜谁负呢。

“郝哥，彭飞，我出去大概七八天吧，到时候这院子就交给你们啦。对了，我把车也留

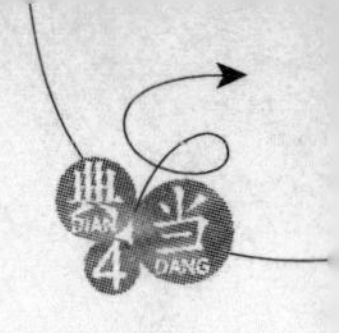

给你们，我妈要是有事，你们就帮着送一下……”

庄睿知道母亲经常来往玉泉山和这院子之间，这几天都是姐夫在接送，只是赵国栋马上也要回彭城，这事只能交给郝龙二人了，他们可是连直升机都开过的，开个车那是一点问题都没有。

等丫丫离开后，彭飞向庄睿问道：“庄哥，您要去缅甸？”

“是啊，去参加一个翡翠公盘，后天走，大概一个星期就能回来，怎么了？”庄睿看到彭飞的脸色有些凝重，心里有些奇怪。

彭飞苦笑了一下，道：“庄大哥，缅甸那里很复杂的……”

“庄哥，缅甸那地儿，可是‘金三角’的所在啊，而且缅甸还是‘金三角’地区罂粟种植面积最大、产量最多的国家。

“那里有满山的罂粟花，真的是很漂亮啊……”

彭飞说着说着忽然话题一转，似乎想到了什么，脸上露出沉思的神色。

一旁的郝龙见到庄睿的脸色变得有些难看，连忙说道：“老板，那些地方是比较危险，不过你只是去赌石的话，就没什么事的，仰光的治安还是不错的……”

刚才听完彭飞的话后，庄睿心里还真是打起了鼓，俗话说君子不立于危墙之下，要真是如同彭飞所言，那这趟缅甸之行，就要好好掂量一下了。庄睿可不愿意跑到毒贩老窝去，这年头盗墓的人都敢往身上绑炸药，那些贩毒更不用提了，估计连枪炮都能搬出来。

“我是和国内人组团一起去的，应该没有什么问题吧？”庄睿想了一下，自己只到仰光，那里怎么说都是缅甸的首府，应该不会出现彭飞所说的那些事情。

“庄哥，要不然我和您一起去吧，那地方我比较熟悉，也会说缅语，发生什么事情的话，处理起来比较方便……”

说老实话，彭飞是真的不想回到那个地方去，那里带给他的记忆，无非都是厮杀与血腥，死亡和生存，但是这刚找到一位好老板，彭飞还真怕庄睿在那里出什么事，所以才主动提了出来。

“是啊老板，让彭飞和你一起去，家里有我在，您就放心吧……”郝龙也在一旁说道。

“行，彭飞，你就做我的助理吧！”庄睿说道。

第二天庄睿带着彭飞，找上了他从来都没有去过的玉石协会，将自己的身份证和彭飞的身份证交给了那里的工作人员，然后照过相后，让他们去办理护照。当然，所有的费用是自理的，玉石协会只起到一个平台的作用。

庄睿发现，自己的挂名理事的头衔，还是很好使的，在报上自己的名字之后，那位足有五十多岁的常任理事，硬是拉着庄睿聊了半天之后，才放他离开。

“嘿，马哥，这才几个月不见，您又富态了啊……”

从玉石协会的办公室离开之后，庄睿带着彭飞去了和宋军约好的一家酒店，今儿马胖子进京，宋老板给他接风。还别说，这开始互相鄙视的哥俩，现在的关系真是不错。

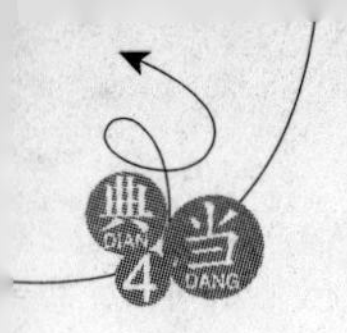

“你小子，拐着弯骂我来着？胖就胖呗，你马哥我不怕被人说。老弟，这位是……”

马胖子见到庄睿进来，很艰难地把他那庞大的身躯，从椅子上给挪了起来，他是个八面玲珑的人，即使看出彭飞是庄睿的跟班，还是出言询问了一下。

“这是我的助理，彭飞，缅甸话说得很好，这次和我一起去。彭飞，坐吧，马哥是老朋友了，在这里别拘束……”

“嗯，都坐，宋哥也真是的，说是给我接风，到现在都没见他人影。”

马胖子招呼庄睿和彭飞坐下后，摆摆手让跟在自己身后的两人也坐了下来。

他这次倒是没带女人，让庄睿也松了一口气。说老实话，每次见到马胖子身边跟个小女人的时候，庄睿脑子里总会情不自禁地联想，马胖子做那事的时候，肯定不会采用男上位姿势的。

第五十二章　奔赴缅甸

“马胖子，我说你小子怎么像个老娘们似的，喜欢背后嚼人舌头？”

马胖子话音刚落，宋军就推开包厢的门，走了进来，几人像是约好了一般，宋军身后也有两个跟班的，看他们的年龄身段，恐怕也是此次带去缅甸的保镖。

宋军这人排场大，也不喜欢谈事情的时候有外人，坐下之后对庄睿说道：“老弟，这是你带来的吧？让他们几个去旁边包厢吧，我都订下来了……”

“哎，这是我助理啊……”

“庄哥，你们谈，要是有事情叫我一声……”

庄睿正要留下彭飞的时候，彭飞已经站了起来，和另外几个人走出了包厢。

“你这小子，前几个月喊你去，你还推三阻四的，现在连助理都找好了，是不是想吃独食啊……”

彭飞等人走出去之后，宋军不满地看了庄睿一眼，在他眼里，彭飞就是个刚毕业的大学生，应该是庄睿找的翻译。

“嘿，宋老哥，你这可就看走眼啦，那小伙子不简单的……”马胖子嘿嘿一笑，他刚才就看出来了，彭飞身上有一种难言的沧桑感，恐怕并不是表面看上去那么简单的。

庄睿笑了笑，也没解释彭飞的身份，说道：“宋哥，这次去恐怕也不能与你们合伙赌石了……”

“哦？为什么？庄老弟，我可是冲着你才去缅甸的呀，你要是不出手，我们俩去了有什么意思？”

马胖子反正就是认准庄睿了，在他看来，庄睿对于赌石有种难以言喻的直觉，就像他看人一般，很少看走眼的。

“我是肯定要买的。不过马哥您不知道，我在北京现在有家珠宝店，正缺翡翠原料呢，我赌到原石，也肯定是不卖的，你们二位都是去赚钱的，咱们一起去，到时候各买各的吧……”

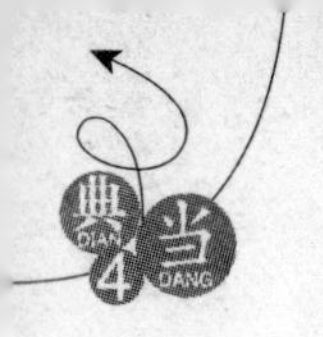

庄睿把原因说了一下，宋军和马胖子面面相觑，都有些傻眼了，以他们鉴赏翡翠的水平，想去缅甸翡翠公盘折腾，那道行还是远远不够的，就是许多老赌石师傅，栽在那里的也不在少数。

“这……这个……”

马胖子一张巧嘴蠕动了半天，也没说出个所以然来，这事是不大好办，他和宋军的目的一是为了囤点翡翠原料的货，第二就是为了现场解石抛售，一来图个刺激，二来当然就是赚钱了，这和庄睿此行的目的，就完全背道而驰了。

“这样吧，如果有我吃不下来的料子，咱们哥仨还是一起出手，到时候你们那份想卖就卖，但是我的是肯定要带回来的……”

庄睿想了一下，自己现在能动用的资金，大概是一亿八千万左右，这其中的八千万，是在香港与船王家族对赌所得，本来是一亿一千万的，但是被外公敲去了三千万，庄睿就当是花钱买老人开心了，也没计较，话说价值上亿的那块玉雕摆件都送了，还在乎那三千万吗。

另外还有九千万，是新疆玉矿的分红，本来说是有一亿五千万左右的，不过随着玉矿开采的深入，要购置一批设备，另外还有许多开支，玉王爷和庄睿沟通了一下，两人再分别注资六千万，所以庄睿此次分红拿到手上的，就只有九千万了。

剩下的那一千万，却是庄睿从彭城调拨过来的。现在4S奥迪专卖店已经开始盈利了，随着厂家又调拨过去的五十多辆车卖出之后，支付了前面的车款，账上还有近一千五百万元，庄睿从里面支取了一千万，他这是怕到了缅甸钱不够，见到好料子吃不下来，就想着尽量多带一些钱过去。

庄睿在昨天的时候，就找欧阳军托人把这笔钱全部兑换成了美刀，现在他包里的那本支票本，一共可以开具出两千多万美金，并且在缅甸也是有效的。

这事说起来复杂，其实也很简单，就是找一家有实力的外资公司，庄睿把自己这笔钱打入到那家公司的账户，然后外资公司按照市场汇率，兑换成美元，给庄睿开出这么一个有限额的瑞士银行支票本而已。

当然，这事也不是谁都能办的，没欧阳军的面子，别人才不会费这么大的周折呢。

庄睿本来是想直接在瑞士银行开个账户的，只是一打听，这事远没有他想的那么简单，瑞士的UBS和Credit Suisse在中国都没有个人业务，并且就是在瑞士，没有居留卡和住址也是无法开户的。至于开户所需的一百万美金，对于庄睿来说倒是不算什么，

当然，这事也不是说完全不能办，这行当里也是有掮客的，而且还是国际掮客，专门有人负责代理这些事情，花费不多的钱就可以办好，只是这次时间太紧迫，来不及了而已。

“老弟，你这次带了多少钱过去？”

马胖子只能指望庄睿手头紧张了，那样他们参与进去的可能性才会更大一些。

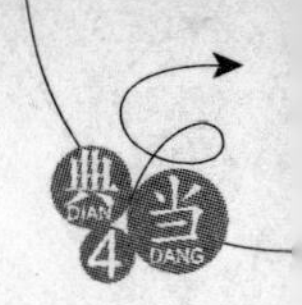

“两千多万……”

“哦，不少，不少了……”

马胖子听得是心花怒放，两千多万对于普通人而言，是不少了，但是想在缅甸翡翠公盘里掀起风浪，那还差得远呢，估计连个小水花都溅不起来。

“呃，马哥，是美元……”庄睿弱弱地补充了一句。

“咳……咳咳……你……你小子说话别大喘气啊！”

马胖子正喝着茶呢，差点没让庄睿的话给呛死，两千多万美元，那可是近两亿人民币了啊，就是他马胖子此次去，也没那么大的手笔。宋军也是如此，他们不过准备了一千万美元左右，也就是一亿多人民币而已。

“嗨，两位哥哥，缅甸公盘大了去了，我这点钱根本不够折腾的，到时候还要依仗你们二位呢，走一步看一步，想那么多干吗……”

庄睿的话让两人脸色也好转了起来，庄睿说得没错，缅甸公盘的规模，可是要比平洲公盘大出很多倍，如果说平洲公盘的翡翠数以万计，那缅甸翡翠公盘上的毛料，就要数以十万百万来计算了。

全世界的珠宝商人，到时候都会集中在仰光，自己三人加起来，不过只有五千万美元左右，还真是不怎么够看的。

想到这里，两人都哑然失笑起来，他们感觉自己的心态有点不对了，好像是把宝都押到了庄睿身上，不过这也不怪二人，实在是庄睿在赌石圈，创造出太多的奇迹了，他那几次解石事迹，现在可都是被当成传说，流传在赌石圈子里，吸引着那些做梦想一夜暴富的人，加入到赌石大军里来。

“这天气，也忒热了点吧？”

从仰光一下飞机，庄睿就郁闷了起来，虽然早有准备，他现在身上穿的不过是一件旅游衫和牛仔裤，但是没走几步路，身上就出汗了，看那天空高悬的太阳，这温度最少在三十度以上。

别说庄睿，就是和他同机的宋军与马胖子，还有那些玉石协会的人，也是有点吃不消，几个小时前还冰雪纷飞，几个小时后就变得艳阳高照，这落差有点大了。马胖子的怨气比庄睿还大，谁让他吨位重啊。

“庄哥，回酒店冲个凉就舒服了……”

彭飞这时办理好了手续，拉着庄睿和自己的行李箱走了过来，他倒是一脸轻松，对这气候非常适应。

“彭飞，你那小刀呢，带上飞机没有？”

庄睿有些好奇，他知道狼牙部队的人都有个习惯，就是刀不离身，不过上飞机可是要安检的，他不知道彭飞究竟带了没有。

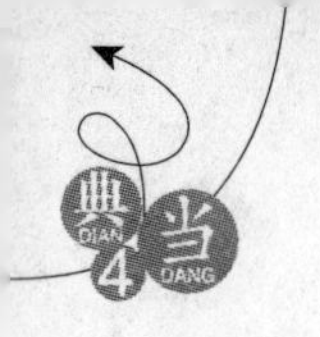

“当然……”

彭飞很隐蔽地翻了下手腕，满足了庄睿的好奇心，但是如何带上去的，他就不肯细说了。

庄睿和宋军、马胖子，还有那几个保镖一起，向外面走去，在机场内还没感觉到什么，但是一出机场，众人马上就被一群出租车司机给围住了，看着那些身上穿得花花绿绿，个头矮小的人，庄睿才感觉到，自己已经身处异国他乡了。

“先生，坐车吗……”

“先生，我的车最新，是才买的……”

那些出租车司机居然操着汉语，很熟悉地拉着客人，更是有人上前去抢彭飞手里的行李箱，而彭飞压根儿没有一点被抢的觉悟，用缅语和那司机交谈了几句，就拉着庄睿上了车。

这辆所谓新买的出租车，那叫一个破旧，更要命的是，里面连空调都没有，庄睿坐的是一头大汗，按照彭飞的说法，在缅甸用空调，是一件非常奢侈的事情。

宋军早先就让人在仰光订好了酒店，这可是缅甸翡翠公盘时期，晚一点订酒店，那对不起，您可以到街头去睡了，反正天气不冷，冻不坏人的。

从仰光机场进入市区，大概有十多公里的距离，庄睿看到彭飞拿出十美元递给了那司机，在司机准备找零的时候，彭飞摆了摆手，用缅语说了几句什么话之后，司机掏出一张卡片递给了彭飞，然后驾车离开了。

“老板，车费是六美元，那四美元算是小费，咱们这几天都可以用他的车……”

彭飞见庄睿疑惑的样子，出言给他解释了一下。庄睿听完后有些无语：要找也找个带空调的啊。

像是看出了庄睿的想法，彭飞笑了笑，说道：“庄哥，仰光这里的出租车，大多都是二十世纪八十年代的日本车，就是有空调，也早就坏了。这酒店档次不低，倒是应该有车，不过这里住了那么多人，到时候要用车，不一定能抢得到的……”

宋军订的这家酒店，叫做Sedona，是一家五星级酒店，同时也是缅甸的国宾馆。来自中国大陆、香港、台湾以及国外许多国家的翡翠毛料买家，多是下榻在这家酒店。

每年到了翡翠公盘这段时间，这里是很难留有房间的，不过这里的价格也不便宜，一晚上就三百美元左右，比国内的五星级酒店，要高出不少。

酒店里住着上千个来自各个国家的毛料商人，仅凭他们酒店本身的车，根本就不够用的，虽说酒店用车费用会高一些，可是能来这里的人，谁还会在乎那几个钱啊。

“这天气比海南还要热啊，老弟，走啊，站这干吗……”

庄睿和彭飞说话间，宋军等人也分别从出租车上走了下来，马胖子更是拿着一条毛巾，使劲在脸上来回擦着，他身上那件白色文化衫，早就被汗水湿透了，湿淋淋地贴在身

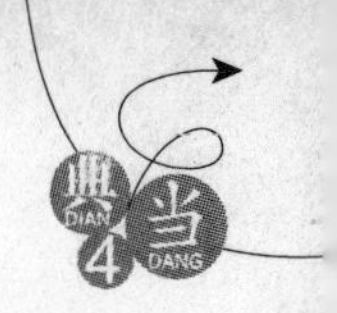

上，显示出一身的肥膘。

走进酒店大堂，迎面一幅巨大的油画，吸引了庄睿的眼球，这是一幅天蓝底色的油画，在画面上站立着一位穿着缅甸传统服装的女孩，手抱着一个白色的坛子。

在那个女孩的身后，则是缅甸玉石商人们，在和外地来的毛料买家讨价还价，还有挑灯挑选毛料以及达成了交易，举杯庆贺的画面。从服装上可以清楚地分出他们的身份，并且将脸部表情都绘制得栩栩如生。

来自各地的商人们，此时都站在那张油画底下合影，庄睿一时兴起，从包里找出数码相机，交给了彭飞，让他也帮自己照上一张。

"咦，这不是庄老板吗？庄老板，咱们也合个影……"

庄睿刚站过去，就听到了招呼声，转脸一看，嘿，还真是熟人，是在平洲翡翠公盘上见到的那个韩总，韩氏珠宝的掌舵人，自己那会儿还卖给他块毛料呢。

那韩胖子倒是不客气，过来就搭住了庄睿的肩膀，嚷嚷着让他的人给照张合影。

"庄老板，我住在一二八房，晚上要是有空，我做东咱们喝一杯啊。哎哟，宋老板和马老板也在啊，还真是巧了……"

见到韩胖子迎向宋军二人，庄睿擦了把冷汗，这韩总未免也忒热情了一点，自己又不是女人，抓住手就不松开了。

只是这韩老板刚走，后面呼啦啦地又围上一群人来，和庄睿打着招呼，有人要合影，有人握手，居然还有要签名的，让庄睿不禁傻眼了，自己又不是啥明星，这些人是有病还是怎么的？

不过在这群人里面，还真有不少面熟的，想必都是在平洲见过的，庄睿那脸也绷不起来，一脸假笑着应付，等到所有人都握手合影完毕之后，庄睿那是一身的臭汗啊，连忙招呼彭飞钻进了电梯。

"咦，庄……哎哟……"

庄睿刚进入到电梯里，里面有个人就对庄睿伸出了手，向他肩膀拍去，只是紧跟在庄睿后面的彭飞一把抓住了那只手，略微用力，对方就叫起疼来。

"彭飞，是我朋友……"

庄睿看到这人，不禁笑了起来，自己和他还真是有缘分，第一次接触赌石，就碰见了这小子，第二次的原始资金积累，也遇到了他，没想到来到异国他乡，居然还能见到他。

看杨浩在那里揉着手，庄睿笑着问道："刚才外面那些人不知道怎么回事，个个都拉着我，真是奇了怪了。你别在意，我朋友不是故意的……"

"你还不知道啊，你在赌石圈里可是大大有名，叫……啥好运童子，别人那是想沾点你的运气……"

杨浩听到庄睿的话后，也是一脸笑意，庄睿在南京赌石时，还声名不显，毕竟赌涨个

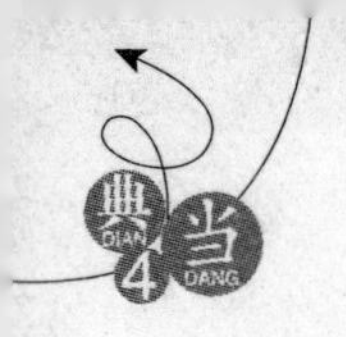

千儿八百万的，在赌石圈子里都属正常。但是在平洲那可就是大放异彩了，接连从两块废料里面解出极品翡翠，这让许多人大跌眼镜。

更不要说那块天价标王，更是给庄睿带去了上亿的身家，庄睿赌石暴富的故事，在国内外的赌石圈子里现在是广为流传。

喜欢赌的人，大多都比较迷信，尤其以香港人为甚。那些人在来缅甸之前，估计都要沐浴上香拜关二爷，他们也深信，和好运的人多接触一下，自己也会沾上好运气的。

“靠，哥们儿是童子……”

庄睿有些无语，咱现在可是老爷们了，不过这话可不能满世界宣扬去。看着杨浩，庄睿问道：“怎么就你一个人来缅甸了？”

“不是，家里长辈也来了，我都来一天了，刚才是下去吃午饭的。我说庄哥，你朋友的手劲也太大了……”

杨浩刚才只感觉自己那只右手，像是被铁钳子夹住了一般，他毫不怀疑，庄睿身旁的那个瘦弱的年轻人，能生生地将自己的手臂折断。

“呵呵，是你不锻炼，看你这身材，马上要和马哥有一比了。好了，我到了，我先去洗个澡，晚点咱们电话联系……”

庄睿看到电梯停在自己所住的楼层，连忙给杨浩做了个打电话的手势，和彭飞一起走了出去。

“庄哥，我刚才冲动了……”

走出电梯之后，彭飞不好意思地向庄睿说道。他以前学的都是杀人和让自己存活下来的技巧，要说保护人，还真是不行，加上刚进入电梯，视线不怎么清晰，见到突然有人向庄睿伸手，他下意识地就制服了杨浩。

“没事，呵呵，都是老朋友，没关系的。先冲个凉休息一下吧，翡翠公盘明天才开始，今儿咱们好好养精蓄锐……”

庄睿笑了笑示意自己并不在意，随手拿着门牌打开了房间，宋军订的全都是一室两厅的套间，每个房间都有冲凉房，像是庄睿两人，正好是一人一间，而宋军和马胖子，都是带了两个保镖，那俩人就要委屈一点，挤到一个房间去睡了。

洗完澡之后，庄睿换了身干净的衣服，走到客厅里，打开电视一看，居然还有卫星频道，可以看到昆明等地方台，不由饶有兴趣地看了起来，先前听彭飞说缅甸很乱，他也没有心思出去游玩了。

只是庄睿注定清闲不下来，刚看了会儿电视，手机就响了起来，接通之后，却是准丈母娘和泰山大人驾到，庄睿这可不敢怠慢，连忙招呼了一声彭飞，带着他向餐厅赶去。

“你这孩子，来了怎么也不打个电话？我刚才还和你秦叔叔算着，你们班机应该降落了的……”

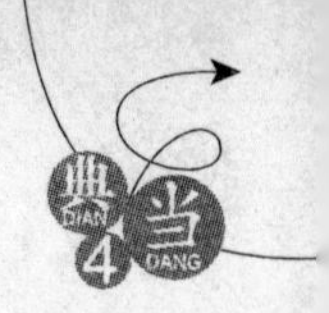

秦浩然早来了两天，秦氏珠宝对此次翡翠公盘也是异常重视，这关系到明年公司的原料储备，可谓是重中之重。除了他们两口子之外，还来了四位在赌石行当大有名气的赌石师傅。

由于缅甸军方对翡翠原石出口的限制，最起码在今后两年，想直接从缅甸翡翠矿场走私原石，基本上会比较困难。

所以许多大的珠宝公司，也都是希望能在这届翡翠公盘上有所斩获，以保证翡翠原料的供应。

"呵呵，正说洗完澡给叔叔阿姨打电话呢……"

庄睿这时候就像是个乖宝宝，谁让自己把别人的女儿给那啥了，见到长辈自然要恭敬一点了。

"嗯，让你母亲有时间去香港转一转。对了，还有你姐姐他们，都来玩玩嘛，等小冰忙完这个活，就不让她管公司的设计了，到时候你们两个也能多一点时间在一起……"

方怡虽然相貌看起来像是个三十多岁的人，但是年龄可是进入到更年期了，坐在那里絮絮叨叨地跟庄睿聊了起来，秦浩然则是拿出张英文报纸，装模作样地看了起来，难得老婆不来烦自己，这未来女婿就帮自个儿受受罪吧。

"阿姨，我接个电话，谁这么不知趣，现在打电话来啊……"

庄睿正听得昏昏欲睡，但是也得不时地点头表示关注，心里正苦不堪言的时候，手机响了起来，嘴上骂着别人不知趣，心里却是恨不得把对方从电话里拉出来，亲上一口。

"喂，杨浩啊，我在楼下餐厅了，有什么事啊？"

庄睿随口说着电话，心里还在不停念叨着，哥们您快说有事，我也好找个借口开溜啊。

"咱们出去转转吧，听说仰光的大金塔，可是世界闻名的，这来了不去看看，也挺可惜的，你有时间吗？"

庄睿手机上的扩音效果相当好，坐在他对面的方怡和秦浩然，都听到了电话里传出的声音。

"这个……今天可能不行吧，我这里还有很重要的事情呢，要不咱们明天去？"庄睿的答复让方怡很是满意，陪自己聊天，那当然要比去逛街重要多了。

"明天翡翠公盘就开始了，哪儿还有时间去逛啊，你要是不去，我喊别人去了……"杨浩刚才可是回去求了长辈半天，才请到假的，只是他所认识的人里面，也就庄睿和他年龄相当，总不能拉个老头去逛吧？

"庄睿，去吧，缅甸有些名胜古迹还是很不错的，既然来了就好好玩玩……"

秦浩然的声音此时听在庄睿耳朵里，那可真是有如天籁啊，不过他还是装出一副不情愿的样子，在电话里答应了杨浩，这才向方怡告辞，礼数做的十足。

"彭飞，在仰光出去转转没事吧？"

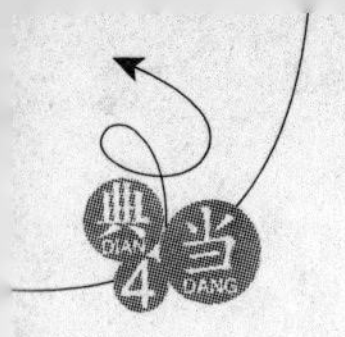

从餐厅出来之后，庄睿才想起了安全问题，不过此时就算是外面发生枪战，他也不愿意回去继续听丈母娘唠叨了。

彭飞闻言有些不好意思，说道："庄哥，没事的，也怪我之前太紧张了，这里是缅甸的首府，受政府控制的，不像边远地区那么乱的……"

"庄大哥，这边，听说那大金塔旁边还有个古货市场，咱们一会儿也去转转……"

庄睿刚走到酒店门口，就看到了杨浩，这家伙还真是性急，已经拦了一辆出租车等在那里了。

刚才澡算是白洗了，进入到蒸笼一般的出租车里，那汗水马上就顺着额头往下滴了，热得庄睿摇开车窗，把半个脑袋都伸出了车外，这样还舒服一点，倒是那身材矮小的出租车司机，似乎已经习惯了这种温度，脸上丝毫不见汗水。

还好，酒店距离大金塔并不是很远，只有五六分钟的车程，在拐过前面一个建筑物后，眼前的视野开阔了起来，入眼处一个高耸入云的金黄色塔尖，出现在庄睿面前。

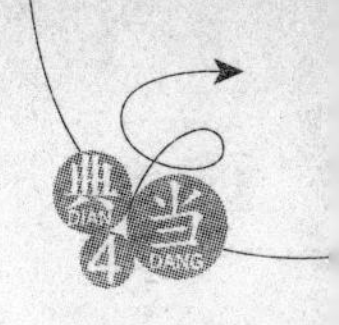

第五十三章　仰光大金塔

“这……这就是大金塔?”

看着那在阳光下闪烁着耀眼金光的细长塔尖,庄睿不禁被震撼了。

远方的大金塔,像一个金色的神秘物从地平线升起,一个令人叹为观止的奇迹在太阳下闪耀。

“对,这就是我们的雪德宫大金塔,世界文化遗产保护组织曾经说过,我们的大金塔,与印度尼西亚的婆罗浮屠塔和柬埔寨的吴哥窟,一起被称为东方艺术的瑰宝,是世界上最有名的佛塔,也是我们缅甸的象征……”

听到庄睿的话后,那个黑瘦的司机,出人意料地用汉语给庄睿讲解了起来,虽然他汉语说得有些生硬,但是意思还是表达了出来,说话的时候,脸上更是一副骄傲的神情。

庄睿本来还想用中国的万里长城来反驳下那司机的,不过此时车子已经到了大金塔的外围,看到整个大金塔全貌的庄睿顿时目瞪口呆,到了嘴边的话,再也说不出来了。

近百米高的大金塔,矗立在庄睿面前,这种感觉就像是站在一座三十多层的高楼下面,人是那样的渺小,在那巨大的金塔四周,还有数十个金色的小塔,拱卫着大金塔,入眼处,到处都是金黄色的色彩,强烈地冲击着庄睿等人的视觉感官,给人一种宏伟壮观、富丽堂皇的感觉,

走下车来,庄睿看到杨浩支付了车费之后,那个司机并没有马上离开,而是推开车门走下来,毕恭毕敬地对着大金塔双手合十,嘴里还念念有词地咏颂着佛经,过了差不多一分钟,才重新驾车离去。

“这才是世界上最贵重的古玩啊……”

庄睿看得是惊叹不已,那些钻石和宝石的价格,根本就无法用金钱来估量,更何况还有七吨多重的黄金,要知道,这一个金塔,就相当于美国在世界银行黄金储备的千分之一了。

俗话说:耳听为虚眼见为实。庄睿在缅甸地志上看到有关于大金塔的描述时,心里还是有些不屑一顾的:要说人为建筑,中国的故宫那才代表着古代建筑的最高水平呢,所

以到了缅甸,他并没有兴起游玩的心思。

不过在看到这大金塔之后,庄睿才知道,自己以前有点妄自尊大了,这座大金塔,的确值得缅甸人骄傲和自豪。

大金塔依山而建,庄睿在门口花了三美元买了一本介绍大金塔的彩页,这上面有中英和缅甸三种文字,详细地介绍了大金塔的历史,还有许多神话故事。

走进山门就可以看到那巨大的塔基,塔基周长四百三十三米,周围有由木石建成,风格各异的六十四座小塔和四座中塔,塔的四个入口皆有石狮把守,而在入口后则有一连串的阶梯直达山上的平台。

塔的四周挂着一万五千多个金、银铃铛,风吹铃响,清脆悦耳,声传四方。

大金塔东南西北都有大门,门前与中国寺庙前一样,各有一对高大的石狮。门内有长廊式的石阶可登至塔顶,阶梯两旁摆满商摊,有用木、竹、骨、象牙等雕刻的佛像和人像,有供佛用的香、烛、鲜花,还有各种缅甸的风味小吃。

庄睿和杨浩三人,站在金塔南大门的入口处,在大门两侧,有一对狮面人身像把守,庄睿不知道这据传是两千五百年前的建筑,和埃及的金字塔,似乎有着什么神秘的联系。

在工作人员的提示下,庄睿等人都脱去鞋子,进入大金塔,这是为了表示对佛祖的恭敬,就是外国的元首、总统来,也是要除去鞋子的。

在一连串梯级上面,有佛陀的像,而塔底是由砖块砌成,并覆上金块,这些都是纯金制成的真正的金砖,是由缅甸上下各阶层的佛教徒们捐赠出来的。塔内伏笔上的壁龛里,则供奉着形态不一的玉石佛像。

走在异国大金塔中,不时有僧侣赤着脚从身边走过,虽然这金塔极尽奢侈,但是人站在里面,庄睿感觉到心境从所未有的祥和宁静,心头那层世间烦扰,似乎都没有了。

今天是2004年的最后一天,许多虔诚的佛教徒都来到这里,准备迎接新年的开始,所以在塔中,到处都是人群,不过没有人在此喧哗,均是井井有条地顺着人流,参拜每一个供奉在塔中的佛像。

围着大金塔走了一圈,参观了几位佛祖遗物,庄睿和杨浩三人,就从东南角走出了大金塔。天上依然是艳阳高照,不过庄睿和杨浩这会儿却感觉没有那么热了,可能是心灵的宁静所致吧。

大金塔的东南角,有一棵菩提古树,相传是从印度释迦牟尼金刚宝座的圣树圃中移植而来的,在菩提古树的左方,还有一座清光绪年间,由华侨捐款建造的名为"福惠宫"的中国庙宇。

这里就要热闹许多,很多商贩在地上摆卖着纪念品以及一些古玩钱币,那极具中国特色的高堂庙宇,加上小商贩掺杂着中文的叫卖声,给庄睿的感觉,像是来到国内古玩市场一般。

"彭飞,你看看有什么好玩的,给囡囡和丫丫都买一点带回去……"

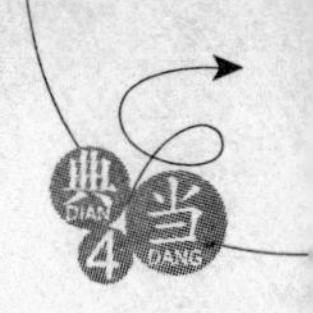

昨天欧阳婉带囡囡回四合院之后，小家伙马上就和丫丫熟络了，她其他的哥哥姐姐年龄都比她大太多，玩不到一起去，现在家里来了丫丫，小囡囡马上就变成了丫丫的跟屁虫，两个小丫头的关系好得不得了。

在来之前，庄睿就取了三万美元，放在了彭飞的身上，所以这一路上的花销，都是由彭飞来支付的。

这里的摊位上，摆的大多都是人物或者佛像雕刻，用料不外乎是象牙和木头，虽然雕工还算不错，只是庄睿不怎么看得上眼，他从来不信国外的和尚会念经这句话，没事跑这里来请菩萨干吗。

"几位来我这看看吧，都是正宗的象牙、竹子、老木根雕，如假包换……"

当几人走到一个摊位前时，那摊主纯正的普通话，将庄睿等人吸引住了。缅甸人有很多会说汉语不假，但是明显能听出语言中的生涩，而这个看上去三十多岁的中年人纯熟的普通话，显示出他的身份，绝对是华人无疑。

他摊位上物品的品种，相对来说丰富一点，除了那些木头象牙骨头等物雕刻的佛像之外，还有竹编手工的花瓶等物，当然，只是装饰品，盛不得水的，制作得相当精致，另外还有藤制的、缀满亮片、色彩艳丽的沙笼，极具缅甸特色。

庄睿被那些沙笼给吸引住了，蹲下身看了起来，随口向摊主问道："这位大哥，听您说话的口音，是华人吧？"

摊主回答道："是，从我爷爷那辈来缅甸的，都半个多世纪啦……"

庄睿闻言不禁肃然起敬，问道："您爷爷是当年的中国远征军留在缅甸的？"

听到庄睿的话后，那位摊主有些尴尬，说道："我爷爷是远征军时期留在缅甸的，那时候他们在丛林里和日本人打游击，不过后来又跟着国民党溃败的部队，和缅共打起来了……"

"这位大哥怎么称呼？你这里的生意怎么样？这个象牙人物雕是个什么价？"

庄睿蹲下了身子，就凭对方是华人，也要帮衬一下，买点小东西也花不了几个钱的。

摊主看了眼庄睿手里的象牙雕，随口答道："我姓李，叫李云山。那个五美元，缅币是五千，用美元买，稍微便宜一点……"

在缅甸，美元可是硬通货，一美元能兑换八百缅甸币，在黑市上，甚至还要高一些。

庄睿在心里算了一下，不过是四十多块钱人民币，还是很划算的。更重要的是，这象牙雕还是老象牙，细看上去坚实细密、色泽柔润光滑，整个物件纯白中微微有些泛黄，像是有年头的东西。

象牙这东西，虽说被形容为白色的金子，但是其颜色，却多是发黄，象牙分非洲象牙与亚洲象牙，非洲的公母象都生牙，牙多呈淡黄色，质地细密，光泽好，硬度高，亚洲象牙的颜色比较白，时间久了也会泛黄，所以看象牙雕的老旧，一般都是从颜色上来分辨的。

也有些收藏家喜好白色，就会用豆渣浸泡后再擦就变白。其漂白后也有油润洁白的

光泽,手感润泽细腻,也是堪称上品。而骨制的假冒仿品大多经漂白而成,其漂白后显得干涩,手感粗糙,塑料制品的白色呆板,不自然,无光泽。

自二十世纪八十年代以后,出于保护大象种群的考虑,包括中国在内,国际上曾经一度禁止了象牙贸易。这给完全依赖进口象牙原料的国内牙雕市场,带来了很大的冲击。

在我国1990年6月1日停止从非洲直接进口象牙,1991年全面禁止了象牙及其制品的国际贸易后,任何商业性的进口象牙一律不获批。在象牙原料稀缺的情况下带动了象牙收藏的高涨,象牙雕刻更是在禁止绝唱中不断升值。

随着象牙贸易的禁令出台,加上象牙制品的原材料告急,牙雕工艺品的数量也卖少见少,随着市场的消耗,存世的牙雕精品将越来越难得。故此,一段时间,象牙工艺品的价格已狂翻了一倍,牙雕艺术品受到藏家们的热烈追捧。而缅甸、泰国、老挝等地,算是亚洲象的故乡,所以象牙制品在这里还是很常见的。

“生意还行,赚个吃饭钱。听说国内现在发展得不错,有机会还是想回去的……”

李云山很健谈,虽然在缅甸有不少的中国游客,但是他也不经常使用汉语,当下滔滔不绝地和庄睿聊了起来。

“嗯,这个……还有这几个,我都要了,李大哥您算算一共值多少钱?”

庄睿把地摊上几个象牙雕刻的物件都挑了出来,这东西现在很受国内收藏家的追捧,价值都在千元以上,如果是宋明时期的象牙微雕以及皇家用具,那价值甚至在几十上百万元以上了,极为少见。

不过庄睿倒不是想赚这几个钱,他主要是想丰富一下自己的地下室,话说那里除了几件瓷器和古画,就什么都没有了,忒寒酸了点儿。

“这位小兄弟,一共是一百三十八美元,你给一百三十就行了,我给你包起来……”

庄睿买的玩意还真不少,林林总总加起来,足有十多个,而且价格也是不尽相同的。李云山从身后的大箱子里,拿出十多个小盒子,居然每个牙雕都有对应的盒子,一一放了进去。

“李大哥,你这里怎么不卖翡翠啊?缅甸不是产翡翠的吗?我看别的摊位都有卖……”

在彭飞付钱的时候,站在一旁看了半天的杨浩,终于是忍不住了,这摊位上红宝石牙雕什么的物件都有,却偏偏没有翡翠,让杨浩有点奇怪。

“是啊……”听杨浩这么一说,庄睿也反应了过来,这摊位上的确是没有翡翠珠宝之类的东西,而在别的摊位,或多或少都有一些。

“呵呵,几位小兄弟是第一次来缅甸吧?”李云山笑着反问。

“是啊,怎么了?难道缅甸不让买卖翡翠?”

这下连庄睿也有些奇怪了,禁止毛料出口也就算了,缅甸政府要是连成品翡翠也限制,那就过分了一点,而且这样做,也会让他们国内的珠宝公司无法发展起来啊。

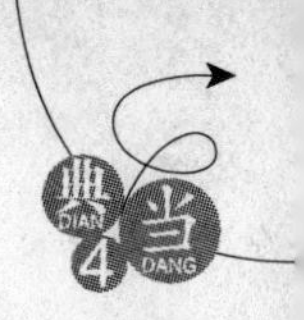

“倒不是不让买卖，只是两位在购买珠宝玉器，特别是翡翠的时候，一定要到正规的商店，而且不要买玉石毛料，即未经加工打磨的原石，这都属于国家控制出口的范围。

“购买后一定要索要购物凭证，以备出关时检查。那些人卖的，大多都是假翡翠，就是有真的，没有发票，买了也出不了关的。我不想欺骗顾客，所以干脆就不摆了……”

李云山对旁边几家摊位的行为，很是不屑，脸上露出一副不以为然的表情来。

庄睿等人倒是第一次听到有这说法，怪不得缅甸盛产翡翠，却没有一家出名的玉器公司，敢情还真是被政府所限制了。不过细想一下也属正常，缅甸的翡翠估计就像是阿拉伯的石油一般，作为创汇的主要收入，自然要被政府控制的。

“谢谢，欢迎您以后多回国看看啊……”

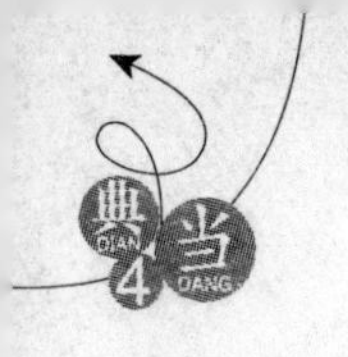

第五十四章 腹有乾坤

庄睿接过那些放入了包装袋里的牙雕制品，站起了身子，正要告别这位异国老乡的时候，忽然被他身后放盒子的那个箱子里的一件物品给吸引住了，向前迈出的脚，又收了回来。

"李大哥，您那箱子里面的东西，是不是卖的啊？"

由于刚才是蹲下的，这一站起来，庄睿才看清，在摊主身旁的箱子里，有一件高约五十公分，粗如儿臂般的一个牙雕佛像，并且在其衣饰处，用的都是镂空手法，造型典雅，雕琢得极为精致。

让庄睿吃惊的还不是这些，而是那个佛像的造型，是佛教中的怒目金刚，俗话说：菩萨低眉，金刚怒目。这尊佛雕金刚面貌凶恶，手持金刚杵，整个雕件用料之大之多，堪称罕见，并且在其额头，居然还镶嵌着一块红宝石，犹如金刚天眼，使得整个牙雕倍添威势。

庄睿第一眼看到这物件，就打心眼里喜欢，这东西要是摆在四合院的客厅里，那多威风啊，话说这么大的一整根牙雕，在国内除了那件精品大牙雕童子戏佛摆件和帆船牙雕之外，民间收藏的还真是不多。

"这个东西……"

李云山脸上露出一丝犹豫的神色，这物件是他爷爷当年从日本人手上缴获来的，一直当成自己的战利品保留着。老爷子前几年去世了，这东西就留给了他。

虽然是准备卖掉的，不过庄睿这么一问，他还真有点舍不得。

"李大哥，您能把这牙雕，先给我看看吗？"

庄睿不知道李云山的心思，也不知道李云山是怕死去的老爷子骂他崽卖爷田不心疼，庄睿只是很单纯的喜欢这个称得上是大件象牙雕佛像的作品，想拿在手里把玩一下而已。

"可以，当然可以了，你还是过来看吧，这东西的分量可不轻……"

这物件个头不小，牙雕作品又比较脆弱易碎，李云山招呼庄睿到他摊位里面来看，心里还在琢磨着，这玩意儿到底该不该卖，如果卖的话，应该卖多少钱才合适？

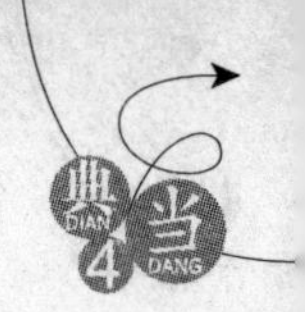

庄睿闻言也没客气，直接一步跨过了摊子，走到箱子旁边，把那件几乎和箱子齐高的象牙雕件给抱了出来，摆放到地上。

如此一来，整件牙雕摆件，就完全呈现在庄睿眼前了，这件怒目金刚牙雕作品上的金刚人物，一脚撑地，一脚微微抬起，脸部的造型极其夸张，大口张开，鼻孔朝天，双目怒视前方，右手持着金刚杵，胸口赤露出精壮的肌肉，身前衣带飘飘，极富美感。

庄睿曾经看过一些有关于古代佛雕图鉴的书籍，这尊牙雕摆件，应该是典型的隋唐时期的佛教雕像，即秉承了中国传统雕刻夸张写意的风格。又符合现代人对人体健与美的审美。

只是不知道这尊应该是自己国家的东西，怎么流落到缅甸来的，话说缅甸可是没有到中国烧杀抢掠过。

仔细观察细微处，庄睿可以看出，这件作品的雕刻者，功力极为深厚，刀刀到位绝不拖泥带水，线条简洁流畅，细节清晰自然，最特别的是，作品全身刀痕累累，并没有刻意地打磨掉雕琢痕迹，将象牙的特质完全体现了出来。

这样素面朝天、本色见人的处理，一方面增加了作品的力度和感染力，一方面也显示出作者对自己雕刻技艺的充分自信。

庄睿不用灵气鉴定，就可以断言，这尊象牙佛雕，绝对是一个有年头的老物件，最早应该也是清朝的，因为别说是现代象牙稀少，就是民国时期，有如此手艺的匠人，那都是凤毛麟角，堪称大师级别的工艺师。

庄睿背对杨浩等人，向牙雕释放出了灵气，果然如他所料，灵气刚一渗入到牙雕表面，庄睿就发现，里面蕴含着浓郁的紫色灵气，“明朝！至少是明朝的物件……”庄睿心中欣喜无比，更想将其纳入囊中了。

“咦？怎么有裂痕?!”

庄睿并没有将灵气深入，在牙雕的侧面手臂下方，发现有一块五公分大小的裂痕，并且向里面延伸，似乎是曾经修补过的，像是在那里开了一扇圆形的小门，然后又将门给关上了。

“靠，这是什么东西?”

庄睿的视线，顺着那扇小门继续往里看去，猛然惊呆了，因为这尊佛雕的胸口部位，里面居然被挖空了一块，而在那个很小的空间里，有两枚蜡丸。

“这究竟是什么玩意啊?”

这东西自然无法抵挡庄睿灵气的透视，灵气瞬间将蜡丸包裹住了，庄睿发现，蜡丸里面是两个揉搓在一起的小纸团，这就让庄睿傻眼了，他即使再厉害，也没有办法分辨出，那纸团里面写的究竟是什么东西。

此时的庄睿心里，就像是被猫抓了一般，奇痒无比，人都是有好奇心的，这佛雕里面的东西，显然是后人煞费心机藏到里面的，而这个谜团，肯定就在两个蜡丸里面，这近在

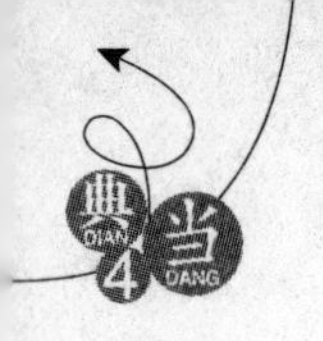

眼前的秘密，却无法揭开，让庄睿心里那叫一个难受啊。

“庄老板，卖是可以卖的，不过这东西可是在我家里放了不少年了，用咱们国内的话说，就是古董了。这价格上，可是不能按照这些工艺品的价格来算啊……”

李云山在旁边纠结了一会儿之后，还是决定将其卖掉，毕竟这个玩意儿放在家里，又不能当饭吃，而且在他从小生活的环境里，身边的人并不信仰佛教，所以也不会感觉把这尊佛像卖掉，有什么不对。

这么大，并且这么精致的牙雕，要是放在缅甸人的家里，那绝对会像宝贝一般地供奉起来，日夜膜拜，但是在李云山家里，不过是在床底下放了几十年，老爷子生前无聊的时候，偶尔拿出来“想当年”用的。

“嗯，李大哥，这个没有问题，我再仔细看看，这牙雕好像有修补过的痕迹……”

庄睿此时的心思，都放在了牙雕摆件上面，按照买物件要讲价的习惯，随口就答了一句，不过话刚出口，他就后悔了，要是被这摊主看出什么端倪，那自己可就亏大了。

“哦，你说的是那块裂印吧？我打小见的时候就有了，可能是以前我爷爷不小心碰裂的，这应该不影响吧？”

李云山听到庄睿的话后，不禁有些紧张，既然决定要卖了，那他自然是想卖出个高价啦，如果庄睿拿这裂纹说事，李云山还真不知道该怎么讲价，毕竟他对古玩是一窍不通的。

“不影响，这件牙雕摆件的整体造型十分好，有一点瑕疵也是很正常的，我再看看，李大哥您先估个价，咱们回头再谈……”深深地呼吸了几下，庄睿让心情平静了下来。

庄睿现在将注意力都放在了那修补面上，他发现这修补面以及里面所用的材料，应该是乳白色的硅胶，时间长了之后，也是微微有些泛黄，如果不是用灵气而单纯地用眼睛去看，还真的不易发觉。

这让庄睿更加好奇了，要知道，乳胶这东西，是在二十世纪初期才盛行的，明清时期不可能有这种材料，而这象牙摆件里面的蜡丸，却是中国古代独有的密信传送方式，好像从清朝开始，就改用火漆封口的密信了，这两件年代完全不对等的事情结合在一起，让庄睿也有些摸不透，这究竟隐藏着什么秘密。

“买下来再说吧……”

庄睿心里下了决定，那蜡丸里面的纸团，自己单凭灵气，是绝对无法认出其中的字的，要想搞明白，只能把蜡丸取出来，那首先就要把这尊象牙佛雕变成自己的才行。

“李大哥，我也不瞒您，这件象牙佛雕，应该是民国以前的老东西，算得上是古玩了，我很喜欢这个物件，摆在家里不错，您开个价吧，要是合适，咱们就成交……”

因为李云山开始的态度，庄睿怕他又不愿意卖了，为了显示自己的诚意，直言说出这物件是古董，只是在年代上，庄睿要了个小滑头，他只说是民国以前的，却没有说出这物件是明朝的东西，当然，明朝那也是民国之前嘛。

“这个……我也不是很了解，小兄弟你要是真想要的话，给这个价吧……”

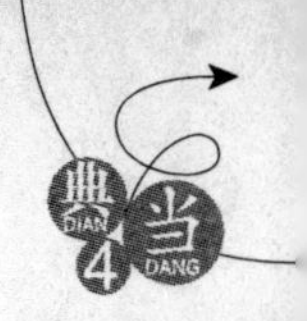

李云山低头思考了一会儿之后，伸出了两根手指。

看到李云山的手势，庄睿出言问道："两万美元？这可是有点贵了……"

一边说话，一边皱起了眉头，他这模样却是装出来的，话说这东西拿到国内考证一下，如果能查出其传承来历，拍出个七八百万，都很正常，只是这买东西却是要讲价还价的，庄睿自然要将价格往低了说。

只是庄睿没有发现，在他说出两万美元这个价格之后，李云山眼中的瞳孔，瞬间收缩了一下，这是人吃惊时的正常反应，李云山不是嫌庄睿钱少，而是这价格，把他给吓住了，他两根手指的意思，不过是两千美元而已。

要知道，象牙雕件在缅甸十分寻常，虽然这个摆件的象牙用料体积不小，但是在缅甸这个地方，也有比这还大的物件，售价不过一两千美元，而缅甸的人均收入很低，两万美元，足够一家人好几年的开销了。

李云山在这里摆摊做生意，一个月下来赚的钱，也不过几百美元，如果按照庄睿所说的两万美元，那对李云山而言，也是一笔巨款了。

"小……小兄弟，还可以再便宜点的，要……要不然你看一万八行不？这东西可是我爷爷传下来的，如果爷爷还在世的话，我是不会卖掉的……"

李云山这会心里激动啊，说话都有些结巴了，他生怕庄睿不买，主动往下降了两千美元，并且说出了这是他爷爷的遗物。

"一万八……"

庄睿在嘴里念叨了句，然后又围着那佛雕打量了一圈，重重地点了下头，说道："能遇到李大哥也算是缘分，一万八，就一万八吧，不过李大哥，这东西能不能带出境啊？我要是被海关给没收了，那可就冤枉了啊……"

庄睿不了解缅甸是否禁止这类物品出口，如果真如他所说，买下来再给没收的话，那还真是不值。

"不会的，不会的，这样吧，小兄弟你等一下，我去帮你开个工艺品的发票去……"李云山其实也不知道这东西禁不禁止出口，但是他知道，在缅甸国内买的玩意儿，只要有国营商店开具的发票，就绝对能带出去。

李云山招呼了旁边摊位一个相熟的摊主，让他帮着照看一下，然后就兴冲冲地往大金塔门口的国营商店跑去。

"庄哥，二十多万买这东西，值吗？"

杨浩见庄睿爱不释手地上下摩挲着这尊牙雕佛像，有些不解地问道，在他的印象里，这些旅游景点所卖的玩意儿，大多都是假的，庄睿这一下掏出去二十万，说不定就被那李云山给宰了呢。

俗话说：老乡老乡，背后一枪。来缅甸旅游的人，还就数中国人最多，要说那李云山会对中国人另眼相待，杨浩是不相信的，商人逐利，宰的就是自己人。

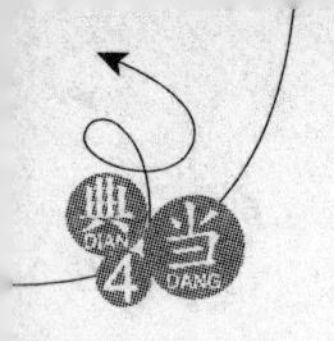

“值，当然值了，这么大并且这么完整的象牙雕刻作品，在国内都是很少见的，这几年牙雕工艺品的价格涨得也很厉害，带回去说不定就能翻番呢……”

庄睿没敢往多了说，他要是说这东西考证出其年代传承来，能值七八百万，那绝对会将杨浩给吓住，庄睿心里有种感觉，像这么大体积的物件，国内一些资料上，肯定会有记载的。

“嘿，庄哥，您这眼力，真是没得说，这赚钱也忒容易了点……”杨浩吐了吐舌头，很是羡慕地说道。

他和庄睿虽然认识的时间不长，而且也就见过这么三次面，不过每次见面的时候，庄睿的身家都像坐了火箭一般，突突地往上涨。

两人正闲聊间，李云山匆匆跑了回来，手里还抱着一个用竹子编制的长方形箱子，大小看着正好能装下那尊牙雕佛像，这是缅甸特产的竹箱，这一个箱子也要三四十美元，算是李云山买来搭配送给庄睿的。

庄睿搭着手，和李云山一起，小心地将那尊牙雕佛像，横着放到竹箱里，然后在四周塞紧了海绵和废报纸，竹箱本身就有弹性，这样一来，即使发生一些碰撞，也不会损坏里面的物件了。

“小兄弟，你拿好……”收拾妥当之后，李云山把箱子推给了庄睿，顺手递过去他刚刚开具的发票，上面是缅文，庄睿也看不懂，接过发票后，交给了彭飞。

彭飞看了一眼发票，点了点头，将刚才已经数好的一万八千美元，递给了李云山，并把箱子从地上拎了起来，这竹箱上面有提手，拿着很是方便。

拎着这个大箱子，是没办法再逛了，好在大金塔已经游览完了，庄睿和杨浩还有彭飞，打了个的士返回了酒店。

缅甸新年翡翠公盘定于一月一号开幕，而国内外大多数商人，都是今天赶到仰光的，庄睿走进酒店之后，又看到不少熟悉的面孔，赌石圈就那么大，知名的珠宝公司也就那几家，想碰不到都难。

和来自国内的毛料商人们打着招呼，庄睿一头钻进了电梯，他感觉自己都成了大熊猫了，谁都想来摸一下，刚才甚至一个满身香水味的胖女人，还想给他一个拥抱，可是把庄睿给吓得不轻。

“彭飞，你小子可不地道啊，老板都被人给围住了，你也不说过来解围……”

告辞杨浩回到酒店房间后，庄睿不满地看着彭飞说道，刚才这家伙拎个箱子跑得飞快，不过还好知道守着电梯门等自己。

“嘿嘿，老板，根据我的分析，那女人对您绝对没有恶意的……”

或许是妹妹得到了安置，彭飞这几天话也比以前多了一点，偶尔和庄睿开个玩笑，他尊重庄睿是在心里，表面却没有像郝龙那样整天嘴里叫着老板，这也是彭飞对某人认可之后的一种态度。

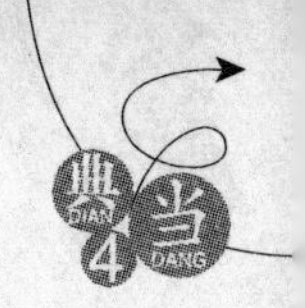

“行了，别废话了，把那牙雕给拿出来吧，我先去洗个澡……”

庄睿有点迫不及待地想揭开牙雕之中的秘密，只是这外出一趟，浑身黏糊糊的很不舒服，当下到浴室去冲了个凉。

等庄睿出来的时候，那尊牙雕佛像已经摆到了客厅的桌子上，彭飞正认真观察着。

“你这小子，跑了半天居然都没怎么出汗……”

庄睿羡慕地看了彭飞一眼，自己初次见他的时候，是零下好几度，这小子穿得那么单薄，也不见冷，现在这大热的天，却也不见他出汗。

“庄哥，这东西真的能值几十万？”

彭飞刚才围着这牙雕转悠好几圈了，不过就是造型特别了一点而已，他怎么都看不出来，这不能吃也不能喝的玩意，咋就那么值钱。

“几十万？呵呵，彭飞，后面还要加个零……”

庄睿得意地笑了起来，俗话说乱世黄金盛世古董，在兵荒马乱的时候，这些东西是一文不值，带着都嫌累赘，但是在当今，那可就是无价之宝了，总之庄睿是不会把这玩意儿给卖出去的。

“几……几百万？”

彭飞嘴唇嚅动了一下，不可置信地看着这佛雕，他算是知道庄睿的钱是怎么来的了，这简直比贩毒还要暴利啊，而且还没风险，此时就连彭飞心里，都琢磨着，自己是不是也该学习下古玩方面的知识了，毕竟这安保不能做一辈子的。

“嗯，不过这东西我可不卖，国内估计都淘弄不出几件……”

庄睿此时已经将注意力放到了牙雕上面，他在思考，如何才能将那块修补的“门”给打开，将里面的蜡丸取出来，当然，庄睿可不想损坏了这尊佛雕，要不然直接扔地上听个响，东西就拿出来了。

“庄老弟，听说你出去整了个好物件回来？你也不说喊着老哥一起去……”

庄睿正全神贯注地看着这牙雕的时候，耳边忽然响起了宋军的声音，抬头望去，发现宋军和马胖子不知道什么时候进屋里来了，刚才门铃响和彭飞开门的声音，庄睿居然一点都没听到。

“你们两个一个怕热，一个怕走路，我谁也喊不动啊……”庄睿苦笑了一下，他却是没有说，自己那会儿还怕不安全呢。

“好东西，真是好东西，这么大的牙雕，真是少见，而且看这造型和牙质，应该是明清时候的玩意儿，庄老弟，你这个漏捡得可不小啊，怎么什么好东西，都被你碰到了呀……”

宋军拿着放大镜，围着牙雕看了半天，又用眼睛打量起庄睿来，自己这小老弟简直就神了，走到哪都能遇到好玩意儿，这牙雕明明是国内的老物件，居然也能被他在缅甸淘到。

庄睿被宋军说得哭笑不得，没好气地回道：“那是你懒，这东西别说是我，就是被你看到，也肯定会买下来的，宋哥你要是先去逛大金塔，这玩意就没我什么事了。”

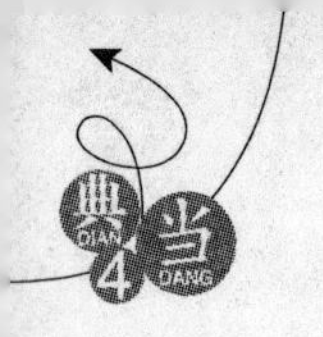

“时也命也，该是你的，谁也抢不走，不过庄老弟，你这东西转让给我，怎么样？老爷子见了肯定喜欢……”

宋军眼睛一转，就想让庄睿把这物件卖给他，七八百万对于宋军而言，根本就不算什么，前段时间由于老爷子身体不好，宋家的产业进行了一些调整，很多投资都收了回来，现在宋军手上的闲钱，少说也有几个亿。

“宋哥，这事儿您甭想了，我那四合院还缺这些玩意儿呢，对了，宋爷爷喜欢的是书画，和这没关系啊，您少扯虎皮做大旗……”

庄睿毫不客气地回绝了宋军，他现在都后悔把那手稿和唐伯虎的《李端端图》卖给宋军了呢，庄睿现在才知道，想再淘弄到那些物件是多么难了，国内的那些个古玩市场里面，全都是假玩意儿。

“你这小子，算了，不过你答应我的那玉石，可是一定要找到啊……”

“我什么时候答应您了啊？您这不是不讲理嘛……”庄睿有些无奈，这宋军都四十多岁的人了，估计小孩都读高中了，也算是个太子党，耍起无赖来，自己都吃不消。

“得，能碰到一准给您留着还不行吗？”

庄睿嘴里说着好话，把这二位给送出了房间，他现在可没心思和宋军斗嘴皮子，牙雕中那神秘的蜡丸，让他着实有点心痒难耐。

“老板，这地方不像是碰的，不然不会这么规则吧？”

见到庄睿一个劲儿地打量着牙雕人物腋下的部位，彭飞也凑过去看了起来，他的眼睛也很毒，虽然那修补的痕迹已经很淡了，但是彭飞还是看出来，这形状似乎不像是磕碰出来的。

“嗯？你也看出来了？这的确不像是碰出来的裂痕，倒像是挖出来的，有点像是故意开出来的小门，古代人经常喜欢在供奉的佛像肚子里面藏宝贝，你说这里面会不会也有宝贝啊？”

庄睿看了彭飞一眼，故意拿话去引导他，庄睿并不想瞒着彭飞将里面的东西给取出来，所以必须要有一个合适的理由。而此时连庄睿自己也不知道，这佛像肚子里的东西还真不仅仅是一件宝贝，而是一座价值连成的宝藏。

全国古玩市场地址

北京古玩城:北京市朝阳区东三环南路21号

北京潘家园旧货市场:北京市朝阳区华威里18号

上海国际收藏品市场:上海市江西中路457号

天津古物市场:天津市南开区东马路水阁大街30号

天津古玩城:天津市南开区古文化街

重庆市综合类收藏品市场:重庆市渝中区较场口82号

重庆市民间收藏品市场:重庆市渝中区枇杷山正街72号

广东省深圳市古玩城:广东省深圳市乐园路13号

广东省深圳华之萃古玩世界:广东省深圳市红岭路荔景大厦

广东省珠海市收藏品市场:广东省珠海市迎宾南路

广东省广州带河路古玩市场:广东省广州市荔湾区带河路

江苏省南京夫子庙市场:江苏省南京市夫子庙东市

江苏省南京金陵收藏品市场:江苏省南京市清凉山公园

江苏省苏州市藏品交易市场:江苏省苏州市人民路市文化宫

江苏省常州市表场收藏品市场:江苏省常州市罗汉路

浙江省杭州市民间收藏品交易市场:浙江省杭州市湖墅南路

浙江省绍兴市古玩市场:浙江省绍兴市绍兴府河街41号

福建省白鹭洲古玩城:福建省厦门市湖滨中路

福建省泉州市涂门街古玩市场:福建省泉州市状元街、文化街及钟楼附近

河南省郑州市古玩城:河南省郑州市金海大道49号

河南省洛阳市西工古玩市场:河南省洛阳市洛阳中州路

河南省洛阳市潞泽文物古玩市场:河南省洛阳市九都东路133号

河南省洛阳市古玩城:河南省洛阳市民俗博物馆大门东

河南省平顶山市古玩市场:河南省平顶山市开源路

湖北省武昌市古玩城:湖北省武昌市东湖中南路

湖北武汉市收藏品市场:湖北省武汉市扬子街

四川省成都市文物古玩市场:四川省成都市青华路36号

辽宁省大连市古玩城:辽宁省大连市港湾街1号

辽宁省沈阳市古玩城:辽宁省沈阳市沈阳故宫附近

辽宁省锦州市古文物市场:辽宁省锦州市牡丹北街

黑龙江省哈尔滨市马家街古玩市场:黑龙江省哈尔滨市南岗区马家街西头

吉林省长春市吉发古玩城:吉林省长春市清明街74号

山东省青岛市古玩市场:山东省青岛市昌乐路

河北省石家庄市古玩城:河北省石家庄市西大街1号

河北省霸州市文物市场:河北省霸州市香港街

河北省保定市文物市场:河北省保定市 新北街207号

山西省平遥古物市场:山西省平遥县明清街

山西省太原南宫收藏品市场:山西省太原市迎泽路

陕西省西安市古玩城:陕西省西安市朱雀大街中段2号

安徽省合肥市城隍庙古玩城:安徽省合肥市城隍庙

安徽省蚌埠市古玩城:安徽省蚌埠市南山路

甘肃省兰州古玩城:甘肃省兰州市白塔山公园

云南省昆明市古玩城:云南省昆明市桃园街119号

江西省南昌市滕王阁古玩市场:江西省南昌市滕王阁

贵州省贵阳市花鸟古玩市场:贵州省贵阳市阳明路

湖南省长沙市博物馆古玩一条街:湖南省长沙市清水塘路

湖南省郴州市古玩一条街:湖南省郴州市兴隆步行街